全面＼专业＼实用＼经典＼厚重

深度

3ds Max / VRay 效果图表现完全剖析

简尚设计 编著

2DVD

全书从实际工作出发，全面剖析了效果图制作的工作流程和方法。

详尽的VRay解析、成功的商业案例为读者提供了最佳学习方案。

▼随书附赠2张海量DVD光盘，约7GB，包括5个商业案例的所有源文件，以

▼及近50分钟视频教学。还包括近2000个国外顶尖高精度装饰模型素材。

▼深度探求技术核心　跟进最新技术热点　提升专业实战技能

▼打造最高出版品质　『深度』品牌给您绝对是不一样的知识

兵器工业出版社

北京希望电子出版社
Beijing Hope Electronic Press
www.bhp.com.cn

内容简介

本书从实际工作的角度出发，介绍使用3ds Max、VRay、Photoshop 软件制作效果图的工作流程、方法以及技巧。

全书共12章，第1～6章为基础部分，通过大量的场景测试详细讲解了VRay的渲染设置面板、图像的渲染输出设置、材质设置、灯光设置、摄像机、VRay的毛发及置换功能等参数在实际操作中的设置方法；第7～11章为案例教学，详细讲述了效果图的制作方法和流程，以及各种类型空间的表现手法；第12章主要围绕效果图的后期处理操作及技巧，详细讲解并归纳总结了Photoshop软件处理效果图的方法。附录的内容为人体工程学在室内设计及效果图制作中的应用。

本书是一本实战操作性很强的效果图制作书籍，书中的结构清晰，讲解详细，适合有一定软件操作基础、CG爱好者和要从事设计行业的初、中级读者使用。随书的两张DVD光盘中提供了部分案例场景模型、贴图等源文件、VRay渲染的教学视频和国外顶尖的装饰素材模型，以方便读者的学习和使用。

图书在版编目（CIP）数据

3ds Max/VRay 效果图表现完全剖析/简尚设计编著. —北京：兵器工业出版社；北京希望电子出版社，2010.1

ISBN 978-7-80248-460-3

I. 3… II. 简… III. 三维—动画—图形软件，3ds Max、VRay IV. TP391.41

中国版本图书馆CIP数据核字（2009）第196908号

出版发行：兵器工业出版社　北京希望电子出版社

邮编社址：100089　北京市海淀区车道沟10号

100085　北京市海淀区上地3街9号

金隅嘉华大厦C座611

电　　话：010-62978181（总机）转发行部

010-82702675（邮购）010-82702698（传真）

经　　销：各地新华书店　软件连锁店

印　　刷：北京凯达印刷有限公司

版　　次：2010年1月第1版第1次印刷

封面设计：潘海波

责任编辑：周　琦　宋丽华

陆京梅

责任校对：小　雅

开　　本：787×1092 1/16

印　　张：19.5

印　　数：1-4 000

字　　数：465千字

定　　价：66.00元（配2张DVD光盘）

↑ 贵宾包间：场景中灯光的设置是渲染时必不可少的一部分，该场景就是通过设置灯光设置组的参数来控制场景中所有的灯光照明与阴影属性。

← 酒店套房：该场景中用到了蒙特卡罗采样器来设置参数。这个采样器会跟据相邻像素之间的明暗，针对模型的不同区域自行决定样本的数量。

← 卧室：场景渲染中灯光缓存引擎设置只追踪从摄像机可见的光线路径来进行GI计算。灯光缓存引擎支持所有类型的灯光，是一种通用的全局照明解决方案。

↑ 大堂：场景渲染中的随机蒙特卡罗设置主要用于对全局的渲染品质控制，能有效地降低内存的消耗，并在一定程度上提高采样速度，增强采样的准确性，以得到更好的渲染效果。

↑ 公寓客厅：场景渲染中的渲染区域分割设置用于对VRay渲染块的尺寸，渲染方向及形式进行设置，并且不会影响最终效果和渲染速度

↑ 门厅：渲染输出的的位图图像是由许多位置和颜色不同的像素点阵列组成的图像，该类型的图片呈现的色彩层次比较丰富。

↑ 大会议室：渲染输出时设置了场景的颜色通道，主要用于在使用Photoshop进行图像局部处理时可

↑ 办公室：场景中应用了VRay灯光中的平面光类型来进行渲染，使整个场景看起来洁净、明亮。

↑ 样板间客厅：场景中使用了VRay专业材质，这样能够获得更加准确的物理照明和更快的渲染速度，反射和折射属性调节更方便。

↑ 贵宾休息室：场景中使用了VRay的包裹材质来降低场景中的紫色对环境的影响。

↑ 大堂：场景中应用了VRay的阳光系统配合VRay的天光贴图来模拟真实世界的物理光源，以表现午后的阳光效果。

↑ 健身房：该场景是使用Max标准摄像机以24° 的视野看到的区域。

↑ B区门厅：场景中使用MAX的标准摄像机的广角镜头来夸大前景，表现出强烈的透视感。

↑ 客厅：场景通过VRay物理摄像机模拟出真实的成像。利用VRay物理相机还可以轻松地调节透视，并通过控制曝光来调节全局光照的强度。

↑ 伊泰集团大厦四层过厅空间：该场景主要是应用AutoCAD软件辅助3ds Max精确建模的具体操作，摄像机、VRay材质和灯光的设置，配合“区域渲染”模式调节渲染构图的方法，以及使用Photoshop

→ 首钢专家独栋公寓设计方案的走廊空间：该场景主要应用VRay物理相机在实际工作中的设置方法和VRay阳光系统配合VRay天光贴图来表现真实的日光光照效果。在使用Photoshop软件对图像进行后期处理时，主要应用了图层蒙版工具进行处理。

↑ 赤峰玉龙园宾馆1＃别墅私人会所空间的二层会议区空间：该场景主要应用了VRay布光的基本原则及VRay灯光进行设置，并使用VRay专业材质类型来模拟物理世界中真实材料的质感。通过本案例的学习应该掌握封闭类型空间的表现手法。

← 中国寰球工程科研基地五层多功能厅空间：在三维的世界里一切都是虚拟的，模拟阳光效果的方法有很多种，该场景主要使用MAX目标聚光灯模拟日光，配合VRay穹顶光模拟天光来表现阳光光照效果。

↓ 北京建材科学研究院技术研发大楼的早期设计方案：该场景主要应用MAX传统的灯光进行布局，三点照光布光方案在这个场景中也得到了演义，场景中还运用VRayMap贴图来模拟建筑外观效果图的玻璃材质的反射。

↑ 穿过空间：简洁、实用、大方是此空间的主题。此区域也是公共区的一个亮点，给客人印象最深刻的地方之一。背景墙面凹凸质感与自然光线的交错，使空间层次感增强，不但给空间增加了亲切感而且还丰富了视觉上的效果。

↑ 宴会厅前厅：暖色灯光的运用在色彩上给人以愉悦舒适的感觉，地毯及墙面的木饰是将大宴会厅塑造出典雅华贵、富丽堂皇的关键所在。

↑ 卫生间：时尚、优雅是卫浴装饰的主旋律。淡色调的应用仍是设计主要手法，它可以使置身其中的人感到整洁和轻松，贯通的视野给人以明朗畅快之感。

↑ 玄关：以对比与冲突的手法创造出热烈却又不失理智的激情，与家具一并体现出东方美学中独有的浓重的视觉铺陈。选用柔和的点照明还有背景照明表现出闲适恬然与静谧的气氛。

← 教学楼中庭：中庭的圆形荷花池引人注目，左右两边布置有对称的绿色植物，通过树木、花草与白色墙面的对比，在空间上、形态上、景观上进行有机的契合，营造出一个现代而优雅的校园环境景观。

↑ 大堂：浅色石材的大量应用以及中心吧台的特殊造型，引发人们对未来科技的畅想。冷色的照明设备犹如蓝宝石一般，既强调了科技之感，又给人一种时尚、安静、惬意的感受。整个设计意趣盎然，营造出一个超凡脱俗的意境。

← 套房客厅：以简单明快、富丽堂皇为主体设计风格，米黄色作为主调，配以黑胡桃木，营造出一种温馨的氛围。设计中运用了古董摆设，这样不仅可以让空间尽显高贵的风格，还使空间充满了时代人文主义气息并有画龙点睛之效。

↑ 1号餐厅：餐厅的总体布局是通过交通空间、使用空间、工作空间等要素的完美结合所共同创造的一个整体。作为一个整体，餐厅的空间设计首先必须符合接待顾客和方便顾客用餐这一基本要求，其次还要在设计上追求更高的审美和艺术价值。

← 2号餐厅：餐厅功能布局巧妙有趣，开放式的空间显得宽敞而通透。选用的深色调不仅不会显得压抑，反而在灯光的映衬下彰显出空间的内敛与华贵。灯光效果的打造是空间设计的点睛之笔，设计师使灯光在不同质地的切面上形成投影，增强了空间的灵动氛围。

↑ 套房卧室：在视觉效果上，本案的轮廓以黑色饰面板为主，强调一种稳重、大度的人文思想，而金黄色作为内部的点缀装饰，象征着雍容与华贵，从而体现一种华而不俗、沉稳大方的设计理念。

↑ 一层接待大厅：开眼即感受到大厅的金碧辉煌。水晶吊灯与地面的图案相呼应，壁灯及台灯的点缀更是增添了许多大气之感。恢宏的壁画更增添了庄重豪华的气氛，简单的陈设亦是整个设计的点睛之笔。

前言

算起来，在这个行业也摸爬滚打快9个年头了，回看中国效果图表现市场这十几年的发展历程，可谓是迅猛神速，从业人员呈几何形态递增。

那么作为一个合格的图形设计师应具备什么样的能力呢？根据多年的工作经历现总结如下：

- 要具有最基本的建筑学知识。做为图形设计师并不绝对要求会画施工图，但起码要能看懂图纸，连识图都有问题又怎么能完成建模工作呢？
- 要了解常见的建筑材料及施工工艺。以真实材料为参照才能在效果图中表现出逼真的材质质感；对于简单的施工工艺多少要懂一些，不然设计出的造型没法施工或成本非常高。
- 要有良好的美术基础，有较强的造型能力及良好的色彩感觉。要完成一幅精致的效果图作品这是必不可少的。

但要达到以上这些要求不是一朝一夕的事，需要我们在日常工作中去不断学习，去掌握。万事开头难，开了头，以后的事情就容易多了。那么作为一个刚步入或者想从事这个行业的人员要从何开始呢？

- “工欲善其事必先利其器”。高品质的渲染效果与时间是成正比的，所以计算机的处理速度将直接决定工作效率。
- 熟练的计算机及软件知识。AutoCAD、3ds Max、VRay和Photoshop，作为一个图形设计师这4个软件是现阶段必须要会的。虽然有些公司对“建模—渲染—后期处理”都已经精细化分工，但如果要想在这条路上走得更远一些就不要“单腿”走路，而且软件也更新得很快，如果不想落伍并且能够跟上时代发展就要不断学习。
- 要细心并且要有足够的耐心。做效果图其实就是在画画，画面的构图、物体质感的表达和整体气氛的营造。一幅好的作品要表现出大量的细节，有了细节画面才不空洞才更耐看，所以要足够细心才行，细节决定成败。

学习软件是要掌握这些工具，在实际工作中应用它，进而再去学习科学的制作方法来制作效果图。希望读者们不要舍本求末，忽视对软件基本技术的掌握。

本书采用3ds MAX 9.0、VRay1.5 RC3和 Photoshop CS4版本软件进行教学，建议读者们使用同版本来学习。

本书附带两张DVD光盘，DVD1内容包括书中部分实例的场景模型、贴图等源文件，为方便读者的学习而录制的效果图制作的教学视频也放入其中，DVD2内容是赠送给读者们的笔者多年来所收集的顶尖的装饰素材模型库，供读者们在今后的效果图制作中参考和学习。

因能力有限及个人理解偏差，书中难免出现错误和疏漏之处，敬请读者们包涵并指证。在阅读过程中如遇到任何疑问或需要帮助的，可以随时访问我们的网站或通过电子邮件与笔者联络。交流邮箱：hxd8112@163.com，网址：www.bj-cnd.com。

在此，感谢北京清尚建筑装饰工程有限公司三部的设计总监李孝辉、尝宏龙、马丹、王荐、孟贺冉、孙文波；中城建北京环境艺术设计分院副院长闫志刚，图形室主任徐盟、罗菲、姜贺弟等对笔者的支持。最后还要特别感谢中城建北京环境艺术设计分院副院长、设计五所所长贺光宇，北京可思空间建筑装饰工程有限公司总经理金哲秀对本人莫大的帮助，谢谢！

黄乡东

目　录

第1章 VRay渲染设置面板

VRay渲染器是由Chaos Group公司开发的3ds Max渲染插件，所以它的运行必须依赖于3ds Max软件平台。作为一个用来模拟真实光照的全局光渲染器，通过对VRay渲染器的简单设置可以很容易地表现出精美的效果图作品。VRay正是以它设置简单、效果真实、高渲染品质和相对较快的渲染速度受到了广大从事设计行业人员的热捧，成为目前最为热门的渲染器之一。

1.1 VRay概述

首先以简短的篇幅介绍一下V-RayAdv1.5 RC3版本渲染器。

01 单击按钮或按F10键，打开渲染面板，将V-RayAdv1.5 RC3版本渲染器设置为当前渲染器，如图1-1所示。

02 单击渲染面板的 Raytracer 标签，可以在再展开的选项卡中进行VRay渲染参数的设置。在后面的章节中会对重要参数进行讲解，如图1-2所示。

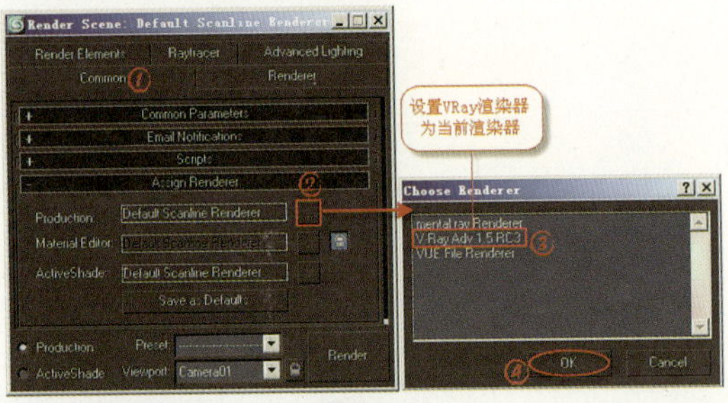

图1-1

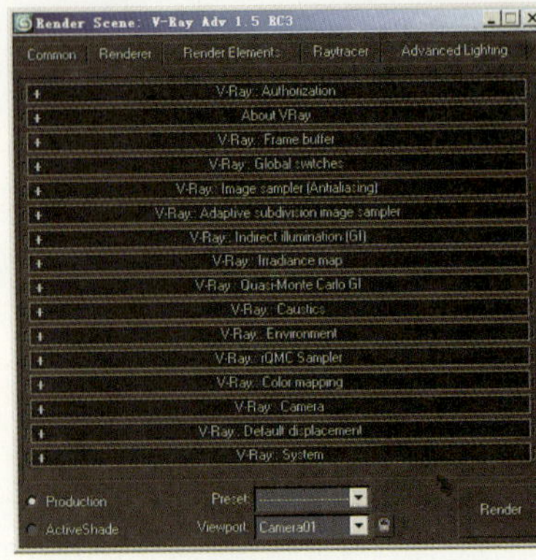

图1-2

03 在MAX创建面板的（三维几何体）中增加了4种VRay物体，如图1—3所示。

- VRayProxy （VRay替代）：可以把vrmash网格物体导入到渲染场景中，但导入的物体并不会出现在MAX场景中，所以不会占用计算机资源。对于过于复杂的场景我们可以以此来提升渲染速度。
- VRayPlane （VRay平面）：会被渲染成一个无限大的平面，主要用来创建地平面。
- VRayFur （VRay毛发）：用于创建毛发效果的系统，在效果画制作中主要用于表现长毛地毯等物体。在后面的章节中将会重点讲解。
- VRaySphere （VRay球体）：在场景中不会以实体显示，但是可以渲染出一个实体球。

04 在MAX创建面板的（灯光）中，增加了两种VRay灯光，如图1—4所示。

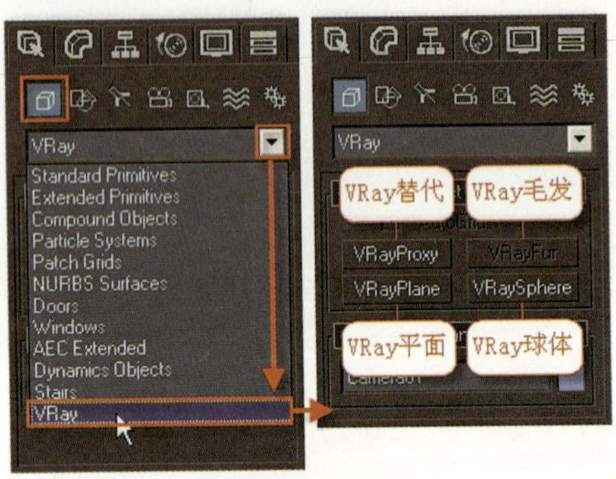

图1-3

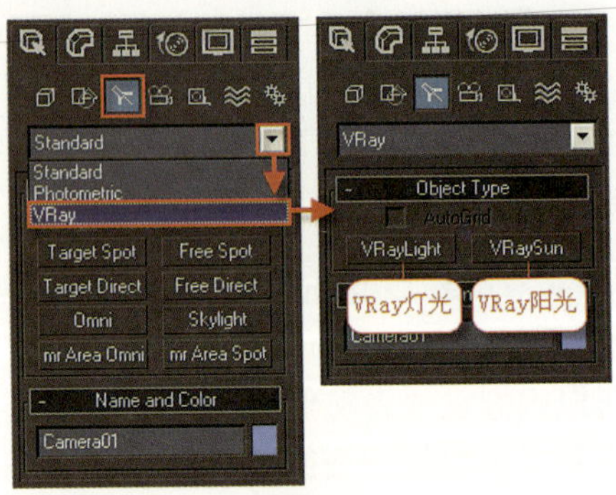

图1-4

05 在MAX创建面板的（摄像机）中增加了两种VRay相机，如图1—5所示。

06 在MAX的（材质编辑器）中增加了7种VRay材质类型，如图1—6所示。

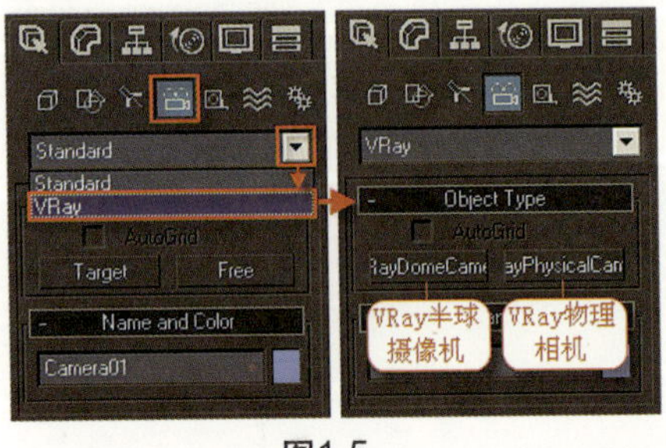

图1-5

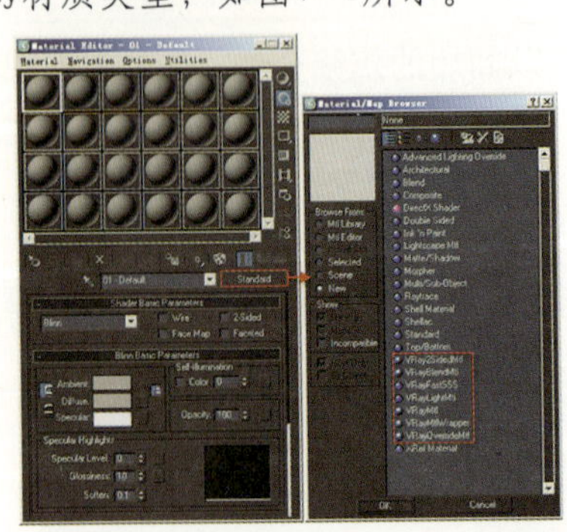

图1-6

07 在MAX的（材质编辑器）的贴图通道中增加了8种VRay贴图类型，如图1-7所示。

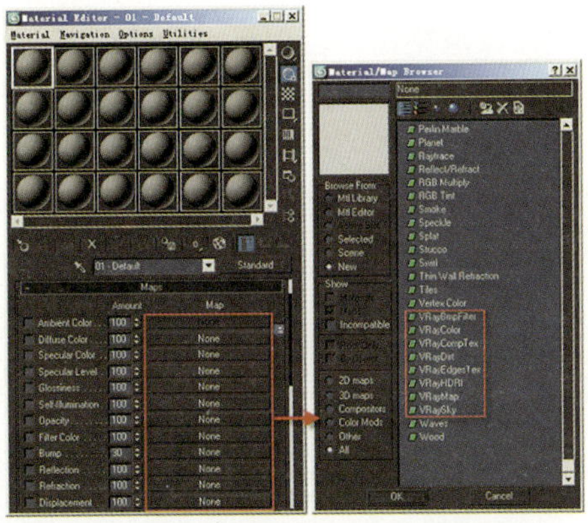

图1-7

1.2　详述VRay的渲染参数面板

渲染参数面板是VRay的核心。不同的参数设定会得到不同品质的渲染效果及渲染速度。本章的重点是在详解各卷展栏参数的同时，找到可以平衡品质与速度要求的参数设定。

1.2.1　V-Ray:: Authorization（VRay::授权信息）卷展栏

在此显示了授权许可文件的存放路径及提示操作者不要轻易编辑许可服务器信息的警示按钮，如图1-8所示。

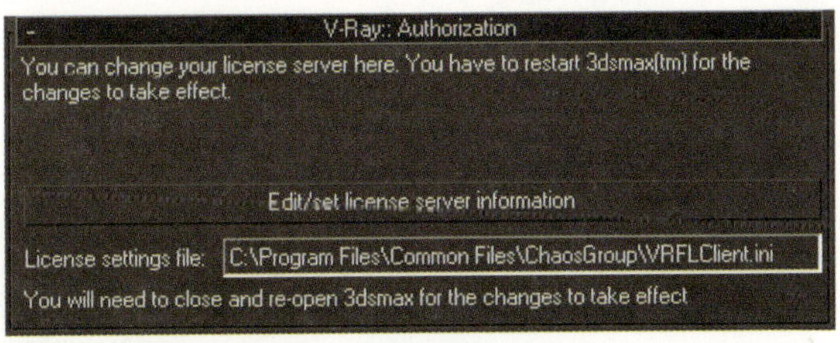

图1-8

1.2.2　About VRay（关于VRay）卷展栏

在此可以查看到VRay的版本型号及Chaos Group公司的网址，如图1-9所示。

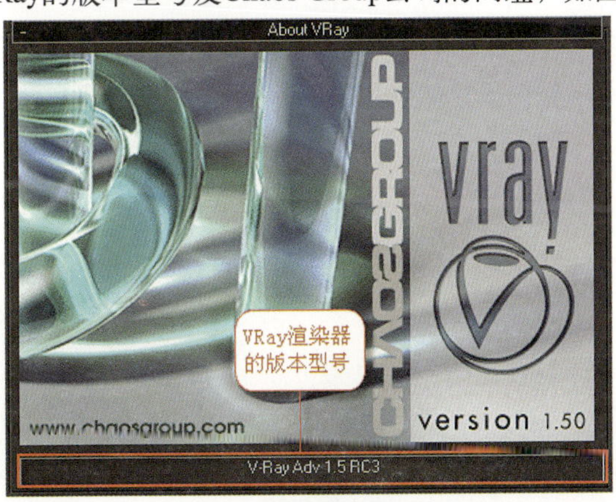

图1-9

1.2.3 V-Ray:: Frame buffer（VRay:：帧缓冲器）卷展栏

当激活时，VRay自身帧图像渲染窗口会取代MAX帧缓冲器。VRay自身帧缓冲器有着更多的选项来显示和处理渲染图像，鉴于工作中并不常用，因此不建议费心于此，只作了解即可，如图1-10所示。

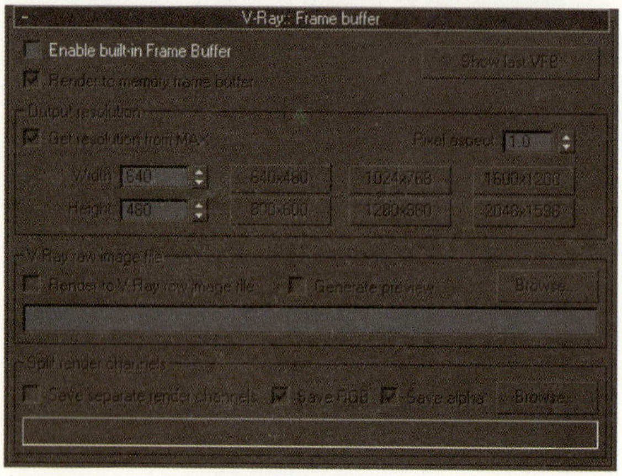

图1-10

- Enable built-in Frame Buffer（启用内置帧缓冲器）：勾选该复选框，VRay将使用自身帧图像渲染窗口取代MAX的渲染帧窗口，如图1-11所示。不勾选该复选框，将使用MAX默认帧图像渲染窗口进行渲染，如图1-12所示。

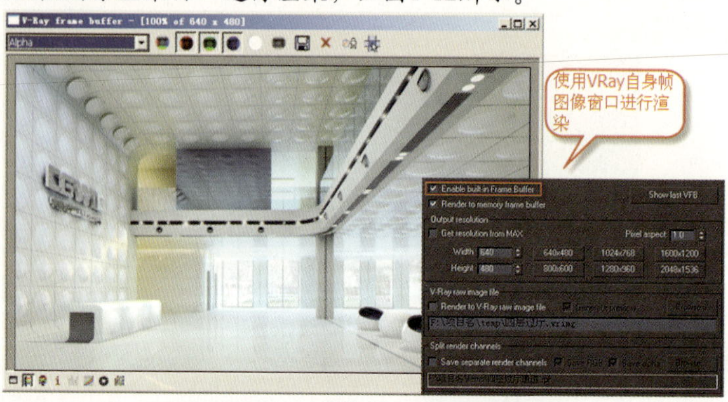

图1-11

图1-12

- Show last VFB （显示最后的VFB）：当VRay的渲染帧窗口关闭时，单击此按钮可以在VRay的渲染帧窗口中显示最后一次渲染的图像。
- ✔ Render to memory frame buffer （渲染到内存帧缓冲器）：默认为勾选状态，即将渲染结果保存到系统内存中。取消该选项的勾选后，在渲染时将不会出现渲染帧窗口。
- ✔ Get resolution from MAX （从MAX获取分辨率）：默认为勾选状态，即采用MAX自身的分辨率尺寸设置进行渲染输出，如图1-13所示。
- ✔ Render to V-Ray raw image file （渲染到VRay原图像文件）：当取消勾选✔ Render to memory frame buffer （渲染到内存帧缓冲器）时，就需要勾选这个选项来设置渲染后的图像文件保存路径。渲染完成之后可以通过单击 File （文件）菜单下的 View Image File... （预览图像文件）命令，预览渲染后的图像。具体设置如图1-14所示。

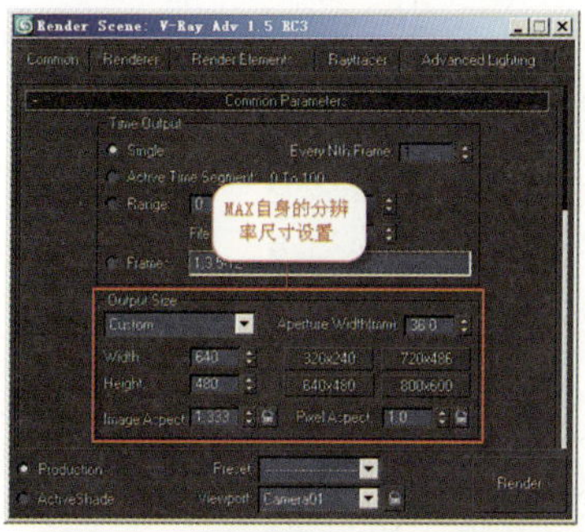

图1-13

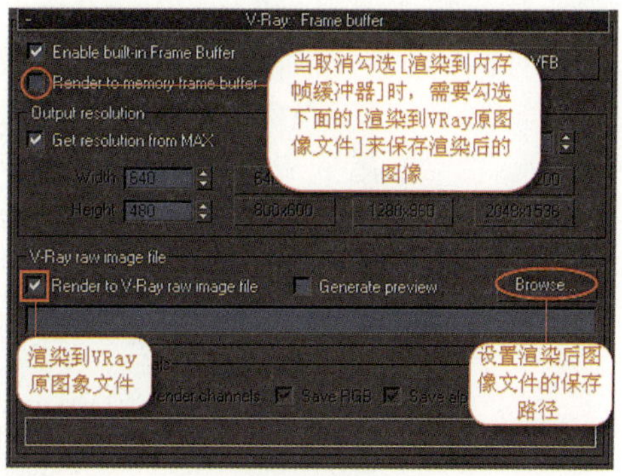

图1-14

- ✔ Generate preview （产生预览）：勾选此项后，在渲染时可以在渲染帧窗口中生成一个小的预览图像。当✔ Render to V-Ray raw image file （渲染到VRay原图像文件）复选框勾选时可用。
- V-Ray raw image file （分离渲染通道）：通过此项设置，可以将渲染后的图像各通道文件保存到硬盘上，如图1-15所示。

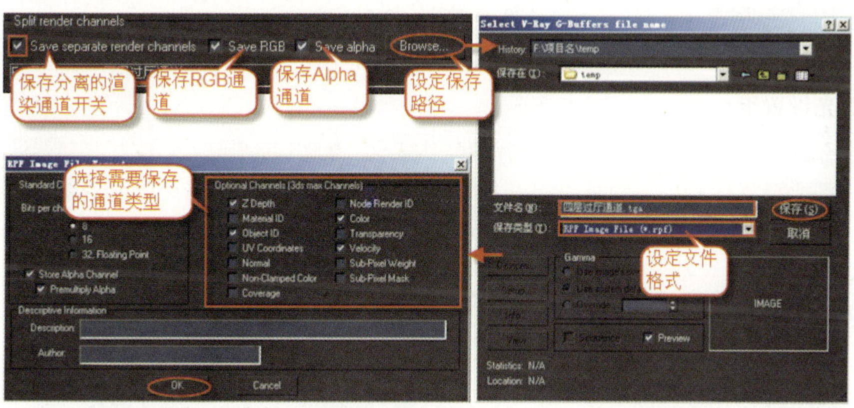

图1-15

渲染帧窗口参数设置在此不做详述，但其中有一个很实用的命令即（鼠标轨迹渲染）需要读者去了解。在渲染过程中，单击（鼠标轨迹渲染）按钮，计算机将优先渲染光标所在区域。在图面调试过程中可以节省一些没必要的渲染时间，如图1-16所示。

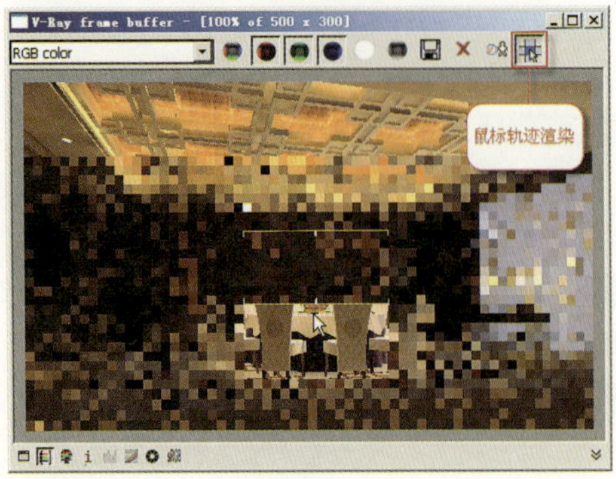

图1-16

1.2.4 V-Ray:: Global switches（VRay:：全局开关）卷展栏

主要是对整个场景中的材质属性、灯光设置和置换效果等的全局控制，如图1-17所示。

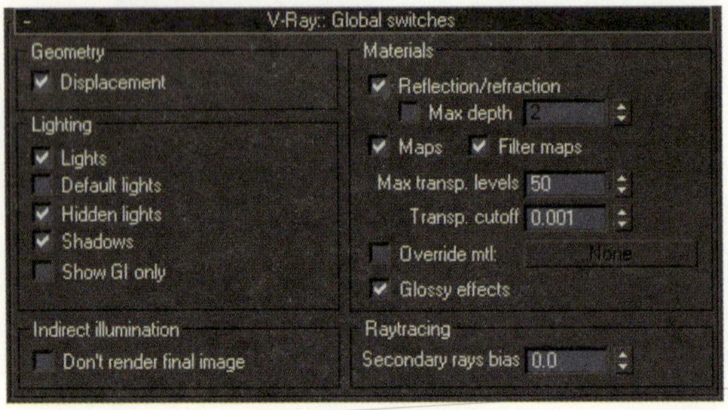

图1-17

1. 几何体设置组

控制场景中被赋予置换材质或置换修改命令的物体在渲染时是否产生置换效果，如图1-18所示。关于置换效果参数的设置会在后面的章节详细讲解。

图1-18

- Displacement（置换）：勾选此复选框，场景中的置换效果才会被渲染。渲染置换效果会增加大量渲染时间。

2. 灯光设置组

控制场景中所有的灯光照明与阴影属性的开启与关闭，如图1-19所示。

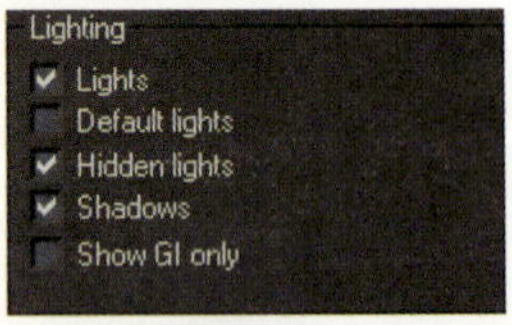

图1-19

- Lights（灯光）：勾选此复选框，渲染时将计算场景中所有的灯光物体的照明属性，如图1-20所示。

图1-20

- Default lights（默认灯光）：勾选此复选框，渲染时将计算场景中默认的两盏泛光灯的照明属性。在场景中有两盏系统默认的泛光灯，当场景中创建了灯光物体后，系统将会自动将其关闭。为了便于观察模型，通常都会手动将其开启，如图1-21所示。

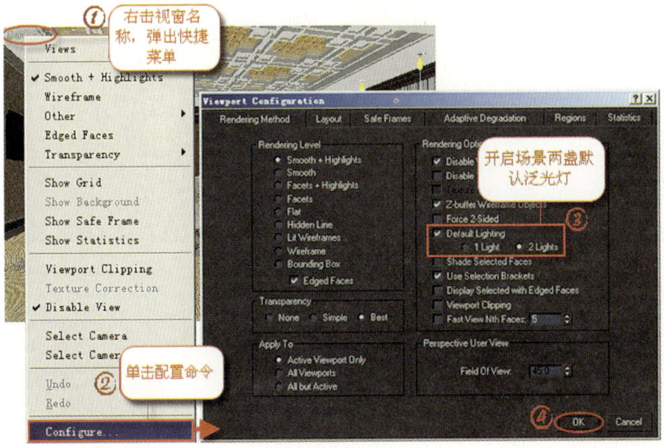

图1-21

- Hidden lights（隐藏灯光）：勾选此复选框，渲染时将计算场景中被隐藏的灯光的照明属性。
- Shadows（阴影）：勾选此复选框，渲染时将计算场景中的物体被灯光照射所产生的阴影。
- Show GI only（只显示全局光）：勾选此复选框，渲染时将只显示GI的光照效果，即间接照明，如图1-22所示。

图1-22

3.间接照明设置组

控制是否渲染最终图像，如图1-23所示。

- Don't render final image（不渲染最终的图像）：勾选此复选框，渲染时将只计算相应的全局光照贴图（光子贴图、灯光贴图和发光贴图），而不会进行最终图像的渲染，如图1-24所示。

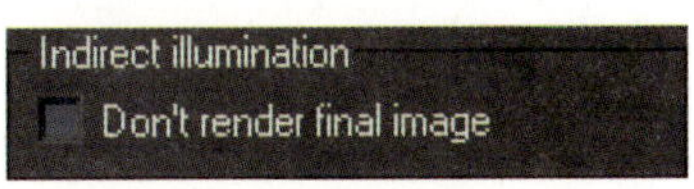

图1-23

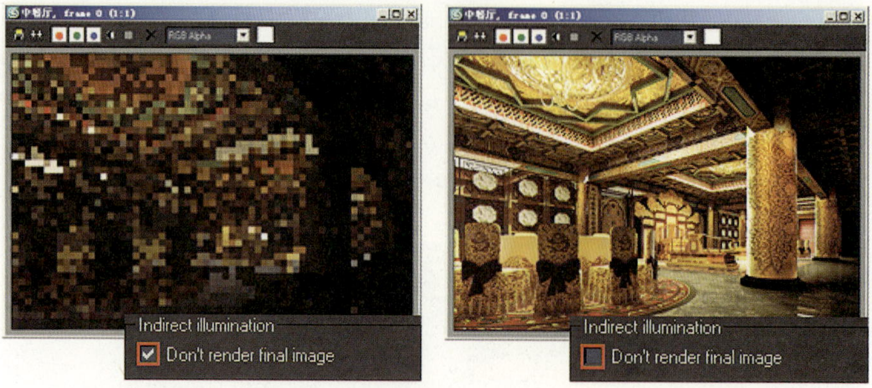

图1-24

4.材质设置组

控制场景中所有材质的反射/折射、反射光泽度等属性，如图1-25所示。

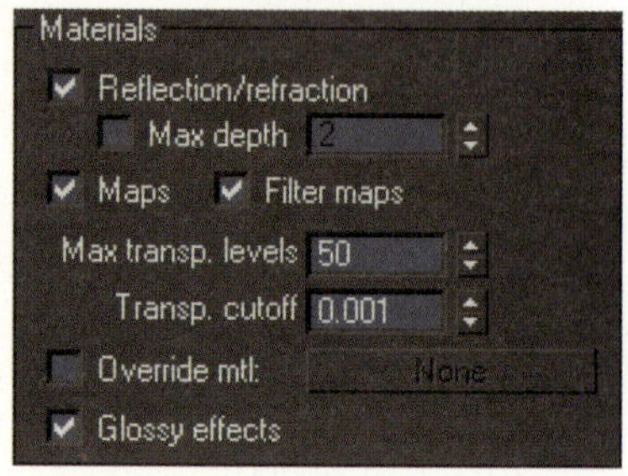

图1-25

- Reflection/refraction（反射/折射）：取消勾选此复选框，场景中所有VRay材质的反射/折射效果将不会被渲染。在灯光调试阶段可以暂时取消该复选框的勾选，以加快渲染速度，如图1-26所示。
- Max depth（最大深度）：材质的反射/折射次数。勾选此复选框，场景中所有材质的反射/折射次数将由后面的数值来控制。正常情况下不勾选，材质反射/折射的次数由各个材质的自身属性来决定，如图1-27所示。

图1-26

图1-27

- Maps（贴图）：控制场景的材质贴图是否被渲染。取消勾选，渲染时将只显示各材质的漫反射颜色。
- Filter maps（过滤贴图）：控制场景中的材质贴图是否进行抗锯齿过滤。默认为勾选状态，渲染时材质贴图效果将更平滑。
- Max transp. levels 50（最大透明级别）：该值将决定透明物体被光线追踪的最大深度，值越大透明效果越好，同时渲染时间也会增加。正常情况下保持默认值。
- Transp. cutoff 0.001（透明中止阈值）：控制光线对有透明属性材质停止计算的中止值。正常情况下保持默认值。

- Override mtl:（覆盖材质）：赋予场景中所有物体一个统一的材质。对于调试灯光有一定意义，如图1-28所示。

图1-28

- Glossy effects（光滑效果）：默认为勾选，渲染时将计算反射/折射光泽度。当设置了材质的反射/折射光泽度属性后，勾选该选项渲染时将会计算材质的反射模糊/折射模糊效果。如图1-29所示为材质的反射光泽度设置。
- Secondary rays bias（二次光线偏移）：当模型有重面时，渲染时有可能会出错，产生漏色、黑斑等现象。通过设置二次光线偏移值，可以很好地避免这些麻烦，如图1-30所示。

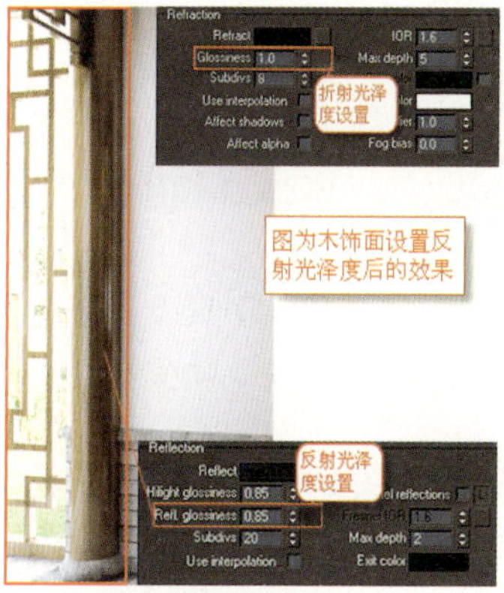

图1-29

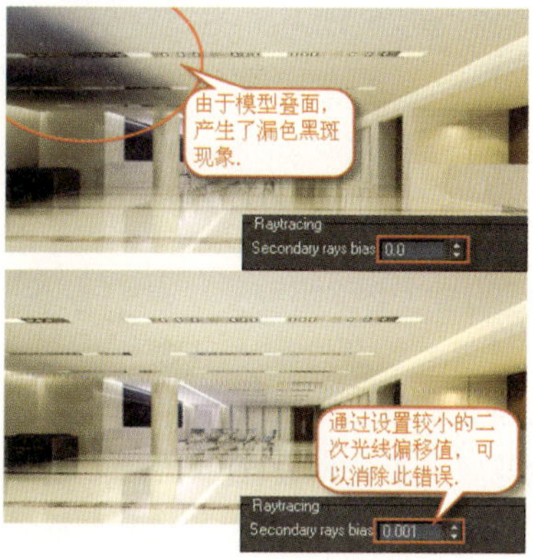

图1-30

1.2.5 V-Ray:: Image sampler (Antialiasing)（VRay::图像采样（抗锯齿））卷展栏

通过选择不同的采样方式和抗锯齿过滤器来设置最终渲染效果的品质，如图1-31所示。

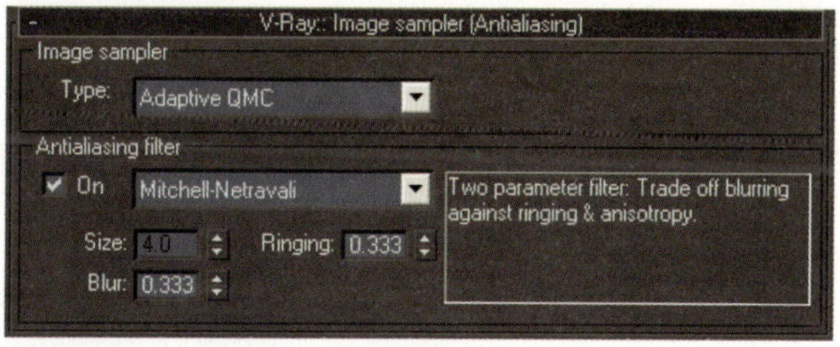

图1-31

1. Image sampler（图像采样器）设置组

该下拉列表中共有3种采样器类形，Fixed（固定）、Adaptive QMC（自适应准蒙特卡罗）和Adaptive subdivision（自适应细分采样器）。

（1）Fixed（固定）：是3个采样器中最简单的一种，它以一个固定数量的样本进行采样计算，也是计算速度最快的。通常在对场景进行调试渲染时会选择此采样器。

V-Ray:: Fixed image sampler（VRay：：固定图像采样）卷展栏

当选择Fixed固定采样器后，会增加固定图像采样器卷展栏，如图1-32所示。

图1-32

- Subdivs:（细分）：当选择固定采样器后，这里的细分值控制图像的渲染品质。值为1时，表现每一个像素使用一个样本进行计算。值越大，品质越高，同时渲染时间也就越长。

（2）Adaptive QMC（自适应准蒙特卡罗）：该采样器可以通过计算每个像素与其相邻像素之间的明暗，自行决定样本的数量。它会对场景中大面积平坦区域采用较少数量的样本计算，而对拥有很多细节的模型和材质采用较多的样本数量。此采样器没有自身的极限控制值，它受（VRay：：rQMC采样器）卷展栏中噪波阈值的制约。场景中设置了较多的反射/折射模糊效果、运动模糊特效，或表现较多微小细节时，多采用此采样器。

V-Ray:: Adaptive rQMC image sampler（VRay：：自适应准蒙特卡罗图像采样器）卷展栏

当选择自适应准蒙特卡罗采样器后，会增加自适应准蒙特卡罗图像采样器卷展栏，如图1-33所示。

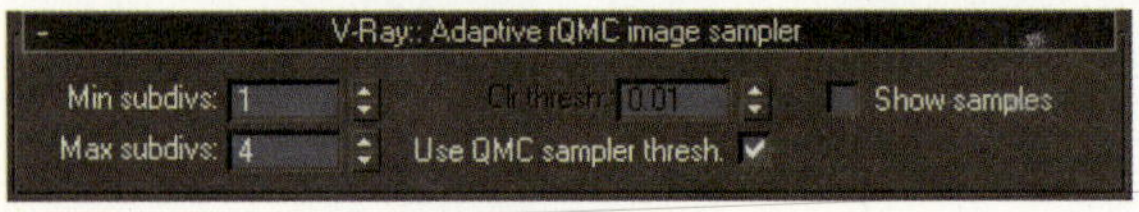

图1-33

- Min subdivs:（最小细分）：控制每个像素采用样本的最小数量。值越大，渲染品质越好，所用的渲染时间也越长。当要表现较多细节的图像时可以增大此值，一般情况下采用默认值1。
- Max subdivs:（最大细分）：控制每个像素采用样本的最大数量。值越大，渲染品质越好，所用的渲染时间也越长。一般情况下采用默认值。
- Clr thresh:（颜色阈值）：当相邻像素采样强度差异达到Clr thresh值时，将采用更多数量的样本。较小的值会产生较好的效果，但会花费较长的渲染时间。当取消勾选 Use QMC sampler thresh.（使用准蒙特卡罗图像采样器阈值）时可调。
- Use QMC sampler thresh. ✓（使用准蒙特卡罗图像采样器阈值）：默认为勾选状态，表示颜色阈值将由V-Ray:: rQMC Sampler（VRay：：rQMC采样器）卷展栏中的Noise threshold:（噪波阈值）决定。
- Show samples（显示采样）：勾选此复选框，采样渲染时可以看到自适应准蒙特卡罗采样器的样本分布情况，如图1-34所示。

图1-34

采用固定采样与采用自适应准蒙特卡罗采样得到的效果对比，如图1-35所示。

图1-35

（3）Adaptive subdivision（自适应细分）：该采样器是可以计算每个像素的样本数低于1个的高级采样器。当场景中没有设置材质的反射/折射模糊效果，景深和运动模糊特效时，首选自适应细分采样器。它可以使用较少的样本达到其他两款采样器使用较多样本才能够渲染达到的品质和质量，渲染速度也更快。

V-Ray:: Adaptive subdivision image sampler（VRay：：自适应细分图像采样器）卷展栏

当选择自适应细分采样器后，会增加自适应细分图像采样器卷展栏，如图1-36所示。

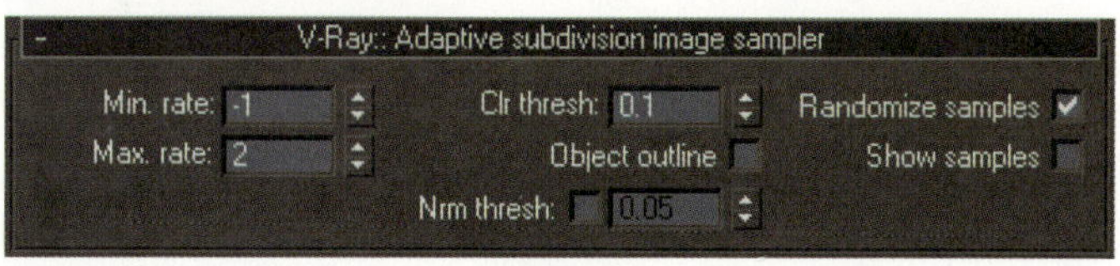

图1-36

- Min. rate:（最小比率）：定义每个像素采用样本的最小数量。值为0表示每一个像素使用一个样本，-1表示每两个像素使用一个样本，-2表示每4个像素使用一个样本，依次类推。值越小，渲染速度越快，渲染品质也就越差，一般保持默认值。
- Max. rate:（最大比率）：定义每个像素采用样本的最大数量。值为0表示一个像素使用一个样本，值为1表示一个像素使用4个样本，值为2表示一个像素使用8个样本，依次类推。值越大，渲染品质越好，渲染速度越慢。
- Clr thresh:（颜色阈值）：当相邻像素采样强度差异达到Clr thresh值时，将采用更多数量的样本。较小的值会产生较好的效果，但会花费较多的渲染时间。
- Object outline（对象轮廓）：勾选此复选框，可以强制对场景中模型的边缘轮廓采用更多的样本，以得到更好的画面品质，但同时也会增加渲染时间。
- Nrm thresh:（法线阈值）：当相邻像素采样的法线阈值达到Nrm thresh值时将采用更多数量的样本，这样可以很好地消除曲面模型渲染时的轮廓锯齿。
- Randomize samples（随机采样）：勾选此复选框，样本将会随机分布。
- Show samples（显示采样）：勾选此复选框，渲染时可以看到自适应细分采样器的样本分布情况。如图1-37所示，亮部区域将使用更多数量的样本。

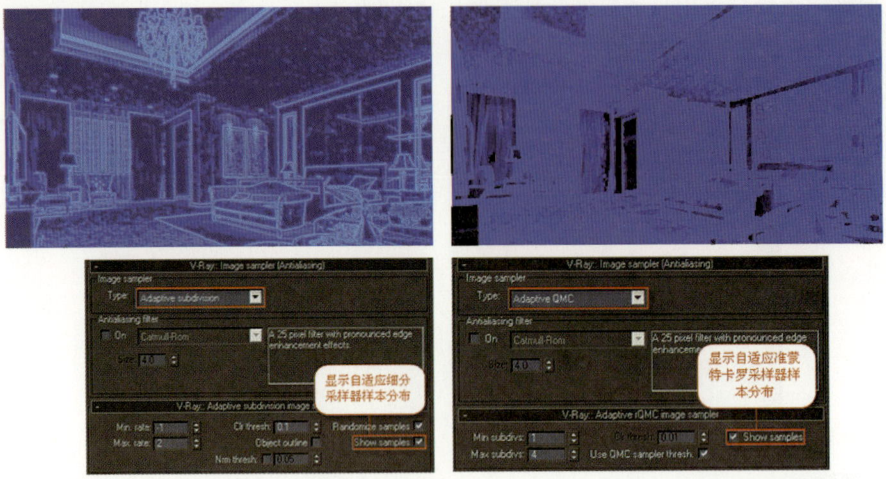

图1-37

提示

在实际操作中要针对不同的场景选用相应的采样器，在此来总结一下采样器选用的技巧：

■ 当场景中没有或仅有少量物体设置了材质的反射/折射模糊效果且没有景深和运动模糊特效时首选Adaptive subdivision（自适应细分采样器），它可以使用较少的样本达到其他两款采样器使用较多样本才能达到的品质和质量，渲染速度更快。

■ 当场景中有较高细节的纹理贴图和大量模型细节及少量的模糊特效时，首选Adaptive QMC（自适应准蒙特卡罗采样器）。

■ 当场景具有大量模糊特效或较高细节的纹理贴图时，使用Fixed（固定采样器）可以兼顾图像品质和渲染速度。

2.Antialiasing filter（抗锯齿过滤器）设置组

该设置组主要用于控制场景中材质贴图的过滤方式，增强纹理贴图的渲染效果，如图1-38所示。

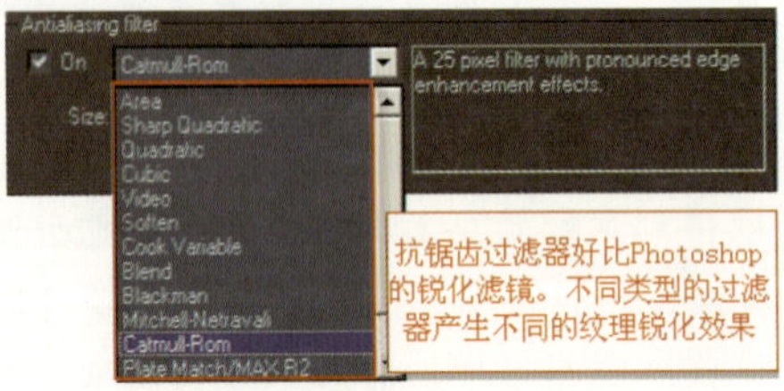

图1-38

- Area（区域）：该过滤器是最常用的一种，它使用不同大小的区域过滤方式来计算抗锯齿。Size值控制区域的大小，Size值越大，渲染的纹理贴图就越模糊，如图1-39所示。
- Sharp Quadratic（二次方锐化）：基于二次曲线的以9个像素为单位进行锐化的过滤器。Size值为2.8，如图1-40所示。

图1-39

图1-40

- Quadratic（二次方）：基于二次曲线的以9个像素为单位进行模糊的过滤器。Size取值为3.0，如图1-41所示。
- Cubic（立方体）：基于三次曲线的以25个像素为单位进行模糊的过滤器。size取值为4.0，如图1-42所示。

图1-41

图1-42

- Video（视频）：以个25像素为单位进行模糊的过滤器。但针对NTSC和PAL视频应用进行了优化。Size取值为4.0，如图1-43所示。
- Soften（柔化）：高斯模糊过滤器，可以通过Size值来控制产生模糊的程度。Size值越大越模糊，如图1-44所示。

图1-43

图1-44

- Cook Variable（变量）：Size值为1～2.5时可以使纹理锐化。默认值为2.5，超过该值渲染的图像纹理会模糊，如图1-45所示。
- Blend（混合）：将比较锐化的区域和比较柔化的地方进行融和的一种过滤器。该项有两个参数值决定着图像的抗锯齿效果，Size或Blend值越大图像纹理就越柔化，如图1-46所示。

图1-45

图1-46

- Blackman（黑人）：清晰但没有边缘增强效果的，以25个像素为单位进行锐化的过滤器。Size取值为4.0，如图1-47所示。
- Mitchell-Netravali（米切尔-纺锤）：在模糊于圆环化和各项异性之间交替使用。产生的图像纹理锐化程度较高，是一款效果非常好的过滤器。但是渲染时间要比其他的过滤器长，如图1-48所示。

图1-47

图1-48

- Catmull-Rom（只读存储）：是具有边缘增强效果的以25个像素为单位进行锐化的过滤器，类似于Photoshop中的锐化命令，是效果比较好也是最常用的过滤器。Size取值为4.0，如图1-49所示。
- Plate Match/MAX R2（图板匹配/MAX R2）：使用被贴图对象与背景图板相匹配的方法进行过滤。VRay并不支持这种类型过滤器，使用该方式进行渲染时会产生一幅全黑的图像。
- VRayLanczosFilter（蓝佐斯过滤器）：该过滤器能使图像纹理锐化，得到更亮丽的效果。在选用Fixed或Adaptive QMC图像采样器时，选择该抗锯齿过滤器进行渲染将会产生全黑图像，如图1-50所示。

图1-49

图1-50

- VRaySincFilter （辛克函数过滤器）：该过滤器可以锐化图像纹理的同时得到更细腻的图面效果，如图1-51所示。

图1-51

提示

从以上各个抗锯齿过滤器进行图像渲染来看，想要得到更清晰亮丽的渲染效果，Mitchell—Netravali（米切尔—纺锤过滤器）和Catmull—Rom（只读存储过滤器）是不错的选择。在实际应用中这两种过滤器也是最常用的。

1.2.6 V-Ray:: Indirect illumination (GI) （VRay: : 间接照明（GI））卷展栏

所谓间接照明是相对于直接光照而言时，即当光线照射到物体上后又产生的反射光线。在VRay中，通过计算光线在场景中的反射而得到最终的光照效果，即为全局光照，也就是常说的GI，如图1-52所示。

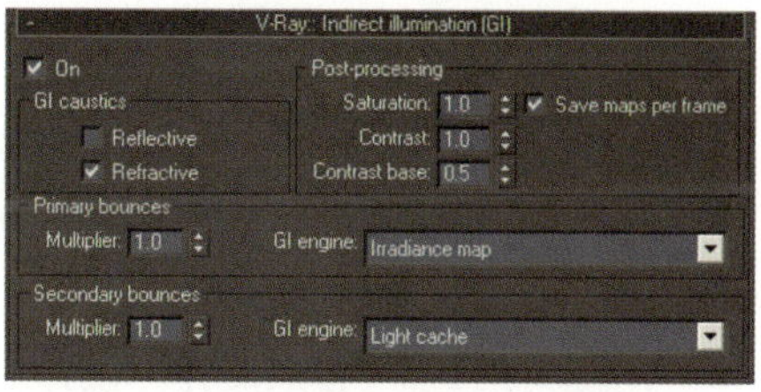

图1-52

1. On （开）：勾选后，将激活（VRay：：间接照明（GI））卷展栏，并计算场景的间接照明，如图1—53所示。

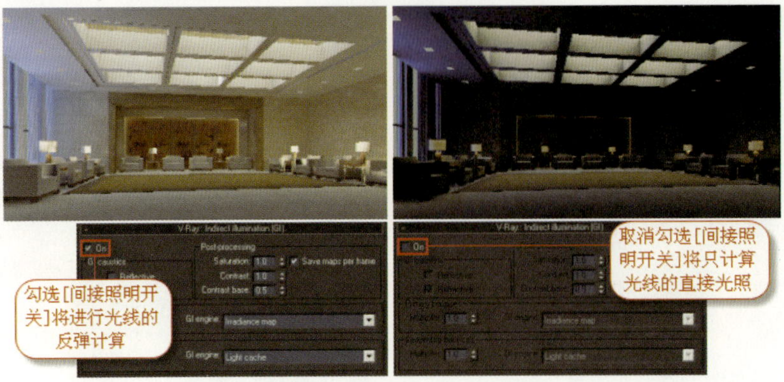

图1-53

2. 全局光焦散设置组

该设置组主要控制间接照明是否产生焦散效果。间接照明所产生的焦散效果并不理想，如果想表现完美的焦散特效，主要是对直接光照所产生的焦散进行控制，这一点在下面的卷展栏中再做具体介绍。

- Reflective（反射焦散）：勾选该复选框，表示当间接光线照射到反射材质表面时会产生微弱的反射焦散效果。计算GI焦散需要使用更多的样本，否则会产生噪波，使用更多样本的同时也会增加渲染时间。默认为不勾选。
- Refractive（折射焦散）：勾选该复选框，表示当间接光线穿过透明物体时会产生微弱的折射焦散效果，默认为勾选。

3. 后处理设置组

可以把它理解为Photoshop的色彩调节参数，它主要是在渲染前对图像的饱和度和对比度进行简单的设置。

- Saturation: 1.0（饱和度）：通过后面的数值调节来加减图像的饱和度。
- Contrast: 1.0（对比度）：通过后面的数值调节来加减图像的对比度。
- Contrast base: 0.5（基本对比度）：控制最终渲染图的明暗对比的强度。值越高，对比效果越强烈。
- Save maps per frame（保存每帧贴图）：勾选该复选框后，在渲染动画时，每一帧都将使用后处理设置组中的相同设置。

> **提示**
>
> 对于后处理设置组的调节远不能达到我们对画面的最终要求，最终渲染出图后还要用专业的平面处理软件Photoshop做后期处理工作。所以在此建议，正常渲染出图时保持该组系统默认参数设置。

4. Primary bounces（首次反弹）设置组

用于设置光线第一次反弹的Multiplier: 1.0（倍增值）。值越大，渲染效果越亮，一般情况使用默认值。GI engine（全局光引擎）下拉列表中提供了4种方法用来计算光线的一次反弹，如图1-54所示。具体的参数属性会在后面的章节中详细讲解。

5. Secondary bounces（二次反弹）设置组

用于设置光线第二次反弹的Multiplier: 1.0（倍增值），从理论上来说该数值不要大过一次反弹。二次反弹精度很差，但它对GI的饱和度影响较大，增大倍增值会增加色溢的情况，同时一次反弹和二次反弹的值越大渲染速度越慢。一般情况下使用默认值。GI engine:（全局光引擎）下拉列表中同样提供了4种方法用来计算光线的二次反弹，如图1-55所示。

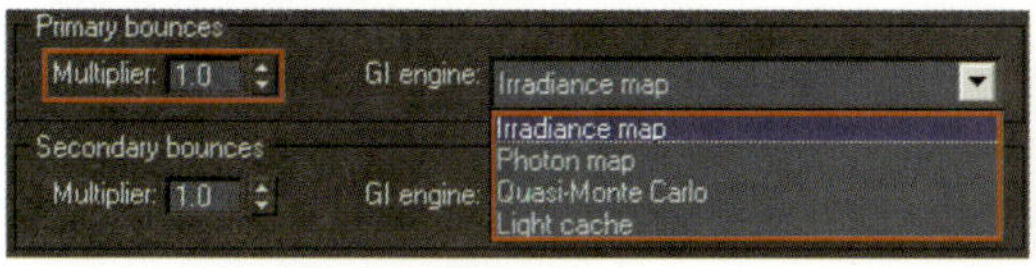

图1-54

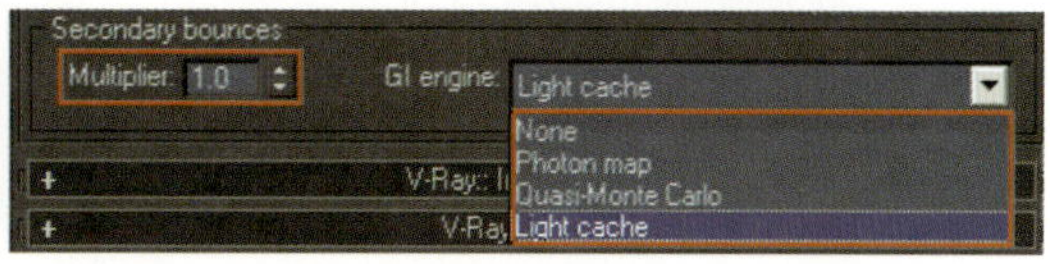

图1-55

1.2.7 V-Ray:: Irradiance map（VRay::发光贴图）卷展栏

当Primary bounces（首次反弹）的GI engine:（全局光引擎）设定为发光贴图时，渲染面板将会增加一个发光贴图卷展栏，用来对发光贴图引擎进行设置，如图1-56所示。发光贴图引擎只有首次反弹可选。

- GI engine: Irradiance map（发光贴图引擎）：它是基于发光缓存技术的一种用于计算间接光照的方法。即通过对比各像素点所接受的间接光照与当前所保存的光子贴图是否相同来自行决定是否进行重新采样计算，否则进行插补采样以提高计算速度（注意：VRay是以像素为单位来进行采样工作的）。当选择发光贴图引擎时，渲染时将进行多次GI采样计算。

发光贴图可以自行决定哪个区域需要进行精确的GI采样计算。它会对场景中大面积平坦区域进行较低精度的采样计算，而对有较多细节的模型、阴影区域、物体轮廓采用较多的样本进行精确的GI采样计算。所以在满足渲染品质的情况下使用发光贴图能够有效提高渲染速度。

1. 内建预置设置组

在该设置组中的Current preset:（当前预置）下拉列表中，系统提供了预先设置好的8种模式。若无特殊情况，系统预设模式就可以满足日常的工作需要。可以根据对渲染图品质的要求，选择相应的预设模式，如图1-57所示。

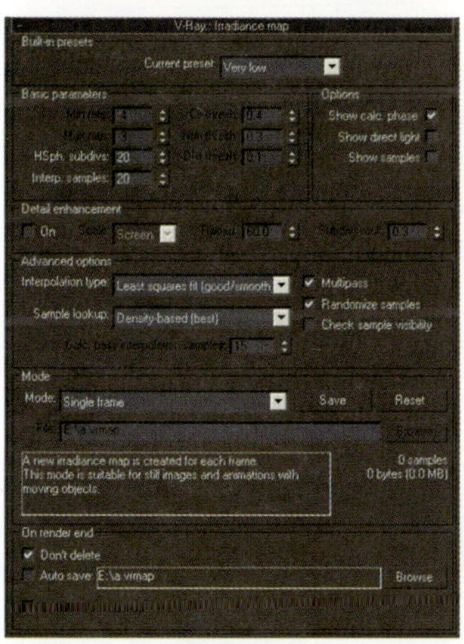

图1-56

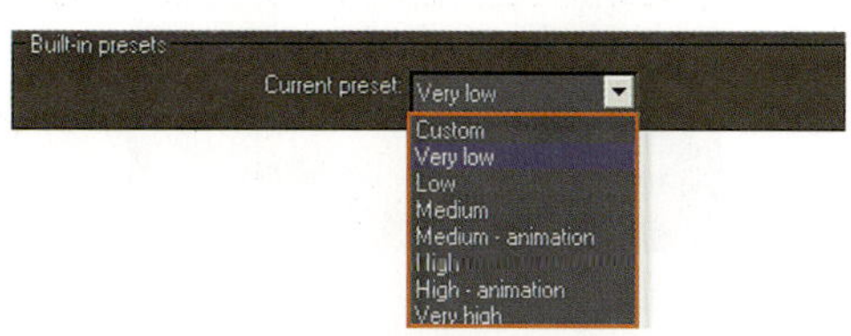

图1-57

- Custom（自定义）：该模式可以根据自身需要自行设置相应的参数。
- Very low（非常低）：为了提高对灯光、材质的调试速度，可以使用此预设模式进行预览渲染。
- Low（低）：低品质的预设模式。
- Medium（中）：中等品质的预设模式。在工作中，为了兼顾品质与速度，通常会采用此预设模式。
- Medium - animation（中-动画）：中等品质的预设动画模式。使用该预设模式进行中等品质动画渲染时可减少动画中的闪烁。
- High（高）：高品质的预设模式。当要表现高细节、高品质的画面效果时，可以采用此预设模式（注意，品质与渲染速度成反比）。
- High - animation（高-动画）：高品质的预设动画模式。使用该预设模式进行高品质动画渲染时可减少动画中的闪烁。
- Very high（非常高）：极高品质的预设模式。可以最大限度地渲染出场景中的细节，但需要大量的渲染时间。

2.基本参数设置组

该设置组用于设置发光贴图的渲染品质，如图1-58所示。

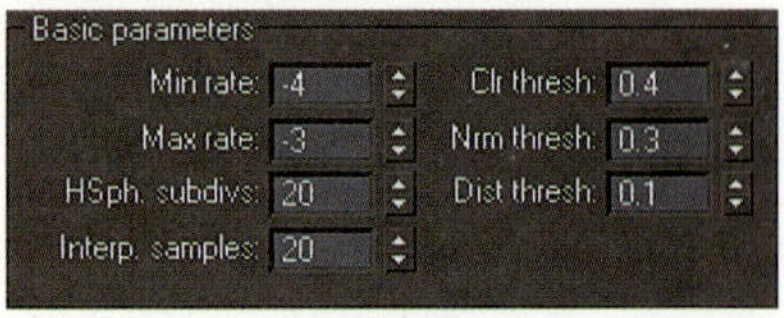

图1-58

- Min. rate（最小比率）：定义场景中的平坦的区域（如大面积的墙体、天花等）采用样本的最小数量。值为0表示每一个像素点使用一个样本，值为-1表示每两个像素点使用一个样本，值为-2表示每4个像素点使用一个样本，依次类推。值越小渲染速度越快，一般设为负值，以加快渲染速度。
- Max. rate（最大比率）：定义场景中细节区域（如物体轮廓、复杂模型、阴影等）的每个像素点采用样本的最大数量。-1表示每两个像素点使用一个样本，-2表示每4个像素点使用一个样本，依次类推。值越大，渲染品质越好，渲染速度越慢。
- HSph. subdivs（模型细分）：该值控制GI的样本的精度。值越大渲染的品质越好，渲染时间越长，如图1-59所示。

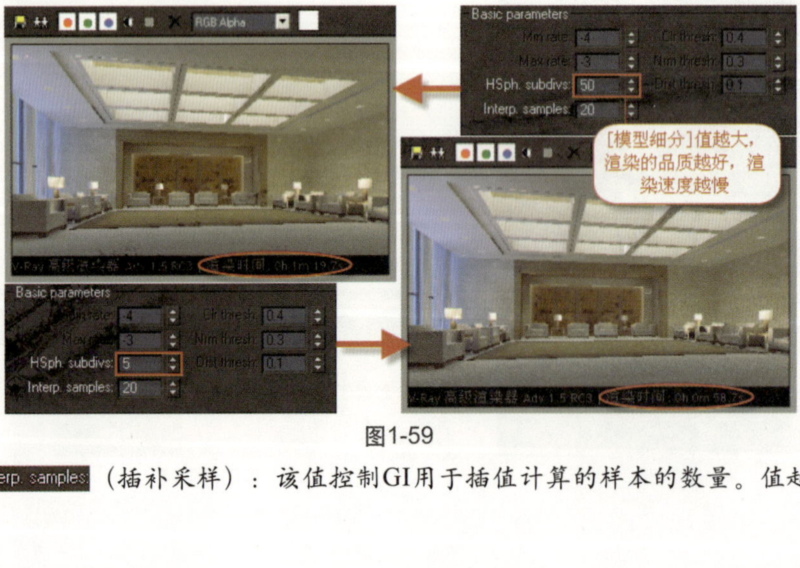

图1-59

- Interp. samples（插补采样）：该值控制GI用于插值计算的样本的数量。值越大，渲染效果的细节越模糊。增大此值，可以有效解决画面的噪点现象，如图1-60所示。

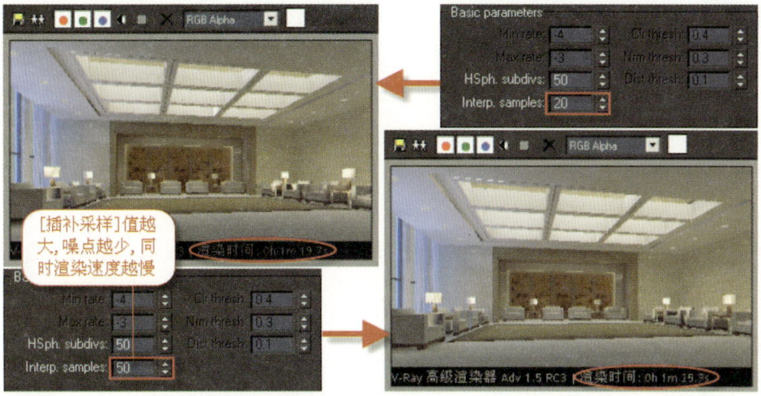

图1-60

- Clr thresh（颜色阈值）：当相临两个像素点之间的亮度差大于此值时增加采样样本数量。
- Nrm thresh（法线阈值）：当相临两个像素点法线夹角的余弦值大于此值时增加采样样本数量。
- Dist thresh（间距阈值）：当相临两个像素点的距离大于此值时增加采样样本数量。

3.选项设置组

该设置组用于控制计算发光贴图时的显示状态，如图1-61所示。

- Show calc. phase（显示计算状态）：勾选此复选框，渲染前可以看到发光贴图的计算过程，如图1-62所示。

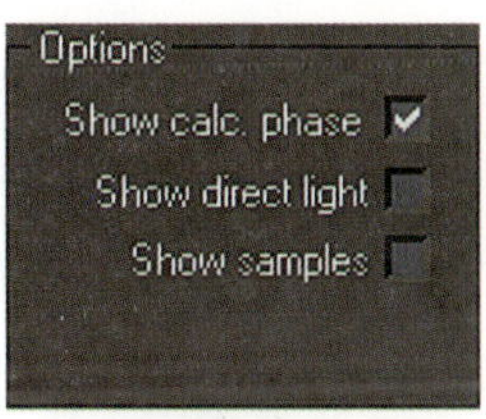

图1-61

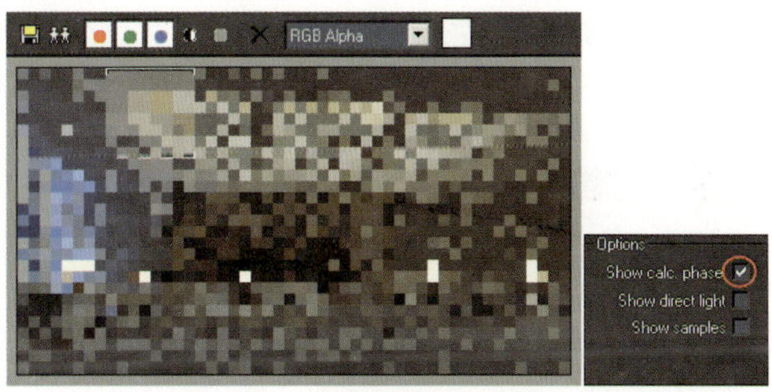

图1-62

- Show direct light 显示直接光照：勾选此复选框，渲染前可以看到直接照明效果。当 Show calc. phase 复选框勾选时，该复选框才会被激活。
- Show samples（显示样本）：勾选此复选框，渲染时可以看到发光贴图的样本分布情况。

4.细节增强设置组

在Irradiance map计算中融入蒙特卡罗 GI的计算从而增强画面细节部分的渲染质量，如图1-63所示。

图1-63

- On（开关）：勾选此复选框，将开启细节增强功能。
- Scale（缩放）：该下拉菜单中有两个选项Screen（场景）和World（世界），将决定后面Radius（半径）取值的单位。当选择Screen（场景）时，以场景渲染尺寸的单位为Radius（半径）取值单位。当选择World（世界）时，以MAX场景的的系统设置尺寸的单位为Radius（半径）取值单位。
- Radius（半径）：控制细分区域的大小。值越大，画面的细节品质越高，同时渲染时间越长。
- Subdivs mult.（成倍细分）：控制细分强度。值越大，画面的细节品质越高，同时渲染时间越长。

5.高级选项设置组

该设置组主要是对发光贴图的插补采样样本的控制，如图1-64所示。

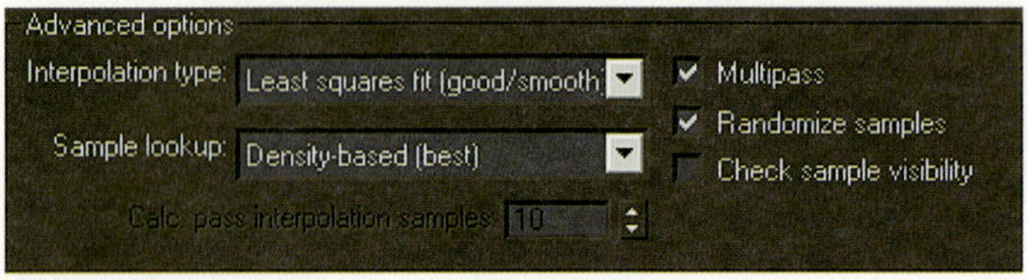

图1-64

- Interpolation type（插补类型）：VRay内置了4种样本插补类型用以决定新的GI采样点以何种方式插补计算到存储在发光贴图的GI采样点中。

  Weighted average (good/robust)（权重平均值（好/粗糙））：根据发光贴图中GI样本点到插补点的距离和法线差异进行简单的混合。此种方式效果最差。

  Least squares fit (good/smooth)（最小平方适配（好/平滑））：通过计算一个在发光贴图样本之间最合适的GI值使物体边缘模糊以产生更平滑的效果，同时渲染速度会变慢。此为系统默认设置。

  Delone triangulation (good/exact)（三角剖分（好/精确））：与Least squares fit最小平方适配类型类似。其他插补算法都会采用对细节进行模糊的方式，以得到较平滑的效果。但Delone triangulation（三角部分法）不会产生细节模糊，所以计算结果更加精确，渲染效果较为理想。

  Least squares w/ Voronoi weights（最小平方加权（测试））：是对最小平方适配方法缺点的修正，可以得到很好的画面效果，同时渲染速度也会很慢。

- Sample lookup（查找采样）：VRay内置了4种方式来定义发光贴图中哪些采样点做为基础来进行插补计算。

  Quad-balanced (good)（平衡嵌块（好））：将插补点的空间划分成 4 个区域，在它们之间查找相等数量的样本。渲染效果比Nearest方式要好，但渲染速度要慢。

  Nearest (draft)（接近（草稿））：通过简单的选择发光贴图中最靠近插补点的样本进行计算，渲染速度很快。更多时用此方式渲染进行草图预览。

  Overlapping (very good/fast)（重叠（很好/快速））：通过对每一个样本进行影响半径的计算，得到低密度区较大的样本半径和高密度区较小的样本半径。当进行插补计算时，就会选择周围影响半径范围内的所有样本，可以产生较平滑的效果，渲染速度也很快。

Density-based (best)（基于密度（最好））：基于密度来进行样本查找。此方式是4种类型中渲染效果最好的一种，同时速度也是最慢的。

- Calc. pass interpolation samples:（计算传递插补样本）：用以设置在光子贴图计算过程中插值样本的使用数量。较高的值使用较多的样本，会得到更好的渲染品质；设置较低的值可以得到较快的渲染速度。一般取值范围是10～25。
- ✔ Multipass（多过程）：勾选该复选框后，根据Min rate最小比率和Max rate最大比率的间隔值来决定发光贴图计算的次数。若不勾选，发光贴图计算将强制一次完成。
- ✔ Randomize samples（随机采样）：勾选该复选框后，在发光贴图计算时，样本将随机分配；若不勾选，将在屏幕上以网格方式分布样本。默认为勾选。
- Check sample visibility（检查采样可见度）：勾选该复选框后，将促使VRay只使用发光贴图中的样本，样本在插补点直接可见。这样可以有效地防止当光线穿透两面接受不同照明的薄壁物体时所产生的漏光现象，同时也会减慢渲染速度。

6.模式设置组

VRay允许用户根据不同的渲染任务选择不同发光贴图的使用方法。系统内置了6种使用模式，如图1-65所示。

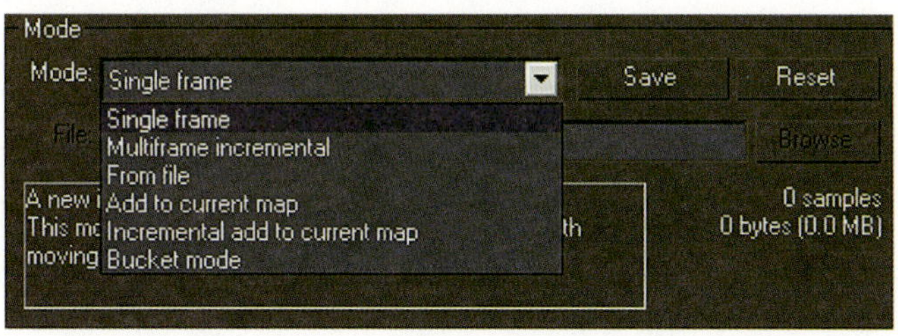

图1-65

Single frame（单帧）：系统默认的模式，用于静态图像的渲染。如果进行动画渲染，每一帧都会重新计算发光贴图。

Multiframe incremental（多帧增加）：适用于渲染摄像机漫游动画。VRay将第一帧计算的发光贴图计算完以后，对于剩余的渲染帧，VRay将根据当前的发光贴图中没有的光子信息进行再计算，这样可以提高渲染速度。

From file（从文件）：通过载入已存的发光贴图文件进行图像或动画的渲染。

Add to current map（增加到当前贴图）：VRay将对发光贴图进行全新计算，并把它增加到内存中已经存在的发光贴图中。

Incremental add to current map（增量添加到当前贴图）：当选择该模式进行同一场景的多视点渲染时，将只对内存中的发光贴图没有的区域进行计算，然后添加到已有的发光贴图中。

Bucket mode（块模式）：将发光贴图分成若干块，进行分布式渲染。多用于联机网络渲染，可以有效地提高渲染速度，但容易出现错位现象，效果也并不理想。

- Save（保存）：手动保存当前计算的发光贴图文件到硬盘中。

- Reset（重置）：清除储存在内存中的发光贴图。
- Browse（浏览）：在选择From file模式时，单击此按钮从硬盘上导入已存的发光贴图文件。

7.渲染后设置组

该选项组控制发光贴图计算过程结束后如何处理发光贴图，如图1-66所示。

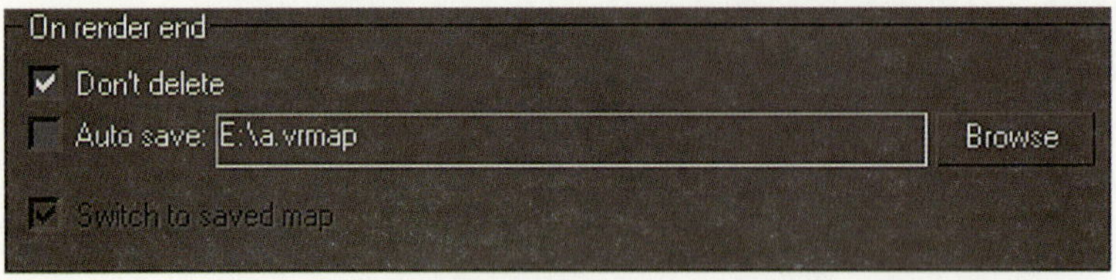

图1-66

- Don't delete（不删除）：默认为勾选，发光贴图将保存在内存中直到下一次渲染前。如果不勾选，VRay会在渲染任务完成后删除内存中的发光贴图。
- Auto save（自动保存）：勾选此复选框后，单击后面的Browse按钮设定存储路径。在发光贴图计算结束后，VRay将自动保存发光贴图到指定的路径下。
- Switch to saved map（转换到保存的发光贴图）：勾选此复选框，VRay在计算完发光贴图后会自动设置发光贴图模式为From file模式进行最终渲染。勾选Auto save复选框，该复选框才会被激活。

8.发光贴图文件的使用在工作中的实际意义

通过调用发光贴图文件，渲染时将省掉计算发光贴图的时间，加快出图速度。

（1）保存发光贴图文件：勾选Auto save（自动保存按钮），单击Browse按钮设定存储路径，如图1-67所示。在此要注意的是，在进行最终渲染前，发光贴图将会自动保存到计算机中，而不是等到最终图像渲染完成后才保存。

图1-67

（2）调用发光贴图文件，同时勾选反向排序渲染，这样两台机器一台渲染一半，在Photoshop软件中手动拼合，也不失为加快出图速度的一个好办法，如图1-68所示。

图1-68

1.2.8 V-Ray:: Global photon map（VRay:：光子贴图）卷展栏

当Primary bounces（首次反弹）或Secondary bounces（二次反弹）的GI engine:（全局光引擎）设定为光子贴图时，渲染面板将会增加一个光子贴图卷展栏，用于对光子贴图引擎进行设置，如图1-69所示。

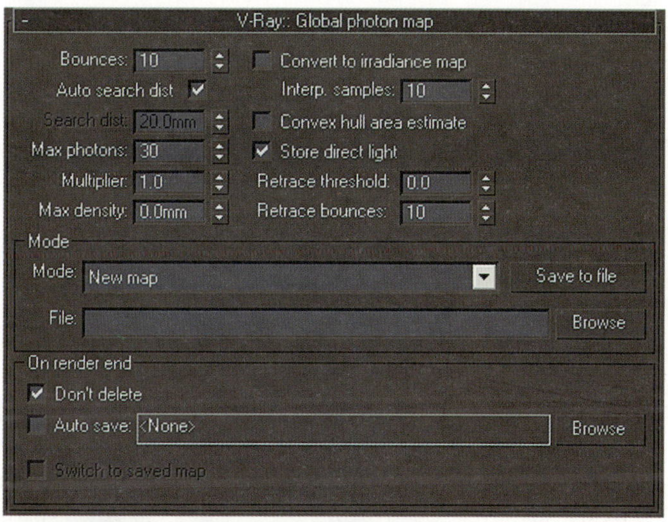

图1-69

- GI engine: Photon map（光子贴图引擎）是一种通过追踪从光源物体发射出去的，并能够在场景中来回反弹的光线微粒（称之光子）来进行GI计算的方法。
- 光子贴图可以快速产生场景中的灯光的近似值，但光照效果的精确性要低于发光贴图；
- 光子贴图需要追踪从光源物体所发射出去的光线，所以无法对环境光（如天光、自发光物体）产生的间接照明进行计算；
- 光子贴图引擎以光线密度来进行渲染计算，所以不能像发光贴图引擎那样进行自适应GI采样计算。

1.基本参数

- Bounces:（反弹）：光线的反弹次数。值越大，反弹光线越充分，场景越亮，同时渲染速度越慢。一般使用默认值。
- Auto search dist ☑（自动搜索距离）：勾选该复选框，系统将根据场景的光照信息自动估算一个距离来搜寻光子。
- Auto search dist □ Search dist: 20.0mm（搜索距离）：当取消勾选自动搜寻距离复选框时，可以通过此项手动设定光子的搜寻距离。较大的值会得到更平滑的效果，同时会增加渲染时间。该值取决于场景的尺寸。
- Max photons:（最大光子数）：控制场景中参与计算的光子的数量，值越大渲染品质越高，同时渲染时间越长。
- Multiplier:（倍增值）：控制光子的亮度，值越大，场景越亮。
- Max density:（最大密度）：用于界定一个光子的使用范围。值越大表示在一定范围内使用的光子数越少，所以渲染的效果越差。
- □ Convex hull area estimate（转换为光照贴图）：勾选该复选框，系统会预先计算储存在光子贴图中的光子碰撞点的发光信息，然后进行插补计算。从而在保证平滑的画面的同时缩短渲染时间。
- Interp. samples:（插补样本）：从光子贴图中进行插补计算时所使用的样本数量。值越大，效果越平滑，同时渲染时间越长。
- □ Convex hull area estimate（凸起壳体区域估算）：当渲染产生黑斑时，勾选此项可以基本上去除黑斑现象，同时会减慢渲染速度。
- ☑ Store direct light（保存直接光）：默认为勾选，表示在光子贴图中保存直接光照明信息，以提高计算速度。
- Retrace threshold:（反弹阈值）：设置光子进行来回反弹的极限值。值越小，渲染的品质越高，速度越慢。
- Retrace bounces:（反弹次数）：设置光子来回反弹的次数。值越大，渲染品质越高，速度越慢。

2.模式设置组

系统内置了两种光子贴图的使用模式，如图1-70所示。

图1-70

New map（新贴图）：表示VRay在每次渲染时都重新计算光子贴图。此为默认选项。

From file（从文件）：通过载入已存的发光贴图文件进行图像或动画的渲染。

- Save to file（保存到文件）：手动保存当前计算的光子贴图文件到硬盘中。
- Browse（浏览）：在选择From file模式时，单击此按钮从硬盘上导入已存的发光贴图文件。

3.渲染后设置组

该设置组控制光子贴图计算过程结束后如何处理光子贴图，如图1-71所示。

图1-71

- Don't delete（不删除）：默认为勾选，光子贴图将保存在内存中直到下一次渲染前。如果不勾选，VRay会在渲染任务完成后删除内存中的光子贴图。
- Auto save:（自动保存）：勾选此复选框后，单击后面的Browse按钮设定存储路径。在光子贴图计算结束后，VRay将自动保存光子贴图到指定的路径下。
- Switch to saved map（转换到保存的光子贴图）：勾选此复选框，VRay会自动设置光子贴图模式为From file模式进行最终渲染。勾选Auto save:复选框后，该复选框被激活。

1.2.9 V-Ray:: Quasi-Monte Carlo GI（VRay::准蒙特卡罗 GI）卷展栏

当Primary bounces（首次反弹）或Secondary bounces（二次反弹）的GI engine:（全局光引擎）设定为准蒙特卡罗时，渲染面板将会增加一个准蒙特卡罗卷展栏，用于对准蒙特卡罗引擎进行设置，如图1-72所示。

- GI engine: Quasi-Monte Carlo（准蒙特卡罗引擎）：用确定性的超均匀分布序列代替蒙特卡罗方法中的随机数序列。这是一种比较简单但强有力的用于计算间接照明的方法。当场景中要表现大量细节的时候，使用该引擎可以得到非常精确的光照效果，但是渲染速度也非常慢。

图1-72

- Subdivs:（细分）：设置GI计算过程中使用的近似的样本数量（注意，该数值并不是追踪光线的实际数量）。值越大，渲染的效果越好，同时渲染时间越长，如图1-73所示。

图1-73

- Secondary bounces（二次反弹）：设置GI计算过程中二次光线反弹的次数。值越大，光线反弹越充分，渲染效果越亮。当二次反弹GI engine（全局光引擎）设为准蒙特卡罗时，该参数才会被激活。

1.2.10 V-Ray:: Light cache（VRay::灯光缓存）卷展栏

当Primary bounces（首次反弹）或Secondary bounces（二次反弹）的GI engine（全局光引擎）设定为灯光缓存时，渲染面板将会增加灯光缓存卷展栏用于对灯光缓存引擎进行设置，如图1-74所示。

- GI engine: Light cache（灯光缓存引擎）：与光子贴图引擎类似，不同的是灯光缓存只追踪从摄像机可见的光线路径来进行GI计算，所以它不用对场景中的每一盏灯都进行计算。并且没有光子贴图的诸多局限性，支持所有类型的灯光。是一种通用的全局照明解决方案。
- 灯光缓存也不能自适应间接照明采样计算。

1.计算参数设置组

控制灯光缓存计算的基本参数，如图1-75所示。

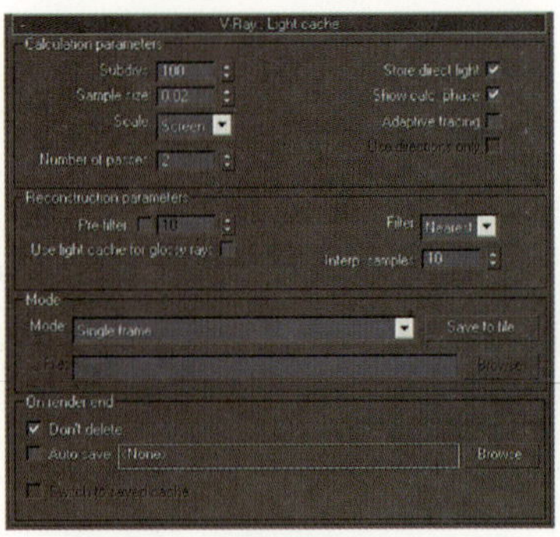

图1-74

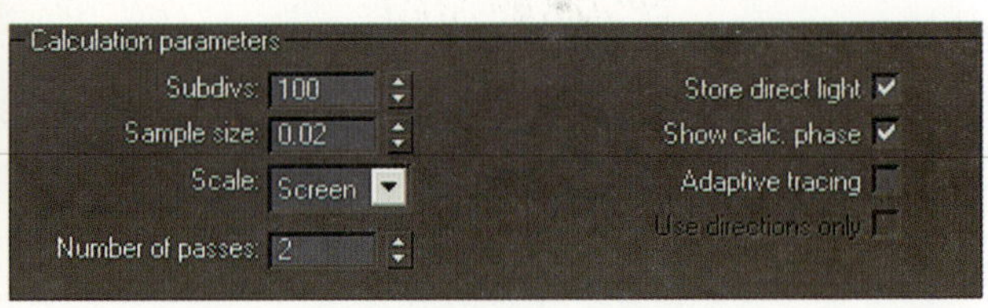

图1-75

- Subdivs（细分）：该参数决定用于灯光缓存计算的样本数量。值越大，渲染品质越高，渲染速度越慢。最终渲染一般取值范围是1000～2000，如图1-76所示。

图1-76

- Sample size（采样大小）：用于设置设计采样计算的样本大小，较小的样本尺寸可以得到更多的画面细节。一般使用默认值，如图1-77所示。

- Scale（比例）：在下拉列表中，系统内置了两种类型Screen和World来决定样本大小的参考单位。

  Screen（屏幕）：由最终图像的渲染尺寸来决定采样样本的大小。离摄像机越近，样本的采样尺寸越小，细节的品质越高；离摄像机越远，样本的采样尺寸越大，如图1-78所示。

图1-77

图1-78

  World（世界）：由MAX系统设置的单位来决定采样样本的尺寸单位。这意味着场景中任何地方的样本尺寸都是固定的，一般用于动画渲染，如图1-79所示。

- Number of passes（进程数量）：该参数与CPU的数量有关，当使用双核处理器时，就将此值设为2。灯光缓存计算可以在多线程处理器中完成，保证了多线程处理器的优势。

图1-79

- Store direct light（存储直接光照）：默认为勾选，在灯光缓存中将保存直接光照信息，可以加快计算速度。
- Show calc. phase（显示计算过程）：勾选该复选框，渲染时将显示灯光缓存的计算过程，但并不会影响最终效果。
- Adaptive tracing（自适应追踪）：记录场景中全局光照信息，并在受到直接光照的位置采用更多的样本。
- Use directions only（只使用方向）：只记录场景中直接光照信息，以提高处理速度。

2.优化参数设置组

用于对灯光缓存预过滤器和过滤器等的参数进行设置，如图1-80所示。

图1-80

- Pre-filter:（预过滤器）：勾选该复选框，渲染时将会通过对灯光缓存样本边界的查找进行模糊处理。所以后面的数值越大，渲染的效果越平滑。
- Filter:过滤：在后面的下拉列表中，系统内置了3种过滤类型来决定如何对灯光缓存的样本进行过滤。

  None（不过滤）：对样本不进行过滤。该选项是渲染速度最快的，但效果也较差。

  Nearest（临近）：通过查找靠近着色点的样本，取平均值进行灯光缓存的计算。临近过滤器由下面的Interp. samples:（插值样本）参数控制，值越大，渲染品质越好，但渲染速度越慢。

  Fixed（固定）：通过查找着色点固定距离内所有的样本，取平均值进行灯光缓存的计算。固定过滤器由下面的Filter size:（过滤尺寸）参数控制，值越大，渲染品质越好，但渲染速度越慢。
- Use light cache for glossy rays（应用灯光缓存到材质光泽度）：当场景中的材质设置了反射或折射光泽度时，勾选该复选框，将加快渲染速度，如图1-81所示。

图1-81

3.模式设置组

系统内置了4种灯光缓存的使用模式，如图1-82所示。

图1-82

- Single frame（单帧）：系统默认的模式，用于对静态图像的渲染。如果进行动画渲染，每一帧都会重新计算灯光缓存。
- Fly-through（快速通过）：多用于动画渲染，它将摄像机动画中每一帧的样本都融在一起计算一个灯光缓存。
- From file（从文件）：通过载入已存的灯光缓存文件进行图像或动画的渲染。
- Progressive path tracing（渐进路径追踪）：和蒙特卡罗一样也是一种精确的计算方式。对样本不进行优化处理。
- Save to file（保存到文件）：手动保存当前计算的灯光缓存文件到硬盘中。

- Browse（浏览）：在选择From file模式时，单击此按钮从硬盘上导入已存的灯光缓存文件。

4.渲染后设置组

该设置组控制灯光缓存计算过程结束后如何处理内存中的灯光缓存文件，如图1-83所示。

图1-83

- Don't delete（不删除）：默认为勾选，灯光缓存将保存在内存中直到下一次渲染前。如果不勾选，VRay会在渲染任务完成后删除内存中的灯光缓存。
- Auto save:（自动保存）：勾选此复选框后，单击后面的Browse按钮设定存储路径。在灯光缓存计算结束后，VRay将自动保存灯光缓存文件到指定的路径下。
- Switch to saved map（转换到保存的灯光缓存）：勾选该复选框，VRay会自动设置灯光缓存模式为From file进行最终渲染。勾选Auto save:复选框后，该复选框被激活。

Quasi-Monte Carlo（准蒙特卡罗）、Light cache（灯光缓存）、Irradiance map（发光贴图）、Photon map（光子贴图）4种全局光照引擎各有特点。那么在实际应用中，选择何种引擎搭配既能满足渲染品质又节省渲染时间呢？这才是我们所关心的问题。经过大量测试得出Irradiance map（发光贴图）和Light cache（灯光缓存）就是最优的组合，也是现在最常用的渲染方法，如图1-84所示。

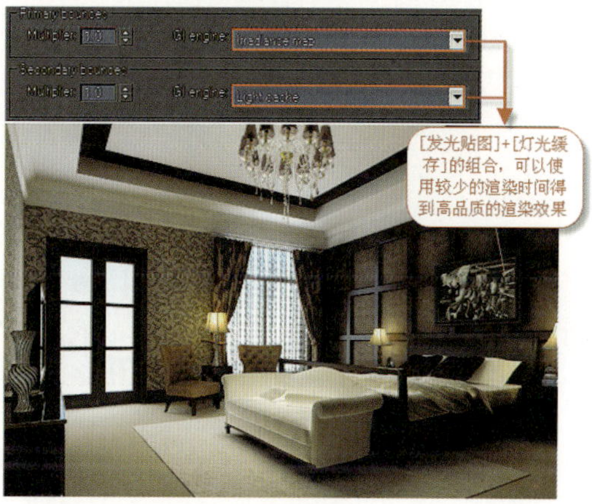

图1-84

1.2.11 V-Ray:: Caustics（VRay: : 焦散）卷展栏

焦散即当光线穿过透明或半透明物体时，由于反射和折射作用所产生的光影效果，它是一种特殊的物理现象。该卷展栏即是对VRay的直接光照所产生的焦散效果进行设置，如图1-85所示。

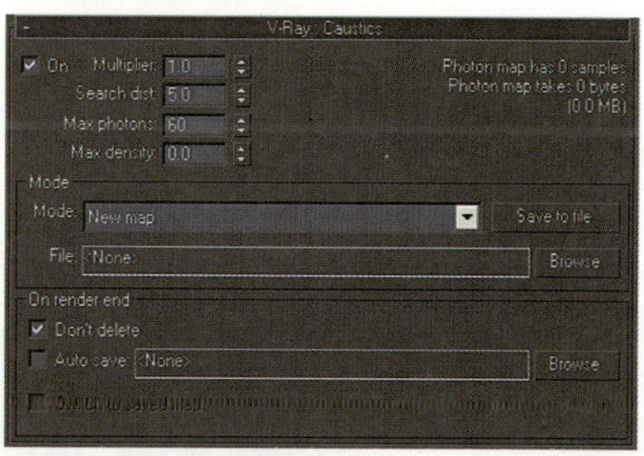

图1-85

1.基本参数设置

- On（开）：打开或关闭焦散，如图1-86所示。
- Multiplier:（倍增器）：控制焦散的强

度，此为全局控制参数。值越大，焦散的效果越强烈，如图1-87所示。

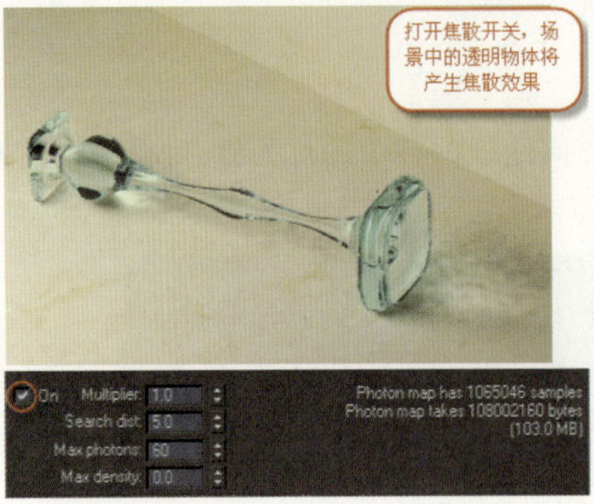

图1-86

图1-87

● Search dist（搜索距离）：用于设置以产生焦散的一个撞击光子为中心，在同一平面内搜寻其他光子的半径范围，如图1-88所示。

● Max photons（最大光子）：用于设置搜寻范围内的最大光子数量，然后根据这个范围内的光子数量来均分照明。较大的值才能产生较理想的焦散的效果，如图1-89所示。

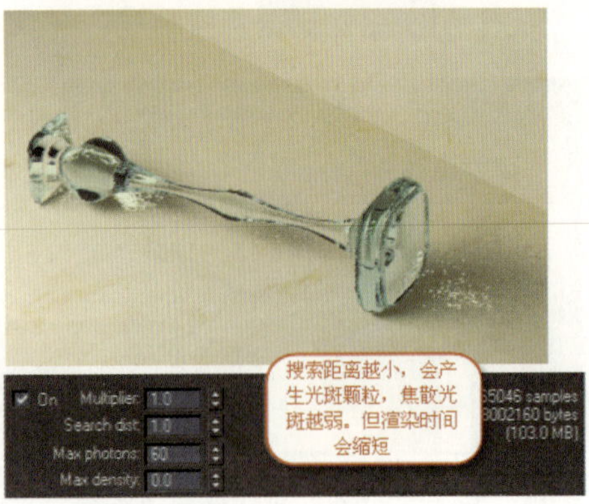

图1-88

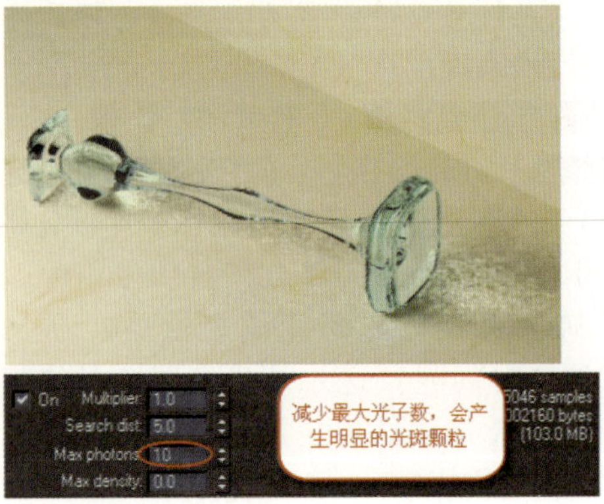

图1-89

● Max density（最大密度）：用于设置产生焦散光子的最大密度。值越小，焦散效果越清晰，如图1-90所示。

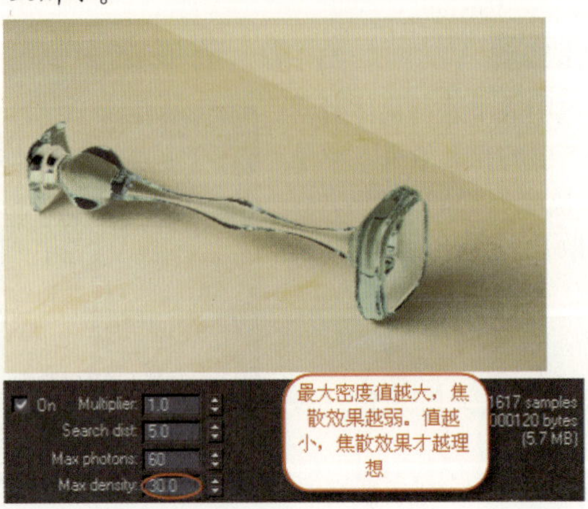

图1-90

2.模式设置组

在模式下拉列表中系统内置两种模式，用以控制焦散光子贴图的使用方式，如图1-91所示。

图1-91

New map（新贴图）：选用这种模式的时候，焦散光子贴图将会被重新计算，其结果将会覆盖先前渲染过程中使用的焦散光子贴图。

From file（从文件）：允许用户导入先前保存的焦散光子贴图来计算。

- Save to file（保存到文件）：可以将当前使用的焦散光子贴图保存在指定文件夹中。

3.渲染后设置组

控制焦散光子贴图渲染后的处理方法，如图1-92所示。

图1-92

- Don't delete（不删除）：当勾选该复选框时，在场景渲染完成后，VRay会将当前使用的焦散光子贴图保存在内存中，否则这个贴图会被删除，内存会被清空。
- Auto save:（自动保存）：勾选该复选框，在渲染完成后，VRay自动保存使用的焦散光子贴图到指定的目录中。
- Switch to saved map（转换到保存的贴图）：在Auto save勾选时才激活，它会自动促使VRay渲染器转换到From file模式，并使用最后保存的光子贴图来计算焦散。

1.2.12 V-Ray:: Environment（VRay::环境）卷展栏

该卷展栏设置用于全局光环境反射及折射时使用的环境颜色或环境贴图，如图1-93所示。

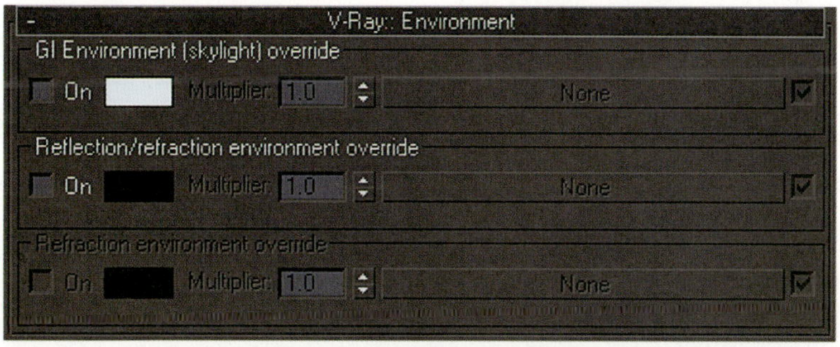

图1-93

1. GI Environment (skylight) override（全局光环境（天光）覆盖）设置组

控制对全局光（天光）环境的设置。

- On（开）：勾选此项，开启全局光环境设置，如图1-94所示。
- Multiplier（倍增器）：设置全局光环境的亮度。值越大，天光的亮度越强。
- None（贴图通道）：单击此按钮可以指定贴图作为天光环境，如图1-95所示。

图1-94

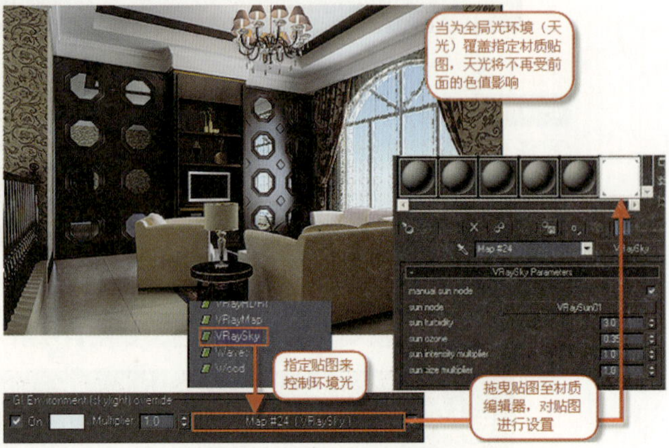

图1-95

2. Reflection/refraction environment override（反射/折射环境覆盖）设置组

控制对反射/折射环境的设置。

- On（开）：勾选此项，开启反射/折射环境设置。
- Multiplier（倍增器）：设置反射/折射环境的亮度。值越大，物体反射/折射出的环境亮度越强。
- None（贴图通道）：单击此按钮可以指定贴图作为反射/折射环境。

3. Refraction environment override（折射环境覆盖）设置组

控制对折射环境的设置。当开启反射/折射环境覆盖，该设置组才有效，针对有特殊要求的物体的折射环境进行专门设置。

- On（开）：勾选此项，开启折射环境设置。
- Multiplier（倍增器）：设置折射环境的亮度。值越大，物体折射出的环境亮度越强。
- None（贴图通道）：单击此按钮可以指定贴图作为折射环境。

1.2.13 V-Ray:: rQMC Sampler（VRay::随机蒙特卡罗）卷展栏

蒙特卡罗是一种计算机应用技术领域的基于分块的蒙特卡罗体绘制方法。能有效地降低内存的消耗，并在一定程度上提高采样速度，增强采样的准确性，以得到更好的渲染效果。该卷展栏主要用于对全局的渲染品质的控制，是控制VRay渲染品质和渲染速度的核心设置面板，如图1-96所示。

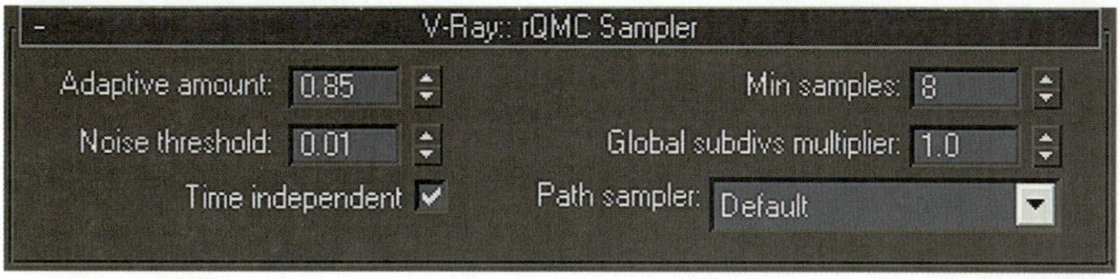

图1-96

- Adaptive amount（适应数量）：控制自适应采样应用的范围。数值越小则应用的范围越小，噪点也就越少，产生的效果越精确，但渲染时间也会成倍的增加，如图1-97所示。

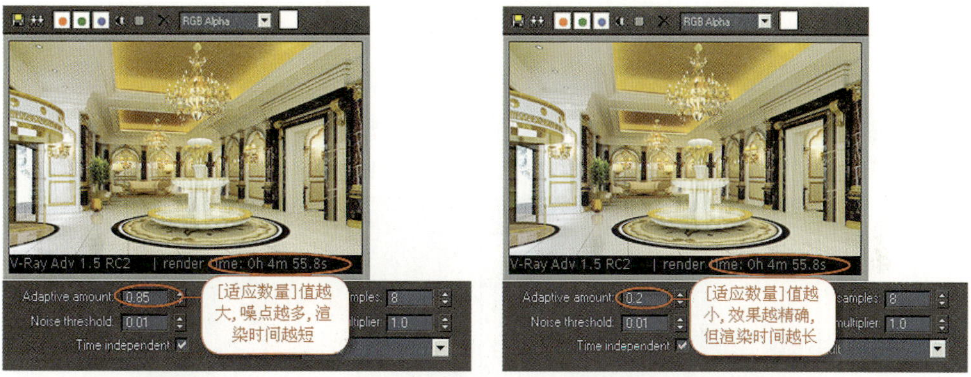

图1-97

- Noise threshold（噪波阈值）：在进行采样计算的时候，VRay会对每一个样本进行评估，当系统认为已经达到所设定的效果时就停止采样。该值决定了VRay在执行早期终止之前，对场景进行评估的准确性。使用较小的数值进行评估时具有较高的准确性、较少的噪点产生较高的图面品质，但也会增加渲染时间，一般使用默认值0.01。设置该参数值为0.8的渲染效果如图1-98所示。
- Min samples（最小采样值）：设置采样的最小数量。该数值越大，光线传递越充分，渲染出的结果就越精细，噪点也越少，一般使用默认值8。设置该参数值为30时的渲染效果如图1-99所示。

图1-98

图1-99

- Global subdivs multiplier（全局细分倍增器）：控制VRay所有参数中细分的倍增值，增大该值可以得到更高的渲染效果，渲染时间也会成倍增加。一般保持系统默认值，如图1-100所示。

图1-100

- Time independent（时间约束）：勾选此复选框，将以逐帧动画模式进行渲染。当渲染关键帧动画时，能有效缩短渲染时间。

  Path sampler（路径采样器）：系统内置了两种路径采样方式。

  Default（默认）：该方式为系统早期版本中的Halton方式。

  Latin super cube（拉丁超级立方）：该方式为V-Ray Adv1.5版本新增的方式，比默认方式采样更精确，但渲染速度也很慢。

1.2.14 V-Ray:: Color mapping（VRay::颜色映射）卷展栏

该卷展栏允许用户通过选择不同类型的颜色映射类型和对图像的暗部、亮部倍增值的调节，来影响最终图像的亮度及色彩饱和度，如图1-101所示。

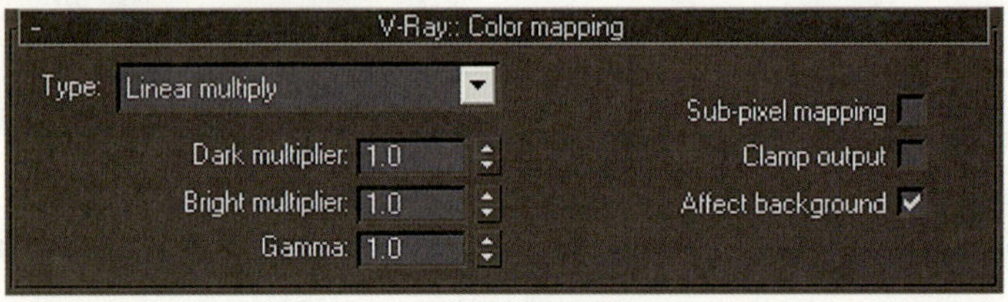

图1-101

- 类型：系统内置了7种颜色映射类型，可以根据不同的需要，选用不同的类型。

  Linear multiply（线性倍增）：基于最终图像色彩的亮度进行简单的倍增。该模式可能会导致靠近光源的部位产生曝光现象。该类型为系统默认方式，如图1-102所示。

  Exponential（指数）：该类型可以有效防止局部曝光现象，但会降低图像色彩的饱和度及亮度，如图1-103所示。

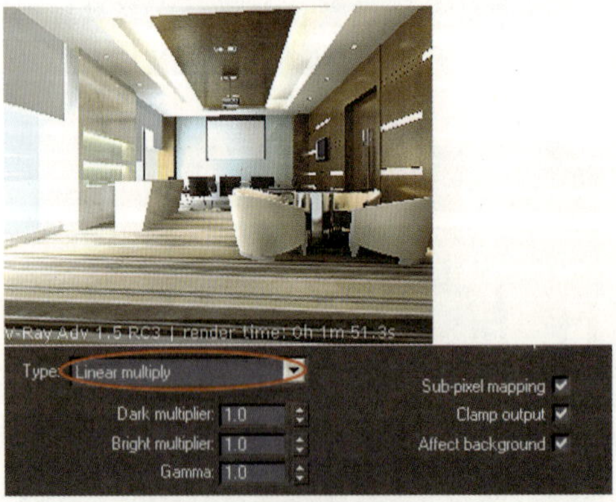

图1-102

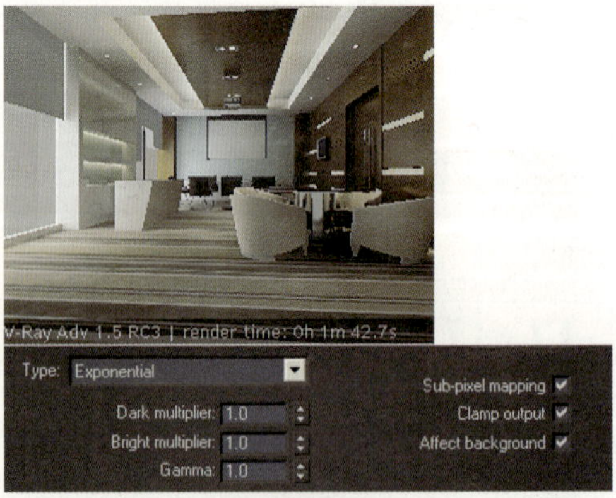

图1-103

HSV exponential（HSV指数）：该类型会取消高光的计算，所以能抑制局部曝光现象，增强图像色彩的饱和度，如图1-104所示。

Intensity exponential（强度指数）：是对Exponential（指数）类型的优化。在局部不出现曝光现象的前提下提高图像亮度，如图1-105所示。

图1-104

图1-105

Gamma correction（伽玛校正）：该类型可以对最终的图像进行简单的校正，效果与Linear multiply（线性倍增）相似，如图1-106所示。

Intensity gamma（亮度伽玛）：是对Gamma correction（伽玛校正）类型的优化。拥有伽玛校正的优点，同时对灯光的亮度进行简单的校正，如图1-107所示。

图1-106

图1-107

Reinhard Reinhard：一种混合于Linear multiply和Exponential之间的色彩贴图类型。当选择色彩贴图类型为Reinhard，下面的Burn value值为0时，最终效果将趋近于Exponential类型；设置Burn value值为1.0时它的效果将趋近于Linear multiply类型，如图1-108所示。

图1-108

Dark multiplier（暗部倍增）：用于调节最终图像暗部的亮度。增大该值可以提亮最终图像暗部的亮度，如图1-109所示。

- Bright multiplier（亮部倍增）：用于调节最终图像亮部的亮度。增大该值可以提亮最终图像亮部的亮度，如图1-110所示。

图1-109

图1-110

- Gamma（伽玛）：用于对伽玛值的控制。
- Sub-pixel mapping（子像素贴图）：勾选该复选框，在子像素采样过程中可以避免高亮部分像素在色彩映射时出现走样情况，如黑色像素。
- Clamp output（钳制输出）：勾选该复选框，将对图像超出显示范围的色彩进行限制并纠正
- Affect background（影响背景）：勾选该复选框时，渲染出的最终图像背景也会进行色彩映射。一般情况下为勾选。

1.2.15 V-Ray:: Camera（VRay::摄像机）卷展栏

对MAX摄像机类型的景深和运动模糊进行设置，如图1-111所示。该卷展栏的设置对VRay的物理相机不起作用。

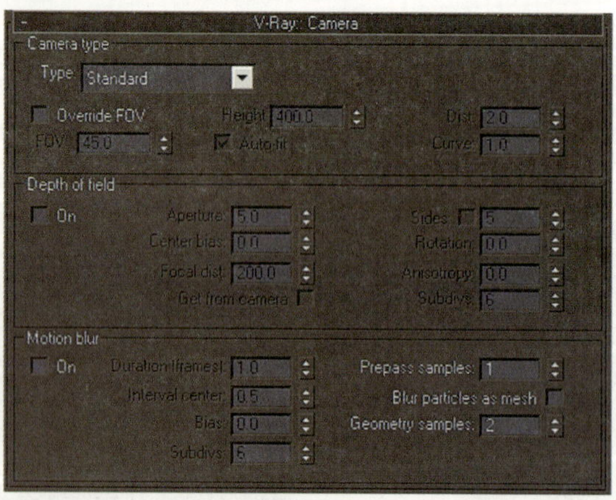

图1-111

1. 摄像机类型设置组

- 类型：在类型下拉菜单中，系统内置了7种类型的摄像机。

Standard（标准）摄像机：三维场景成像在一个平面上，如图1-112所示。

Spherical（球形）摄像机：三维场景成像在球体的弧面上，如图1-113所示。

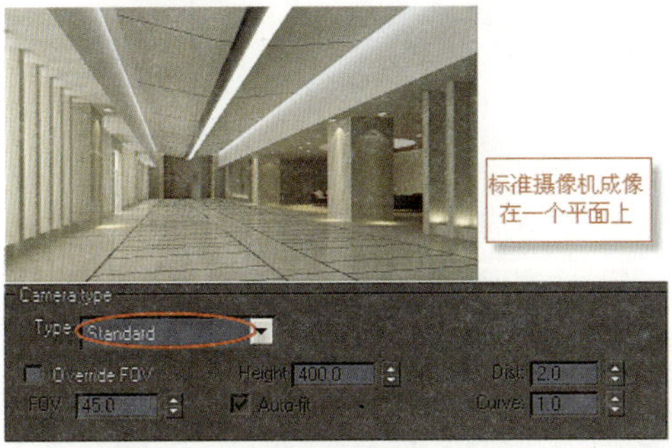

图1-112

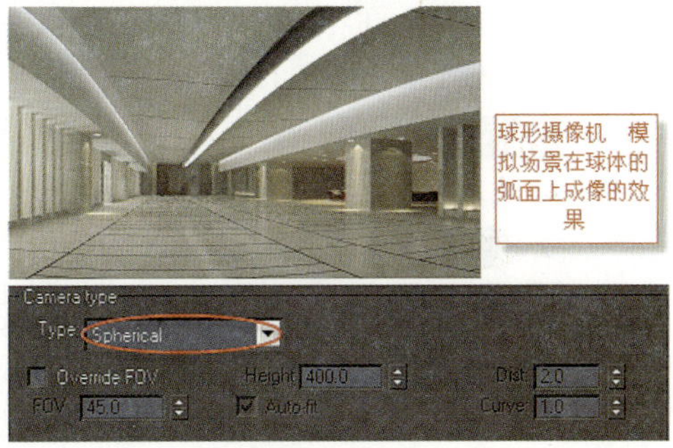

图1-113

Cylindrical (point)（圆柱（点））摄像机：相当于将摄像机放置在一个圆柱体的中心，三维场景成像在圆柱体的侧弧面上。所看到的效果在垂直方向上为标准摄像机，而在水平方向上则为球状摄像机，相当于两种摄像机效果的叠加，如图1-114所示。

Cylindrical (ortho)（圆柱（正交））摄像机：相当于将多架摄像机放置在一个圆柱体的中心轴线上。成像类似Cylindrical (point)（圆柱（点））摄像机，不同的是在垂直方向上的成像高度可调，如图1-115所示。

图1-114

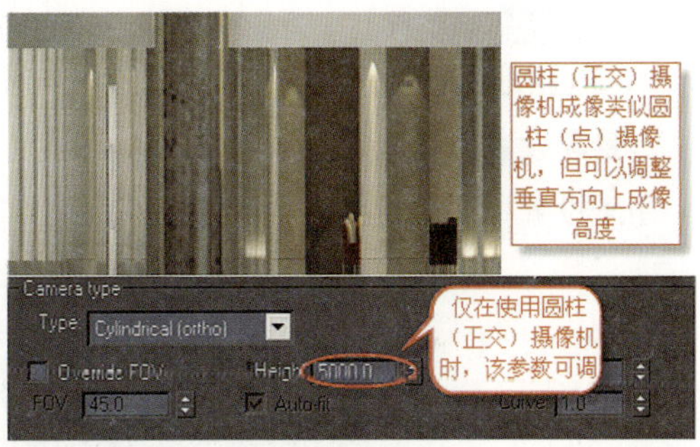

图1-115

Box（立方体）摄像机：相当于有6架摄像机放置在一个立方体的正交平面上，成像效果类似于将一个立方体展开，如图1-116所示。

Fish eye（鱼眼）摄像机：用于模拟鱼眼镜头所看到的效果，成像表现为一种极端的超广角形式。除了画面中心的景物保持不变，其他景物都会产生强烈的变形，如图1-117所示。

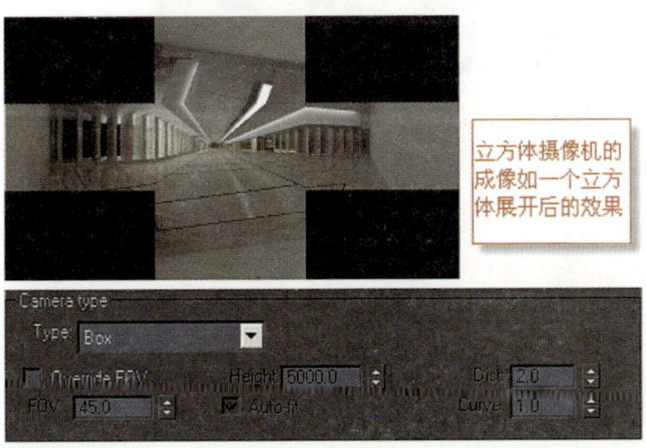

图1-116

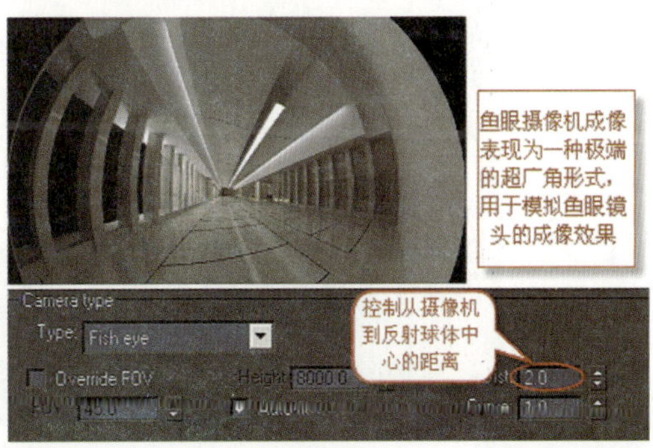

图1-117

Warped spherical (old-styl)（扭曲球形（旧方式））摄像机：类似于球形摄像机，如图1-118所示。

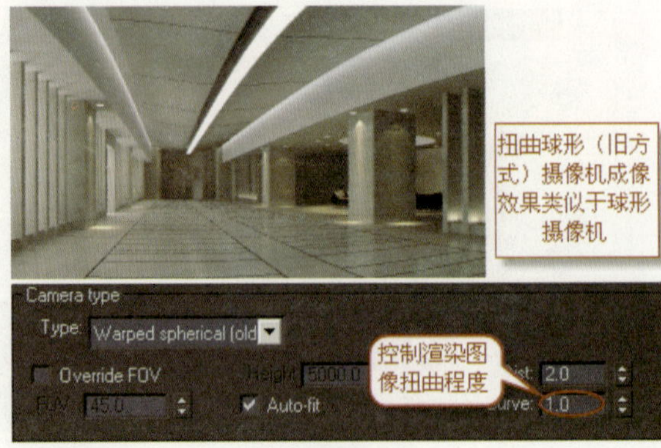

图1-118

- Override FOV（覆盖视野）：勾选该复选框，摄像机的视野将由下面的FOV（视野）参数控制。
- FOV（视野）：控制摄像机的视角范围。
- Height（高度）：用于设置摄像机的高度，仅Cylindrical (ortho)（圆柱（正交））摄像机可调。
- Auto-fit（自适应）：勾选该复选框，VRay将自动计算Dist（距离）值，以适配渲染图像的水平尺寸。当选择Fish eye（鱼眼）摄像机和Warped spherical (old-styl)（扭曲球形（旧方式））摄像机时该参数被激活。
- Dist（距离）：控制从摄像机到反射球体中心的距离。当选择Fish eye（鱼眼）摄像机和Warped spherical (old-styl)（扭曲球形（旧方式））摄像机时该参数被激活。在Auto-fit（自适应）勾选时，此参数失效。
- Curve（曲线）：控制渲染图像扭曲程度。当选择Fish eye（鱼眼）摄像机和Warped spherical (old-styl)（扭曲球形（旧方式））摄像机时该参数被激活。

2.景深设置组

用于设置标准摄像机的景深效果，如图1-119所示。

图1-119

- On（开）：勾选该复选框将开启MAX标准摄像机的景深效果设置组。
- Aperture（光圈）：设置摄像机的光圈尺寸。光圈值越大，景深效果越大，产生的模糊程度越高，如图1-120所示。

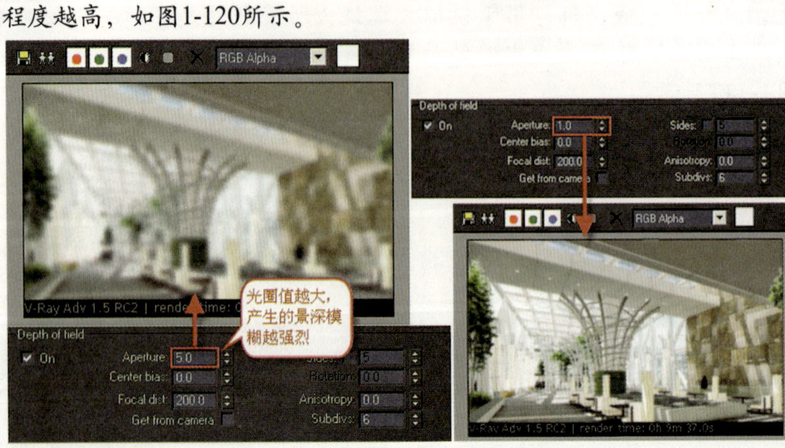

图1-120

- Center bias:（中心偏移）：控制光线穿过光圈的偏移量，值为0意味着光线均匀地通过光圈，正值意味着光线趋于光圈边缘集中，负值则意味着光线趋于光圈中心集中。
- Focal dist:（焦距）：设置从摄像机到焦点的距离。远离焦点的物体将会被模糊，如图1-121所示。

图1-121

- Get from camera（从摄像机获取）：勾选该复选框，焦点由摄像机的目标点来确定。
- Sides:（边数）：用于模拟真实相机光圈的形状。勾选该复选框，后面的数值将决定光圈的多边形边数。
- Rotation:（旋转）：调整光圈多边形的角度。当勾选Sides:（边数）时该选项被激活。
- Anisotropy:（各向异性）：使景深模糊在不同方向上呈现不同特征。值为正数时，在水平方向上增强模糊；值为负数时，在垂直方向上增强模糊。
- Subdivs:（细分）：控制景深效果的渲染品质。值越大渲染品质越高，同时渲染时间越长，如图1-122所示。

图1-122

3.运动模糊设置组

当场景有物体设置了运动模糊特效时，通过该设置组可以对物体的运动模糊效果进行控制。

- On（开）：勾选该复选框将开启物体运动模糊设置组。
- Duration (frames):（持续时间（帧））：用于设置物体运动模糊每一帧的持续时间。值越大，持续时间越长，模糊效果越强烈。

- Interval center（间隔中心）：指定物体运动模糊的时间间隔中心，取值范围是0～1。值为0.5时，运动模糊的时间间隔中心位于两动画帧之间，值为0时，时间间隔中心位于当前帧位置。
- Bias（偏移）：控制物体运动模糊效果的偏移。值为正数，表示模糊效果沿运动方向偏移；值为0时，不偏移；值为负数时，模糊效果沿运动的反方向偏移。
- Subdivs（细分）：控制运动模糊效果的渲染品质。值越大，渲染品质越高，同时渲染时间越长。
- Prepass samples（预采样）：控制在不同时间段内对模糊样本的采样数量。
- Blur particles as mesh（模糊粒子为网格）：用于控制粒子系统的运动模糊效果。勾选该复选框，粒子系统会被作为正常的网格物体来产生模糊效果。
- Geometry samples几何结构采样：设置产生运动模糊的几何学片断的数量。多用于旋转动画，如直升机的螺旋桨，为了表现出正确的螺旋桨旋转效果，通常会增大此值。

1.2.16 （VRay:：默认置换）卷展栏

要使物体产生置换效果有两种方法，一是为物体添加 Displace（置换）修改器或 VRayDisplacementMod（VRay置换修改器）命令。二是在材质的置换贴图通道中为其指定用于产生置换的贴图。该卷展栏即是对VRay的置换效果进行控制，如图1-123所示。

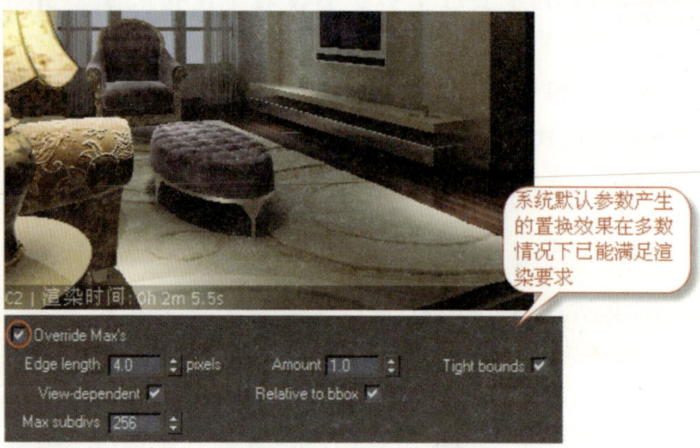

图1-123

- Override Max's（覆盖MAX设置）：勾选该复选框，MAX的置换修改器所产生的置换将无效，置换效果将由该卷展栏下的参数进行控制。同时材质的置换贴图效果也才能被渲染出来，如图1-124所示。

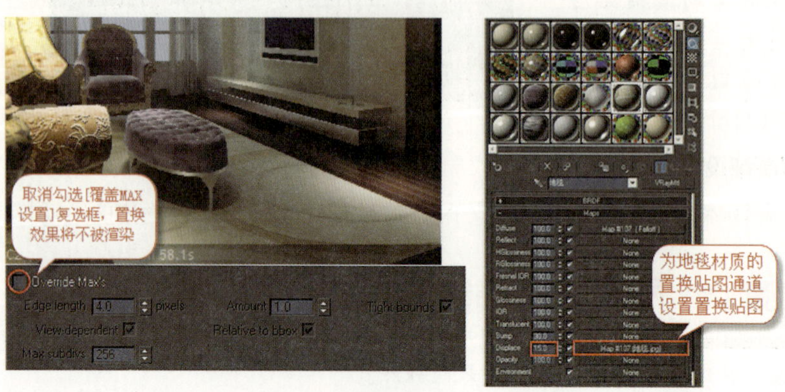

图1-124

- Edge length（边长度）：用于设置产生置换的三角面片的边线长度。值越小，三角面片越多，置换效果越细腻，同时所用渲染时间越长，如图1-125所示。
- View-dependent ☑（视野）：定义边长度的单位，勾选该复选框，边长度值以pixels（像素）为单位；不勾选，边长度值单位为系统设定的单位。通常将系统单位设置为毫米。
- Max subdivs（最大细分）：控制置换所产生的细分三角面片的最大数量。值越小，渲染产生的细节越少，但会加快渲染速度，如图1-126所示。

图1-125

图1-126

- Amount（数量）：控制置换效果的强度。值为0时将不产生置换效果，正值产生的置换效果为外凸，负值产生的转换效果为内凹，如图1-127所示。

图1-127

- Relative to bbox ☑（相对于边界框）：勾选该复选框，将依据物体边界盒为基础进行置换，产生的效果更强烈。
- Tight bounds ☑（紧密界线）：勾选该复选框，VRay会对用于置换的纹理贴图进行预采样。当纹理贴图有大量黑色或白色区域，勾选该复选框将加快渲染速度；当纹理贴图色彩很丰富时，建议取消勾选，此时对最终渲染效果影响不大。

1.2.17 V-Ray:: System（VRay::系统）卷展栏

该卷展栏中的参数是对VRay渲染器的全局控制。主要包括光线计算参数、渲染区域分割设置、分布式渲染、VRay日志、帧标记等内容，如图1-128所示。

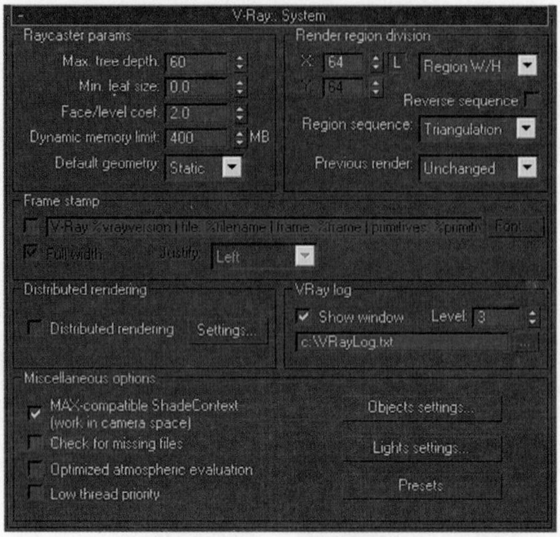

图1-128

1.光线计算参数设置组

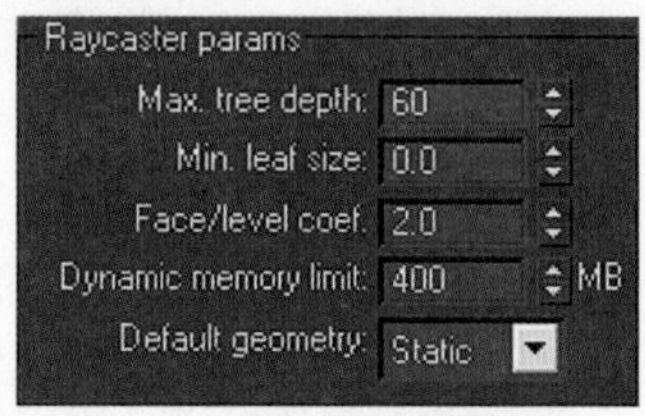

图1-129

VRay在进行光线追踪运算的过程中，为了加快计算速度，将场景中由多个三角面片组成的几何体信息组织成树状结构，即二元空间划分树。该设置组即是控制VRay的二元空间划分树的参数和计算机内存的分配情况，如图1-129所示。

- Max. tree depth:（最大树的深度）：控制二元空间划分树的最大深度。较大的值，将占用更多的内存资源，但会加快渲染速度。当该值设定超过临界点值时，计算速度将会减慢，即值太大或太小都会减慢计算速度。一般保持默认值。
- Min. leaf size:（最小节点的尺寸）：控制叶节点的最小尺寸。默认值为0，意味着VRay将计算场景中所有的三角面片信息。当三角面片小于该值设定参数时，将停止计算。一般保持默认值。
- Face/level coef.（面/级别系数）：控制一个叶节点中三角面片的最大数量。较小的值，将加快运算速度，但同时会占用更多的内存资源。当该值设定超过临界点值时，计算速度将会减慢。
- Dynamic memory limit:（动态内存极限）：控制VRay所使用的系统动态内存总量。较大的动态内存可以减少数据的擦写次数，以加快计算速度。值的大小视机器内存而定。
- Default geometry:（默认几何体）：控制内存的使用方法。在下拉列表中系统内置两种方式，Static（静态内存）可以加快计算速度；当场景过于复杂，出现软件跳出现象时，可以尝试选用Dynamic（动态内存）。

2.渲染区域分割设置组

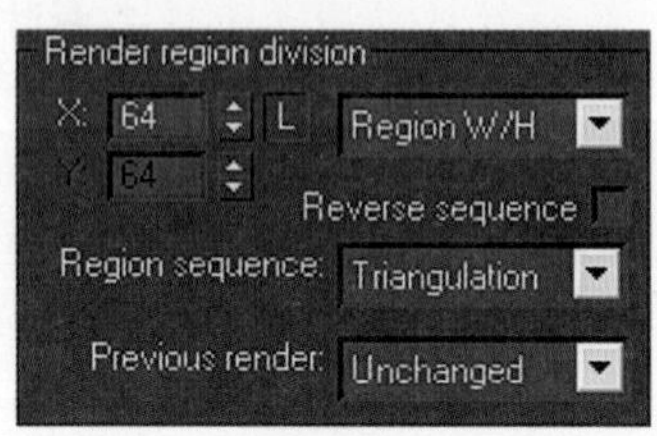

图1-130

用于对VRay渲染块的尺寸、渲染方向及形式进行设置。该设置组只是控制渲染过程的显示方式，并不会影响最终渲染效果和渲染速度，如图1-130所示。

- Region W/H （区域宽/高）：渲染块的面积大小。X设置渲染块的宽度，Y设置渲染块的高度。单击L按钮，将强制设置宽度和高度值相同（注意：尺寸值以像素为单位）。
- Region Count 区域数量：渲染块的数量。X设置渲染块水平方向上的数量，Y设置渲染块垂直方向上的数量。单击L按钮，将强制渲染块水平和垂直方向上的数量相同。
- Reverse sequence （反向排序）：勾选该复选框，渲染方向将按Region sequence:（区域排序）设定的相反方向进行渲染。当一张图用两台机器出图时该选项特别有用，如图1-131所示。

图1-131

- Region sequence: （区域排序）：控制渲染时，分割块的渲染方向。Top->Bottom是从上到下渲染；Left->Right是从左到右渲染；Checker是以棋盘格的方式渲染；Spiral是从图面中心向四周（螺旋）渲染；Triangulation是以三角形剖分渲染；Hilbert curve是以希尔伯特曲线方式渲染。从上到下渲染的效果如图1-132所示。

图1-132

- Previous render: （上次渲染）：设置渲染前，对帧缓存器中上次渲染结果显示的处理方式。Unchanged为无变化、Cross为交叉、Fields为场、Darken为变暗、Blue为蓝色。以Blue模式渲染的效果如图1-133所示。

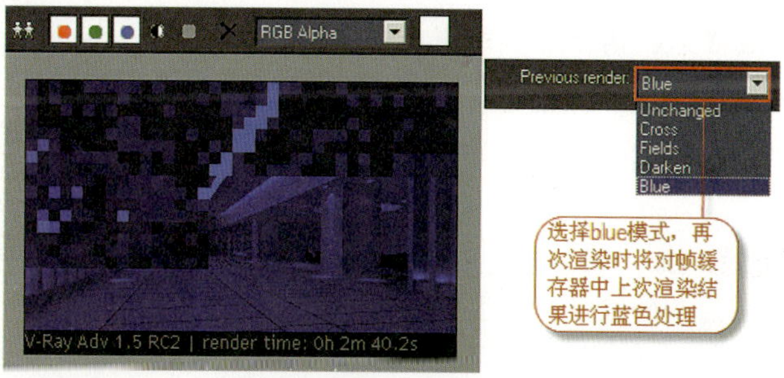

图1-133

3.帧标记设置组

控制渲染图像上显示的渲染信息的内容与位置，如图1-134所示。

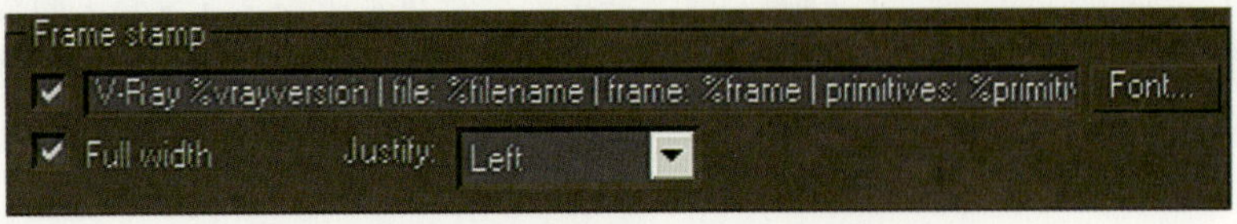

图1-134

- V-Ray %vrayversion | file: %filename | frame: %frame | primitives: %primiti（开）：勾选该复选框，将在图像下方显示渲染信息，如图1-135所示。

图1-135

- Font...（字体）：控制显示信息的字体属性。
- Full width（全屏宽）：勾选该复选框，显示信息的宽度为最终图像的宽度。
- Justify:（对齐）：控制文字在帧标记中的排列位置。Left为居左，Center为居中，Right为居右。

4.分布式渲染设置组

控制联机渲染，即多台计算机同时渲染一张图像。分布式渲染要求工作组中的其他计算机所使用的VRay版本相同，如图1-136所示。

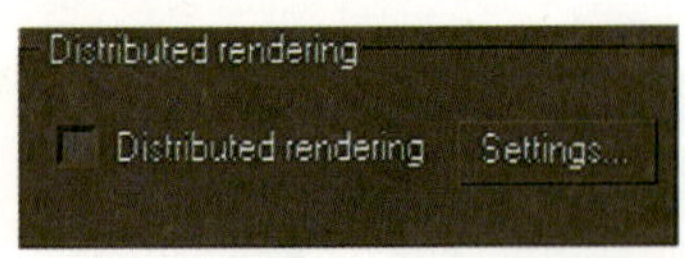

图1-136

- Distributed rendering（分布式渲染）：勾选该复选框，将开启联机渲染设置。
- Settings...（设置）：用于添加或删除工作组中参与联机渲染的其他计算机。

5.VRay日志设置组

对用于记录VRay渲染时各种信息的窗口进行设置，如图1-137所示。

图1-137

- Show window（显示窗口）：勾选该复选框，渲染时将弹出记录信息的窗口，如图1-138所示。

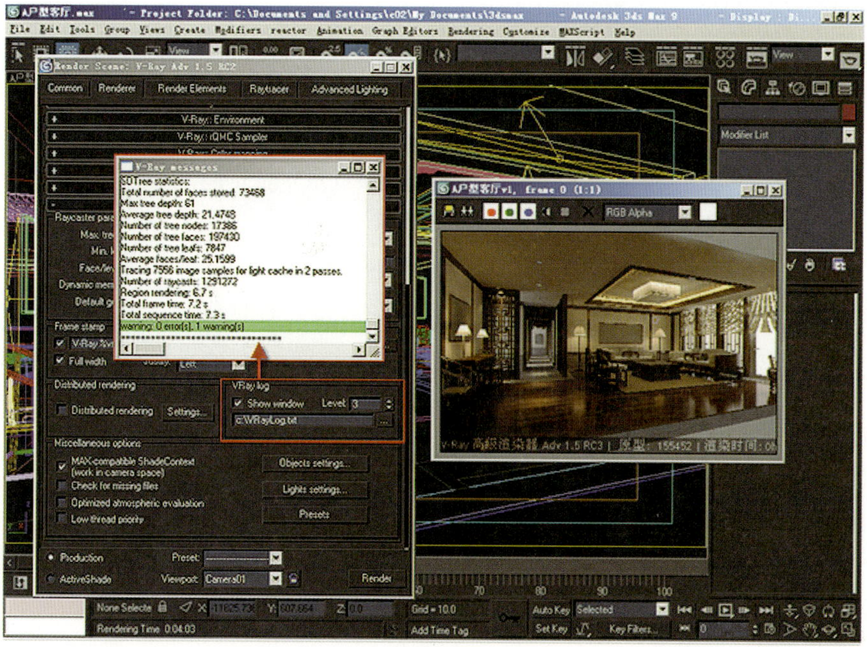

图1-138

- Level（级别）：控制VRay日志的显示内容。1为显示错误信息；2为显示错误和警告信息；3为显示错误、警告和情报信息；4为显示错误、警告、情报和调试信息。
- c:\VRayLog.txt ...（路径）：设置存储VRay日志文件的路径位置。

6.其他选项设置组

主要用于对场景中物体和灯光的设置，以及软件的兼容性和线程等的控制，如图1-139所示。

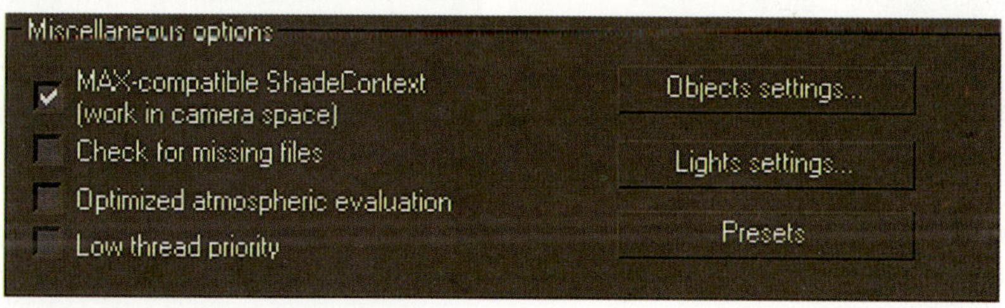

图1-139

- MAX-compatible ShadeContext (work in camera space)（MAX-兼容着色关联（基于摄像机工作空间））：勾选该复选框，将会使VRay与MAX中的其他插件更好地兼容。
- Check for missing files（检查丢失文件）：勾选该复选框，将会在弹出的对话框中显示出场景中缺失的文件信息，如未找到的材质贴图。
- Optimized atmospheric evaluation（优化大气求值）：当场景中设置了大气特效时勾选该复选框，会得到比较好的大气效果。
- Low thread priority（低线程优先权）：勾选该复选框，将采用低线程进行渲染。
- Objects settings...（对象设置）：单击此按钮，在弹出的物体属性设置面板中，可以对场景中任意物体的属性（如全局光照，焦散，反射和折射等）进行设置，如图1-140所示。

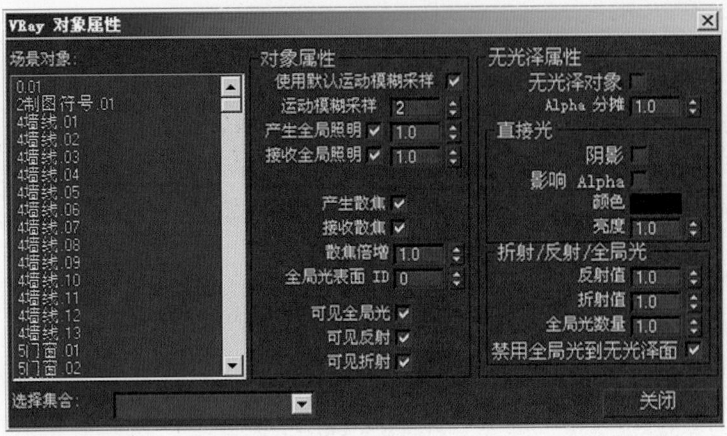

图1-140

- Lights settings... （灯光设置）：单击此按钮，在弹出的灯光属性设置面板中设置场景中任意一个灯光焦散、漫射的强度及细分，如图1-141所示。
- Presets （预置）：单击此按钮，在弹出的预置设置面板中，可以加载或保存VRay渲染参数的种属性文件，如图1-142所示。

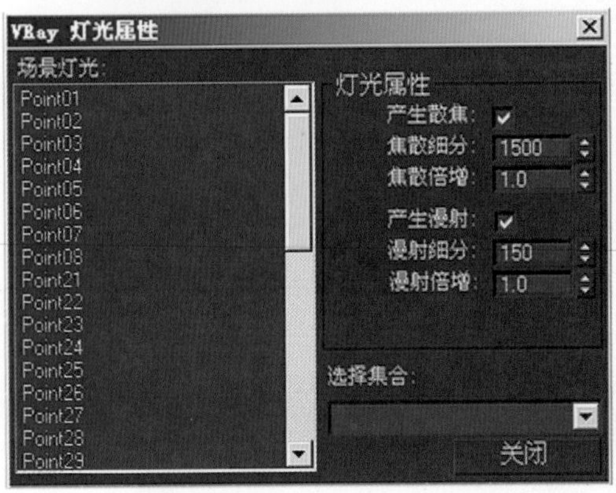

图1-141

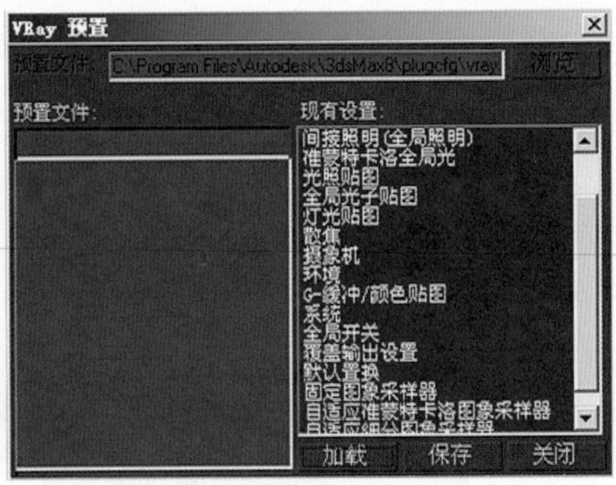

图1-142

1.3 本章小结

通过VRay可以渲染出高品质的效果图，真实而细腻，但VRay的渲染过程也是很漫长的。对于从事设计表现工作的人员来说，最迫切需要解决的问题就是如何在保证渲染品质的同时加快渲染速度。

在VRay中模型、材质、灯光和渲染参数的设置都将会影响渲染速度，这些因素彼此影响又互相制约。

1.模型因素

较为复杂的模型，特别是存在较多细节的模型，会耗费大量的渲染时间。但出于设计上的需要，有些空间的表现无法避免复杂模型的出现。

- 要求模型师在建模之初，就要尽量控制模型的复杂程度，即用较少的模型点面数创建出所需的模型。

- 至于模型的优化，在此推荐MultiRes（多重解析编辑器），它允许以百分比的形式减少模型的点面数，较之Optimize（优化编辑器）它可以更好地控制模型的面数和质量。
- 整个模型场景要精确，不能漏光，最好不要重面，并且为封闭空间。
- 对于效果图表现，笔者的个人原则是“能用后期合成的就不用建模的”。这要求我们有较深的Photoshop处理图像的功底和美术基础。

2.渲染参数设置因素

(1) 图像采样器的选择

- 当场景中没有或仅有少量材质设置了反射/折射模糊效果，没有景深和运动模糊特效时，首选Adaptive subdivision（自适应细分采样器）。该采样器可以使用较少的样本达到其他两款采样器使用较多样本才能够达到的品质和质量，而且渲染速度更快。
- 当场景具有较多细节的纹理贴图、大量模型细节及少量的模糊特效时，首选Adaptive QMC（自适应准蒙特卡罗采样器）。
- 当场景具有大量模糊特效或较多细节的纹理贴图时，使用Fixed（固定）采样器可以兼顾图像品质和渲染速度。

(2) 抗锯齿过滤器的选择

- 选择不同的抗锯齿过滤器对渲染速度也会有一定的影响，因此建议在渲染时使用默认的Area（区域）方式，因为在后期的Photoshop中也可以完成图像的锐化处理工作。

(3) 全局光引擎的选择

- 首次反弹设置为Irradiance map（发光贴图）且二次反弹设计为Light cache（灯光缓存）是最优的组合。并且反弹的Multiplier: 1.0（倍增值）尽量使用默认值1，才能得到精确的计算结果。
- Irradiance map（发光贴图）卷展栏中Min rate:（最小比率）值对渲染速度影响最大，所以在调试渲染时将值设为-4，最终渲染将值设为-3；HSph. subdivs:（模型细分）值越大渲染的品质越好速度越慢，在调试渲染时取值20，最终渲染时将值设为50；Interp. samples:（插补采样）一般取值为50。
- 二次反弹主要是影响图像色彩饱合度，对GI的贡献很有限。Light cache（灯光缓存）卷展栏中Subdivs:（细分值）在调试渲染时取值100，最终渲染时将值设为1000。取值一般不要大于1000，设置更大的细分值意义不大而且还会增加渲染时间。

3.材质和灯光因素

至于材质和灯光因素对渲染速度的影响，会在以后相应的章节中进行归纳总结。

·读·书·笔·记·

第2章 图像的渲染输出设置

2.1 场景的渲染设置

VRay的输出渲染能够在多处理器电脑上多线程地进行，一台双核处理器的设备可以比单核处理器系统节省将近一半的渲染时间，还可以通过局域网络进行联机渲染。

1.渲染场景对话框

通常对一个新场景进行渲染时，应首先打开（渲染场景对话框）或按快捷键F10键，进行渲染参数设置。此后渲染相同场景时，可以使用快速渲染工具，按照已设定的参数进行渲染，从而跳过该设置参数的环节进行快速渲染。

2.（快速渲染（产品级））/（快速渲染（动态着色））

快速渲染就是依据前期已设定参数进行直接渲染的方式。即使软件设置了自动保存图像，快速渲染方式也会执行，如图2-1所示。

- （快速渲染（产品级））方式依据渲染场景面板中的输出设置进行产品级别的快速渲染；
- （快速渲染（动态着色））方式能够在新的帧缓存窗口中创建ActiveShade（动态着色）效果，它的参数设置独立于产品级快速渲染的设置。

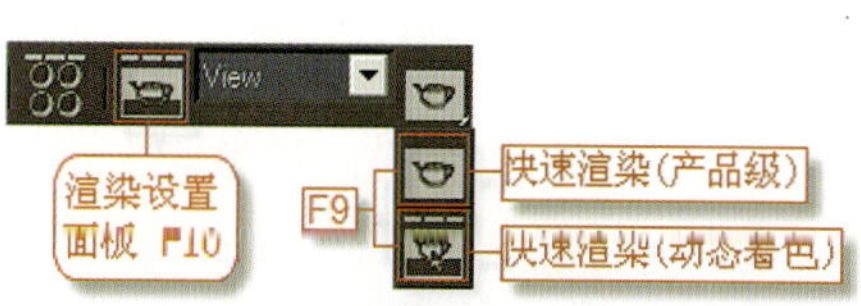

图2-1

3.系统提供了8种不同的渲染类型，主要用于控制渲染图像的尺寸和内容，如图2-2所示。

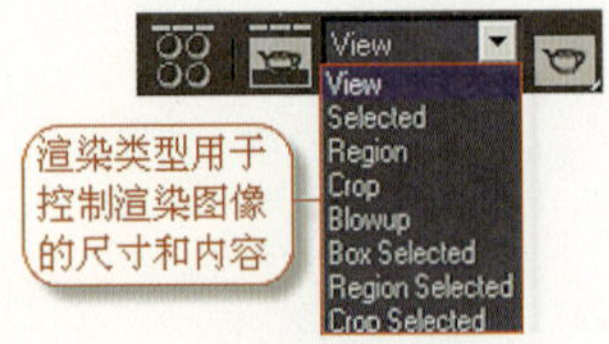

图2-2

- View（视图）渲染：对当前视图的全部内容进行渲染，是默认渲染类型。
- Selected（选定对象）渲染：只对当前视图中被选择的对象进行渲染。
- Region（区域）渲染：只对当前视图中所指定的区域进行渲染。当选择区域渲染时，会在视图中出现一个虚线框，用来调节要渲染的区域，单击右下角的OK按钮即可对指定区域执行渲染。
- Crop（裁剪）渲染：只渲染选择的区域，并按区域面积进行裁剪，产生与框选区域等比例的图像。
- Blowup（固定框）渲染：对当前视图中所指定的区域进行放大渲染。
- Box Selected（边界框选择）渲染：依据当前视图中被选择对象的边界框进行指定尺寸渲染。
- Region Selected（区域选择）渲染：对当前视图中被选择对象的边界框范围内的场景进行渲染。
- Crop Selected（裁剪选择）渲染：功能与Region Selected区域选择渲染相同，区别在于渲染结果仅显示渲染区域。

2.2 图像的输出质量

一般渲染输出的图像主要是位图类型，而所谓的位图就是由许多位置和颜色不同的小方块（像素点）阵列组成的图像（将图像放大即可看到）。像素的多少决定了画面的细节及清晰程度，像素越多图像质量越高，如图2-3所示。

MAX输出的质量设置由长、宽的像素数量来决定。842×595像素的图像为标准A4的输出尺寸。考虑到VRay漫长的处理和渲染时间，最终出图设置3000×2250像素，通过后期的排版技巧即可满足A0的输出尺寸，如图2-4所示。

图2-3

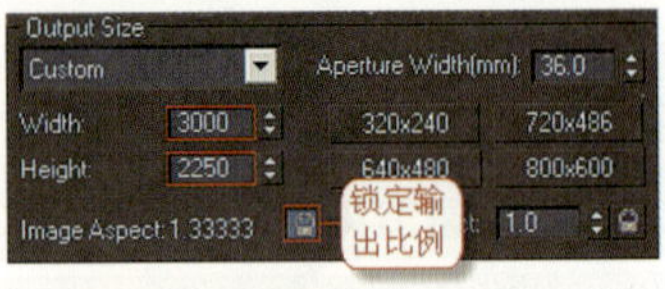

图2-4

2.3 输出图像的文件存储格式

图像的文件格式种类繁多，不同的文件格式包含着不同的信息。使用何种文件格式要根据实际需求而定。下面对几种常用文件格式作简单介绍。

- TGA格式：该格式是一种通用性很强的图像格式，非常适合用于不同软件平台之间的数据交换。该格式的文件可以保存Alpha通道信息，这样可以在后处理时将Alpha通道转换为选区操作。TGA属于不失真压缩格式，在渲染输出时多采用此格式。

- JPG格式：该格式支持不同程度的压缩比，它可以任意调整压缩比率。压缩比越大，品质就越低，是一种有损压缩格式。文件的压缩会使图像品质下降，但会节省大量的存储空间。
- TIF格式：该格式也属于跨平台格式，并且支持CMYK颜色模式，主要用于制版印刷。此外它还有一个特色功能就是支持LZW压缩，这种压缩方式属于不失真压缩。
- PSD格式：该格式是Photoshop的专用图形文件格式，这种格式包含了图像中的图层、通道、蒙版、路径等各种信息，几乎可以将Photoshop对图片的操作留下完整的记录，便于日后的修改。

渲染输出的文件格式设置，如图2-5所示。

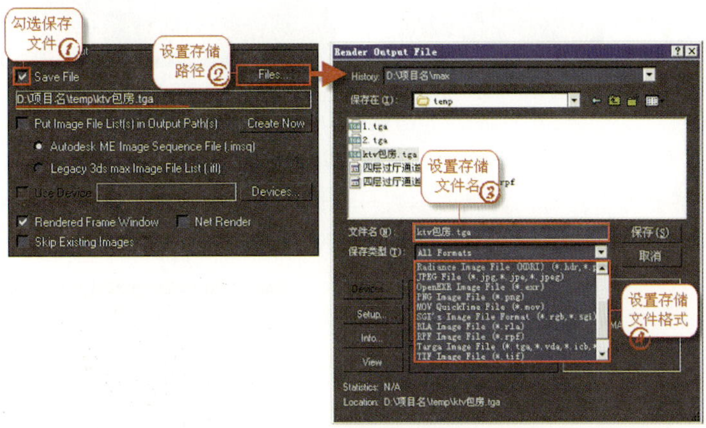

图2-5

2.4 调试渲染的参数设置

以下步骤的参数设置仅作参考。

01 为加快测试渲染速度，设置一个较小的渲染图像的尺寸，如图2-6所示。

02 （VRay::全局开关）卷展栏：关闭场景中默认灯光照明，如图2-7所示。

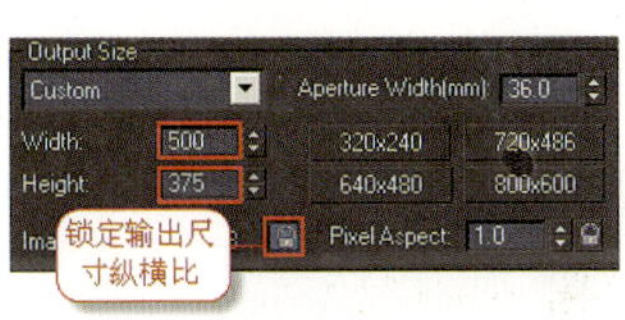

图2-6

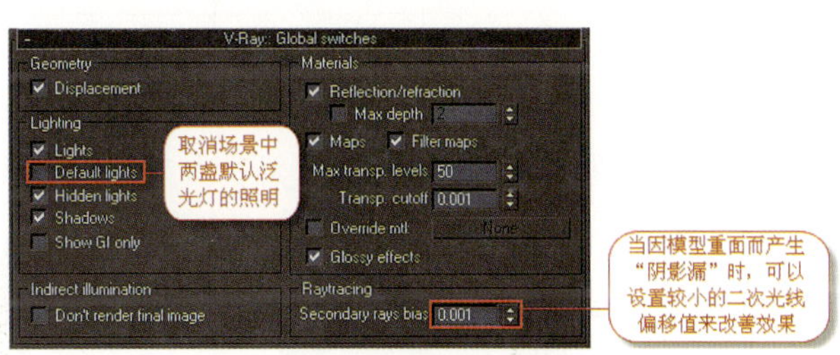

图2-7

03 （VRay::图像采样（抗锯齿））卷展栏：选择渲染速度较快的固定比率采样器，同时关闭抗锯齿过滤器，如图2-8所示。

04 （VRay::间接照明（GI））卷展栏：勾选全局光照复选框，设置首次反弹设为 Irradiance map（发光贴图）；二次反弹设为 Light cache（灯光缓存），如图2-9所示。

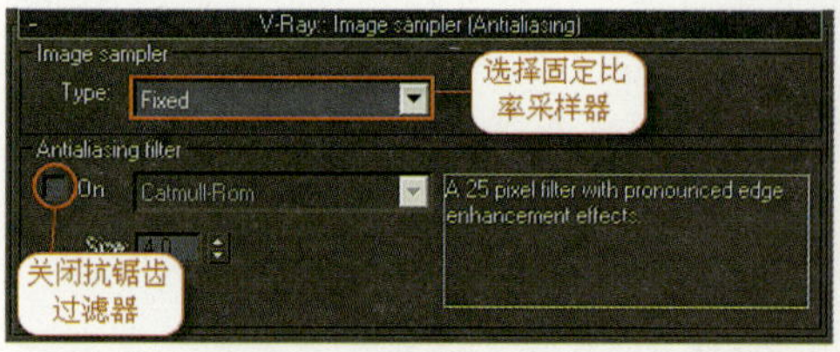

图2-8

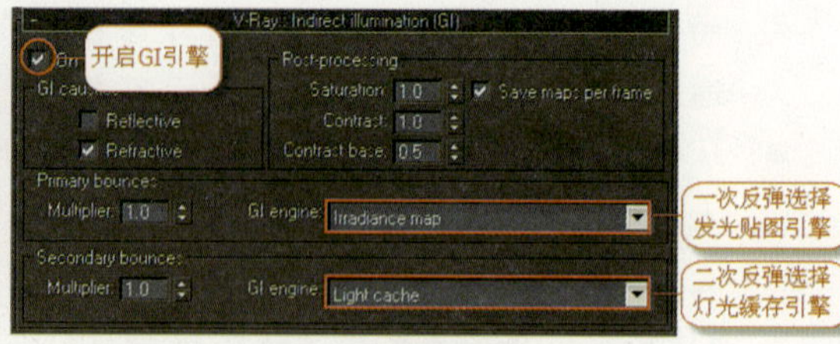

图2-9

05 对发光贴图和灯光缓存引擎的参数进行如2-10图所示的设置。

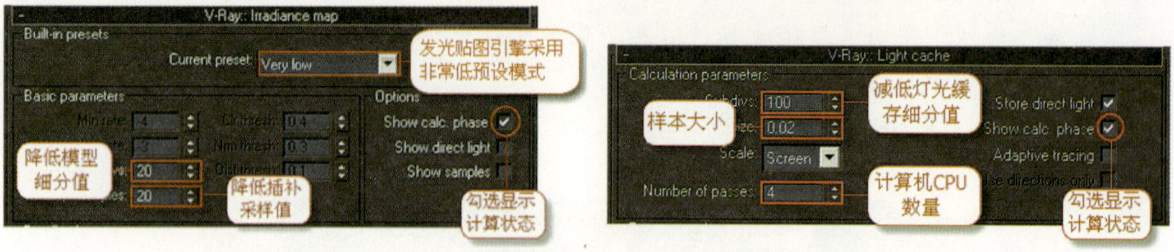

图2-10

06 （VRay：：颜色映射）卷展栏：对于初学VRay的读者，建议将色彩贴图类型设置为指数曝光模式，这样会易于控制。其他的参数一般情况下不必调节，如图2-11所示。

07 （VRay：：系统）卷展栏：对系统参数的设置并不会影响渲染的最终效果，设置如图2-12所示。

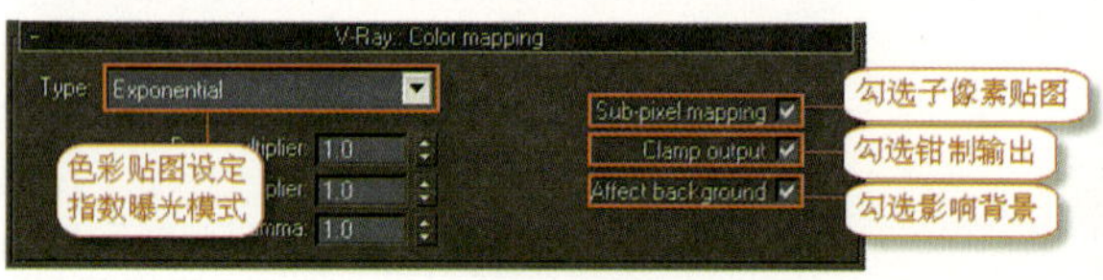

图2-11

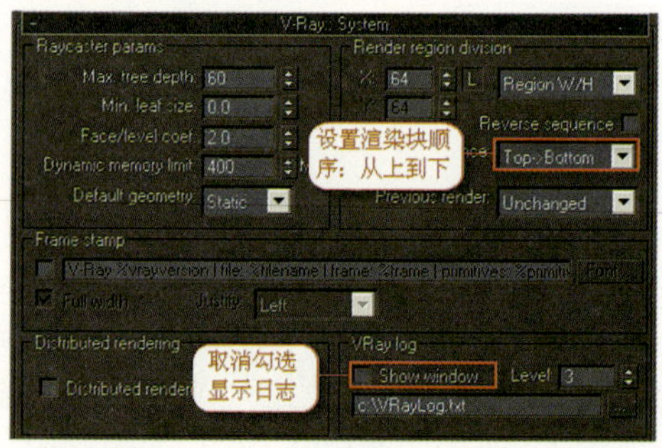

图2-12

2.5 最终渲染的参数设置

以下步骤的参数设置仅作参考。

01 设置渲染输出图像的尺寸为3000×2250像素就可以基本满足A0图纸的打印尺寸，如图2-13所示。设置输出图像的保存路径及其文件类型为*.tga格式，如图2-14所示。

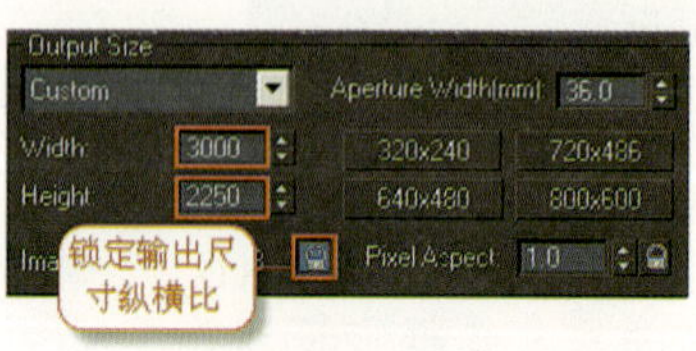

图2-13

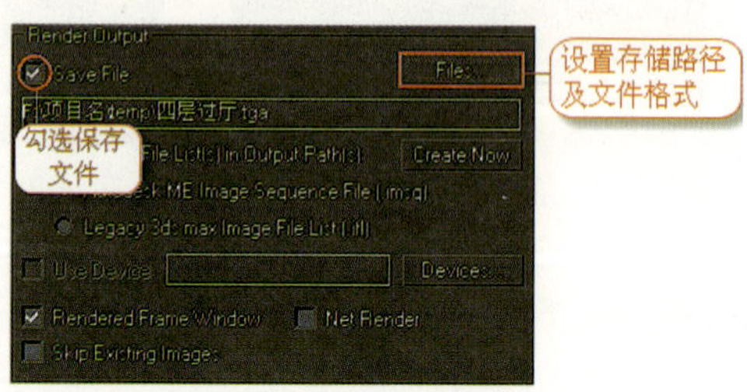

图2-14

02 (VRay::全局开关）卷展栏：取消勾选默认灯光。光线偏移值能有效预防因模型重面而产生的“阴影漏”现象，如图2—15所示。

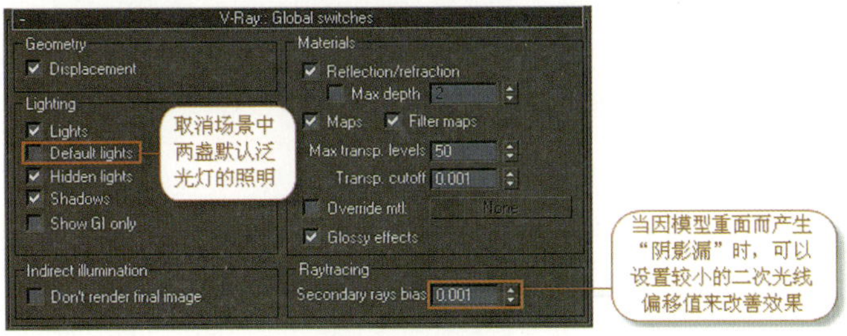

图2-15

03 (VRay::图像采样（抗锯齿）)卷展栏：最终渲染选择蒙特卡罗采样器和只读存储抗锯齿过滤器，如图2—16所示。

04 (Vray::间接照明（GI）)卷展栏：开启GI引擎，设置首次反弹设为Irradiance map（贴图），二次反弹设为Light cache（灯光缓存）。参数设置与预览设置相同，如图2—17所示。

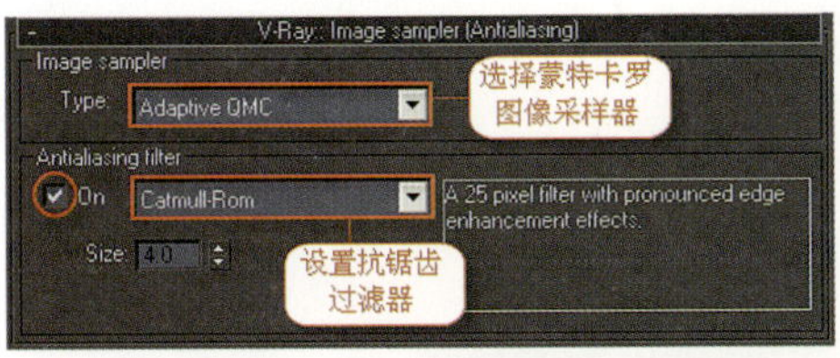

图2-16

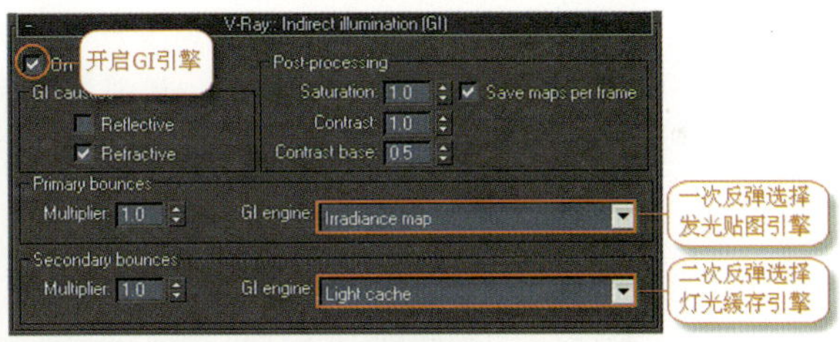

图2-17

05 如图2—18所示对发光贴图和灯光缓存引擎的参数进行设置。

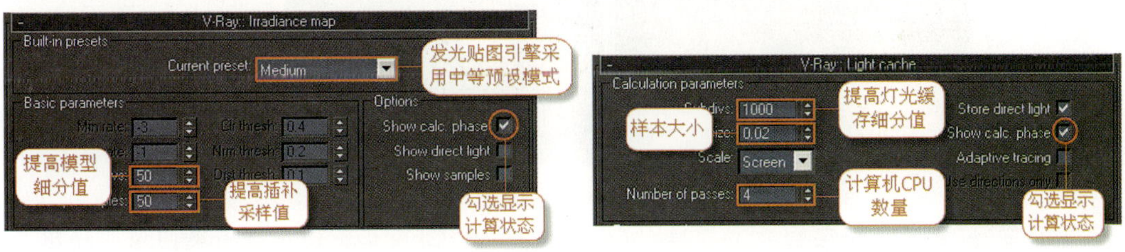

图2-18

06 (Vray::颜色映射）卷展栏：参数设置与预览设置相同，如图2—19所示。

07 (Vray::系统）卷展栏的设置如图2—20所示。

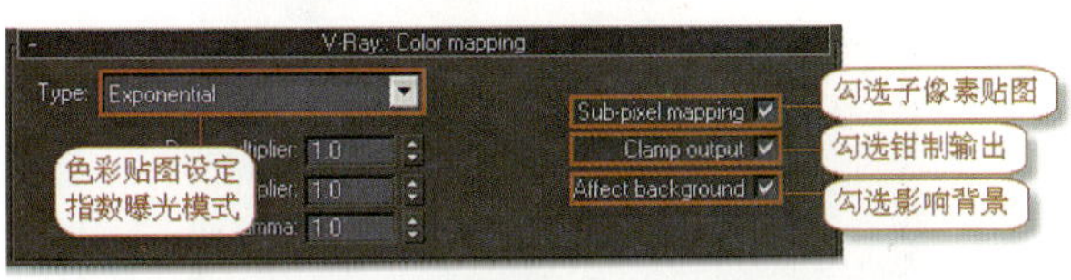

图2-19

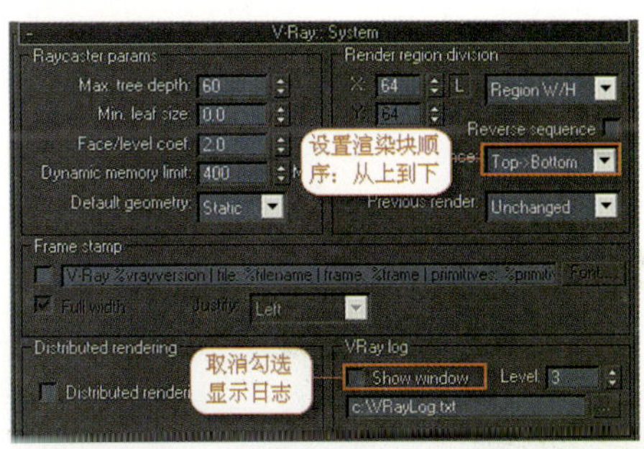

图2-20

2.6 “颜色通道”的设置与渲染输出

所谓“颜色通道”就是把同一场景中被赋予的材质调整成一种易识别的单色材质，并按照同一图像尺寸进行渲染输出，以便在Photoshop中对图像做局部处理操作时选择区域的快速创建，如图2-21所示。

图2-21

2.6.1 手动设置“颜色通道”

01 按M键打开材质编辑器，将场景中被赋予的材质设置成MAX的 Standard （标准材质）类型，将材质Diffuse:（漫射）颜色调节成易识别的单色，并将Self-Illumination（自发光）值设置成100，如图2-22所示。（注意：相邻颜色反差越大越好）

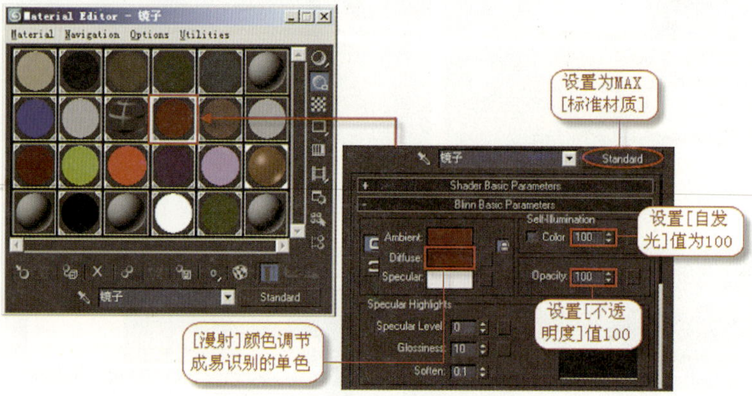

图2-22

02 按F10键打开渲染面板，选择MAX的默认扫描线渲染器，使用源渲染图像的输出尺寸，并设置图像文件存储路径及格式，如图2-23所示。

03 切换到渲染面板中的Renderer（渲染）面板下，取消纹理贴图、材质的反射/折射和阴影选项的勾选，如图2-24所示。

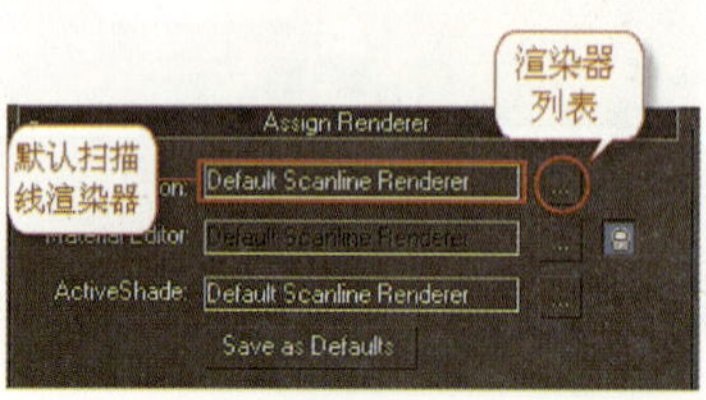

图2-23

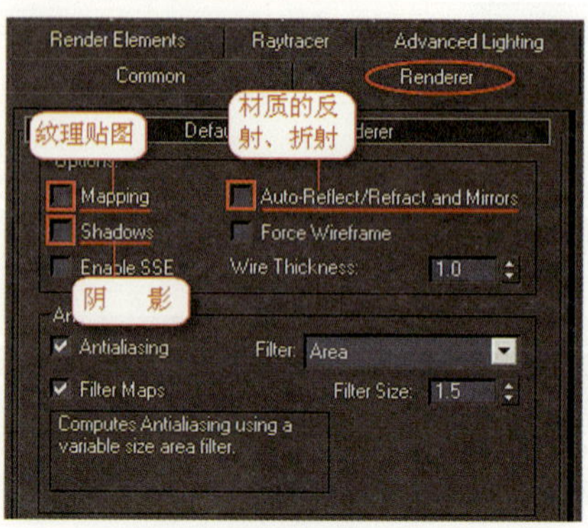

图2-24

04 最终渲染效果如图2-25所示。

图2-25

2.6.2 使用插件输出“颜色通道”

01 单击 MAXScript（MAX脚本语言）菜单下的 Run Script...（运行脚本）命令，选择beforeRender脚本，如图2-26所示。(该脚本版权为本.强强所有，beforeRender.mse脚本的存放路径在光盘CD1根目录下)

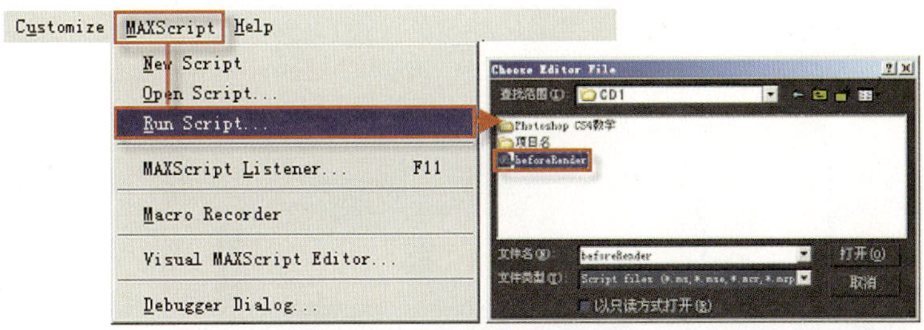

图2-26

02 将所有材质转换为通道并渲染场景，如图2-27所示。

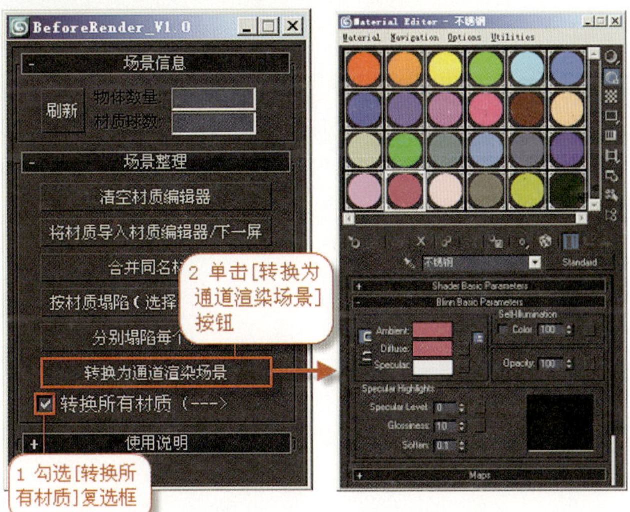

图2-27

03 按F10键打开渲染面板，选择MAX的默认扫描线渲染器，如图2-28所示。使用源渲染图像的输出尺寸，并设置图像文件存储路径及格式。

04 切换到渲染面板中的Renderer（渲染）面板下，取消纹理贴图、材质的反射/折射和阴影选项的勾选，如图2-29所示。

图2-28

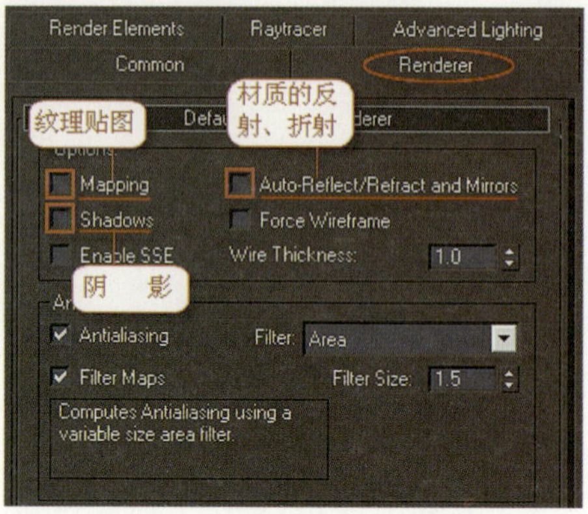

图2-29

05 最终渲染效果如图2-30所示。

图2-30

“颜色通道”对于效果图后期处理工作有着非常重要的意义。通过颜色通道，可以快速地选择出需要处理的区域，保证了图像后期处理工作的精确性和高效性。

第3章
详解VRay材质设置

3ds Max中的材质只是对现实世界中的真实材料进行有限的视觉效果模拟。之所以说是有限模拟，是因为影响视觉效果的因素是多样的，在软件中我们无法做到面面俱到。

VRay材质较之MAX的基本材质有了很大的进步。在接下来的学习中将通过设置材质最基本的颜色、反射、折射（透明度）、纹理等属性来模拟真实材料的质感。

材质是效果图制作中的关键环节。对材质的合理调节将直接决定出图时间和最终效果。

3.1 详解材质编辑器

单击工具栏上的（材质编辑器）按钮或按M键打开材质编辑器，如图3-1所示。

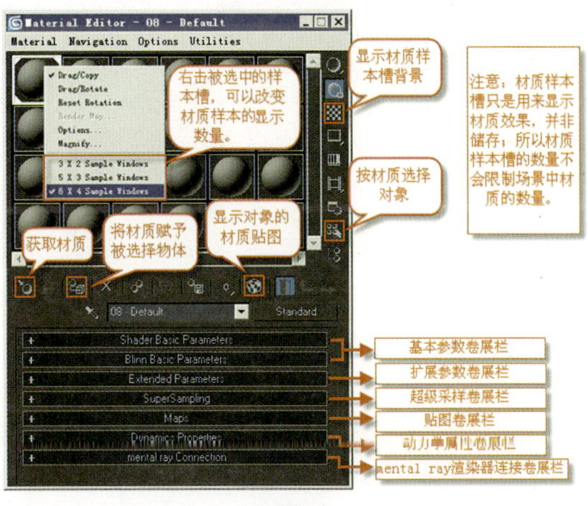

图3-1

3.1.1 Shader Basic Parameters（着色器基本参数）卷展栏

该卷展栏主要控制材质的明暗关系及物体表面材质的光滑处理方式。

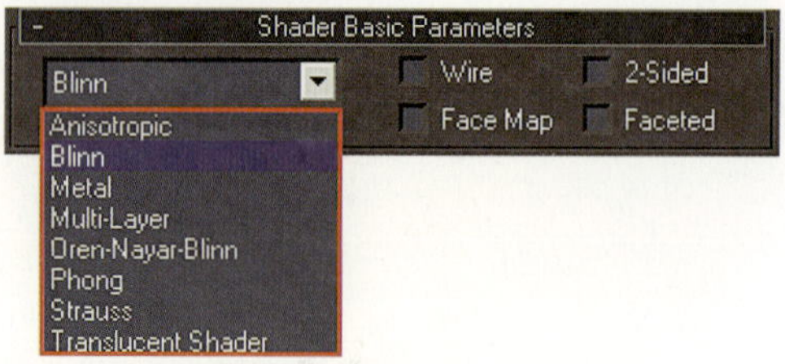

图3-2

- 系统内置了8种明暗模式，它们的区别在于对材质的明暗、高光及反光的处理方法的不同，如图3-2所示。

  Anisotropic：该明暗模式创建的材质表面具有椭圆形的高光，多用于模拟反光具有各向异性的材质，如发丝、拉丝金属等，如图3-3所示。

  Blinn：该明暗模式创建出的效果带有非常光滑的圆形高光，多数材质使用该模式，是系统默认的明暗模式，如图3-4所示。

图3-3

图3-4

  Metal：该明暗模式多用于模拟金属质感的材质，如图3-5所示。

  Multi-Layer：该明暗模式与Anisotropic模式相似，但它拥有两套各向异性的高光控制参数，所以可以创建更为复杂的材质表面高光效果，多用于模拟缎纹、丝绸等材质效果，如图3-6所示。

图3-5

图3-6

  Oren-Nayar-Blinn：该明暗模式具有Blinn模式的高光，但它的高光更柔和。通常用于模拟布、土坯和人的皮肤等效果，如图3-7所示。

  Phong：该明暗模式类似于Blinn模式，但它的高光效果较之Blinn模式的高光效果有些“松散”。该模式也是非常常用的明暗模式，可用于模拟硬质或软的材质，如图3-8所示。

图3-7

图3-8

Strauss：该明暗模式用于快速创建金属或者非金属表面，如光泽的油漆、光亮的金属等，如图3-9所示。

Translucent Shader：该明暗模式用于创建半透明属性的材质，模拟光线穿透的材质效果，如窗帘、投影幕布等，如图3-10所示。

图3-9

图3-10

- Wire（线框）：勾选该复选框后，可使模型渲染出线框效果，如图3-11所示。

图3-11

- 2-Sided（两面）：勾选该复选框后，将渲染出模型的背面。多用于透明材质的渲染，如塑料瓶、玻璃等，如图3-12所示。

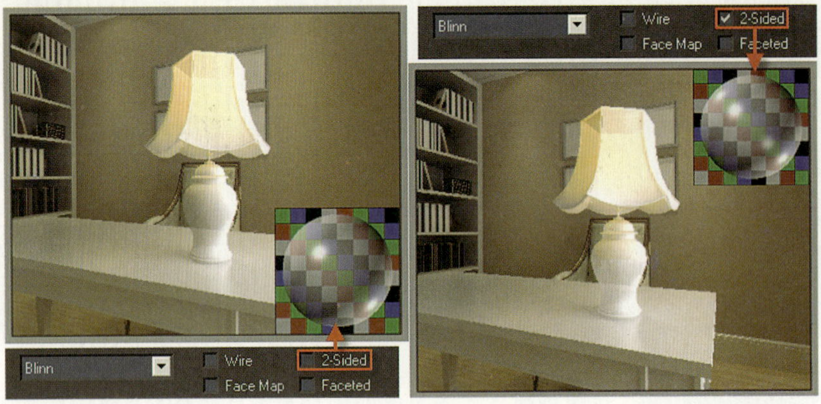

图3-12

- Face Map（面贴图）：勾选该复选框后，将使对象表面产生切面效果，如钻石等表面带有棱角的材质。
- Faceted（面片）：勾选该复选框后，将材质的贴图坐标设定在对象的每个面上。与UVW Map贴图坐标中的Face Map功能类似。

3.1.2 （明暗模式基本参数）卷展栏

选择不同的明暗模式，在下面将会出现与之相对应的明暗模式基本参数设置卷展栏，用于对材质漫反射颜色、反光、不透明度等属性进行设置，如图3-13所示。

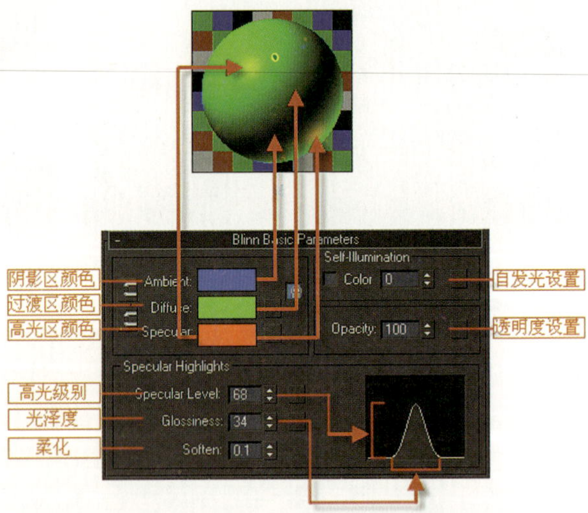

图3-13

- Specular Level:（高光级别）：控制材质的高光及反光的强度。
- Glossiness:（光泽度）：控制材质的高光及反光范围。Specular Level:（调光级别）和Glossiness:（光泽度）共同作用产生材质的高光及反光效果。
- Self-Illumination（自发光）：控制材质的自身发光程度。当取值为100时，材质的阴影区颜色将由过渡色替代。多用于发光体的设置，如光源体，如图3-14所示。
- Opacity:（透明度）：该参数控制材质的透明程度。多与Extended Parameters（扩展参数）卷展栏配合使用来模拟透明材质的特性，如图3-15所示。

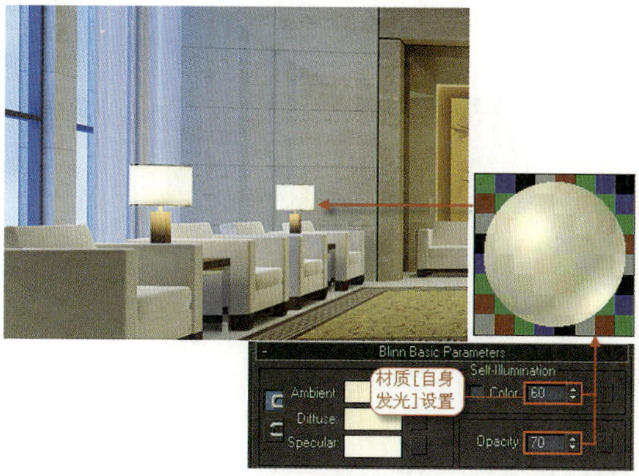

图3-14

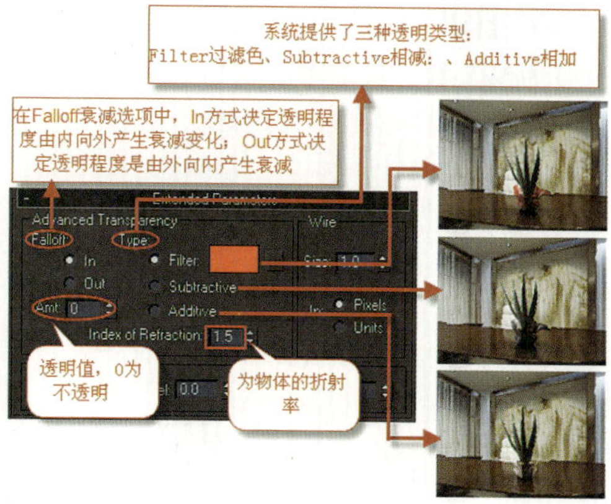

图3-15

3.1.3 （贴图）卷展栏

材质的基本参数卷展栏主要是对材质的颜色、高光和反光的强度及范围、透明度等属性进行最基本的设置。贴图是物体材质表面的纹理，利用贴图可以表现出更真实的材料视觉效果，可以创建反射、折射、凹凸、镂空等多种材质特效，使创建的三维物体看起来更加真实。

贴图的合理使用，要解决3个技术问题：

- 选择正确的贴图通道。同一个贴图类型放入不同的贴图通道中会产生完全不同的材质效果。
- 选择正确的贴图类型。系统内置了丰富的贴图类型，不同的贴图类型放入同一个贴图通道中也会产生不同的材质效果。
- 贴图坐标的合理设置。只有设置合理的贴图坐标，物体表面才能产生正确的材质纹理效果。

1.详解MAX贴图通道

在贴图卷展栏中系统设置了12个贴图通道。每一个贴图通道都独立控制材质的某一项属性，所以同一张贴图放入不同的贴图通道中会产生不同的视觉效果。至于通道的使用将会在VRay材质中进行详解，如图3-16所示。

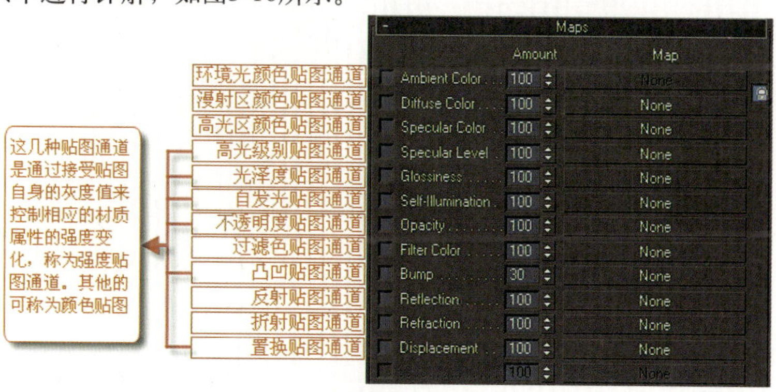

图3-16

- ■（开关）：勾选该复选框，将开启相应的贴图通道。
- Amount（强度）：该参数控制相应贴图通道对材质各属性的影响程度。

● Map （贴图）：单击通道按钮即可选择相应贴图类型。

为模型赋予最基本的材质纹理贴图，如图3-17所示。

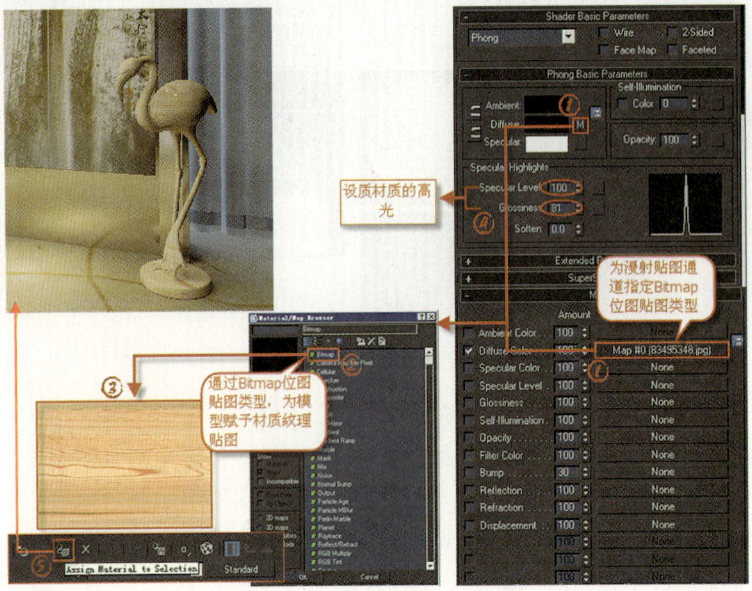

图3-17

2. 详解MAX贴图类型

单击贴图通道按钮，将会弹出材质/贴图浏览器，在此系统中内置了MAX所有的贴图类型，如图3-18所示。

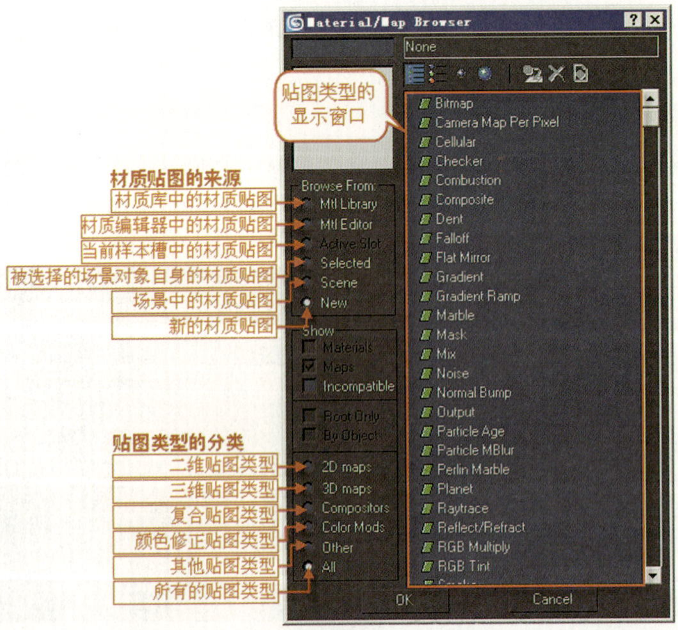

图3-18

每一个绿色平行四边形代表一个贴图类型。

（1） 2D maps （二维贴图）：二维贴图类型为平面贴图，它是通过UVW MAP贴图坐标的设置使贴图映射在场景对象的表面。最常用的也是最基础的是 Bitmap （位图）贴图类型。 Checker （棋盘格）贴图类型可以产生两种颜色方格交错的图案； Combustion （燃烧）贴图类型配合Discreet公司的Combustion软件来使用； Gradient （渐变色）贴图类型可以产生三色渐变效果，有直线形和射线形渐变两种； Gradient Ramp （渐变延伸）贴图类型可以产生多色渐变效果； Swirl （旋涡）贴图类型可以产生两种颜色或贴图的旋涡图像，常用来模拟水中旋涡、星云等效果； Tiles （平铺）贴图类型，如图3-19所示。

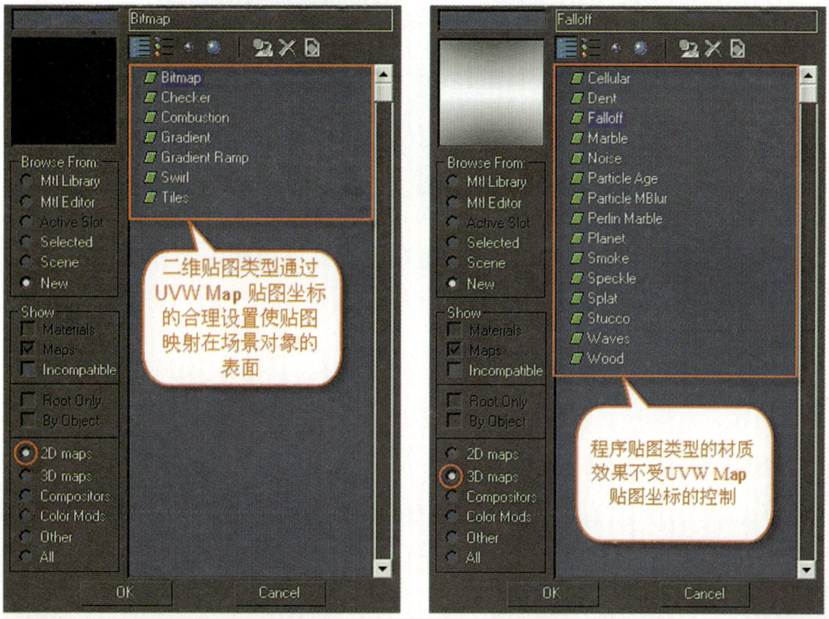

图3-19

- Bitmap （位图）：要指定一张图片做为纹理贴图时，必须先选择 Bitmap （位图）贴图类型。位图是最基础的贴图类型。

Bitmap （位图）贴图类型共有4个参数设置面板： Coordinates （坐标）设置面板，如图3-20所示； Noise （噪波）设置面板控制位图的噪波处理； Bitmap Parameters （位图参数）设置面板，如图3-21所示； Time （时间）设置面板用于动画设置； Output 输出设置面板。

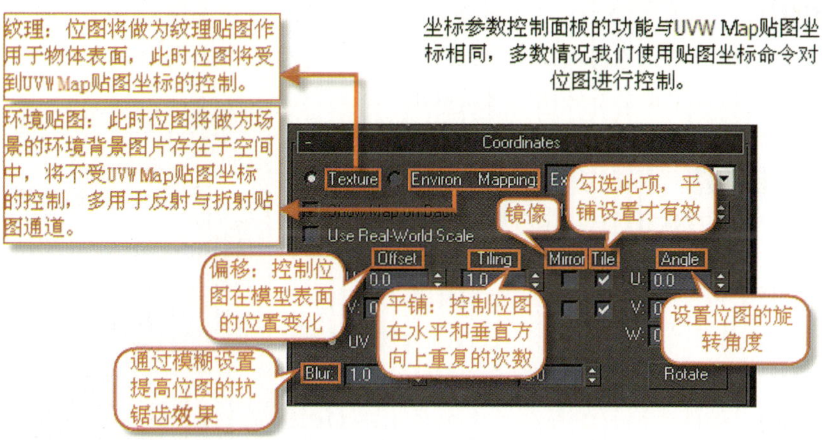

图3-20

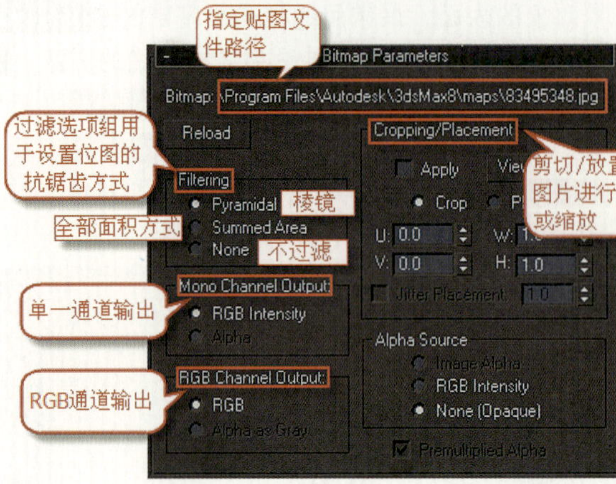

图3-21

(2) 3D maps （三维贴图）：三维贴图类型是由程序生成的模板贴图，被赋予该种贴图类型的物体表面材质效果不受UVW MAP贴图坐标的控制，但效果与真实纹理相比缺乏质感和变化，如图3–22所示。

- Noise （噪波）：该贴图类型会产生一种随机的噪波效果。常用于Bump（凹凸）贴图通道，表现材质表面的凹凸质感，如图3-23所示。

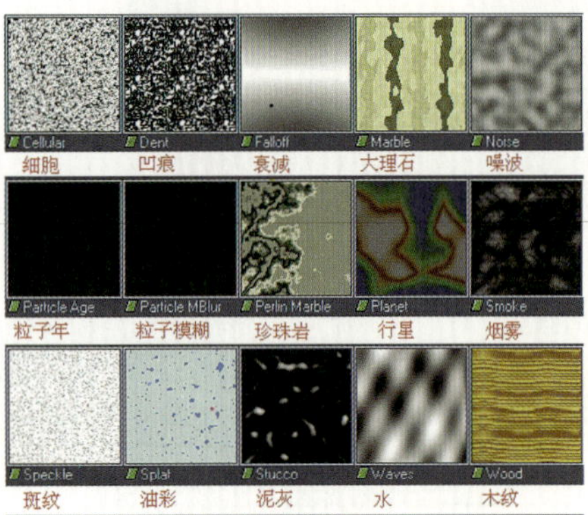

图3-22

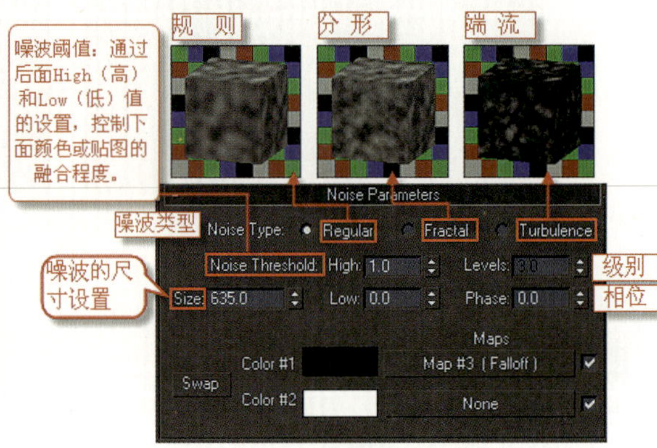

图3-23

- Falloff （衰减）：该贴图类型提供了更多的不透明度衰减效果设置，应用在不同的贴图通道中会产生不同的衰减变化。衰减贴图类型是VRay材质的重点，通过该贴图类型，可以模拟出很多特殊的材质效果。

Falloff （衰减）贴图类型共有3个参数设置面板，分别是Falloff Parameters （衰减参数）设置面板；Mix Curve （混合曲线）设置面板，控制由任何衰减类型所产生的渐变；Output （输出）设置面板，如图3-24所示。

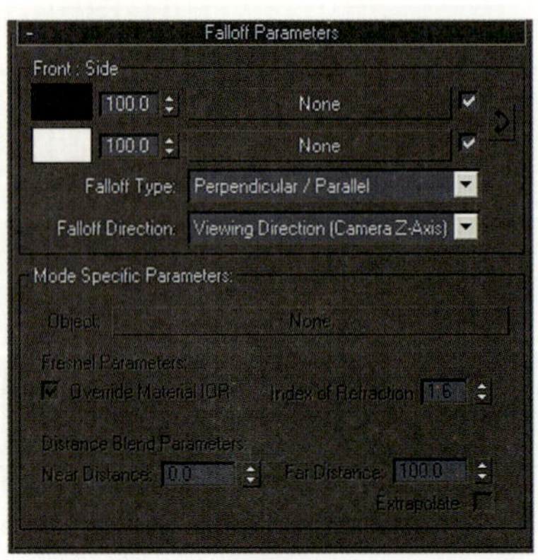

图3-24

- Front : Side （前:侧）： 该名称会因选择不同的衰减类型而改变。默认情况下黑色代表场景物体正面的颜色，白色代表侧面的颜色。
- 100.0 （微调器）：控制颜色影响衰减的相对强度。通过后面的贴图通道可以指定贴图控制衰减变化。

- ☑：勾选该复选框以激活该贴图，否则将由前面的颜色控制衰减。
- Falloff Type:（衰减类型）：系统内置了5种衰减类型，如图3-25所示。

  Towards / Away（垂直/平行）：在与衰减方向相垂直的面片法线和与衰减方向相平行的面片法线之间产生衰减变化。

  Perpendicular / Parallel（正面/侧面）：在正面和侧面产生衰减变化。

  Fresnel（菲涅尔）：基于折射率（IOR）的设置，在面向视图的表面产生较弱的反射，在视图有角度的表面产生较强的反射。它是正面/侧面类型的特别形式。

  Shadow / Light（阴影/灯光）：基于物体表面的光照强度产生衰减变化。

  Distance Blend（距离混合）：基于近端距离值和远端距离值之间产生衰减变化。
- 衰减方向：系统内置了10种衰减方向，一般情况下使用默认设置——查看方向（摄像机Z轴），如图3-26所示。

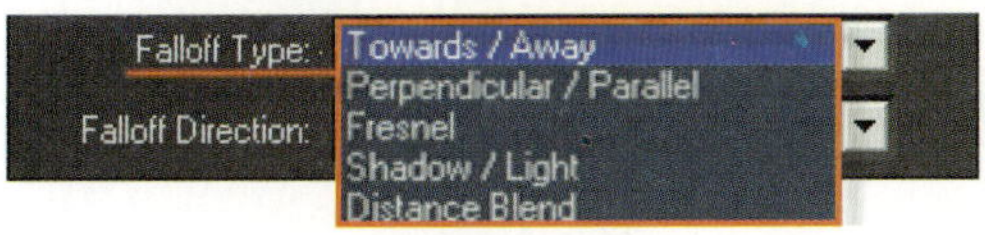

图3-25

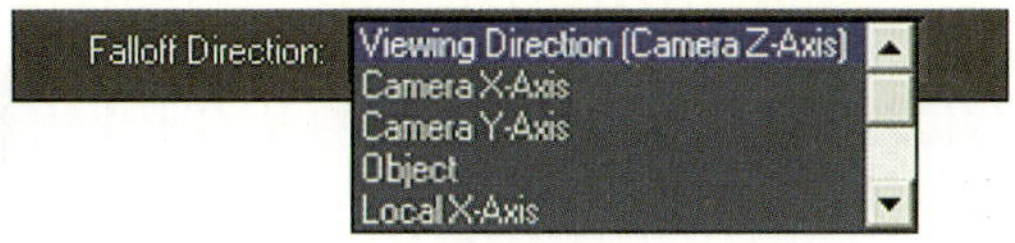

图3-26

- Mode Specific Parameters:（模式特定参数）：该参数设置组是对不同衰减类型的参数设置。
- Object（对象）：从场景中拾取对象
- Fresnel Parameters:（菲涅尔衰减类型参数）

  ☑ Override Material IOR（覆盖材质IOR）：勾选该复选框材质的折射率将由后面的参数控制。

  Index of Refraction（折射率）：设置新的材质折射率。只有勾选“覆盖材质 IOR”后该参数才可用。
- Distance Blend Parameters:（距离混合衰减类型参数）

  Near Distance:（近端距离）：设置衰减效果开始的距离。

  Far Distance:（远端距离）：设置衰减效果结束的距离。

  Extrapolate ☐（外推）：勾选该复选框后将允许衰减效果继续超出“近端”和“远端”参数的范围设置。

（3）Compositors（合成）：合成贴图类型以一定的方式混合其他贴图类型或颜色，产生更复杂的材质效果。Composite（合成）贴图类型可以将多个贴图组合在一起，通过贴图自身Alpha通道或Output amt来决定彼此的透明度；Mask（遮罩）贴图类型可以使用一张贴图做为遮罩，通过贴图本身的灰度来显示被遮罩贴图的材质效果；Mix（混合）贴图类型可以将两种贴图混合在一起，通过调整混合的数量值来产生互相融合的效果；RGB Multiply（RGB倍增器）贴图类型允许将两种颜色或贴图的颜色进行相乘处理来增加图像的对比度，如图3—27所示。

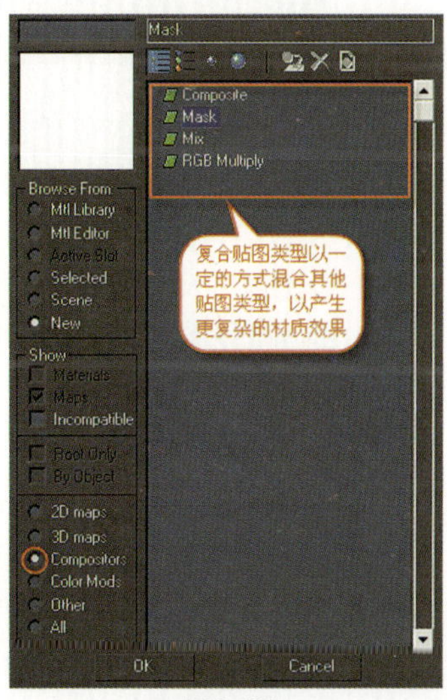

图3-27

- Mask（遮罩）：该贴图类型主要用于控制贴图通道的影响范围，如图3-28所示。

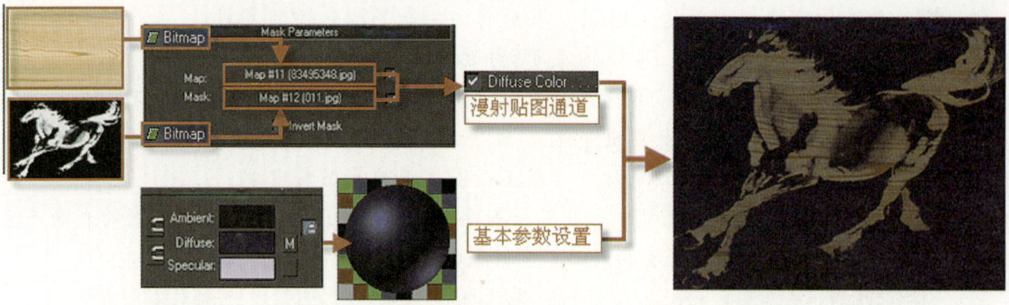

图3-28

(4) Color Mods（颜色修正）：颜色修正贴图类型可以改变材质像素的颜色或调节贴图的亮度、对比度等输出效果。Output（输出）贴图类型专门用来弥补某些无输出设置的贴图类型；RGB Tint（RGB染色贴图）类型通过3个颜色通道来调整贴图的色调；Vertex Color（顶点颜色）贴图类型用于可编辑的网格物体，也可用它来制作彩色渐变效果，如图3-29所示。

- Output（输出）：该贴图类型可以弥补一些没有输出设置的贴图类型，可以对图像进行反转、增加亮度和对比度等设置。输出贴图类型有两个参数设置卷展栏。Output Parameters（输出参数）卷展栏中的Map:（贴图）用于指定材质贴图。Output（输出）卷展栏如图3-30所示。

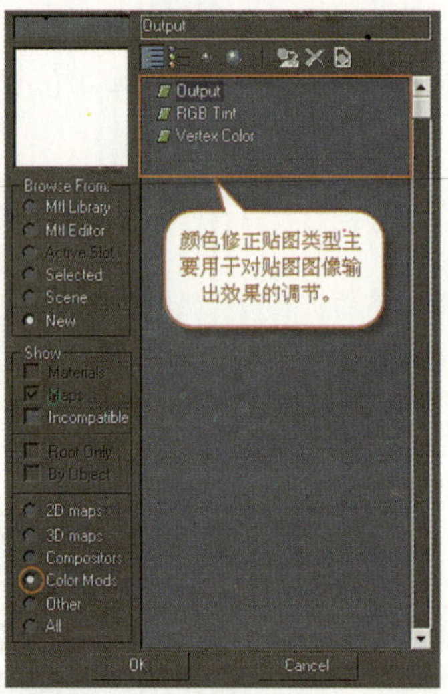

图3-29

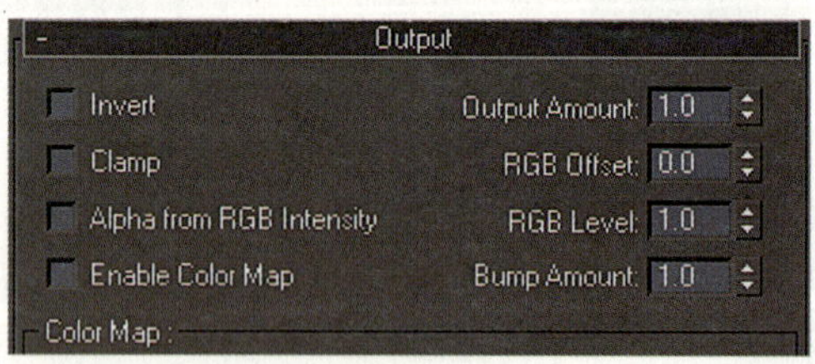

图3-30

- Invert（反转）：勾选该复选框，贴图色相将反转。
- Clamp（亮度）：勾选该复选框，将使贴图亮度增强。
- Alpha from RGB Intensity（Alpha来自RGB强度）：勾选该复选框，贴图的亮度值将转化为Alpha通道。
- Enable Color Map（使用色彩贴图）：勾选该复选框，将激活下面的Color Map色彩贴图混合曲线图，用于调节贴图的亮度。
- Output Amount:（输出强度）：控制贴图的输出亮度。
- RGB Offset:（RGB偏移）：控制贴图RGB强度偏移。值大于0，趋向于白色；小于0，趋向于黑色。

- RGB Level（RGB级别）：控制贴图色彩变化。值越大，色彩饱合度越高。
- Bump Amount（凹凸强度）：控制贴图的凹凸效果的强度。仅当贴图用于凹凸通道时有效。

(5) Other：其他贴图类型主要用于反射、折射贴图通道，创建材质的反射与折射效果。当安装了VRay渲染器后，VRay贴图也归于此类。Flat Mirror（平面反射）贴图类型用于共平面的表面模拟镜面反射的效果，只用于反射贴图通道；Raytrace（光线追踪）贴图类型可产生真实的反射与折射效果，可用于反射与折射贴图通道，渲染时间较长；Reflect/Refract（反射与折射）贴图类型通过映射不同贴图来模拟反射与折射效果，较光线追踪贴图渲染更快；Thin Wall Refraction（薄壁折射）贴图只用于折射贴图通道，可以产生透镜变形的折射效果，如图3-31所示。

- Raytrace（光线追踪）：该贴图类型用于创建材质的反射/折射效果，主要用于材质的反射与折射贴图通道。一般情况下使用系统默认参数，如图3-32所示。

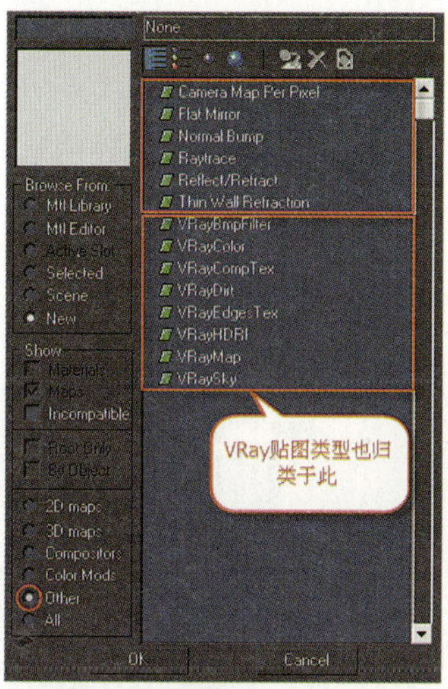

图3-31

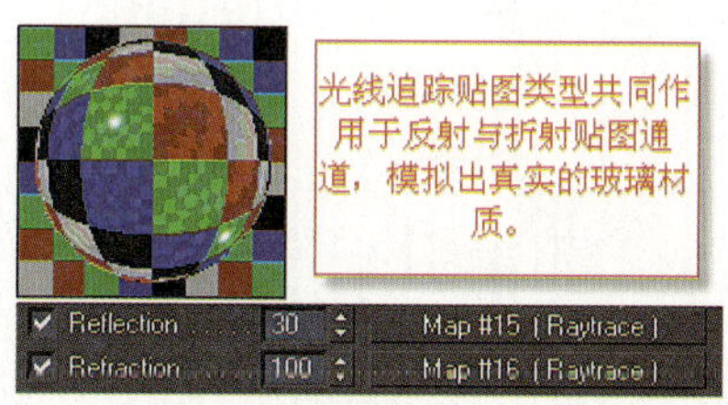

图3-32

3.详解MAX贴图坐标

定义一张图片以何种方式投影在三维对象的表面上。我们可以通过UVW Map修改器为场景对象调整二维贴图坐标，不同的对象要选择不同的贴图投影方式，如图3-33所示。

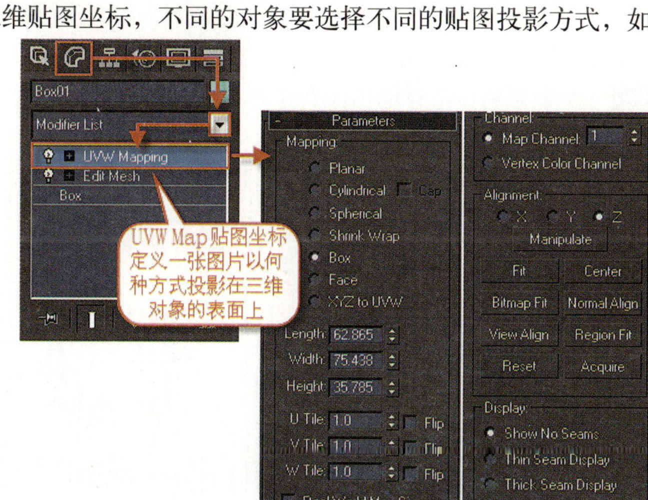

图3-33

（1）Mapping:（贴图）：定义贴图方式，系统设定了7种贴图投影方式。

- Planar（平面）：该贴图方式将二维图片以平面方式投影到场景对象的表面，多用于单面对象或只注重一面效果的模型，如天花、地板贴图，如图3-34所示。

图3-34

- Cylindrical Cap（圆柱）：该贴图方式将二维图片以柱状方式投影到场景对象的侧表面，当模型近似圆柱体时使用。勾选Cap复选框，模型的顶面与底面将分别以平面方式进行投影，如图3-35所示。

提示

圆柱贴图方式会在物体侧表面产生贴图接缝，只有二方或四方连续贴图才不会出现此问题，又或者将接缝一侧旋转至摄像机所对的背面来隐藏即可。

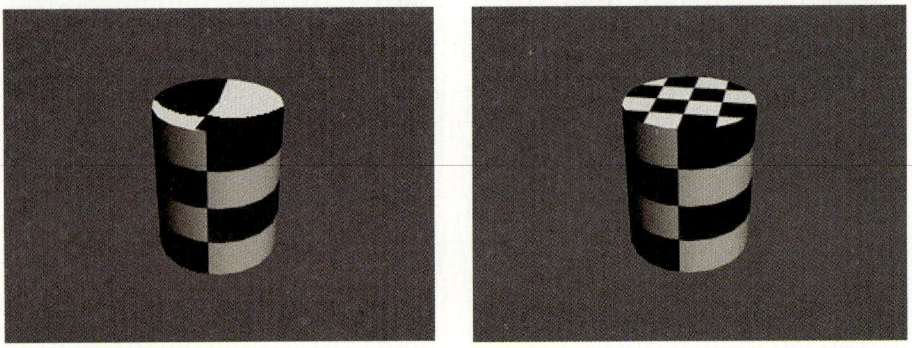

图3-35

- Spherical（球体）：该贴图方式将二维图片以球状投影到模型的表面。贴图也会在模型一侧产生接缝，并且在球体两极产生收缩变形。当模型近似球体时使用，如图3-36所示。
- Shrink Wrap（收紧包裹）：该贴图方式是对球体投影的补充。它是将二维贴图包裹到模型表面，所以不会产生接缝，但会在球体一极产生收缩变形，如图3-37所示。

图3-36

图3-37

- Box（立方体）：该贴图方式将二维图片分别以平面贴图方式投影到立方体的6个面上，如图3-38所示。
- Face（面片）：该贴图方式以物体自身的面为单位投射贴图，两个共边的面会投射为一个完整贴图，如图3-39所示。

图3-38

图3-39

- XYZ to UVW（XYZ到UVW）：该贴图方式会将贴图坐标的X、Y、Z轴自动适配模型表面的U、V、W方向。不规则物体比较适合选择此种贴图方式，但多数情况下这种贴图方式的效果并不完美。
- Length: 62.865（长）、Width: 75.438（宽）、Height: 35.785（高）的尺寸设置用来定义UVW Mapping贴图坐标下Gizmo次物体的尺寸。即贴图的大小，如图3-40所示。

图3-40

- 定义U Tile: 1.0 Flip U、V Tile: 1.0 Flip V、W Tile: 1.0 Flip W这3个方向上贴图平铺（重复）的次数，也是调整贴图的大小的方式。勾选翻转复选框，贴图将在对应方向上进行翻转。

（2）通道：MAX为每个模型指定两个贴图通道。参数化模型（即MAX的基本模型）自身，系统已经为其赋予了相应的贴图坐标。当Map Channel:（贴图通道）设置为2时，即为模型赋予了系统默认贴图坐标。而通道1就是在UVW Mapping中所选的贴图方式，如图3-41所示。

图3-41

（3）对齐：设置贴图与对象表面的位置关系，即贴图如何与对象表面对齐，如图3-42所示。

- X Y Z：用来选择贴图坐标作用在模型表面的轴向，如图3-43所示。

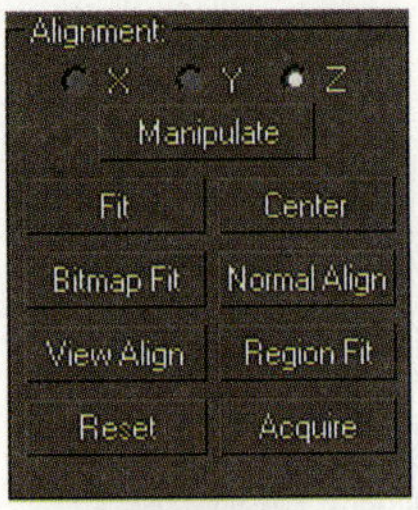

图3-42

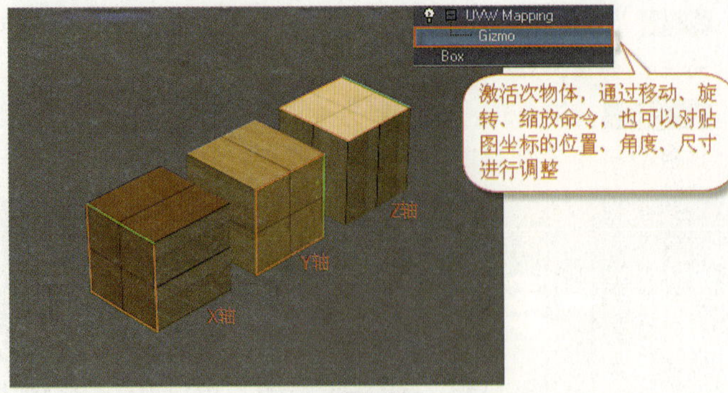

图3-43

- Manipulate（操纵器）：可以手动调整贴图坐标的尺寸。
- Fit（拟合）：贴图坐标会自动调整与对象的外轮廓大小一致。
- Bitmap Fit（位图拟合）：贴图坐标会与所选图片的大小比例一致，这样可以保证对象材质贴图的质量。
- View Align（视图对齐）：使贴图坐标与所选择的视窗对齐。一般选择正交视窗。
- Reset（重设定）：使贴图坐标恢复到初始状态。
- Center（居中）：贴图坐标会与对象的中心点对齐。
- Normal Align（法线对齐）：使贴图坐标与模型面片的法线垂直。
- Region Fit（区域拟合）：可以通过鼠标画出贴图坐标的区域。
- Acquire（获取）：单击此按钮可以为模型获取场景中其他对象已经设置好的贴图坐标类型、尺寸及位置，如图3-44所示。

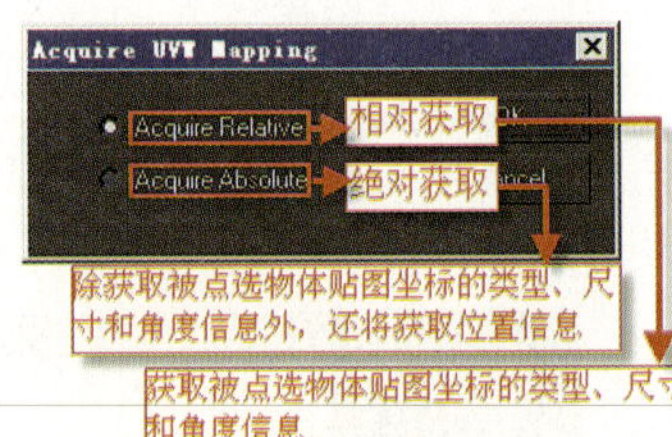

图3-44

提示

能否为场景对象赋予合适的贴图坐标将决定最终的视觉效果。还有一点需要注意的是UVW Mapping（贴图坐标）在修改堆栈中的位置也会影响贴图的视觉效果。在MAX众多的修改命令中，除了Band（弯曲）命令以外，贴图坐标应该在其他修改命令之上，这样可以保证物体变形的同时，材质纹理也可以进行相应的变形。

3.1.4 MAX材质类型

通过贴图类型的组合，可以创造出丰富的材质效果。而这些都是在Standard（标准材质）类型的基础上进行的组合。MAX还提供了多种不同的材质类型，可以创造出特殊属性的高级材质。Advanced Lighting Override（超级照明）材质类型是配合光能传递渲染器使用的一种材质；Blend（混合）材质类型可以将两个不同材质混合在一起，根据融合度的不同控制两种材质的显示程度；Composite（合成）材质类型可以将多个不同材质叠加在一起；Double Sided（双面）材质类型可为物体内外或正反表面分别指定两种不同的材质；Ink 'n Paint（墨水油漆卡通）材质类型；Lightscape Mtl

Lightscape材质类型；Matte/Shadow（蒙板/投影）材质类型不会被渲染出来但可以使物体在背景上投射阴影；Morpher（变形）材质类型配合Morpher修改器使用，可以产生材质融合的变形动画；Multi/Sub-Object（多重/次对象）材质类型；Standard（标准）材质类型；Raytrace（光线追踪）材质类型可以产生真实的反射和折射效果；Shell Material（外壳）材质类型专门配合“渲染到贴图”命令使用，它的作用是将渲染到贴图命令产生的贴图再贴回物体造型中；Shellac（漆面）材质类型用于模拟金属漆、地板漆等效果；Top/Bottom（顶/底）材质类型可以为一个物体指定两种不同的材质，中间部分可以产生过渡效果，如图3-45所示。

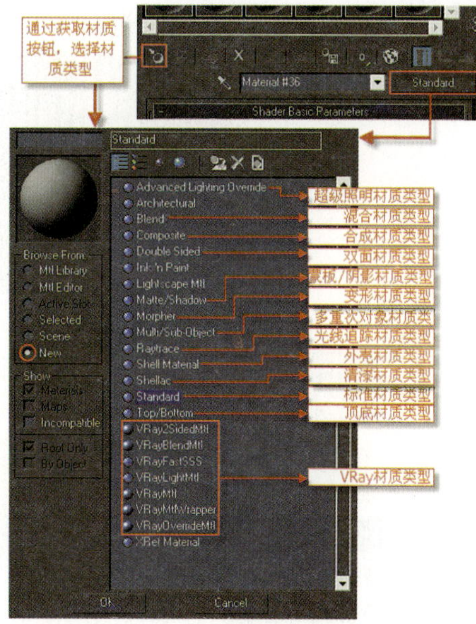

图3-45

每一个蓝色球体代表一种材质类型。

3.2 详解VRay专业材质

在对真实材料模拟前，有必要对VRayMtl（VRay专业材质）的参数有所理解，VRay专业材质是最为常用的材质。在场景中使用该材质能够获得更加准确的物理照明和更快的渲染速度，反射和折射属性调节更方便。使用VRayMtl（VRay专业材质）可以应用不同的纹理贴图，控制其反射和折射，增加凹凸贴图和置换贴图；强制直接进行全局照明计算。VRayMtl（VRay专业材质）面板如图3-46所示。

图3-46

3.2.1 （基础参数）卷展栏

1.漫射设置组，如图3–47所示。

图3-47

- Diffuse（漫射）：设置材质的漫射颜色。可以通过后面的过渡区通道指定纹理贴图。

2.反射设置组，如图3-48所示。

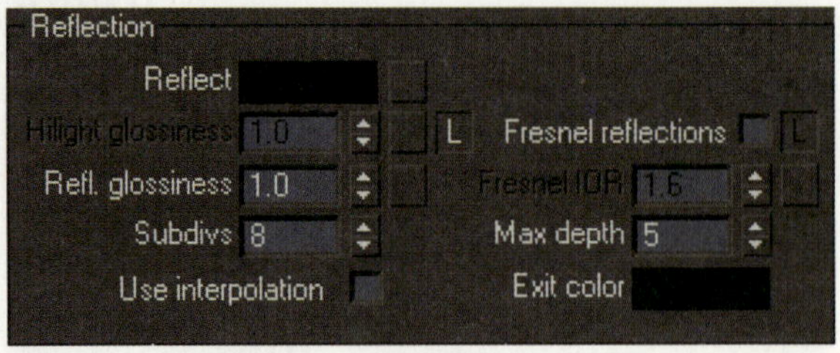

图3-48

- Reflect（反射）：通过调节颜色的灰度值来控制物体的反射强度，颜色越白反射越强，颜色越黑反射越弱。颜色自身所带的色相将影响所反射出来的色彩，如黄铜材质就要将反射的颜色设为黄铜的颜色。也可以通过后面的反射贴图通道指定贴图来控制反射的强弱。
- Hilight glossiness（高光光泽度）：控制高光的大小，也可以通过后面的高光光泽度贴图通道指定贴图来控制高光的大小。
- Refl. glossiness（反射光泽度）：该参数控制材质的光泽，又叫模糊反射。值为1表示光线100%反射，没有模糊；当值小于1时，将会产生模糊反射。提高光泽度将增加渲染时间。也可以通过后面的反射光泽度贴图通道指定贴图来控制折射模糊强度。
- Subdivs（细分）：控制模糊反射的品质。值越大，模糊反射越平滑，同时渲染速度越慢。当 Refl. glossiness（反射光泽度）值为1时,本选项无效。
- Fresnel reflections（使用插补计算）：勾选该复选框，将采用差值计算反射模糊效果，以加快渲染速度，但模糊反射效果不理想，一般不勾选。
- Fresnel reflections（菲涅耳反射）：菲涅耳反射是一种几乎在所有物体上都存在的反射现象。当光线和表面法线的夹角接近0°时，反射光线将减少至消失。（当光线与表面几乎平行时，反射将是可见的，当光线垂直于表面时将几乎没有反射。）
- Fresnel IOR（菲涅耳IOR）：控制菲涅耳反射的强度。值越大，菲涅耳反射越强。单击Fresnel reflections ✓ L（菲涅耳反射）后面的L按钮，即可开启菲涅耳IOR设置。
- Max depth（最大深度）：控制反射的最大次数。
- Exit color（退出色）：当反射次数达到最大深度所设的值时，将停止计算该物体反射，剩下的反射区域就用退出色代替，情况只有在两个物体反射都非常强的时候比较明显。

3.折射设置组，如图3-49所示。

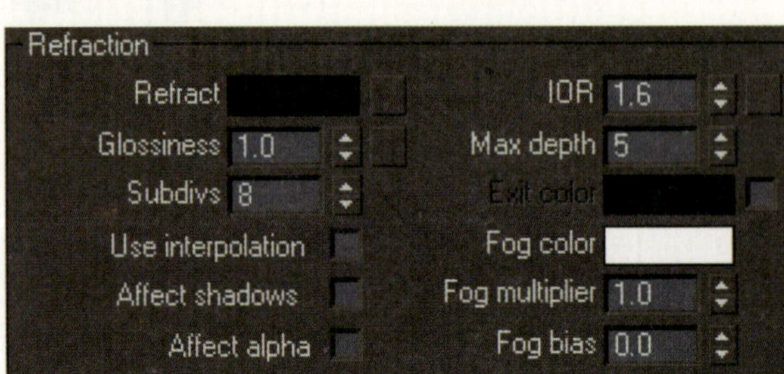

图3-49

- Refract（折射）：通过调节颜色的灰度值来控制物体的折射强度，颜色越白折射越强，颜色越黑折射越弱。可以通过后面的折射贴图通道指定贴图来控制折射强度。
- Glossiness（光泽度）：控制物体的折射模糊。当该值为0时表示特别模糊的折射，当该值为1时将关闭材质的光泽。也可以通过后面的折射光泽度贴图通道指定贴图来控制折射模糊强度。
- Subdivs（细分）：控制模糊折射的品质。值越大，模糊折射越平滑，同时渲染速度越慢。当Glossiness（光泽度）值为1时,该选项无效。
- Use interpolation（使有插补计算）：勾选该复选框，渲染时将使用类似于Irradiance map(发光贴图)的缓存方式加速折射模糊的计算。
- Affect shadows（影响阴影）：如果没有设置GI的反射焦散，透明物体的阴影将会是黑色的。勾选Affect shadows（影响阴影）复选框后会使阴影根据折射颜色或者烟雾颜色着色。这种方法避免了长时间的焦散计算并且模仿得到了一个相对真实的阴影效果。
- Affect alpha（影响alpha通道）：控制在alpha贴图里透明物体的颜色。
- IOR（折射率）：设置物体的折射率。表3-1所示的是常用的材质折射率,记住这些材质的折射率可以方便以后效果图的制作。

表3-1 常用材质的折射率

材质	折射率	材质	折射率
真空	1.0000	绿宝石	1.5700
空气	1.0003	黄玉石	1.6100
冰	1.3090	红宝石	1.7700
水	1.3333	蓝宝石	1.7700
酒精	1.3900	水晶	2.0000
玻璃	1.5000	钻石	2.4170

- Max depth（最大深度）：控制折射的最大次数。
- Exit color（退出色）：当折射次数达到最大深度所设值时，将停止计算该物体折射，剩下的反射区域就用退出色代替。
- Fog color（烟雾颜色）：用体积雾来填充具有折射性质的物体。
- Fog multiplier（烟雾倍增器）：烟雾的浓度，较小的值产生更透明的雾，设置的值不要大于1。

4.半透明设置组，如图3-50所示。

图3-50

- 半透明Type类型内置了3种模式：Hard (wax) model（硬质感模式），如蜡烛、玉石；Soft (water) model（软质感模式），如水；None（没有），即不使用半透明设置。物体的半透明将由Refract（折射）属性控制。
- Back-side color（背部颜色）：控制次表面的颜色。

- Thickness（厚度）：该值决定透明层的厚度。当光线进入材质的深度达到该值时，渲染时将不会进一步追踪在该材质内部更深处的光线。
- Scatter coeff（散射系数）：该值控制透明物体内部散射光线的方向。当该值为0时，表示物体内部的光线将向所有方向散射；当该值为1时，表示散射光线的方向与原进入该物体的初始光线的方向相同。
- Fwd/bck coeff（前后驱系数）：控制在透明物体内部有多少散射光线沿着原进入该物体内部的光线的方向继续向前传播或向后反射。当该值为1时，表示所有散射光线将继续向前传播；当该值为0时，表示所有散射光线将向后传播；当该值为0.5时，表示向前和向后传播的散射光线的数量相同。
- Light multiplier（光线亮度倍增器）：材质在物体内部所反射的光线的数量。值越大，散射效果越强。

3.2.2 （双向反射分布）卷展栏

用于表现物体表面的反射特性。用于定义物体表面的光谱和空间反射特性，如图3-51所示。

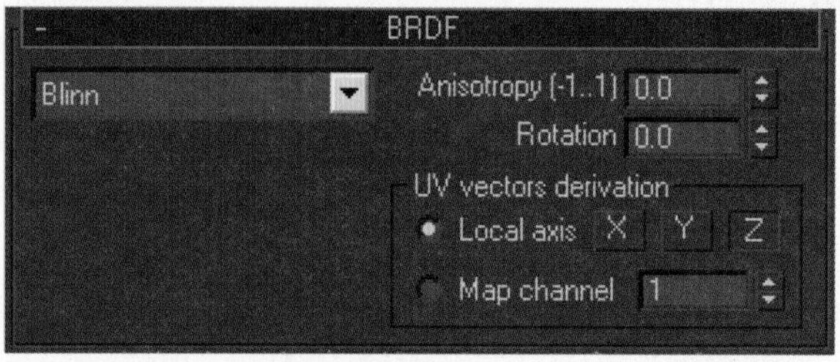

图3-51

- 双向反射分布类型内置了3种模式。
  - Phong（多面）：高光区较小，边缘较圆滑，更强。
  - Blinn（反射）：高光区较Phong大，边缘相对“混浊”，适于塑料质感材质。
  - Ward（沃德）：高光区较之最大，适于金属质感材质。
- Anisotropy (-1..1)（各向异性）：控制高光区域的形状。
- Rotation（旋转）：控制高光形状的角度。
- UV vectors derivation（UV向量）：控制各向异性效果的方向。
  - Local axis X Y Z：以物体坐标的轴向控制各向异性效果的方向；
  - Map channel 1：以贴图通道控制各向异性效果的方向。

3.2.3 （参数）卷展栏

控制VRayMtl（VRay材质）的全局设置，如图3-52所示。

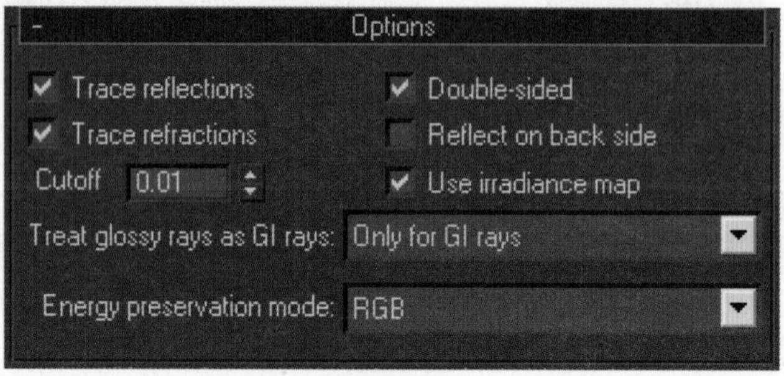

图3-52

- Trace reflections （追踪反射）：不勾选，将不渲染反射效果。
- Trace refractions （追踪折射）：不勾选，将不渲染折射效果。
- Cutoff （终止）：设置物体的反射和折射不再被光线追踪计算的阈值。
- Double-sided （双面）：假定几何体的面都是双面，勾选该复选框后，将进行双面渲染。
- Reflect on back side （背面反射）：该选项强制VRay始终追踪光线（甚至包括光照面的背面）。勾选该复选框，将计算物体的背面反射效果
- Use irradiance map （使用光照贴图）：当使用光照贴图来进行全局照明时，也许仍然要对赋予了该材质的物体使用强制性全局照明，这时只需取消勾选该选项即可。否则对于赋予了该材质的物体的全局照明将会使用光照贴图。注意，只有全局照明打开并且设置成使用光照贴图时该选项才起作用。

3.2.4 （贴图）卷展栏

贴图卷展栏为材质的各个贴图通道指定纹理贴图。对于每个贴图通道都有一个 100.0 倍增器，一个复选框和一个 None 通道按钮。倍增器控制贴图的强度，复选框用于打开或关闭纹理贴图，通道按钮用于选择纹理贴图，如图3-53所示。

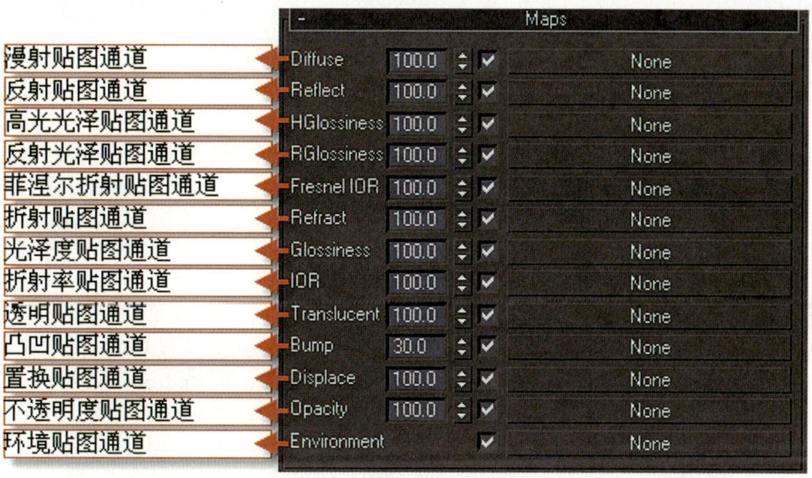

图3-53

3.3 常用建筑材质的设置

在效果图制作中，模型、材质、灯光、构画（摄像机）决定了最终效果的好坏，所以接下来将学习效果图制作中常用材质的创建方法。对于这些常用材质参数的设定并不是绝对的，在学习的过程中要理解各种参数的含义，以求举一反三。

3.3.1 石材

打开本书配套光盘中的“项目名\max \样板房客厅.max”文件。对于常用材质的创建都会在本场景中来完成。

1.抛光理石材质

抛光理石是一种表面光滑，具有较强反射的材质，如图3-54所示。

01 按M键打开材质编辑器，选择一个新材质球并设为 VRayMtl （VRay专业材质）。为了便于对材质的调节，通常会按材质的类型为其命名。

02 指定纹理贴图：打开漫射贴图通道，选择 Bitmap （位图）贴图并为其指定一张石材的贴图文件。拖曳漫射贴图通道到Bump凸凹贴图通道，关联复制石材贴图，强度值为10左右，以增强材质表面的质感，如图3-55所示。

图3-54

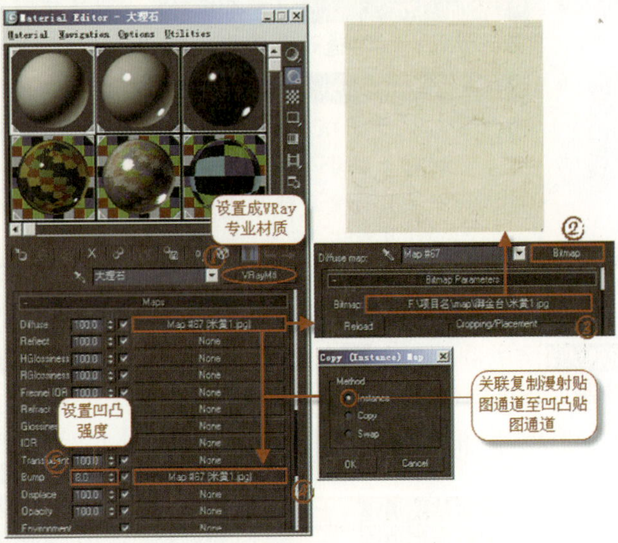

图3-55

03 调节反射属性：VRay的反射属性是通过调节颜色的 Value 值来控制的。在这里要模拟出真实世界的反射（菲涅尔反射）。打开反射贴图通道，选择 Falloff （衰减）贴图，设置衰减方式为菲涅尔模式，衰减方向为摄像机观察方向。降低反射的 Max depth （最大深度）值为3，以提高渲染时的计算速度，如图3-56所示。

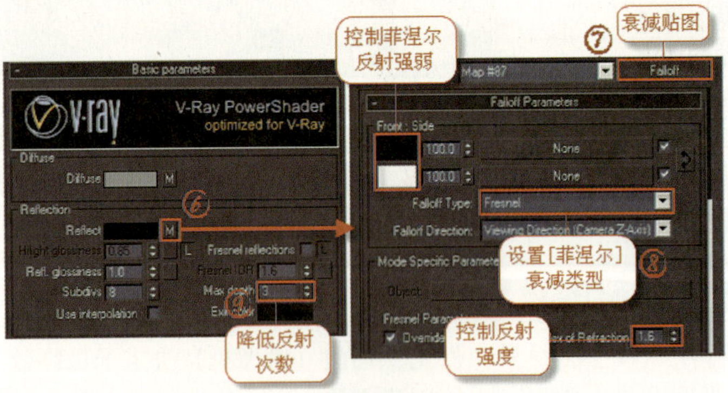

图3-56

2.亚光地砖材质

亚光地砖材质是一种表面相对粗糙，具有一定反射属性的釉面材质，如图3-57所示。

01 将材质设置为 VRayMtl （VRay专业材质），打开漫射贴图通道，选择 Bitmap （位图）贴图并为其指定一张地砖的贴图文件。拖曳漫射贴图通道到Bump（凸凹）贴图通道，关联复制石材贴图以增加材质表面的质感，强度值设置为15，如图3-58所示。

图3-57

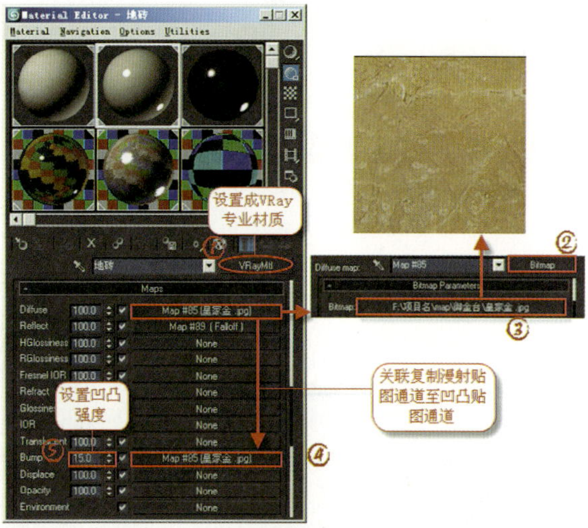

图3-58

02 调节反射属性：打开反射贴图通道，选择 Falloff （衰减）贴图，设置衰减方式为菲涅尔模式，衰减方向为摄像机观察方向。

03 设置材质高光：单击 L 按钮，打开高光开关。设置高光光泽度值为0.8。越光滑的物体高光相对越小。

04 设置材质的反射光泽度：又叫模糊反射，以此来模拟亚光效果。设置 Refl. glossiness （反射光泽度）值为0.85，当该值小于1时，将会产生模糊反射。为了提高模糊反射的品质，所以加大下面的 Subdivs （细分）值。降低 Max depth （最大深度）值，在保证最终效果的同时提高渲染速度，如图3-59所示。

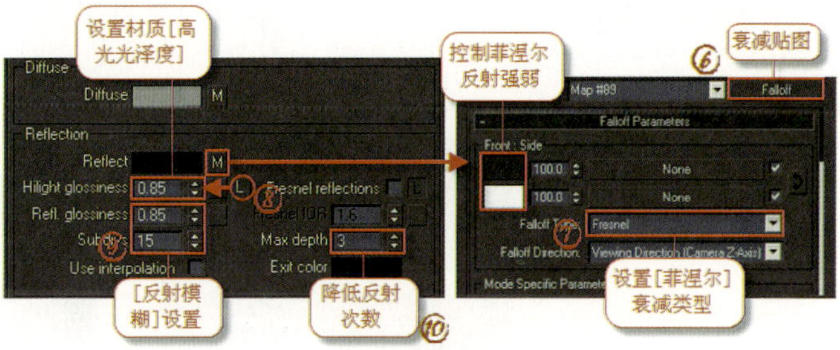

图3-59

3.3.2 木材

1.清漆木饰面

木饰面是一种表面相对光滑具有木质纹理，经过上漆处理后表面会产生一定的反射现象的材质，如图3-60所示。

根据以上材质特征设置材质的具体参数如图3-61所示。

01 将材质设置为 VRayMtl （VRay专业材质），并将其命名为木饰面。

02 指定材质贴图：打开漫反射贴图通道，选择 Bitmap （位图）贴图并为其指定一张地砖的贴图文件。

03 调节反射属性：木漆的反射并不是很强烈，设置 Value 值为33（颜色的亮度值决定反射属性）。

04 设置材质高光：单击 L 按钮，打开高光开关。设置高光光泽度值为0.8。越光滑的物体高光相对越小。

05 设置材质的模糊反射：设置 Refl. glossiness（反射光泽度值）为0.85，当该值小于1时，就会产生模糊反射。设置 Max depth（最大深度）值为3，保证最终效果的同时加快了渲染速度。

06 设置材质表面的质感：拖曳漫反射贴图通道到Bump（凸凹）贴图通道，关联复制石材贴图，设置强度值为10左右。

图3-60

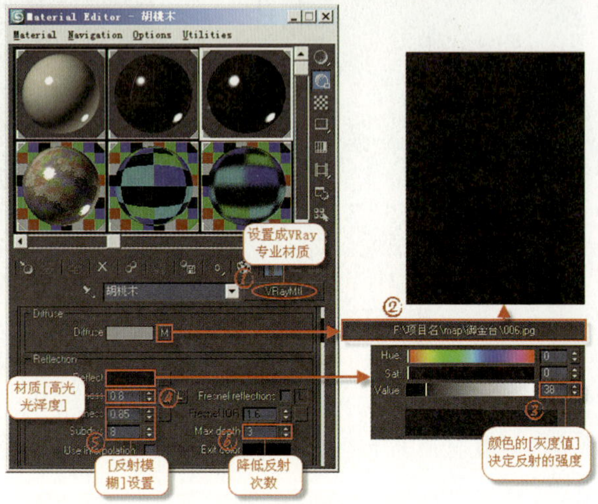

图3-61

2.木地板

木地板参数设置与清漆木饰面基本相同，如图3-62所示。

01 将材质设置为 VRayMtl（VRay专业材质）。打开漫反射贴图通道，选择 Bitmap（位图）贴图类型并为其指定一张地板的贴图；拖曳漫反射贴图通道到Bump（凸凹）贴图通道关联复制石材贴图，设置强度值为10，如图3-63所示。

图3-62

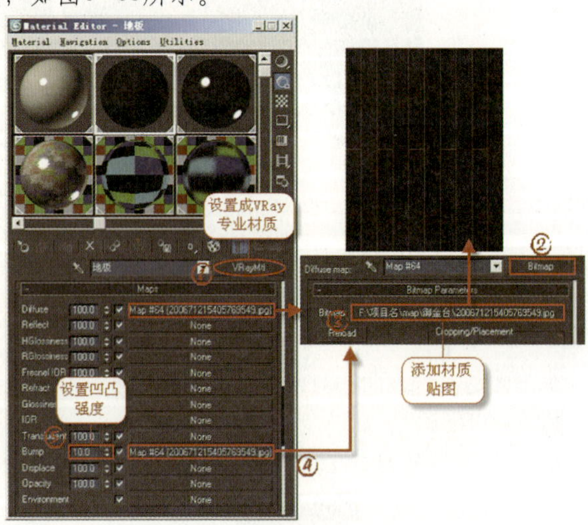

图3-63

02 调节反射属性：打开反射贴图通道，选择 Falloff（衰减）贴图，设置衰减方式为菲涅尔模式，衰减方向为摄像机观察方向。

03 设置材质高光：单击 L 按钮，打开高光开关。设置高光光泽度值为0.8。越光滑的物体高光相对越小。

04 设置材质的模糊反射：模拟亚光效果。设置Refl. glossiness（反射光泽度）值为0.85。降低Max depth（最大深度）值为3，这样反射3次就可以保证最终效果的同时提高渲染速度，具体设置如图3-64所示。

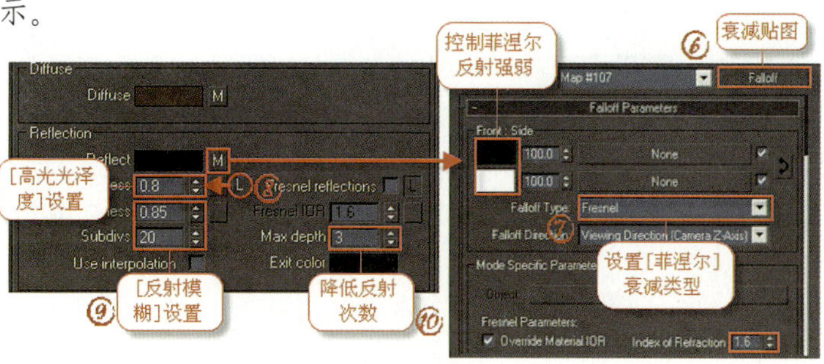

图3-64

3.3.3 金属

1.不锈钢

不锈钢是一种表面非常光滑，且具有强烈反射的金属材质，如图3-65所示。具体参数设置如图3-66所示。

01 将材质设置为VRayMtl（VRay专业材质），并将其命名为不锈钢。

02 设置材质颜色：不锈钢为强反射材质，为了更好地表现它的质感，将材质颜色设置为偏蓝的深色。

03 调节反射属性：不锈钢会产生强烈的反射，所以设置Value值为200左右。

04 设置材质高光：单击L按钮，打开高光开关，设置高光光泽度值为0.85。越光滑的物体高光相对越小。

05 设置材质的模糊反射：强烈的反射会产生镜面效果，为了更好地表现金属感，所以要增加少量的模糊反射。设置Refl. glossiness（反射光泽度值）为0.9。

06 增加材质的金属质感：设置BRDF模式为Ward类型。

图3-65

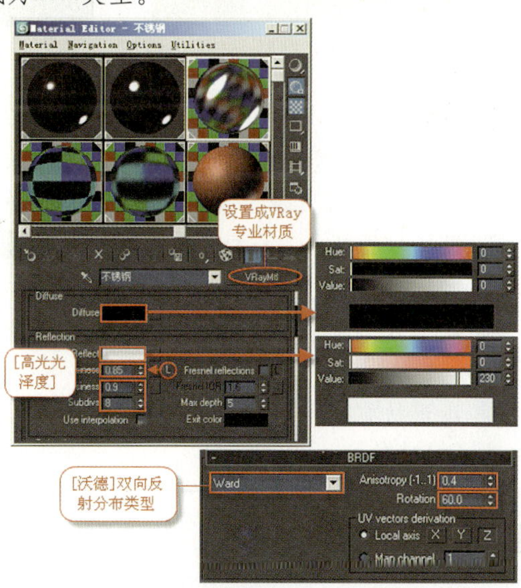

图3-66

2. 拉丝不锈钢

拉丝不锈钢是在镜面不锈钢的基础上经过抛光拉丝机加工后表面产生拉丝效果的一种金属材质，所以拉丝不锈钢同样具有镜面不锈钢强反射属性，如图3-67所示。具体参数设置如图3-68所示。

01 将材质类型设置为 VRayMtl （VRay专业材质）并取名为拉丝不锈钢。

02 指定材质贴图：打开漫反射贴图通道，选择 Bitmap （位图）贴图并为其指定一张拉丝不锈钢的贴图。

03 调节反射属性：拉丝不锈钢属性与不锈钢类似，也会产生较强的反射，所以设置 Value: 值为180左右。

04 设置材质高光：单击 L 按钮，打开高光开关，设置高光光泽度值为0.85。越光滑的物体高光相对越小。

05 设置材质的模糊反射：设置 Refl. glossiness （反射光泽度值）为0.8。

06 增加材质表面的质感：拖曳漫反射贴图通道到Bump（凸凹）贴图通道，关联复制石材贴图，设置强度值为30左右。

图3-67

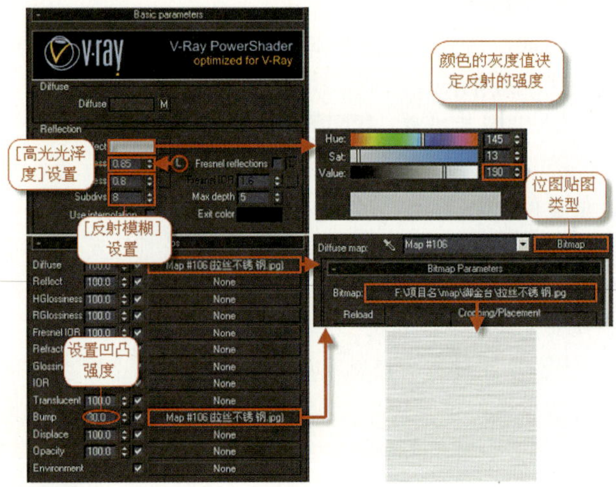

图3-68

3. 黄铜

铜与不锈钢同为金属，所以属性也很相似，不同之处在于铜金属的反射带有黄色的光，如图3-69所示。具体参数如图3-70所示。黄金等相似金属多可以按此参数设定。

01 设置材质颜色：将材质类型设置为 VRayMtl （VRay专业材质），根据铜金属的色相设置漫射的颜色为土黄色。

02 调节反射属性：铜也有着强烈的反射，设置 Value: 值为165左右。反射中并带有黄色。

03 设置材质高光：单击 L 按钮，打开高光开关，设置高光光泽度值为0.9。越光滑的物体高光相对越小。

04 设置材质的模糊反射：为了更好地表现质感，为其添加少量的模糊反射。设置 Refl. glossiness （反射光泽度值）为0.9。

图3-69

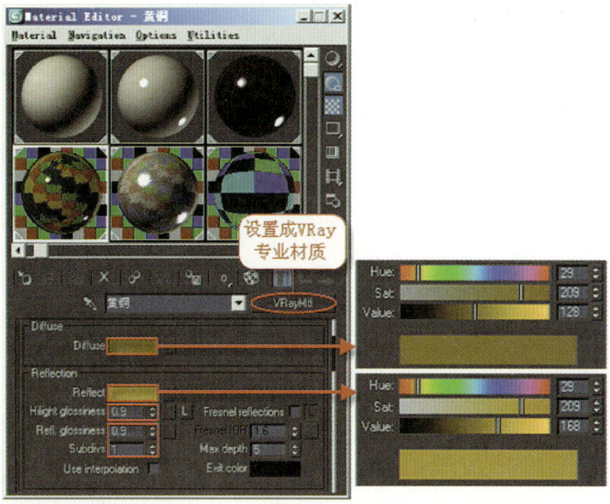

图3-70

3.3.4 玻璃

1.清水玻璃

清水玻璃是一种表面非常光滑，具有非常强烈的菲涅尔反射现像，并且完全透明的一种材质，如图3-71所示。具体参数设置如图3-72所示。

01 指定材质颜色：好的清水玻璃是一种纯透明的材质。为了更好地表现材质的清澈性，常会将材质设置为很深的颜色。

02 调节反射属性：设置反射强度值为255，并勾选后面的 Fresnel reflections （菲涅尔反射）复选框。

03 调节折射属性：设置折射强度值为255，即完全透明。设置玻璃的折射率为1.5，勾选 Affect shadows （影响阴影）属性复选框，玻璃所产生的阴影将带有半透明属性。

图3-71

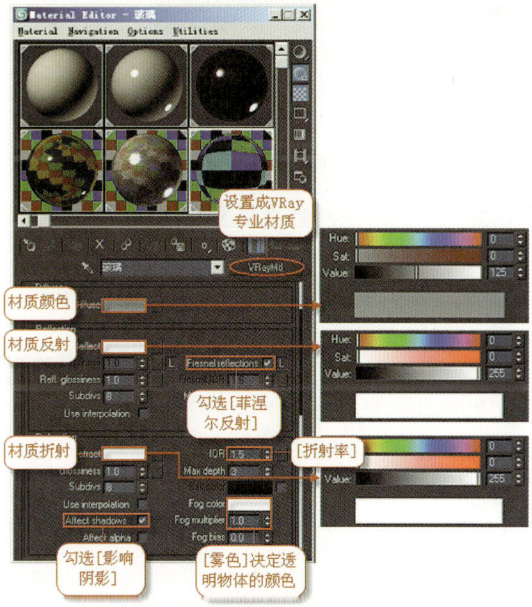

图3-72

2.磨砂玻璃

磨砂玻璃与清水玻璃的属性设置基本相同，只是在清水玻璃的基础上增加磨砂效果，如图3-73所示。具体设置如图3-74所示。

01 指定材质颜色：先将材质表现出清水玻璃的属性，将材质设置为很深的颜色。

02 调节反射属性：设置反射强度值为255，并勾选后面的 Fresnel reflections （菲涅尔反射）复选框。

03 调节折射属性：设置折射强度值为255，即完全透明。玻璃的折射率为1.5，勾选 Affect shadows （影响阴影）属性复选框，玻璃所产生的阴影将带有半透明属性。

04 增加磨砂效果：设置折射光泽度值为0.8，增加折射模糊属性。

图3-73

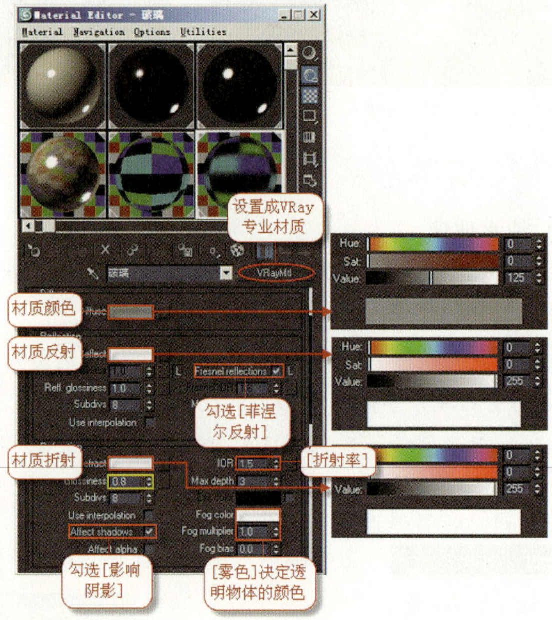

图3-74

▶3.3.5 水

水与清水玻璃的属性设置基本相同，不同之处在于它们的折射率，而且水具有波纹效果，如图3-75所示。

01 调节反射属性：设置反射强度值为250，并勾选后面的 Fresnel reflections （菲涅尔反射）复选框。

02 调节折射属性：设置折射强度值为255，即完全透明。设置水的折射率为1.33，勾选 Affect shadows （影响阴影）属性复选框，水所产生的阴影将带有半透明属性，具体设置如图3-76所示。

03 增加水波纹效果：在Bump（凸凹）贴图通道使用Noise（噪波）贴图来模拟波纹效果，具体设置如图3-77所示。

图3-75

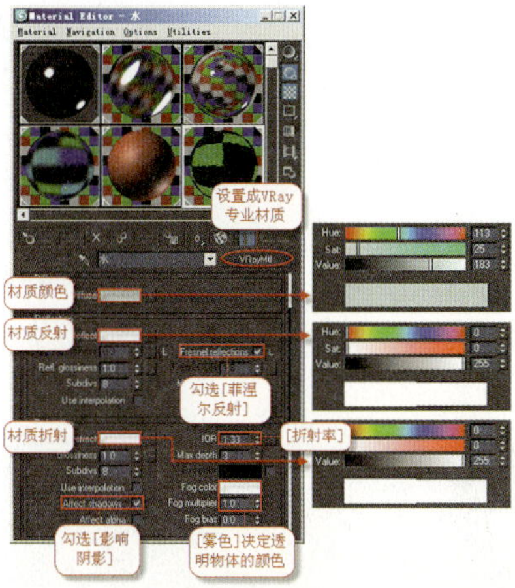

图3-76

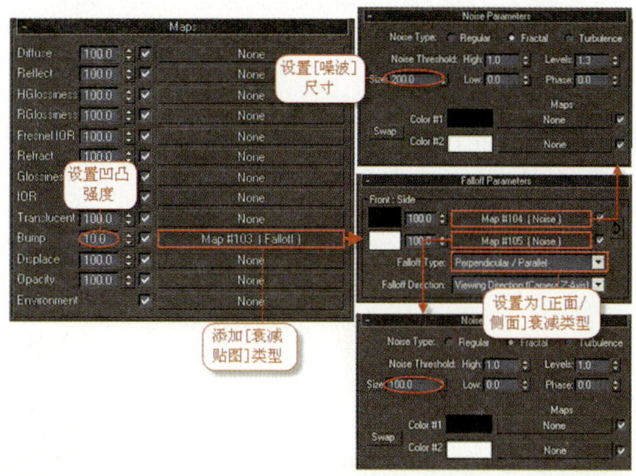

图3-77

3.3.6　陶瓷

陶瓷是一种表面光滑但反射强度比金属弱的物体。为了更好地表现陶瓷的反射，通常会使用菲涅尔反射来表现，效果如图3-78所示。具体设置如图3-79所示。

01 指定材质纹理：打开漫射贴图通道，选择 Bitmap （位图）贴图并为其指定一张陶瓷的贴图。没有纹理的陶瓷将漫射颜色设置为白色就可以了。

02 调节反射属性：设置反射强度值为255，并勾选后面的 Fresnel reflections （菲涅尔反射）复选框。

03 设置材质高光：单击 L 按钮，打开高光开关。设置高光光泽度值为0.85左右，越光滑的物体高光相对越小。降低 Max depth （最大深度）值为3，以提高渲染速度。

图3-78

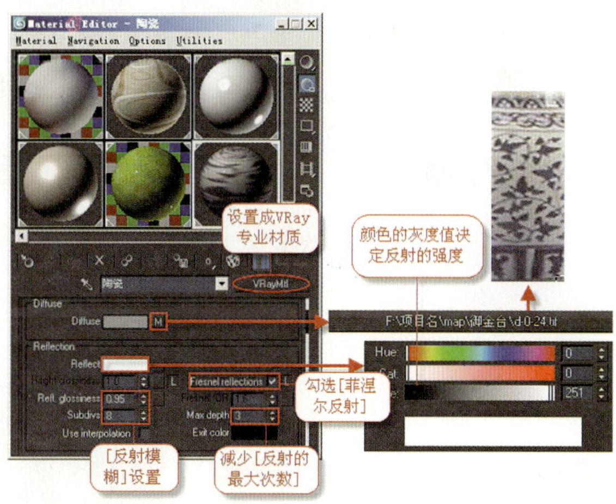

图3-79

3.3.7　织物软饰

1. 绒布或绸缎

布艺是一种表面粗糙、柔软的漫射材质。不会产生反射现象，并且受灯光照射，视觉上会产生一种毛绒绒的感觉，如图3-80所示。具体设置如图3-81所示。

01 指定材质纹理：打开漫射贴图通道，选择 Falloff（衰减）贴图，设置 Falloff Type:（衰减类型）为 Perpendicular / Parallel（正/侧）类型。为正面贴图通道指定一张布纹贴图，侧面设定反光区域的稍高些的颜色。

02 调节材质高光：设置反射强度值为20左右。单击 L 按钮，打开高光开关，设置高光光泽度值为0.35，以产生较大的高光区域。

03 取消材质反射：VRay暂时还无法单独调节材质的高光属性，它需要与反射属性相配合。当只想表现高光时，先给予材质一定的反射，然后取消勾选 Trace reflections（追踪反射）复选框即可。

图3-80

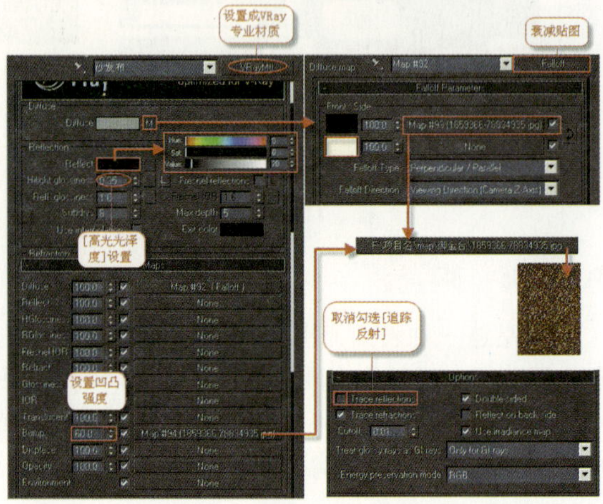

图3-81

2.纱帘

纱帘的效果图如图3-82所示。材质参数具体设置如图3-83所示。

01 首先将材质设置为 VRayMtl（VRay专业材质）。打开漫射贴图通道，选择 Output（输出）贴图，增加输出强度值，以提高材质的亮度。

02 调节材质透明度：打开折射贴图通道，以 Falloff（衰减）贴图方式来控制材质的透明属性。

03 设置 Falloff Type:（衰减类型）为 Perpendicular / Parallel（正/侧）类型。为正面设定为稍亮的颜色，侧面设定稍暗的颜色；将IOR折射率设为最小，以消除透过材质所产生的折射位移；为了能够达到更好效果还可以设置一些折射模糊。勾选 Affect shadows 影响阴影属性复选框。

图3-82

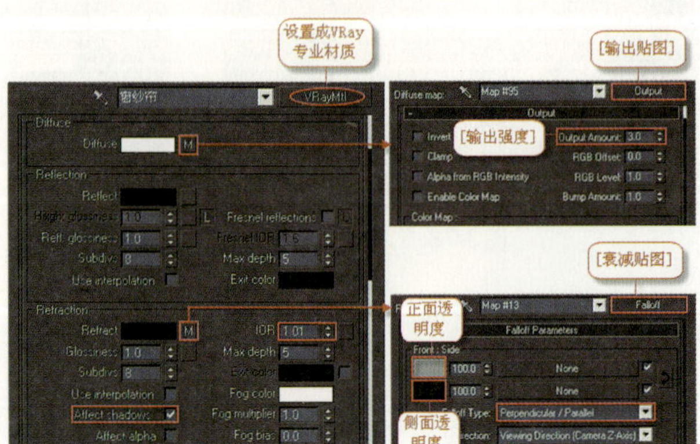

图3-83

3.皮革

皮革材质表面相对粗糙，有一定的反射和较大的高光，如图3-84所示。

01 指定纹理贴图：打开漫反射贴图通道，选择 Bitmap（位图）贴图并为其指定一张皮革的贴图；拖曳Diffuse（漫射）贴图通道到Bump（凸凹）贴图通道中，关联复制皮革贴图，并设置强度值为30左右，如图3—85所示。

图3-84

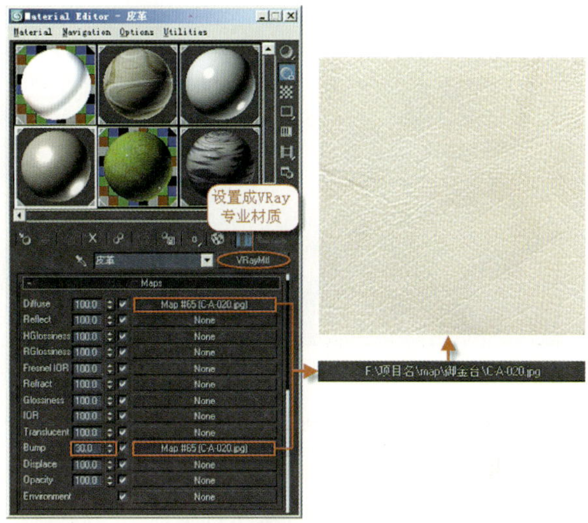

图3-85

02 调节反射属性：设置反射颜色的Value值为30左右；反射模糊值为0.71，适当增加反射模糊的品质；设置Max depth（最大深度）为3，以提高渲染时的计算速度。

03 调节材质高光：设置高光光泽度值为0.65，以得到较大面积的高光区域，如图3—86所示。

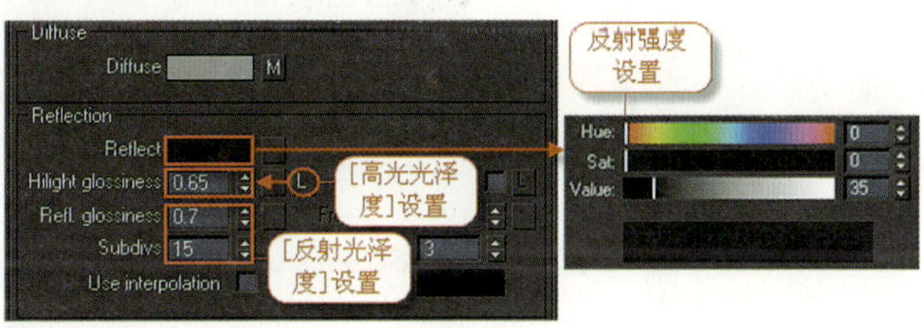

图3-86

3.3.8 蜡烛/玉石

玉石材质相对来说特殊一些，它有着石材的质感并带有一定的透光性，如图3-87所示。与其相似的材质，如蜡烛、树叶等，参数设定也与之大同小异，具体设置如图3-88所示。

01 设定材质颜色：设置漫射颜色为淡绿色。

02 调节反射属性：设置反射颜色的Value值为25左右；反射光泽度值为0.95，适当增加少量的反射模糊；设置Max depth（最大深度）为3，以提高渲染时的计算速度。

03 调节透明度：设置折射颜色的Value值为150左右，折射模糊值设为0.65。

04 将半透明的Type（类型）设为 Hard (wax) model（硬质感）模式，透明层的Thickness（厚度）值设为50，Light multiplier（光线亮度倍增）值设为3。

图3-87

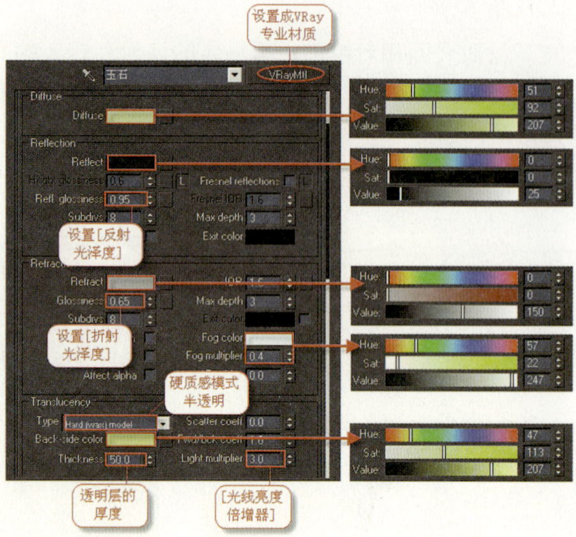

图3-88

3.4 VRay材质类型

1. VRay2SidedMtl（双面材质）

VRay的双面材质可以设置正面和背面两种不同的贴图，还可以通过调节半透明度来实现部分材料的融合效果，如纸币、布艺等，如图3-89所示。

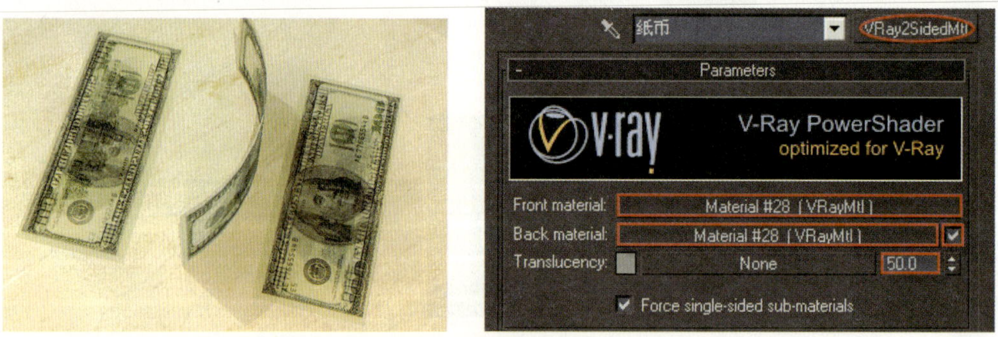

图3-89

- Front material（正面材质）：设置物体的正面材质。
- Back material（背面材质）：设置物体的背面材质。勾选材质通道后面的复选框，即可激活背面材质。
- Translucency（透明度）：在此可以通过颜色、材质贴图和数值3种方式来控制正反两面的透明度。

2. VRayBlendMtl（混合材质）

VRay混合材质可以将多种材质效果融合在一起创造出更复杂的材质效果。它的使用类似于教学中的幻灯片和Photoshop中的图层应用，如图3-90所示。

图3-90

- Base material:（基础材质）：指定物体的基础材质。
- Coat materials:（上层材质）：即在基础材质上面所要叠加的材质
- Blend amount:（混合强度）：通过颜色的灰度值、材质贴图和数值来控制各个层材质与基础材质的混合强度。
- Additive (shellac) mode（添加虫漆模式）：不建议勾选该复选框。

3. VRayLightMtl（灯光材质）

灯光材质可以将场景中的物体当做光源来使用。当场景中的光源非常多的时候，可以适当地用灯光材质来代替，这样可以有效地提高渲染速度，如图3-91所示。

图3-91

- Color:（颜色）：光源材质所发出的光的颜色。
- Multiplier:（倍增）：控制光源材质的发光强度。

- 2-sided（双面）：强制材质是否双面发光。
- Texmap（纹理贴图）：为灯光材质指定纹理贴图。

4. VRayMtlWrapper（包裹材质）

通过VRay材质包裹器可以方便地控制被赋予此材质的物体的全局光照、焦散、阴影等属性，进而使MAX的标准材质转换成VRay材质，使其能进行光能传递，接受全局光照。在实际工作中主要用它来控制材质在场景中过亮或色溢太多现象， 多数用于控制有自发光的材质和饱和度过高的材质，如图3-92所示。

图3-92

为了减少“贵宾休息室”画面中的紫色对环境的影响，可以使用VRayMtlWrapper（包裹材质）。通过降低Generate GI（产生GI）的倍增值来实现，具体设置如图3-93所示。

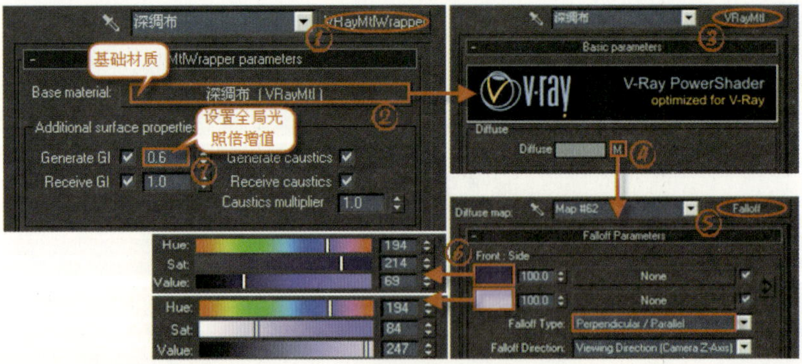

图3-93

- Base material（基础材质）：添加需要被包裹的材质。

Additional surface properties附加的表面属性设置组

- Generate GI（产生GI）：勾选该复选框，该材质对象将产生全局光照。通过调整后面的倍增值，可以控制产生的GI强度，值越大，材质对象产生的全局光照越强。
- Receive GI（接受GI）：勾选该复选框，该材质对象将接受全局光照。通过调整后面的倍增值，可以控制接受的GI强度，值越大，材质对象接受的全局光照越强。
- Generate caustics（产生焦散）：勾选该复选框，拥有透明属性的材质对象将产生焦散。

- Receive caustics（接受焦散）：勾选该复选框，材质对象将接受焦散。
- Caustics multiplier（焦散倍增器）：控制材质对象的焦散强度。

Matte properties遮罩属性设置组，如图3-94所示。

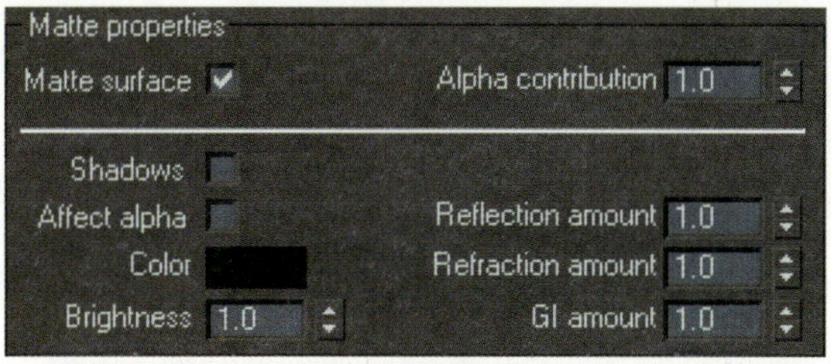

图3-94

- Matte surface（遮罩属性）：勾选该复选框，该材质对象就可以在场景中隐藏渲染。即物体在渲染时不可见，但会正常影响反射和折射同时产生GI和阴影效果。
- Alpha contribution（Alpha分摊）：控制该材质对象对Alpha的影响。值为1时，材质对象产生Alpha通道；值为0时，材质对象不出现在Alpha通道中；值为－1时，材质对象将影响其他物体的Alpha通道。
- Shadows（阴影）：勾选该复选框，材质对象将产生阴影。
- Affect alpha（影响Alpha通道）：勾选该复选框，材质对象所产生的阴影将会影响Alpha通道。
- Color（颜色）：设置物体产生阴影的颜色。
- Brightness（光度）：设置阴影的明暗度。
- Reflection amount（反射强度）：控制材质对象的反射数量。
- Refraction amount（折射强度）：控制材质对象的折射数量。
- GI amount（全局光照强度）：控制材质对象的全局光照总量。

5. VRayOverrideMtl（替代材质）

通过VRayOverrideMtl（替代材质）可以分别对材质对象的全局光照、反射和折射属性进行更细致的控制，如图3-95所示。

图3-95

上面这张餐厅效果图的空间中采用了大量深色材质，进而影响了全局光的亮度，这时就需要使用VRayOverrideMtl（替代材质）来加亮深色地砖所产生的GI，来提高整体空间的亮度，替代材质的具体设置如图3-96所示。

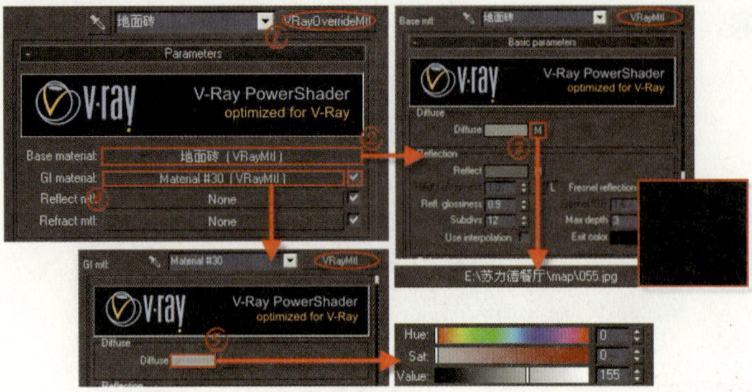

图3-96

- Base material（基础材质）：指定材质对象的最基础材质。
- GI material（GI材质）：通过指定一个Diffuse（漫射）灰度值亮一些的材质，就可以提高材质产生的全局光照，使空间整体亮起来。
- Reflect mtl（反射材质）：控制材质对象的反射内容。
- Refract mtl（折射材质）：控制材质对象的折射内容。

3.5 VRay贴图类型

在材质编辑器的贴图通道中，增加了8种VRay材质的贴图类型，如图3-97所示。

- VRayBmpFilter（位图过滤贴图）：该程序贴图可以在x轴和y轴对贴图纹理进行偏移和反转的简单操作。通过UVW Map贴图坐标命令也同样可以实现此功能，如图3-98所示。

图3-97

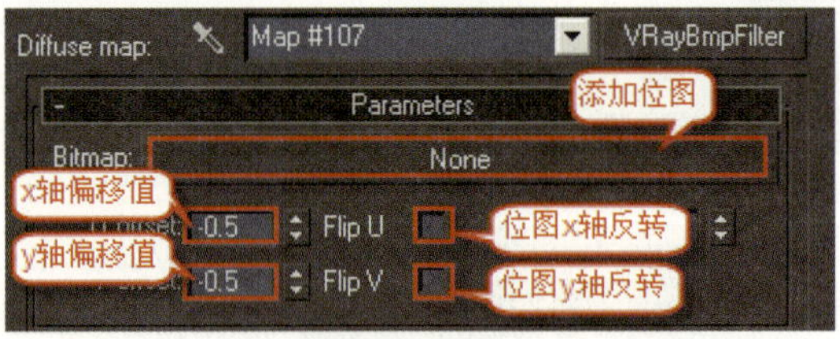

图3-98

- VRayColor（颜色贴图）：可以用来设置任意颜色的贴图。
- VRayCompTex（合成贴图）：可以通过减、乘、除的运算，将两个层合成为三维场景。
- VRayHDRI（高动态范围贴图）：主要用于场景的环境贴图，可以影响场景的色彩、亮度，或充当场景的光源物体。
- VRayDirt（脏旧贴图）：该程序贴图主要用来模拟物体的破旧、腐蚀的效果，在动画及游戏场景模型中运用得比较多。

以上程序贴图在实际工作中用到得非常少，所以在此只作简单的介绍。我们要重点掌握的是VRayEdgesTex和VRayMap两个程序贴图。

- VRayEdgesTex（线框材质）：创建出另类线框效果图，效果与MAX基本材质里的线框类似，如图3-99所示。

下面通过一个实例的设置，看看线框效果，具体设置如图3-100所示。

图3-99

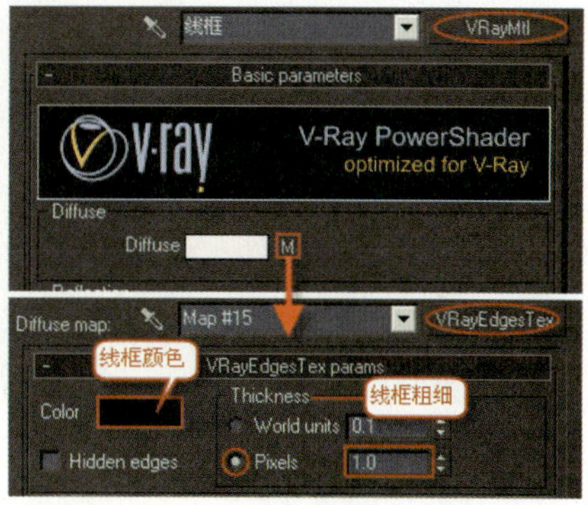

图3-100

Color （颜色）：线框的颜色。

Hidden edges （隐藏边）：勾选该复选框，将会渲染物体背面看不到的边线。

Thickness （厚度）：即线框的粗细。

World units （世界坐标）：以场景中系统单位为单位。

Pixels （像素）：以像素为单位，1即为一个像素粗细。

- VRayMap （VRay贴图）：

VRay不支持3ds Max中 Raytrace （光线追踪）贴图，而 VRayMap （VRay贴图）可以在使用MAX标准材质时添加反射与折射效果。Vray贴图多用于标准材质的反射与折射贴图通道，如图3-101所示。

图3-101

下面通过为“玻璃”标准材质的反射贴图通道添加 VRayMap 贴图，创建玻璃的反射效果，具体设置如图3-102所示。

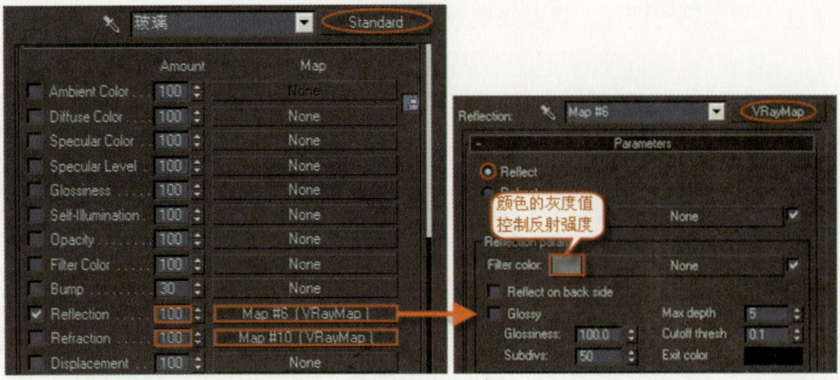

图3-102

Reflect（反射）：VRayMap贴图不能自行识别所产生的是反射还是折射效果，所以在创建反射效果时，需要选择此选项，以激活下面的反射参数设置组。

Refract（折射）：要创建折射效果时，在折射贴图通道中选用VRayMap贴图后，并选择此选项，来激活下面的折射参数设置组。

Environment map:（环境贴图）：通过指定一张环境贴图控制反射和折射所呈现的内容。如果不指定环境贴图，材质对象将反射或折射出现有场景中的周围环境。

（1）反射属性设置

选择Reflect（反射）选项，将激活Reflection params（反射参数）设置组。

Filter color:（过滤色）：以颜色的灰度值控制反射的强度。白色完全反射，黑色将不产生反射效果。反射效果越强，所需的渲染时间就越长。还可以为其后面的贴图通道指定贴图，以其贴图的灰度来影响反射效果，若加入Falloff（衰减）贴图就可以产生真实的菲涅尔反射效果。

Reflect on back side（反射背面）：勾选该复选框，将会计算物体背面的反射，同时会增加渲染时间。

Glossy（光泽度）：材质对象的反射光泽度开关。勾选该复选框后，可以对材质的反射模糊进行设置。

Glossiness（光泽度强度）：控制模糊反射的强度。值越小，产后的模糊反射越强，渲染所用时间越长，其取值范围是0～100000。

Subdivs:（细分）：控制反射模糊的质量。值越大，模糊反射的效果越平滑，同时会增加大量的渲染时间。

Max depth（最大深度）：控制材质对象的反射次数。

Cutoff thresh（终止极限值）：控制材质对象不被反射追踪的一个最小值。

Exit color（退出色）：当反射次数达到最大深度所设值时，将停止计算该物体的反射，剩下的反射区域就用退出色代替，此情况只有在两个物体反射都非常强的时候会比较明显。

（2）折射属性设置

选择Refract（折射）选项，将打开Refraction params（折射参数）设置组，如图3-103所示。

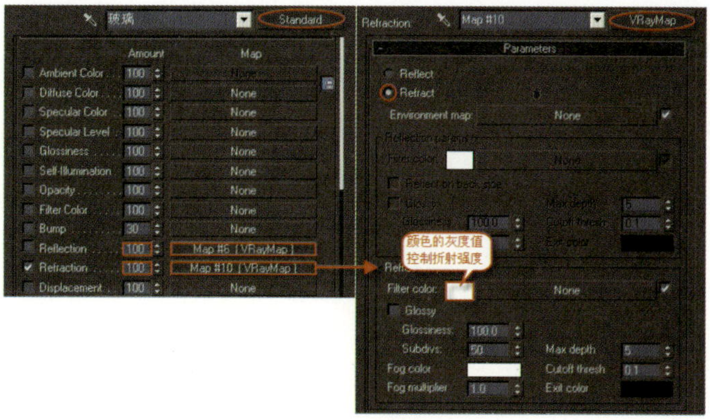

图3-103

Filter color（过滤色）：以颜色的灰度值控制折射的强度，白色完全折射，黑色将不产生折射效果。折射效果越强，所需的渲染时间就越长。还可以为其后面的贴图通道指定贴图，以贴图的灰度来影响折射效果。

✔ Glossy（光泽度）：材质对象的折射光泽度开关。勾选该复选框就可以对材质的折射模糊进行设置。

Glossiness（光泽度强度）：控制模糊折射的强度，值越小，产生的模糊折射越强，渲染所用时间也就越长。其取值范围是0～100000。

Subdivs（细分）：控制反射模糊的质量，值越大模糊反射的效果越平滑，同时会增加大量的渲染时间。

Fog color（雾色）：用体积雾来填充具有折射性质的物体，决定透明物体所呈现的颜色。

Fog multiplier（雾倍增）：雾的浓度，较小的值会产生更透明的雾。

Max depth（最大深度）：控制材质对象的折射次数。

Cutoff thresh（终止极限值）：控制材质对象不被折射追踪的一个最小值。

Exit color（退出色）：当折射次数达到最大深度所设值时，将停止计算该物体的折射，剩下的折射区域就用退出色代替。

3.6　本章小结

材质是效果图制作中的关键环节。VRayMtl（Vray专业材质）是VRay材质的重中之重，通过反射、折射（透明度）参数的设置及纹理贴图的运用，可以模拟很多真实的材料质感效果，而材质参数的设定对渲染速度也有着一定的影响。

- 材质的反射/折射越强烈，渲染速度越慢。
- 材质的反射/折射光泽度值越低，反射/折射效果越模糊，渲染速度越慢。
- 材质的反射/折射细分值越高，材质的渲染品质越好，渲染速度越慢。
- 材质的反射/折射最大深度值越大，反射次数越多，渲染速度越慢。一般材质将值设置为3即可。
- 半透明类型的Hard (wax) model（硬质感模式）常用于模拟蜡烛、玉石等材质。Soft (water) model（软质感模式）常用于模拟水。开启这些选项设置也会增加渲染时间。
- 使用VRay专业材质比使用MAX材质时的渲染速度要快。

·读·书·笔·记·

第4章 详解VRay灯光设置

对于灯光，我们可以把它理解为画家手中的画笔。通过对灯光亮度的控制，表现出形体的明暗素描关系；不同颜色的灯光交织在一起，得到画面中丰富的色彩变化。场景中只有灯光的存在才能体现出物体的形体、颜色和材质的质感。

在学习VRay灯光之前，先来了解一下MAX的标准灯光和光度学灯光。

4.1 MAX的Standard标准灯光

MAX的Standard（标准）灯光共有8种类型，如图4-1所示。

图4-1

- 目标聚光灯具有明确照射范围的约束，在早期的MAX布光格局中多用于主体照明，如单体建筑对日光的模拟。在VRay中也会经常用到聚光灯来模拟太阳光照效果。
- 目标平行光与聚光灯非常类似，唯一不同的是它所发出的光线是平行的，所以可以得到平行的阴影效果。多用于室外鸟瞰及群体模型中模拟太阳光照效果。
- 泛光灯是早期时具有全局照明功能的类型。它的光线是从一点向四面八方发射，没有明确的照射目标，多作为辅助光和背景光出现，主要用于模拟环境光。

目标聚光灯、目标平行灯与泛光灯的效果示意图如图4-2所示。

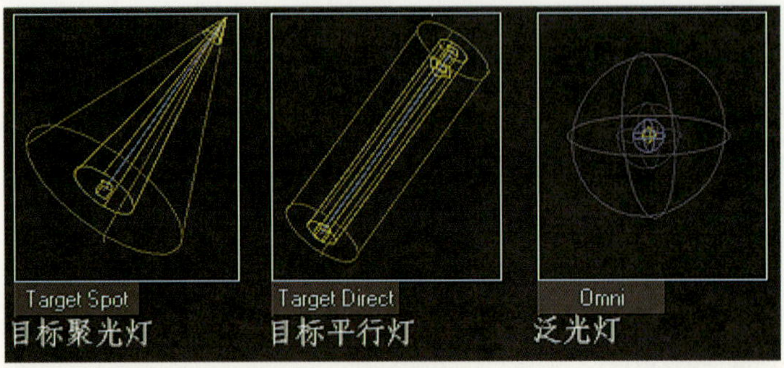

图4-2

- 自由聚光灯和自由平行光与目标聚光灯和目标平行光相比没有目标点，多用于动画的制作，如图4-3所示。

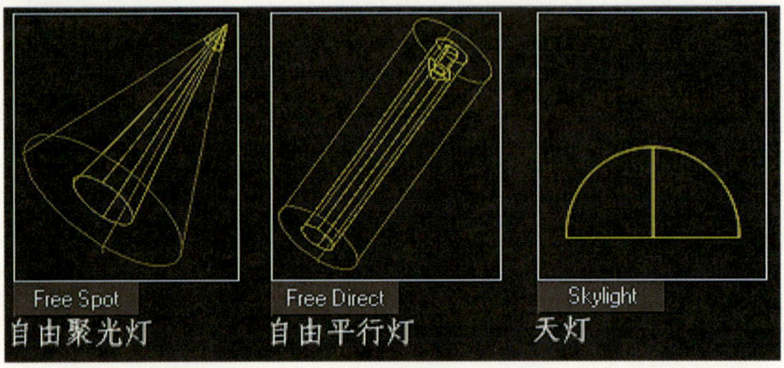

图4-3

- mr面积泛光灯和mr面积聚光灯是Mental Ray的专用灯光，在使用Mental Ray渲染时可以很好地模拟现实生活中实际场景的阴影效果，如图4-4所示。

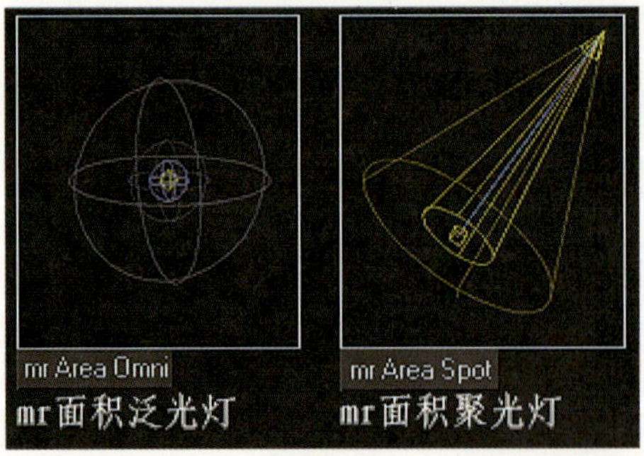

图4-4

影响MAX标准灯光的4大因素，如下所示。

- 距离：灯光与场景中的物体距离越远物体就越亮，明暗变化也就越少；反之越近，明暗变化越丰富。
- 颜色：灯光的颜色除了会影响场景中物体的色彩外，也是调节光照强弱的重要手段。
- 衰减：MAX灯光需要人为设置灯光的衰减来产生退晕效果。MAX灯光具有照明范围性，物体只在灯光衰减范围内才会被照亮。
- 阴影：如果要灯光投射阴影，则需要手动开启阴影功能。灯光阴影将会使空间产生丰富的光影变化。

4.2　MAX的Photometric光度学灯光

MAX的Photometric（光度学）灯光也有8种类型，如图4-5所示。

- Target Point（目标点）光源：使用目标对准物体的点光源，多用于模拟筒灯、射灯等光源。
- Target Linear（目标线）光源：使用目标对准的线状光源，多用于模拟日光灯的效果。
- Target Area（目标面）光源：使用目标对准的面光源，多用于模拟反光灯槽的效果。

3种目标光源的效果如图4-6所示。

图4-5

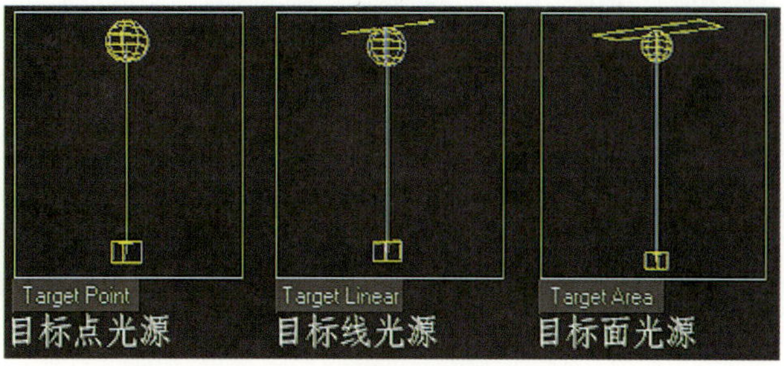

图4-6

- Free Point（自由点）光源：无目标指向的点光源。
- Free Linear（自由线）光源：无目标指向的线光源。
- Free Area（自由面）光源：无目标指向的面光源。

3种自由光源的效果如图4-7所示。

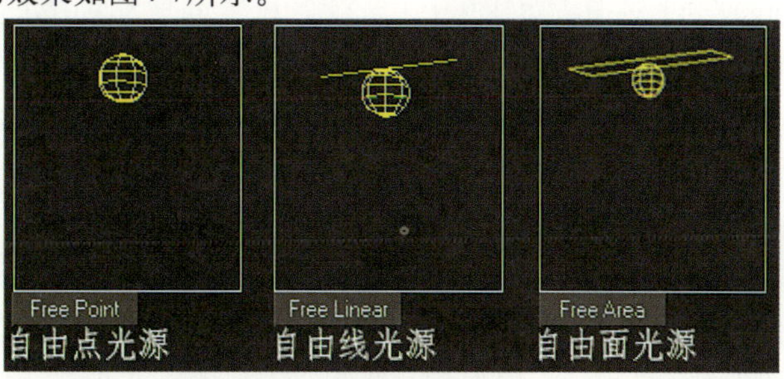

图4-7

- IES Sky（IES阳光）：创建基于物理及地理参数化的用于模拟阳光效果的光照系统。
- IES Sky（IES天光）：创建基于物理及地理参数化的用于模拟天光效果的光照系统。

两种IES光源的效果如图4-8所示。

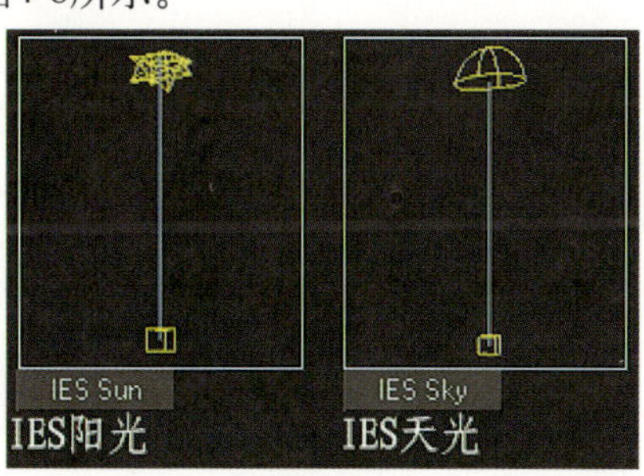

图4-8

光度学灯光使用光度学（光能）值，通过这些值可以更精确地定义灯光，使灯光效果就像真实世界里灯光的效果一样。制作模型时可以创建具有各种分布和颜色特性的灯光，或导入照明制造商提供的特定光度学文件。使用过Lightscape软件的读者对此应该不会陌生，如图4-9所示。

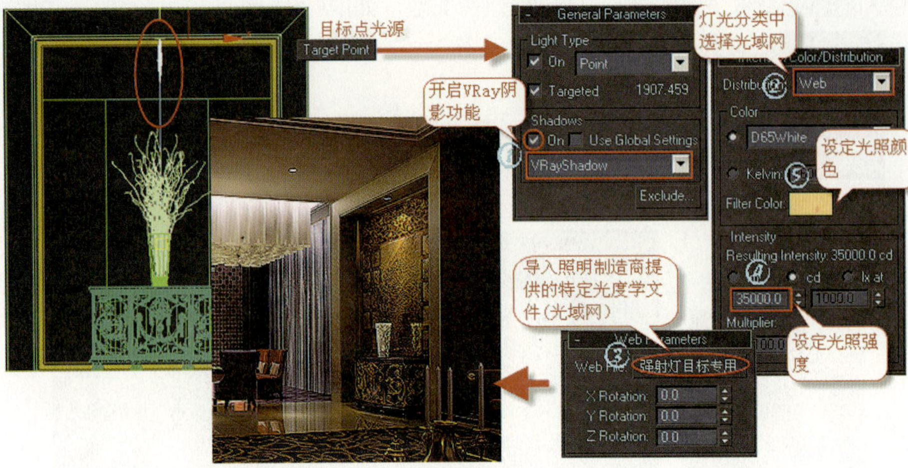

图4-9

4.3　VRayLight灯光

成功安装VRay渲染器后，在3ds Max灯光创建组中除了MAX的Standard（标准）灯光Photometric（光度学）灯光类型外还将添加入VRay VRay灯光类型，如图4-10所示。

VRayLight（VRay灯光）在Parameters（参数）属性卷展栏的Type:（类型）中VRay提供了3种光源类型，分别是平面光、穹顶光和球体光，3种光源可以相互转换，如图4-11所示。

图4-10

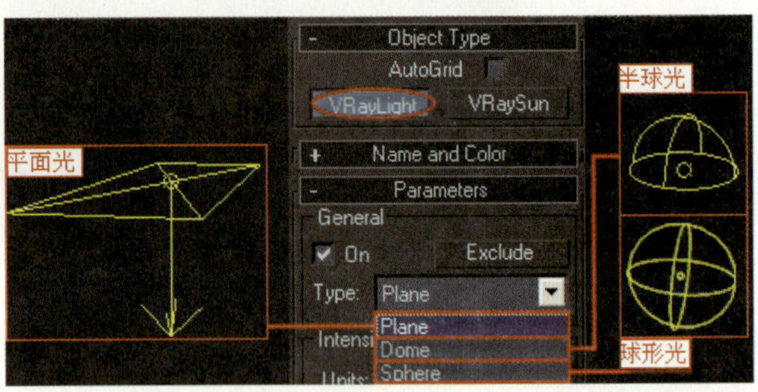

图4-11

1. Plane 平面光源

- On（灯光开关）：勾选该复选框，开启灯光的照明功能。
- Exclude（排除）：设置灯光的照明或排除对象，即有选择地照明场景中的对象。与MAX的标准光源中的排除功能相同，在此不做具体介绍。

Intensity光度设置组，如图4-12所示。

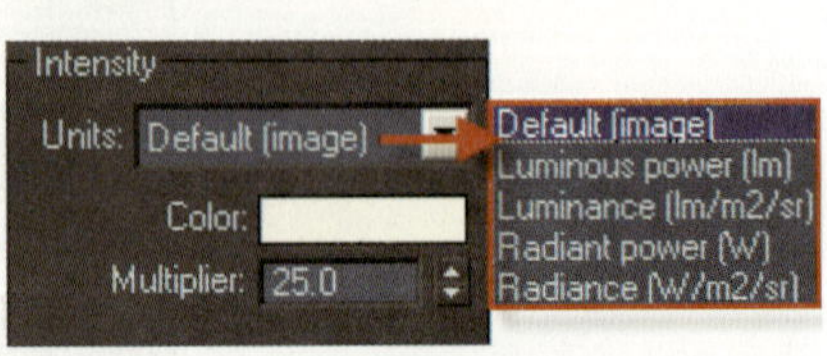

图4-12

- Units（单位）：计算灯光亮度的单位设置，系统提供了5种单位设置。

Default (image)：系统默认单位，一般情况下都用它；

Luminous power (lm)：发光率；

Luminance (lm/m2/sr)：亮度；

Radiant power (W)：辐射率；

Radiance (W/m2/sr)：辐射。

图4-13

- Color（颜色）：用来调节当前灯光的颜色。对颜色亮度的调节，也会影响灯光的强度大小。
- Multiplier（倍增器）：控制灯光的光照强度，值越大光照越强。（经测试，小的光照强度值要比大的光照强度值渲染速度要快）
- Size（尺寸）：设置光源体的大小，如图4-13所示。

  Half-length:（半长）：设置平面光源的长度。

  Half-width:（半宽）：设置平面光源的宽度。

参数设置组，如图4-14所示。

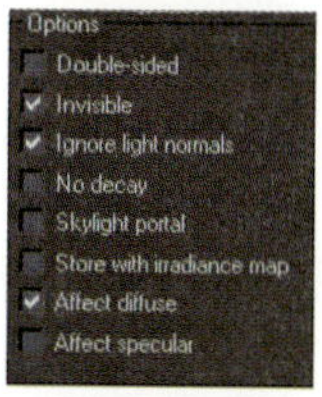

图4-14

- Double-sided（双面）：当VRay灯光是面光源时，勾选此选项将使面光源的两面产生光照效果（穹顶和球体光无效），如图4-15所示。
- Invisible（不可见）：控制VRay灯光光源是否在渲染结果中显示它的形状（勾选后将不被渲染），如图4-16所示。

图4-15

图4-16

- Store with irradiance map（忽略光源法线）：勾选该复选框，将不忽略光源法线，使光线的分布按光源的法线方向发散（实用意义不大）。
- No decay（不进行衰减）：勾选该复选框，VRay灯光将不进行衰减。否则灯光将以距离的反向平方（inverse square）方式衰减，这是真实世界光衰减的方式，如图4-17所示。
- Skylight portal（天空光入口）：勾选该复选框后，VRayLight的灯光将转变为天光，灯光的颜色和强度Multiplier将不起作用，而是由环境的颜色强度来控制，如图4-18所示。

图4-17

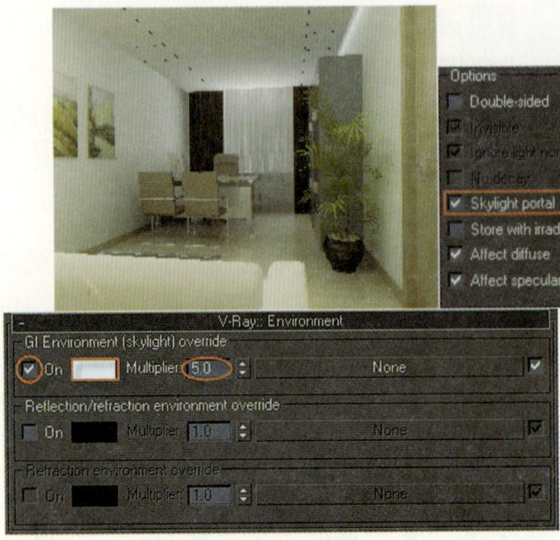

图4-18

- Store with irradiance map（存储发光贴图）：勾选该复选框，并且GI计算中设置了 Irradiance map（发光贴图）时，VRay将会把计算出的光照效果存储为发光贴图。在以后渲染时调用发光贴图，将会缩短渲染时间。勾选该复选框以后，能明显提高渲染速度，但阴影细节将会丢失。
- Affect diffuse（影响过渡色）：勾选该复选框，灯光将照亮物体表面的过渡区，如图4-19所示。
- Affect specular（影响高光）：勾选该复选框，灯光将影响在物体表面是否产生高光，如图4-20所示。

图4-19

图4-20

Sampling采样设置组，如图4-21所示。

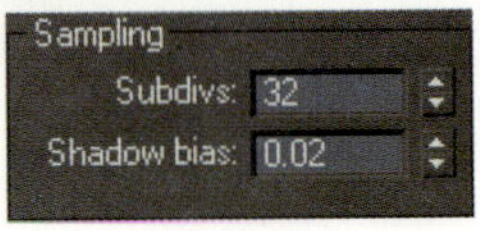

图4-21

- Subdivs（细分）：细分值决定着光照效果的品质。高的细分值，意味着更细腻的画面效果图，更长的渲染时间；反之，如果细分值过低，画面将产生噪点，如图4-22所示。

- Shadow bias:（阴影偏移）：控制物体阴影与物体之间的偏移距离。值越大，阴影越清晰，阴影范围越小；值越小，阴影越模糊（面光尺寸的大小也将会影响阴影的虚实），如图4-23所示。

图4-22

图4-23

2. Dome 穹顶光

从某种意义上可以把VRay的穹顶光理解成天空光，它的光线不是从光源体向外发散，而是光线从四面八方投向光源体，如图4-24所示。

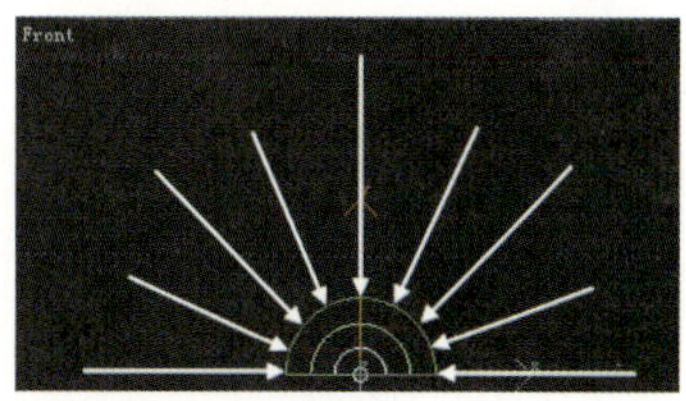

图4-24

在室内效果图的制作过程中，穹顶光的现实意义就是可以用它来模拟场景的天空光。光源体在场景中的位置对渲染效果不会有任何影响，如图4-25所示。

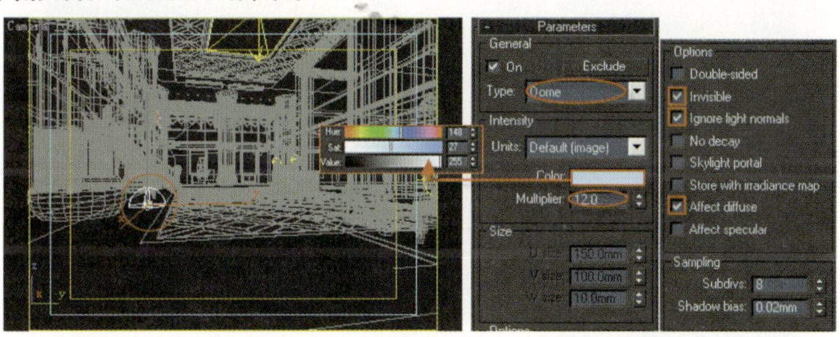

图4-25

用穹顶光模拟天光所得到的效果比环境光要好，尤其是在阴影细节的表现上。但渲染速度上也要慢很多，如果细分值不够高，还会产生大量的噪点，如图4-26所示。

图4-26

为半球灯指定HDEI贴图，可以产生更丰富的光照效果。设置方法如图4-27所示

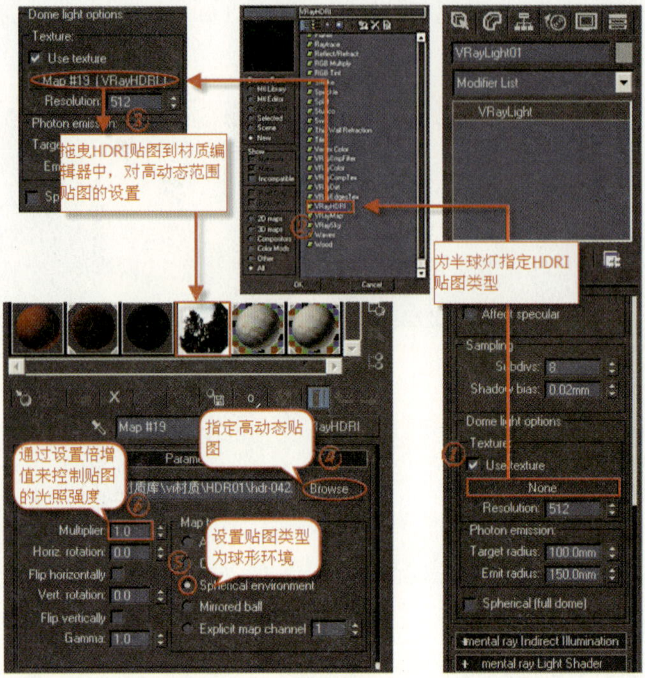

图4-27

3. Sphere 球体光

VRay球体光的设置参数与面光基本相同，而光线的发散方式与穹顶灯刚好相反，是从光源体向四面八方发射光线，与泛光灯类似，多用于模拟吊灯、台灯等泛光类型的光照效果，如图4-28所示。

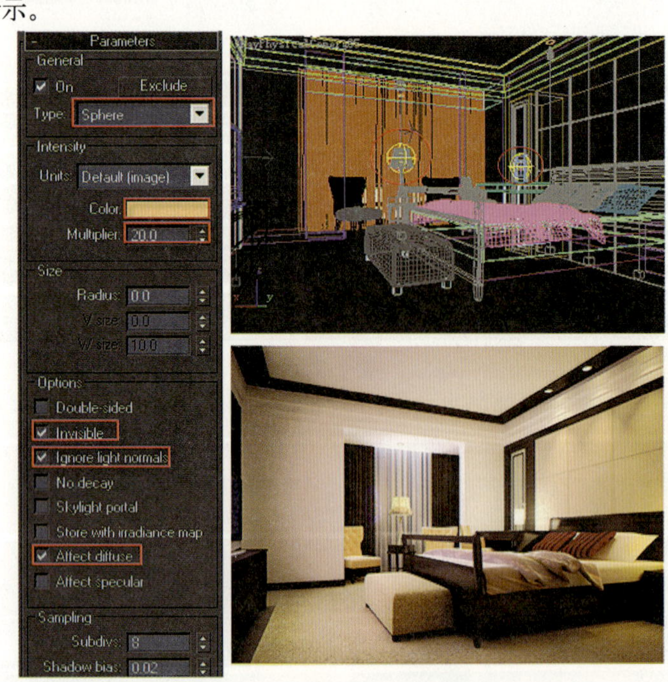

图4-28

4.4 VRay阳光系统

VRaySun（VRay阳光）的设置参数很少，所以很容易控制。更重要的是配合 VRaySky（VRay天光）的使用还可以模拟出物理世界中真实的日光光照效果，如图4-29所示。

- enabled（激活）：勾选该复选框，阳光系统将会在场景中产生光照效果。
- turbidity（浑浊）：即大气的质量。较低的浑浊度，能产生清澈的日光光照效果，模拟阳光明媚的天气；较高的浑浊度，可以用来模拟黄昏、阴天的效果。该值的取值范围是2～20，如图4-30所示。

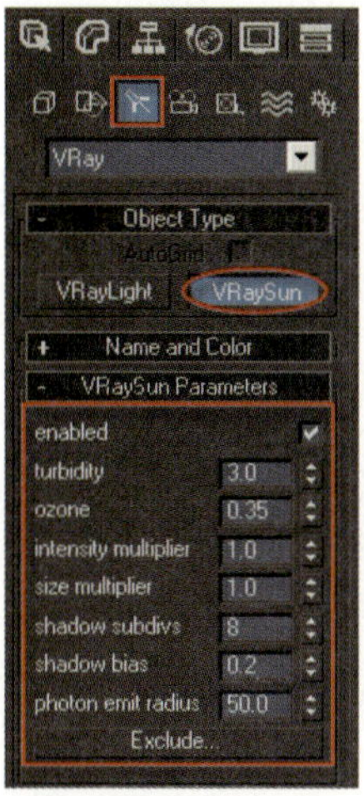

图4-29

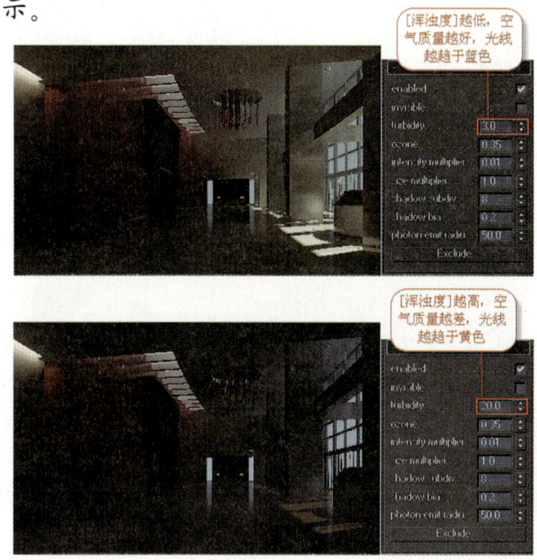

图4-30

- ozone（臭氧）：臭氧是地球大气中一种有特殊臭味的微量蓝色气体。所以臭氧浓度增大，将会使阳光趋于蓝色，因为它是微量的，所以影响光线色相的作用有限。臭氧浓度取值范围是0～1，如图4-31所示。

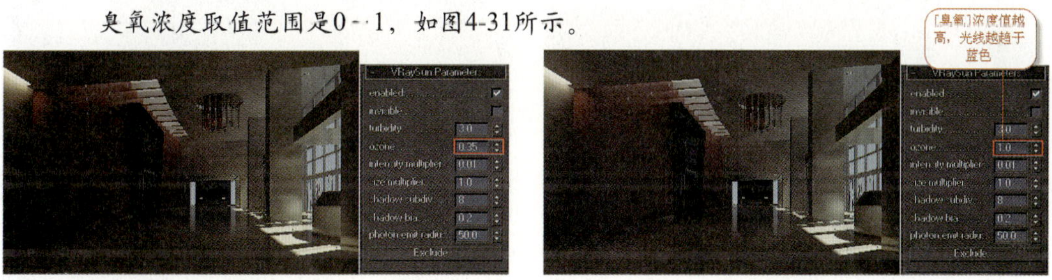

图4-31

- intensity multiplier（强度倍增器）：控制阳光的光照强度，值越大，光照亮度越大。通常设置为很小的值，才能很好地表现出阳光效果，如图4-32所示。

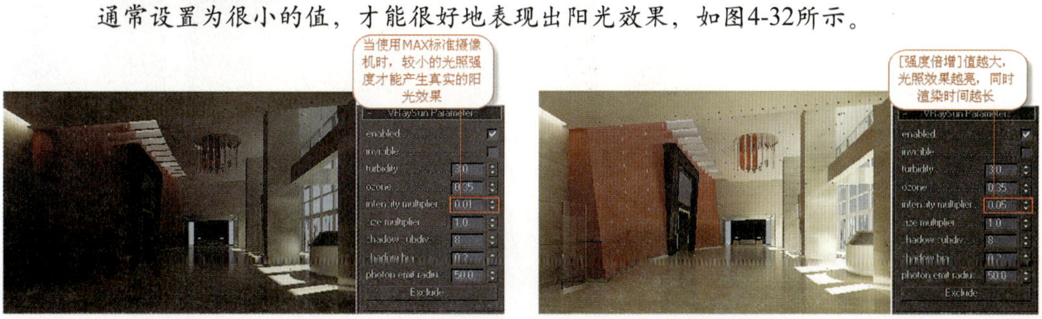

图4-32

- size multiplier （尺寸倍增器）：控制太阳光源体的大小。光源的大小决定了物体所投射阴影的模糊程度，值越大所产生的阴影越模糊，如图4-33所示。

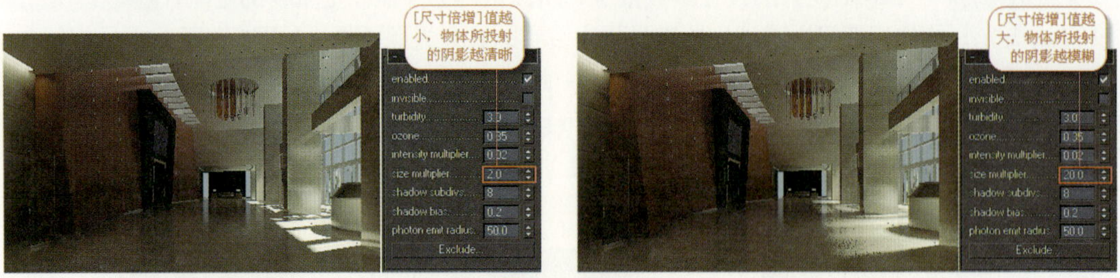

图4-33

- shadow subdivs （阴影细分）：控制阴影的品质。设置较高的细分值会得到更细腻，效果更好的阴影，同时会增加渲染所需时间。反之，设置较低的细分值，阴影会产生较多的噪点，如图4-34所示。

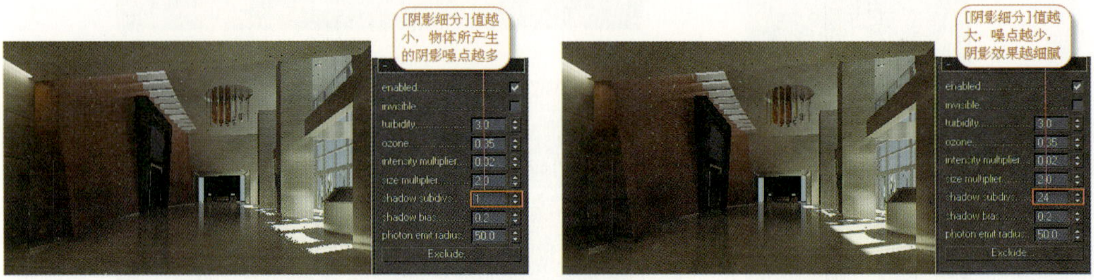

图4-34

- shadow bias （阴影偏移）：控制阴影与物体之间的偏移距离。值越小，阴影越清晰，阴影范围越小；值越大，阴影越模糊，同时会增大阴影范围，如图4-35所示。

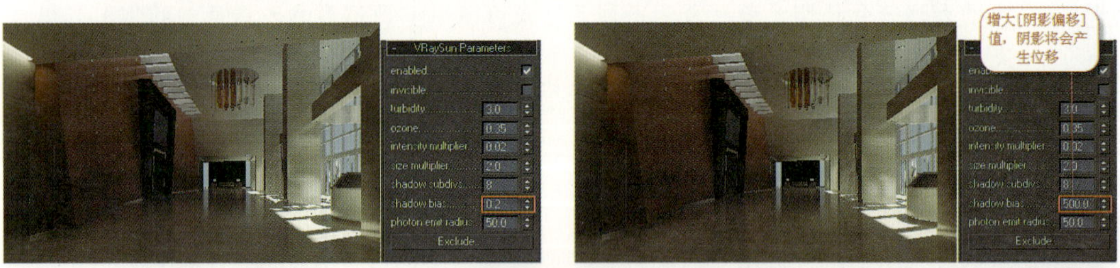

图4-35

- photon emit radius （光子发射半径）：调节参数的大小，将会影响光源体在场景中的显示，但不会影响渲染效果。
- Exclude... （排除）：VRaySun 也可以像其他光源一样，排除对某些物体的光照。

下面将通过排除对地面物体的照明来了解一下排除功能的使用，如图4-36所示。

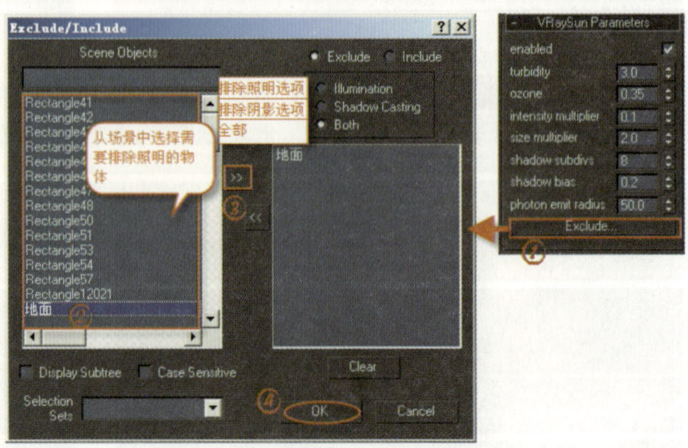

图4-36

通过排除阳光对地面的光照，得到的结果如图4-37所示

图4-37

VRaySun系统是用来模拟真实世界的物理光源，所以它的位置变化也会像真实的阳光一样，影响到光照的强度和颜色变化。

（1）当阳光系统与地平面设置成20°夹角时，即模拟早晨或黄昏的阳光效果，得到的效果如图4–38所示。

图4-38

（2）当阳光系统与地平面设置成60°夹角时，即模拟午间或午后的阳光效果，得到的效果如图4–39所示。

图4-39

4.5 VRay天光系统

VRaySky（VRay天光）是由于太阳光经过大气层时大气中的空气分子、尘埃和水蒸汽的漫反射形成的，是太阳光的间接照明。

模拟系统中，单靠VRaySun（VRay阳光）系统是无法得到真实的日光光照效果，必须要配合VRaySky（VRay天光）的使用，才会得到理想的日光光照效果。VRay天光是作为一种天光材质的形式出现，它可以作用于MAX的环境中和VRay渲染参数面板中的全局光照环境，如图4-40所示。

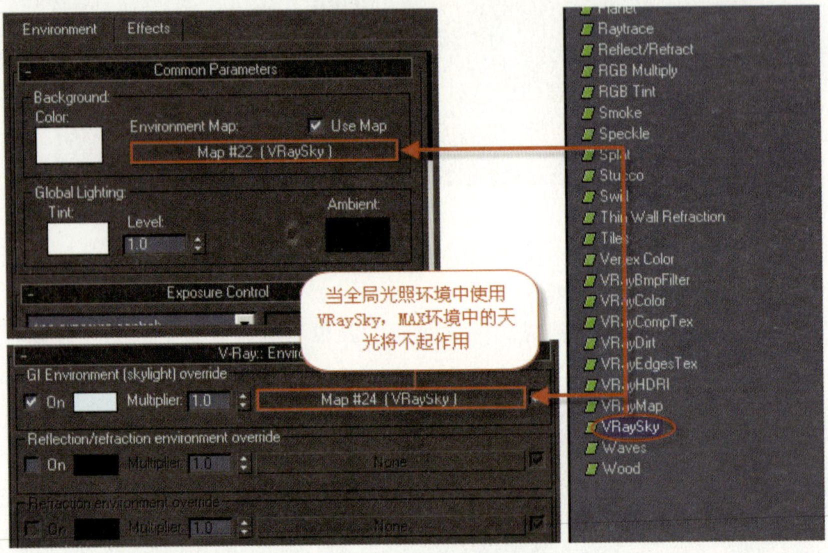

图4-40

关联复制天光贴图到材质编辑器中，勾选手动设置太阳光节点开关，并指点场景中的太阳光为太阳节点（也可以指定MAX中的其他光源为太阳节点），来为场景添加天光效果，如图4-41所示。

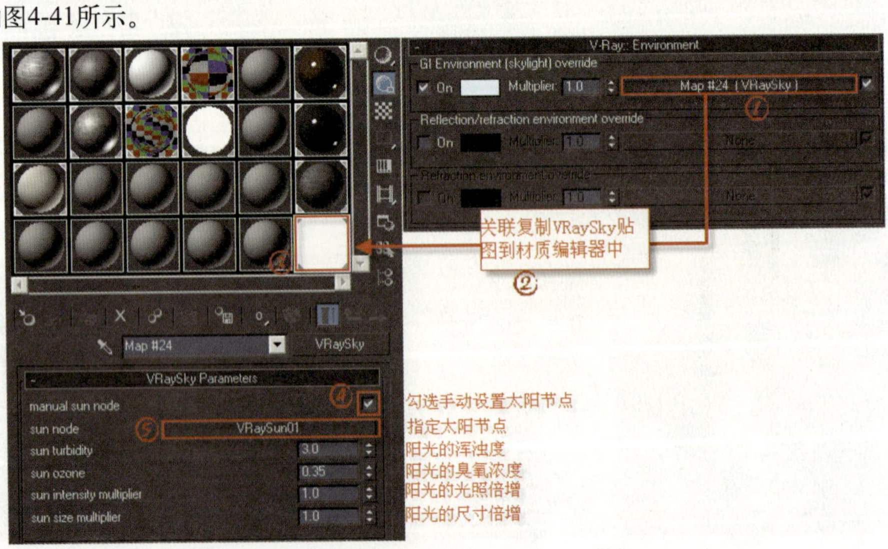

图4-41

VRaySky的设置参数与VRaySun的参数基本相同，在此不再详解。通过以上参数的设置所得到的效果如图4-42所示。

图4-42

4.6 常用光源的模拟方法

以下是总结出的室内不同光源的模拟方法。在3D这个虚拟的世界没有什么东西是固定不变的，这就好比建模，可以使用很多方法建出相同的模型，但要找出最恰当最省事的建模方案才是上策。所以该光源的模拟方法只是常规下的通常做法，仅作参考。

01 射灯以及筒灯等点光源类通常会使用光度学灯中的 Target Point （目标点）光源来模拟，如图4–43所示。

02 台灯一类泛光源通常会使用 VRayLight 中的球形光来模拟，如图4–44所示。

图4-43

图4-44

03 暗藏灯通常会使用 VRayLight 中的面光源来模拟。

(1) 矩形暗藏灯光源的布置方法，如图4–45所示。

(2) 圆形暗藏灯光源的布置方法，如图4–46所示。

（3）洗墙灯的光源布置方法，如图4—47所示。

平面灯具布置图

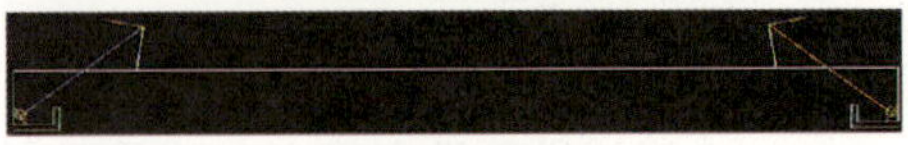

立面灯具布置图

图4-45

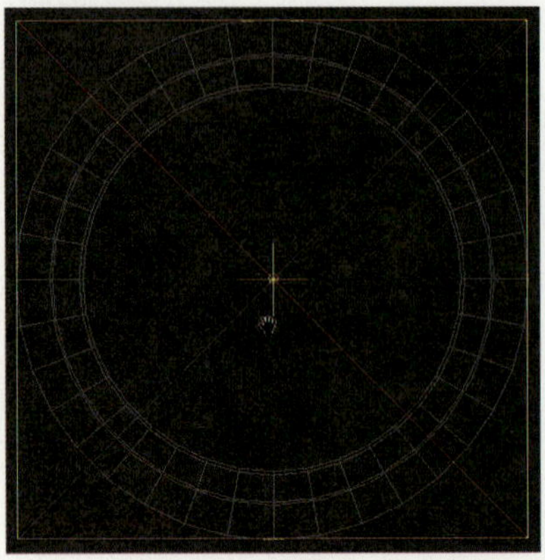

平面灯具布置图

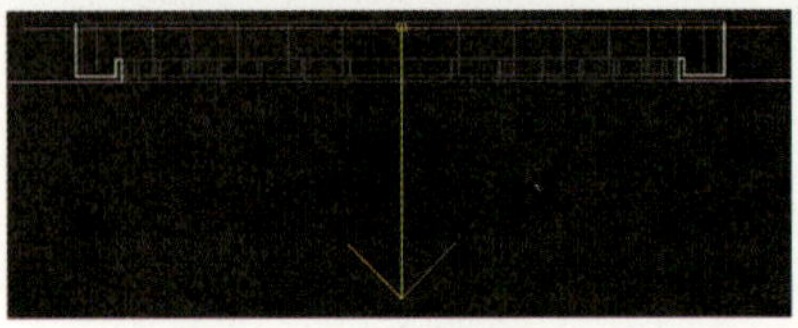

立面灯具布置图

图4-46

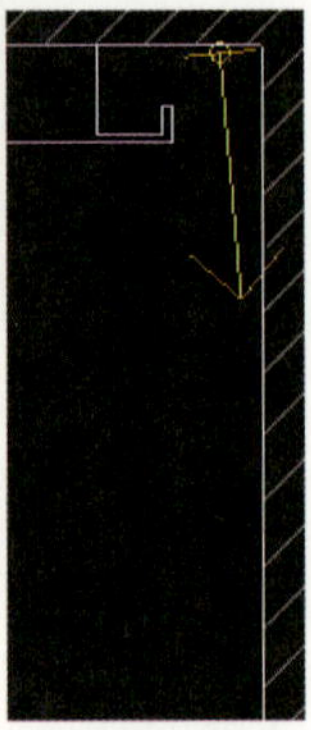

图4-47

4.7 本章小结

灯光是效果图表现的灵魂，灯光布局应遵循由整体到局部、由简到繁的过程。虽然灯光布局存在很大的个人差异性，但也有共性存在，希望读者多多观察现实世界里灯光的变化，找到属于自己的布局风格。

灯光因素对渲染速度的影响

- 灯光光照强度越大，效果越亮，渲染速度越慢。
- 灯光的采样细分值越大，阴影效果越细腻，渲染速度越慢。
- 灯光数量越多，效果越丰富，渲染速度越慢。

第5章 VRay摄像机

在MAX中，摄像机就好比我们的眼睛，它在效果图制作过程中起着统筹全局的重要意义。

- 定义构图：通过对摄像机的调整来决定视图中场景模型的位置与比例关系。摄像机决定画面的内容，决定构图。
- 决定模型的创建：将场景中所有模型都建完再架设摄像机是很不明智的。不仅增加了建模的难度，也造成了极大的浪费。建模之初先架好摄像机，再根据摄像机的可见区域完成可见模型的创建任务，看不到的地方可以不用创建模型。这样既不会影响最终效果，减少了模型量，又加快了渲染速度。
- 决定灯光的布局：道理与模型的创建类似。根据摄像机的可见区域进行可见灯光布局，这样可以减少灯光的数量，又不会影响最终效果，同时加快渲染速度。

5.1 MAX的Standard标准摄像机

摄像机是一切工作的基础，所以在建模伊始就要先创建好摄像机。考虑到在工作中最常用的还是MAX的目标摄像机，所以在学习VRay的相机之前，先来看看MAX的标准摄像机，如图5-1所示。

目标摄像机与自由摄像机参数相同，自由摄像机多用于动画的制作。MAX标准摄像机的主要参数，如图5-2所示。

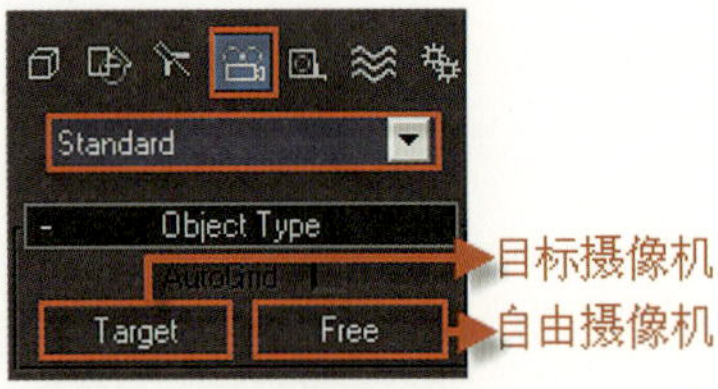

图5-1

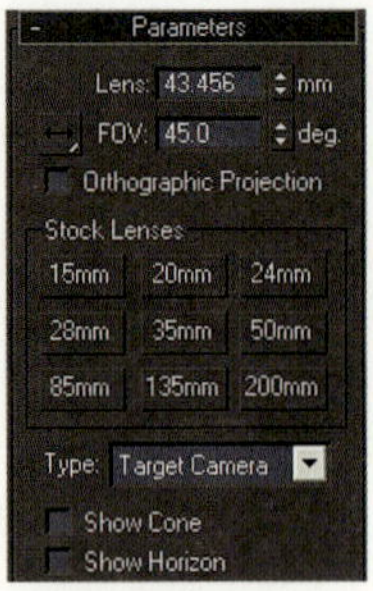

图5-2

- Lens（镜头）：设置镜头的长度。不同长度的镜头会产生不同的视野范围。在下面的Stock Lenses（库存镜头）中，内置了9种从广角到长焦的标准常用镜头。默认的43.456mm为正常人眼的焦距。

■ 标准镜头：视角约50°，是人单眼在头和眼不转动的情况下所能看到的视角，标准镜头的焦距多为40mm、50mm或55mm，如图5-3所示。

■ 广角镜头：视角90°以上，适用于拍摄距离近且范围大的景物，能够刻意夸大前景，表现出强烈的透视感，典型广角镜头焦距是28mm，如图5-4所示。

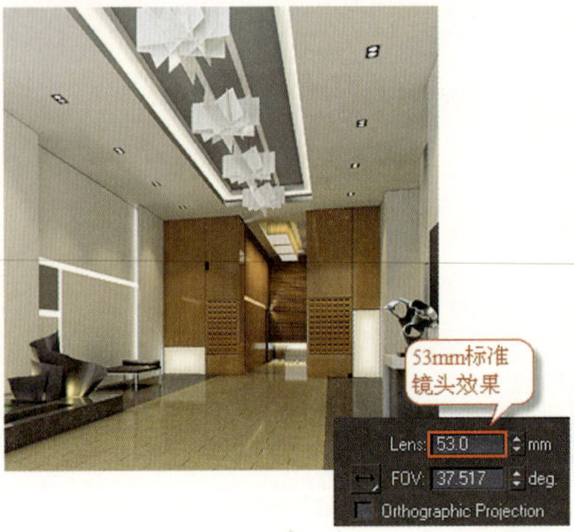

图5-3

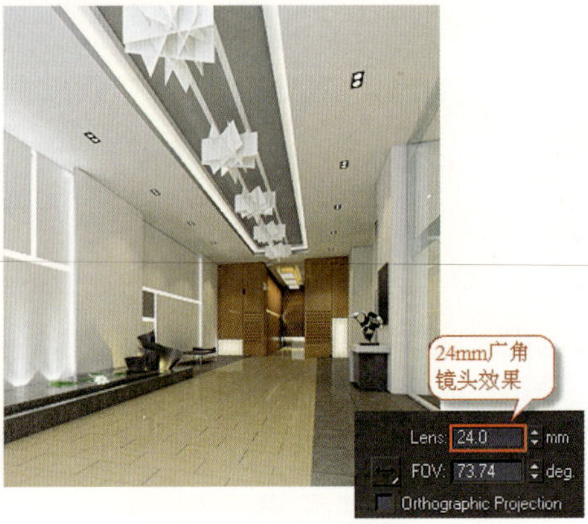

图5-4

■ 长焦距镜头：适于拍摄距离远的景物，景深小容易使背景模糊主体突出。长焦距镜头通常分为三级，135mm以下称为中焦距，135～500mm称为长焦距，500mm以上称为超长焦距，如图5-5所示。

- FOV（视野）：定义摄像机在场景中所看到的区域。镜头和视野是两个相互依存的参数，改变镜头的长度，自然也改变了摄像机的视野。

在3ds Max中测量视野的方法有3种，分别是↔（沿水平方向测量视野）、↕（沿垂直方向测量视野）和⤢（沿对角线测量视野）。

图5-5

- Orthographic Projection（正射投影）：勾选该复选框，摄像机窗口所显示的物体将没有透视效果。

图5-6

- Type:（类型）：MAX允许通过该下拉列表中选择类型，这样可以在目标摄像机和自由摄像机间切换，如图5-6所示。
- Show Cone（显示锥体）：勾选该复选框后，即使取消摄像机的选择，也会显示该摄像机视野的锥形区域。
- Show Horizon（显示地平线）：勾选该复选框后，将在摄像机视窗中显示地平线位置。

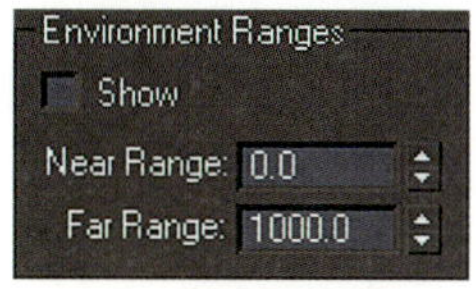

图5-7

- Environment Ranges（大气环境的范围）：大气环境特效多用于动画的制作，大气的浓度由摄像机的大气环境的范围参数来定义，如图5-7所示。
- Show（显示）：设置是否显示大气范围。

  Near Range:（近距范围）：决定场景多远距离以外开始有大气环境效果，该距离以内则不产生大气效果。

  Far Range:（远距范围）：决定大气环境效果最大的作用范围，超出该值以外的物体不可见。

图5-8

- Clipping Planes（剪切平面）：设置场景对象渲染的范围，在范围以外的对象将不会被渲染，如图5-8所示。
- Clip Manually（手动剪切）：勾选该复选框，将打开摄像机的剪切功能。

  Near Clip:（近距剪切）：定义摄像机近距离剪切面的位置，该距离以内的场景对象将不被渲染。

  Far Clip:（远距剪切）：定义摄像机远距离剪切面的位置，该距离以外的场景对象将不被渲染。

与近距剪切面和远距剪切面相交的场景对象将会在剪切面位置形成剖面效果，如图5-9所示。

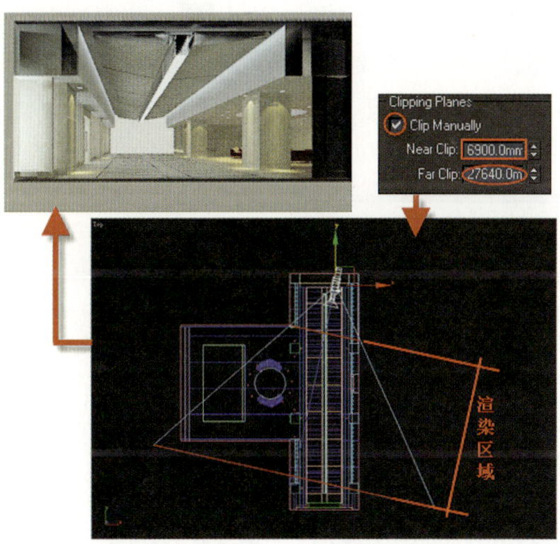

图5-9

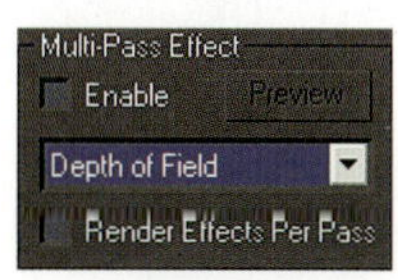

图5-10

- Multi-Pass Effect（多重运算特效）：勾选 Enable 复选框将激活多重运算特效，对同一帧进行多遍渲染。这样可以准确渲染 Depth of Field（景深）和物体 Motion Blur（运动模糊）的效果，如图5-10所示。

- Render Effects Per Pass（每遍渲染特效）：勾选该复选框，多重运算的每一次计算都要计算渲染特效，所以将使渲染时间增倍,但渲染效果也会相应提高。关闭该选项时，仅在完成多重计算后才计算渲染特效。一般不勾选该复选框。
- Target Distance:（目标距离）：定义摄像机到目标点的距离。当使用Depth of Field（景深）效果时，目标距离非常有用。

当选择Depth of Field（景深）或Motion Blur（运动模糊）时，会展开不同的卷展栏和参数。

5.2 VRay的摄像机

打开MAX的（创建）面板，选择（摄相机）面板，然后切到VRay的摄像机面板中，在这里VRay提供了两部摄像机，即RayDomeCam（半球型摄像机）和ayPhysicalCan（物理相机），如图5-11所示。

5.2.1 半球摄像机

半球摄像机在现实世界中主要用于固定视野的监控，如图5-12所示。在VRay中半球摄像机对于效果图制作的意义并不是很大。

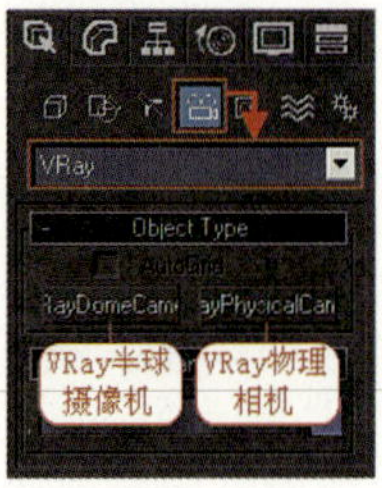

图5-11

图5-12

打开CD1\项目名\max\健身中心.max场景。单击（创建）面板→（摄相机）→VRay→RayDomeCam（半球型摄像机）命令，创建半球摄像机渲染后得到的效果如图5-13所示。

- flip x（翻转x轴）：勾选该复选框后，画面将沿x轴向翻转。渲染效果如图5-14所示。

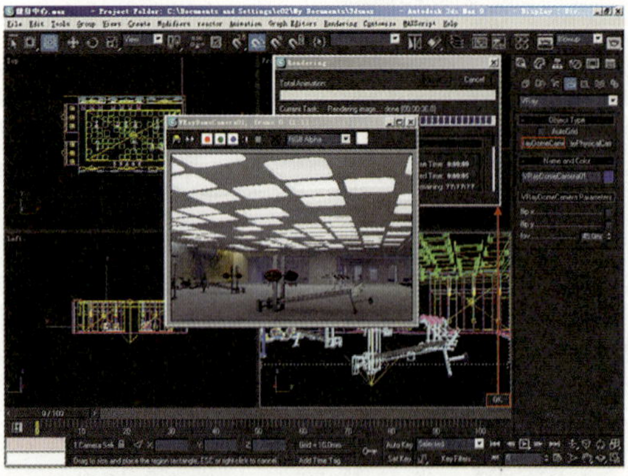

图5-13

图5-14

- flip y（翻转y轴）：勾选该复选框后，画面将沿y轴向翻转，渲染效果如图5-15所示。

- fov（视野）：定义摄像机在场景中所看到的区域，值越大看得越多，单位以度为计量单位。当视野大于180°时，画面将发生反转。

视野为30°时，渲染效果如图5-16所示。

图5-15

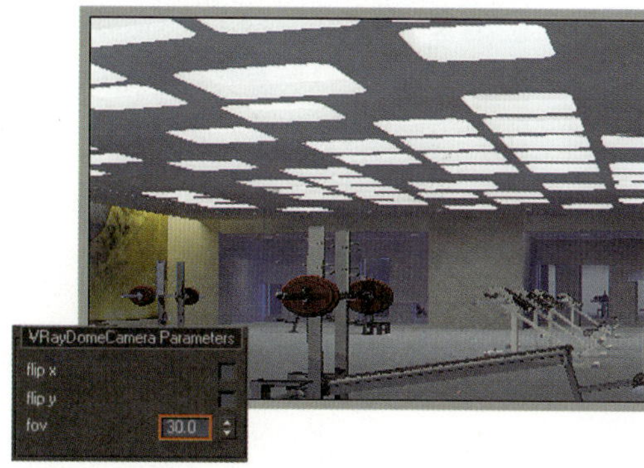

图5-16

视野为45°时，渲染效果如图5-17所示。

视野为85°时，渲染效果如图5-18所示。

图5-17

图5-18

5.2.2 物理相机

VRay的物理相机，可以将其理解为现实世界中的真实相机，而它的参数可以理解为真实相机的诸多繁琐功能，如光圈大小、快门速度、ISO等。

通过VRay的物理相机，可以模拟出真实的成像，可以更轻松地调节透视，通过控制曝光，来调节全局光照的强度。还可以做出许多不错的特殊效果，如景深效果等。

打开本书配套光盘中的“项目名\max\客厅.max”场景，在如图5-19所示位置为其创建一部ayPhysicalCam（物理相机），其基本参数面板如图5-20所示。

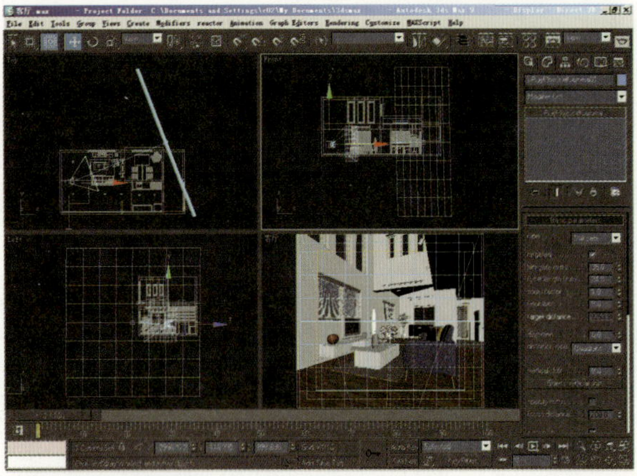

图5-19

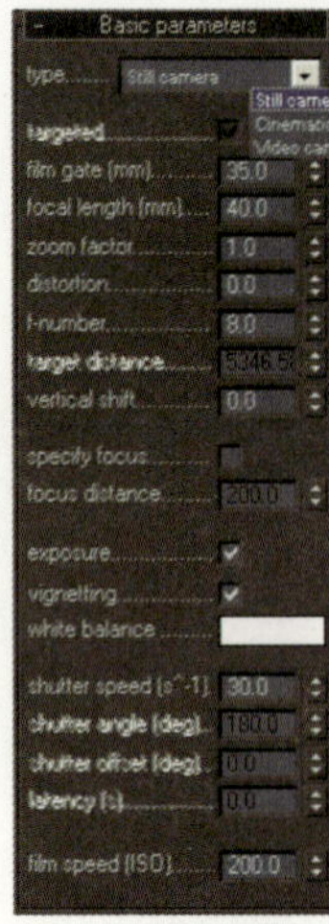

图5-20

- type......（类型）：在下拉列表中VRay提供了3种类型的相机，分别是Still camera（照相机）、Cinematic camera（电影摄像机）、Video camera（摄像机）。
- targeted..................（目标）：默认为勾选状态，即为一台目标摄像机。不勾选则为自由摄像机。当取消勾选时，可以激活target distance........（目标点距离）选项手动设置目标点。
- film gate (mm)..........（胶片规格）：定义相机在场景中所看到的区域，值越大看得越多。一般使用系统默认值。
- focal length (mm).....（焦距）：通过调节焦距来控制视野的范围，如图5-21所示。
- zoom factor.............（缩放因数）：通过缩放视图来拉远或推近镜头，达到控制视野的作用。

film gate (mm)..........（胶片规格）、focal length (mm).....（焦距）、zoom factor.............（缩放因数）都是对场景中所看区域的控制。

- distortion..................（失真）：使物理相机视图的最终渲染效果产生扭曲。正值凸起，同时视野增大；负值凹陷，同时视野变小。
- f-number...................（光圈系数）：即光圈的大小。光圈系数和光圈相对口径成反比，系数越小口径越大，进光量越多，渲染效果越亮。一般都控制在5～8这个范围内。光圈系数值越小景深越大，如图5-22所示。

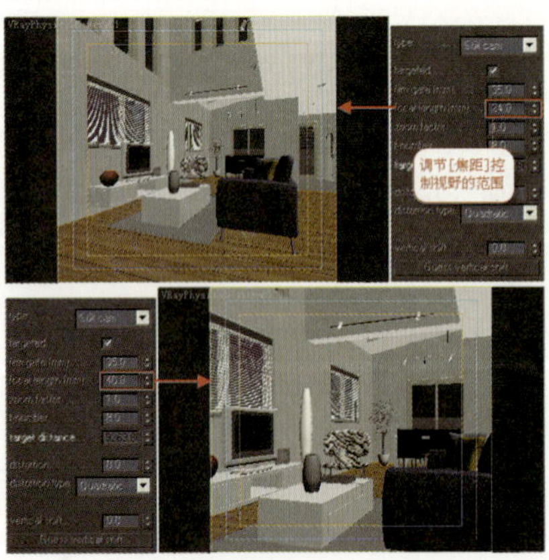

图5-21

图5-22

- target distance（目标点距离）：当取消勾选targeted（目标）复选框时，可以通过此项手动设置目标点距离。
- vertical shift（垂直纠正）：主要用于纠正相机视图在垂直方面上所产生的变形。
- specify focus（指定焦距）：勾选该复选框后，可以通过focus distance（焦距）手动设置焦距的大小。
- focus distance（焦距）：当勾选specify focus（指定焦距）时，可以手动设置焦距的大小。
- exposure（曝光）：当此项该复选框时，对f-number（光圈系数）、shutter speed（快门速度）、film speed(ISO)（胶片感光速度）的参数调节才会起作用。
- vignetting（渐晕）：现实中的渐晕主要是由于相机透镜边框的影响而形成的画面边缘的光照度逐渐降低而变暗的现象。此参数主要用来模拟类似于真实相机的镜头渐晕效果，即图片的四周较暗中间较亮。
- white balance（白平衡）：最通俗的理解就是让白色所成的像依然为白色。通过白平衡可以解决色彩还原和色调处理的一系列问题。就是无论环境的光线影响白色如何变化都以这个白色定义为白色。比如最终渲染的效果偏蓝，就可以将白平衡适当调整为偏蓝，以还原物体的颜色。
- shutter speed (s^-1)（快门速度）：代表的是曝光时间的长短。光线越充足,所需的曝光时间越短；光线不足的状况下,所需的曝光时间越长。值越低，曝光时间越长；值越高，曝光时间越短。通过调节快门速度也可以达到控制最终渲染图亮度的作用，物理相机类型为still camera（照相机）时可用，如图5-23所示。

图5-23

- shutter angle (deg)（快门角度）：增大快门角度可以提高画面亮度，物理相机类型为cinematic camera（电影摄影机）时可用。
- shutter offset (deg)（快门偏移）：物理相机类型为cinematic camera（电影摄影机）时可用。
- latency (s)（延迟）：物理相机类型为video camera（摄影机）时可用，作用与快门速度一样，可以控制最终渲染效果的明暗。
- film speed (ISO)（胶片感光速度）：ISO底片感光的速度，值越大越亮。白天ISO值一般控制在100～200之间，晚上控制在300～400之间，如图5-24所示。

图5-24

提示

VRay物理相机最重要3个参数分别是f—number（光圈），shutter speed（快门速度）和film speed（ISO）（感光速度）。MAX相机是不可能实现照明功能的，但VRay物理相机通过调节以上3个参数控制画面的光照强度。也就是在灯光参数一定的情况下，通过物理相机可以调节画面的明暗及色相。

- Bokeh effects（散景特效）：散景是指不在景深内的，前景或背景的松散画面，即画面里模糊的部分。物理相机的散景特效设置面板如图5-25所示。
- blades...............（光圈叶片数）：控制散景效果所产生的光斑的形状，不勾选时散景光斑为圆形。
- rotation (deg)..........（旋转）：控制散景光斑的角度。
- center bias..............（中心偏移）：控制散景光斑与实体的偏移距离。
- anisotropy...............（各向异性）：可以使散景光斑产生变形。

Sampling 采样设置组如图5-26所示。

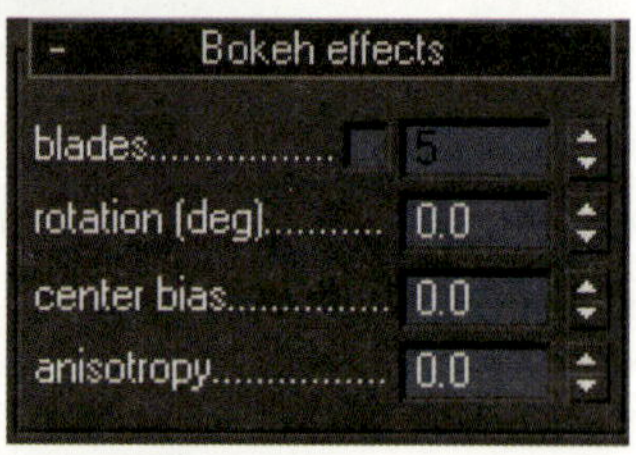

图5-25

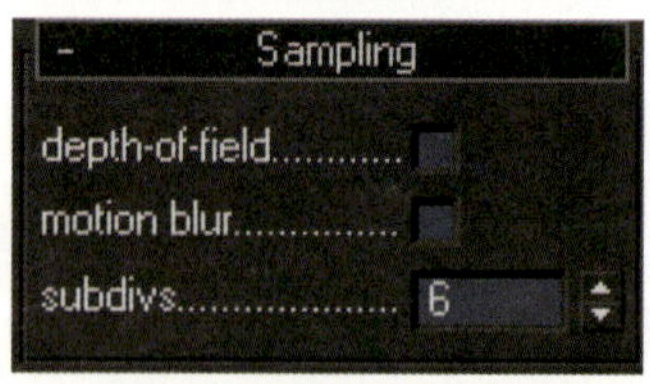

图5-26

- depth-of-field...........（景深）：勾选该复选框，最终渲染将产生景深效果。
- motion blur..............（运动模糊）：当场景中有运动物体时，勾选该复选框，画面将产生运动模糊效果。
- subdivs...................（细分）：控制景深和运动模糊的品质。值越高，画面越细腻，同时渲染时间越长。

用VRay物理相机制作景深效果其实是非常简单和直观的，只需要调节以上3个参数使相机的焦平面落在场景的主体物体上即可，如图5-27所示。

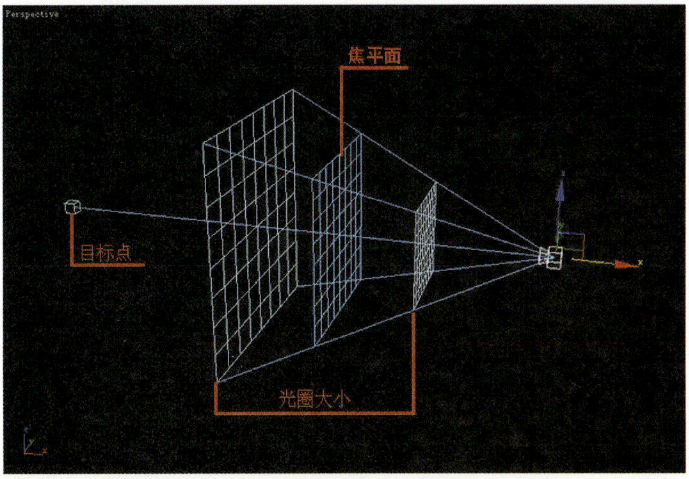

图5-27

提示

影响景深效果的因素有3个：

（1）f-number .... 3.0 光圈系数值越小，即光圈口径越大，景深越大。

（2）specify focus .... focus distance .... 2917.2 焦距越短，景深越大。

（3）target distance .... 216.16 摄像机与目标点的距离越远，景深越大。

5.3　本章小结

VRay物理相机与MAX标准摄像机相比有着众多的优势，最重要的是VRay物理相机在不改变场景中灯光的情况下可以调节全局光照的强度，但是渲染速度也较慢。

摄像机是工作的基础，所以在建模伊始就要先创建摄像机确定构图，这样在建模及灯光布置过程中可以节省大量的工作，提高工作的效率。

·读·书·笔·记·

第6章 VRay的毛发及置换设置

6.1 详解VRayFur毛发设置

VRayFur是一个非常简单的程序插件，在效果图制作中主要用来模拟地毯、毛巾、草地等物体的效果。毛发仅仅在渲染时才会产生，并不能在制作模型的过程中实时观察效果。

6.1.1 长毛地毯的制作

01 单击 Plane 按钮，创建平面，并为面片设置足够高的段数，如图6-1所示。

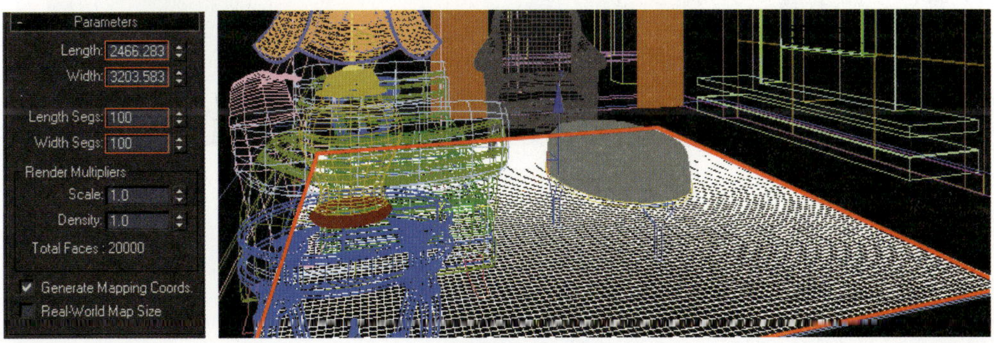

图6-1

02 选择创建的面片物体，单击 （创建）→VRay→ VRayFur 按钮，创建VRay毛发，如图6-2所示。

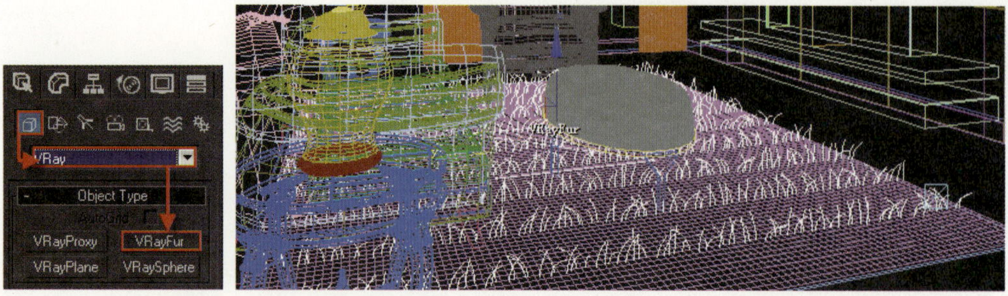

图6-2

03 打开 （修改）面板，对VRay毛发的参数进行如图6-3所示的设置，并赋予地毯材质。渲染毛发效果将会花费大量的渲染时间，以下参数的设置可以在保证毛发渲染质量的前提下提高渲染速度。渲染的效果如图6-4所示。

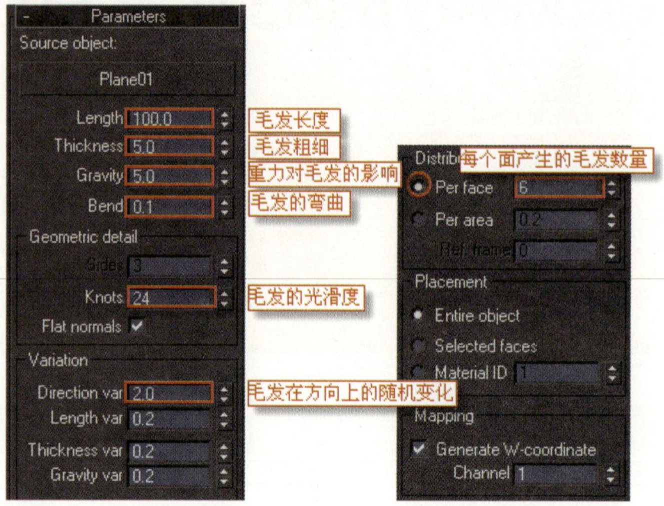

图6-3

图6-4

6.1.2 （毛发）参数详解

- Source object（源对象）：指定产生毛发的源物体。
- Length（长度）：设置毛发的长度。值越大，毛发越长。
- Thickness（厚度）：设置毛发的粗细。值越大，单根毛发越粗。

- Gravity（重力）：控制将毛发往Z方向拉下的力度。
- Bend（弯曲）：控制毛发的弯曲度。
- Geometric detail（几何体细节）：控制毛发的段数，如图6-5所示。

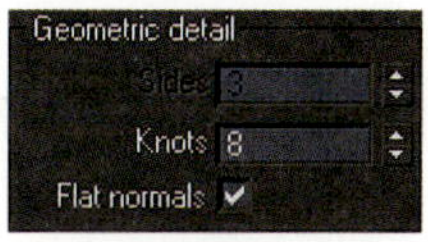

图6-5

  Sides（边）：目前这参数不可调节。毛发通常作为面对跟踪光线的多边形来渲染，正常是使用插值来创建一个平滑的表现。

  Knots（结）：毛发是作为几个连接起来的直段来渲染的，该参数控制直段的数量。值越大越光滑。

  Flat normals（平面法线）：勾选后，毛发会以平面方式出现。取消勾选，表面法线会变得多样，并创建一个有圆柱外形的毛发.

- Variation（变化）：控制毛发的形状，如图6-6所示。

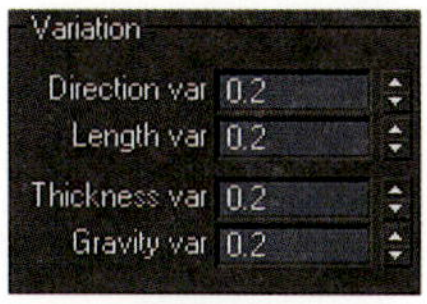

图6-6

  Direction var（方向参量）：这个参数对源物体上生出的毛发在方向上增加一些变化。此参数依赖于场景的比例。

  Length var（长度参量）、Thickness var（粗细参量）、Gravity var（重力参量）：在相应参数上增加变化。取值范围是0(没有变化)~1。

- Distribution（分配）：控制毛发覆盖源物体的密度，如图6-7所示。

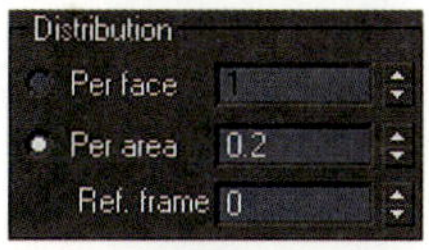

图6-7

  Per face（每个面）：控制源物体每个面将产生的毛发数量。

  Per area（每区域）：控制每个单位面积中毛发的固定数量。

  Ref. frame（折射帧）：明确源物体获取到计算面大小的帧。获取的数据将贯穿于整个动画过程，确保所给面的毛发数量在动画中保持不变。

- Placement（布局）：决定源物体的哪一个面产生毛发，如图6-8所示。

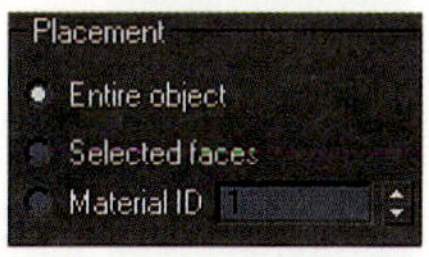

图6-8

  Entire object（全部对象）：全部面产生毛发。

  Selected faces（选择的面）：仅被选择的面产生毛发。

  Material ID（材质ID）：仅指定的材质ID的面产生毛发。

- Mapping（贴图）：使用贴图通道来控制毛发，如图6-9所示。

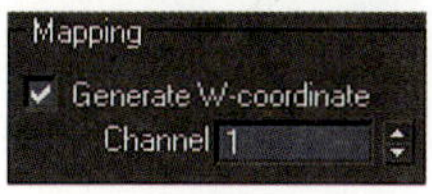

图6-9

  Generate W-coordinate（创建纹理坐标通道）：使用贴图通道来控制毛发。

  + Maps（贴图卷展栏）：用贴图方式来控制各相应参数的变化。

  - Viewport display（视窗显示卷展栏）：控制视图预览毛发的相应设置，可以帮助用户在视图中了解毛发的大体情况。

6.2 详解VRay的置换设置

6.2.1 （置换）贴图

Displace（置换）贴图是不同于凹凸贴图的另一种制造凹凸细节的技术，它使用一个灰度贴图制造出几何物体表面上点的位置被替换到另一点的位置的效果。它使得贴图具备了表现细节和深度的能力，且可以同时允许自我遮盖、自我投影和呈现边缘轮廓。凹凸贴图是在制造凹凸效果的假象，并不能真正改变物体的形状。置换贴图是真正通过贴图的方式制造出凹凸的表面，它的效果比凹凸贴图效果更丰富、更强烈，但需要更长的渲染时间。

通过设置置换贴图使物体表面产生凹凸纹理，如图6-10所示。

图6-10

6.2.2 （VRay置换）修改器

置换修改器产生的效果与置换贴图类似，它可以在不修改模型的情况下增加模型的细节。通过 VRayDisplacementMod （VRay置换）修改器的设置可以使物体表面产生凹凸纹理，如图6-11所示。

图6-11

6.2.3 VRay置换修改器参数详解

1. Type类型设置组

2D mapping (landscape) （2D贴图）：根据贴图的明暗来产生凹凸效果，高的地方凸起，暗的地方凹下。二维贴图置换方式的优点就是它将所有的细节都保存在贴图上，所以要为物体指定正确的纹理贴图坐标。

3D mapping （3D贴图）：根据贴图来细分物体的三角面片，所得到的渲染结果比二维贴图方式要好，但所需渲染时间较之要长一些。

Subdivision （细分）：与三维贴图置换方式比较类似，但渲染效果更光滑更细腻，同时渲染所需时间也较长。

2. Common params （通用参数）设置组

- Texmap （纹理贴图）：用来选择置换效果所需的贴图文件。

- Texture chan（纹理通道）：是置换贴图的UVW通道，它必须与置换模型的UVW Map贴图通道相一致。
- Filter blur（过滤模糊）：勾选Filter texmap ☑（过滤纹理贴图）复选框后，将激活过滤模糊设置，该值越小，渲染出的纹理越清晰。
- Amount（数量）：该值控制置换的强度，值越大置换出的效果越强烈，负值将产生相反的置换效果。
- Shift（转换）：该值控制置换效果是内凹还是外凸。正值为外凸，负值为内凹。
- Water level（水平面）：该值控制水平线的高度，只有水平线以上的部分的置换效果才会被渲染。
- Relative to bbox ☐（相对于边界框）：勾选该复选框，物体的置换效果将在由模型的最长边和最短边组成的长方体内产生。一般情况下不勾选。

3. 2D mapping（2D贴图）设置组

- Resolution（分辨率）：用来指定用于置换所需贴图的分辨率。值越大产生的置换效果越好，渲染时间也越长。
- Precision（精确度）：用于控制置换效果的精度，值越大效果越好，同时渲染时间越长。如果值不够大，最终效果会产生噪波。
- Shift by average ☐（平均位移）：勾选该复选框，将产生基于置换的平均值位移，Shift（转换）复选框将不可用。同时勾选Shift by average ☐（平均位移）和Tight bounds ☐（紧密边界）复选框，会在得到较好效果的同时，缩短渲染时间。
- Tight bounds ☐（紧密边界）：当这个复选框勾选的时候，VRay将计算来自原始网格物体的置换三角形的精确的限制体积，如果使用的纹理贴图有大量的黑色或者白色区域，可能需要对置换贴图进行预采样，但是渲染速度将会是比较快的。当这个选项不勾选的时候，VRay会假定限制体积最坏的情形，不再对纹理贴图进行预采样。

4. 3D mapping/subdivision（3D贴图/细分）设置组

- Edge length（边长度）：用于确定置换的品质，原始网格的每一个三角形被细分为许多更小的三角形，这些小三角形的数量越多就意味着置换具有更多的细节，同时也会减慢渲染速度，增加渲染时间。边长度依赖于下面提到的View-dependent ☑（依赖视图）。
- View-dependent ☑（依赖视图）：当勾选该复选框的时候，边长度决定细小三角形的最大边长（单位是像素）。值为1意味着每一个细小三角形的最长的边投射在屏幕上的长度是1像素。当取消该复选框的勾选时，细小三角形的最长边长将以世界单位来确定。
- Max subdivs（最大细分）：控制从原始的网格物体的三角形细分出来的细小三角形的最大数量。不推荐将这个参数设置得过高。
- Tight bounds ☑（紧密边界）：当勾选该复选框的时候，VRay将计算来自原始网格物体的置换三角形的精确的限制体积，如果使用的纹理贴图有大量的黑色或者白色区域，可能需要对置换贴图进行预采样，但是渲染速度将是较快的。当不勾选该复选框时，VRay会假定限制体积最坏的情形，不再对纹理贴图进行预采样。
- Use object mtl ☐（使用物体材质）：将使用物体自身材质做为置换贴图。

- Keep continuity（保持连续性）：勾选该复选框，将使拥有不同材质ID号和光滑组的物体表面产生连续的置换效果，以防止产生撕裂效果。
- Edge thresh（边界阈值）：勾选Keep continuity复选框，将激活此项设置。该参数主要控制物体不同ID面和光滑组面的边长，建议不更改此设置。

第7章
午后天光效果的表现——四层过厅

知识要点

- 熟悉效果图表现的完整工作流程及各公司通用的制图规范
- 掌握CAD图纸辅助MAX建模的操作方法
- MAX精确建模的常规设置
- 掌握有窗一类室内空间表现天光效果的常规手法
- 掌握利用“颜色通道”快速创建选区，调节图像色彩

7.1 案例简介

本案例场景是伊泰集团大厦中通往健身中心的过渡空间。左侧是条窗，右侧中心为休息等候区。设计方案的建筑感极强，所以在效果图的表现上也要求干净、利索。考虑到空间的设计形式，所以表现上采用以人工光源为主，天光从条形窗透入室内的手法，希望人们在剧烈运动的前后在此通过或休息时能够给人一种很惬意的空间感觉。

通过本案例的学习，希望读者能对效果图表现的完整制作流程有一个整体的把握。

- 过厅空间的设计方案

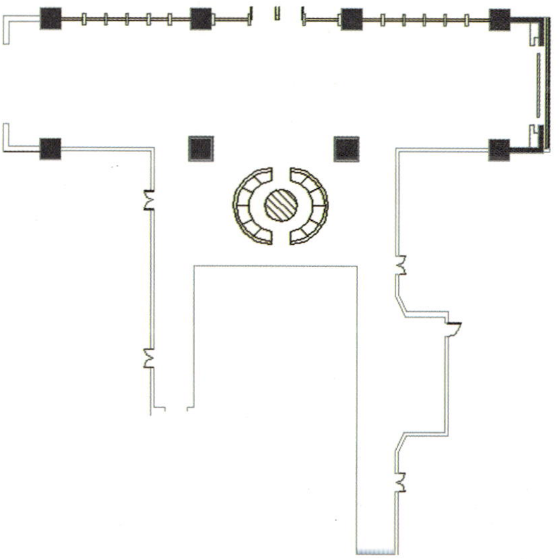

过厅空间平面布置图

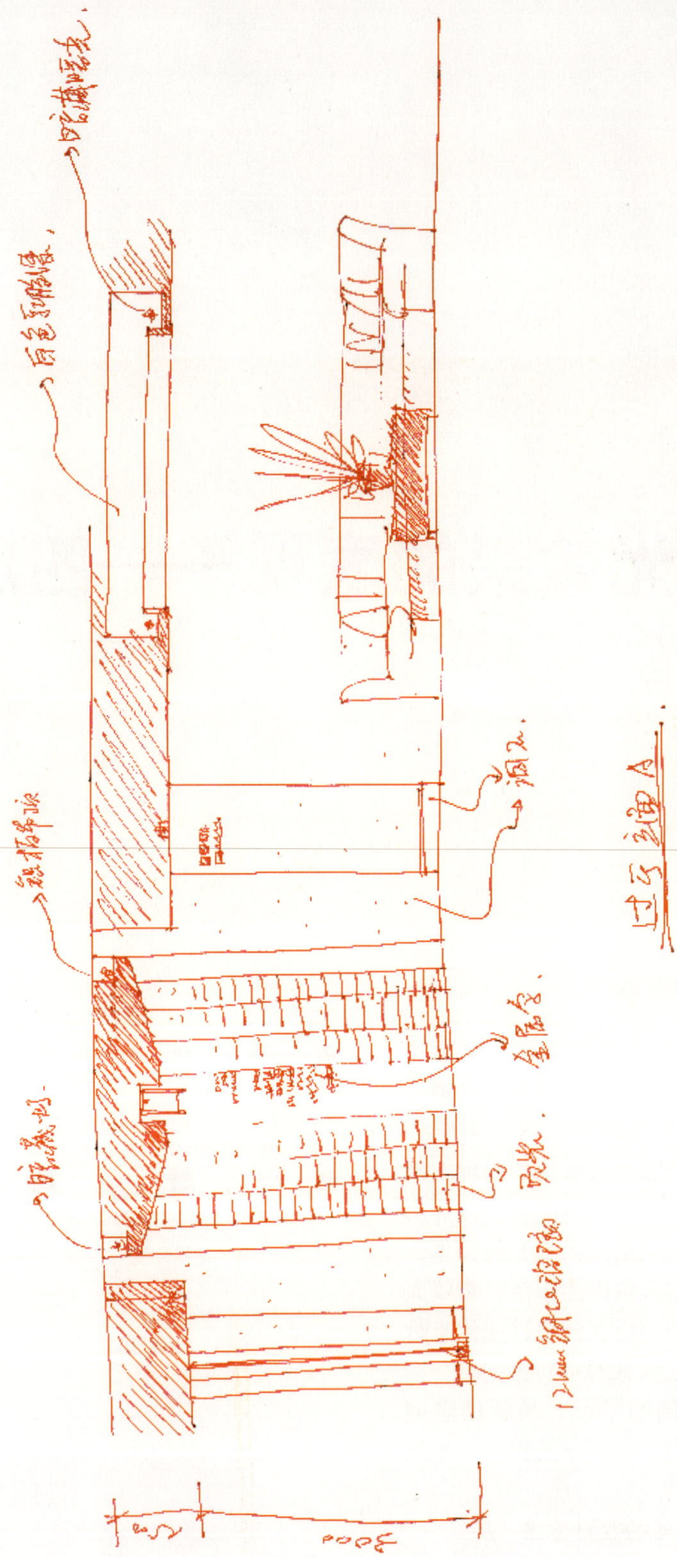

过厅空间立面图A

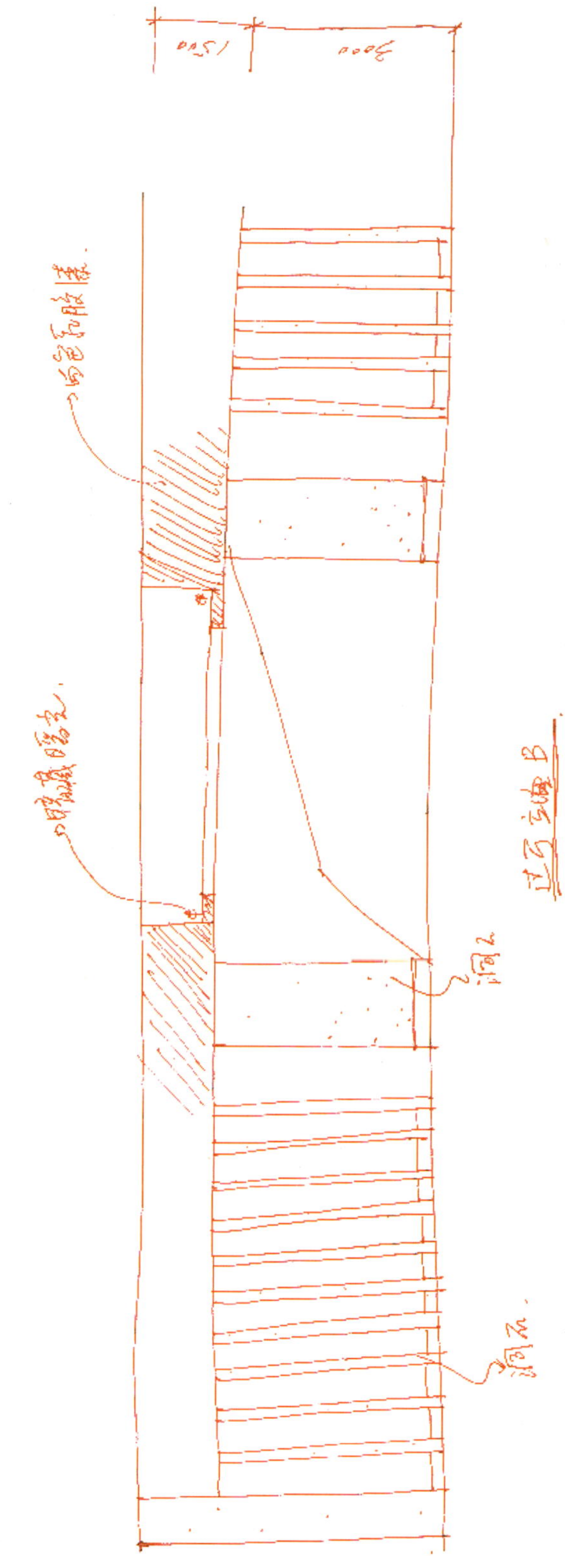

过厅空间立面图B

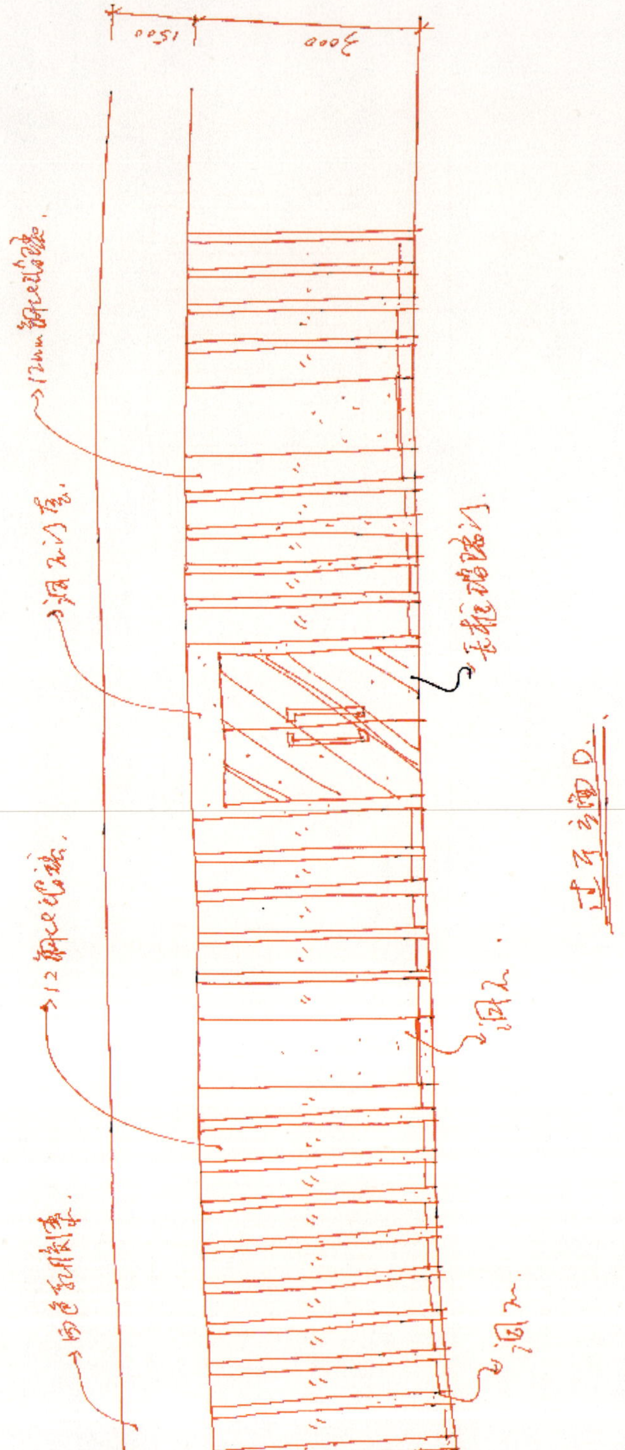

过厅空间立面图D

过厅空间透视图

7.2 创建项目文件包

一个项目的首要工作就是为其在服务器上创建项目文件包，以方便与规范接下来的工作。这项工作并不是明文规定的，但它却作为团队协作的规范而被执行。本书一切从实际工作出发，让朋友们在最短时间内掌握效果图制作技术、工作流程及规范。所以下面就先来创建一个项目包，如图7-1所示。

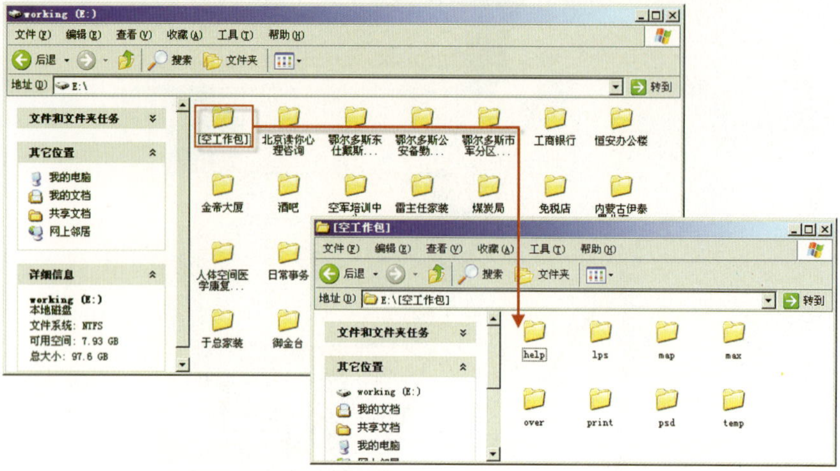

图7-1

- help文件夹：存储CAD文件、参考图片、方案草图等（项目完工后可以删除）；
- lsp文件夹：存储Lightscape文件；
- max文件夹：存储模型文件；
- map文件夹：存储场景所用贴图文件；
- psd文件夹：存储Photoshop分层文件；
- over文件夹：存储最终效果图文件；
- print文件夹：存储排版打印文件；
- temp文件夹：存储渲染的出图文件、光子图、颜色通道等临时文件（项目完工后可以删除）。

7.3 模型的建设

7.3.1 Auto CAD辅助MAX建模

01 在Auto CAD的操作界面中打开配套光盘的“项目名\help\伊泰四层平面图.dwg”文件，如图7-2所示。

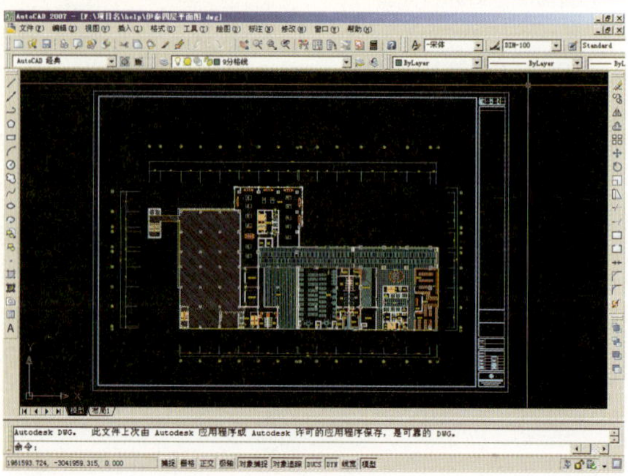

图7-2

02 从图纸中提取过厅空间：使用点选和框选功能删降图纸多余空间；通过（修剪）命令、（延伸）命令、（倒角）命令和（移动）命令等修改工具，配合视图控制（平移）与（缩放）命令对图纸进行简单的修改，如图7-3所示。

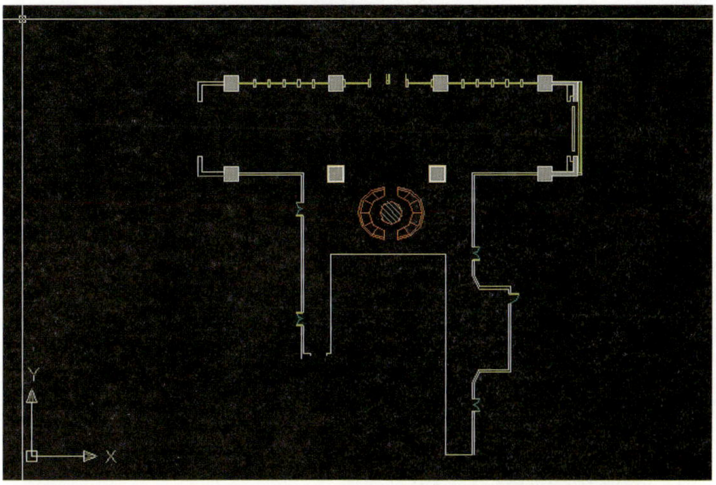

图7-3

提示

框选有窗选和窗交两个功能。

窗选：从左到右拖曳鼠标创建矩形选区，仅选择完全包含在矩形选区内的对象。

窗交：从右到左拖曳鼠标创建矩形选区，将选择包含于或经过矩形选区的所有对象。

善用框选功能，将使场景对象的选择变得更加轻而易举。

03 将修改后的文件另存为Auto CAD 2000格式，为3ds Max的导入做准备，如图7-4所示。

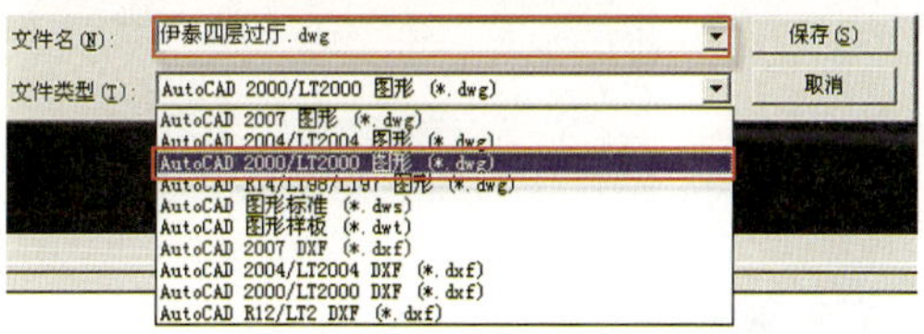

图7-4

提示

导入到MAX中的CAD图纸的要求：

- 尽量保持所需空间的完整，便于精确建模的操作；
- 尽量删除多余空间图纸构件，加快导入3ds Max时的处理速度；
- 尽量将要导入的文件保存为较低版本的＊.dwg格式。

7.3.2 制作过厅空间模型

01 单位的设置：打开3ds Max软件，单击Customize（自定义）菜单，在弹出的下拉菜单中选择Units Setup（单位设置）命令。设置System Unit Setup（系统单位设置）为Millimeters（毫米）件，将Display Unit Scale（显示单位尺寸）设置为Generic Units（系统同属）单位，如图7–5所示。

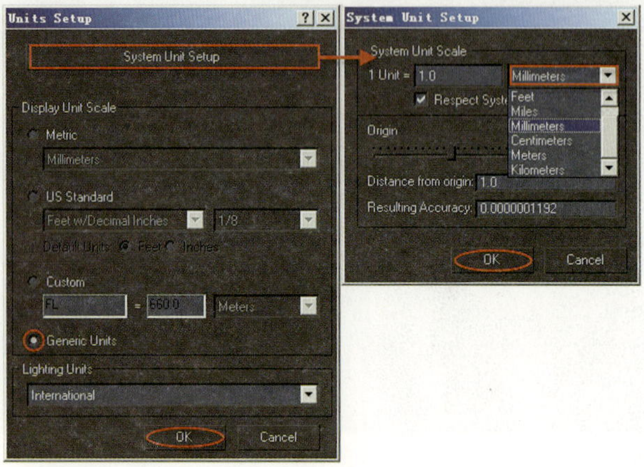

图7-5

02 捕捉的设置：右击（2.5维捕捉）按钮，在弹出对话框的Snaps（捕捉）选项卡中勾选捕捉Vertex（顶点）和Midpoint（中点）选项。在Options（选项）选项卡中勾选Snap to frozen objects（捕捉冻结物体）、Use Axis Constraints（使用轴向限制）和Display rubber band（显示橡皮范围）3个选项，如图7–6所示。

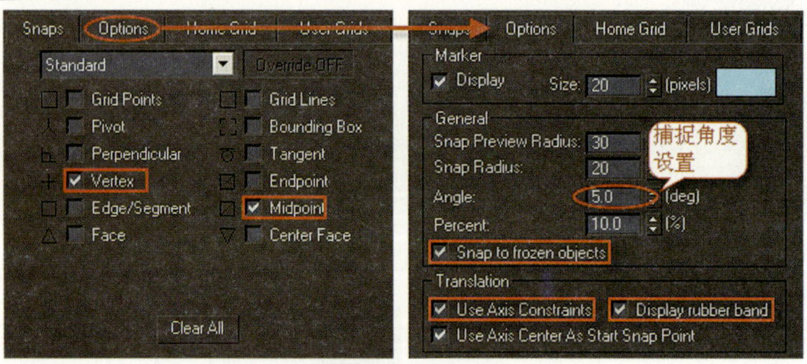

图7-6

03 导入Auto CAD过厅空间平面：单击File（文件）菜单，在下拉菜单中选择import（导入）命令，选择上一节修改过的“伊泰四层过厅.dwg”文件，在随后弹出的导入设置对话框中保持系统默认参数，如图7–7所示。

04 将导入的CAD文件编组：选择导入的平面图，单击Group（组）菜单，在弹出的下拉菜单中选择Group（组）命令，如图7–8所示。

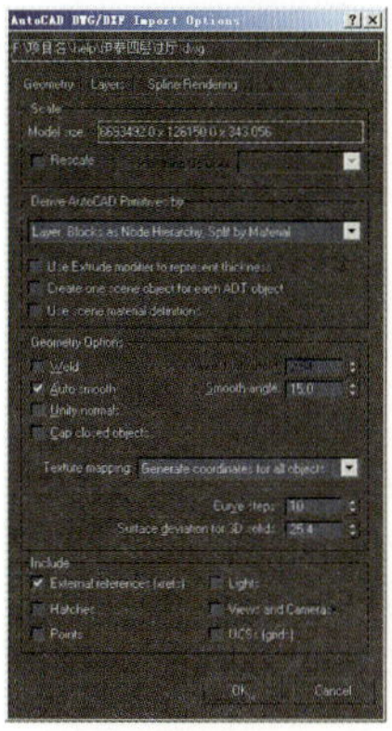

图7-7

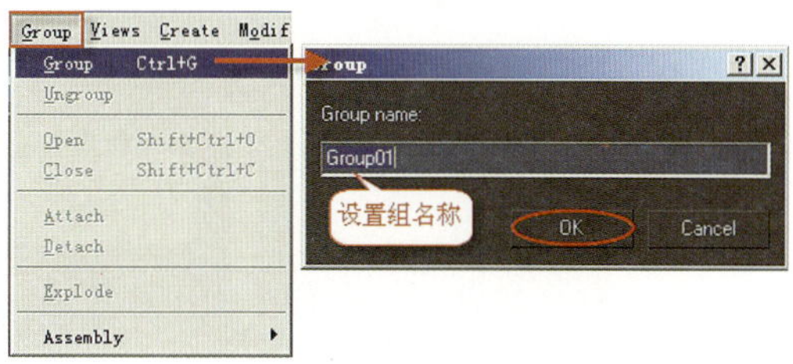

图7-8

05 移动物体到世界坐标系的原点：单击（移动物体）按钮，选择编组后的平面图，在MAX下方的状态栏中分别输入X:0，Y:0，Z：0参数。该变换参数与Move Transform Type—In对话框功能相同，如图7—9所示。

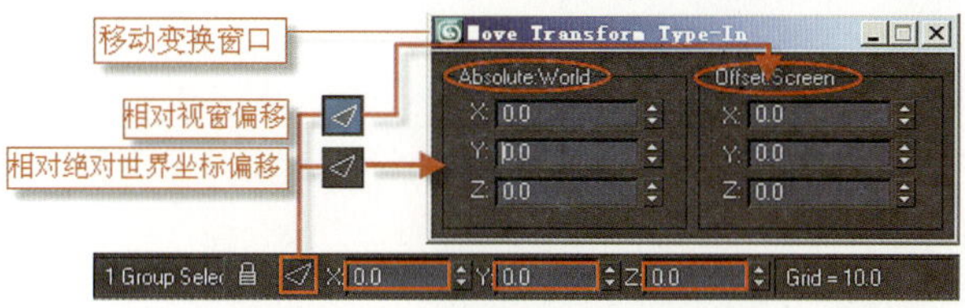

图7-9

06 冰结物体：在Top（顶）视图中选择过厅平面，右击视窗，在弹出的快捷菜单中单击Freeze Selection（冻结所选）命令，如图7—10所示。

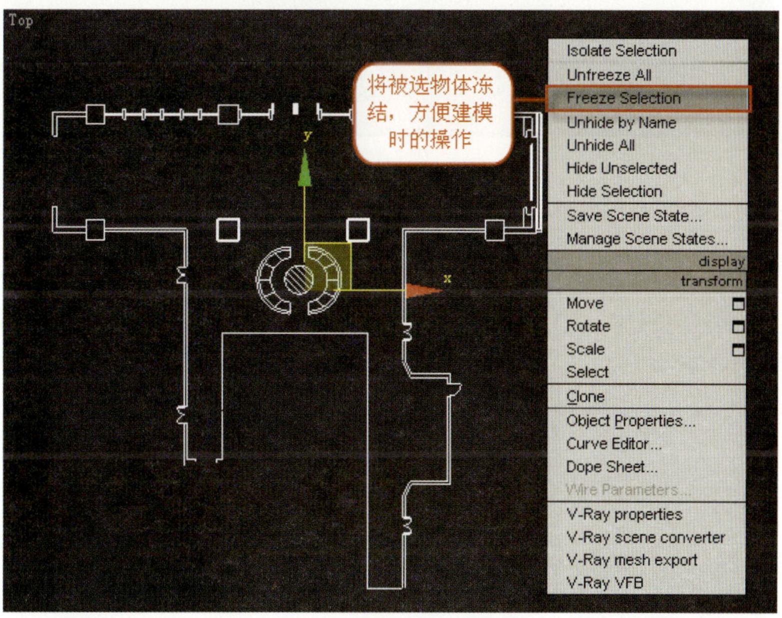

图7-10

07 单击 Customize （自定义）菜单中的 Customize User Interface... （定制用户界面）命令，在此设置冻结物体的显示颜色，如图7-11所示。

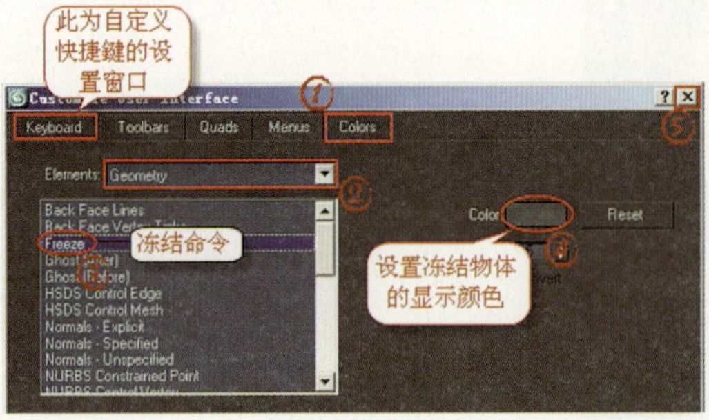

图7-11

08 创建墙体样条曲线：在Top（顶）视图使用二维创建面板中的 Line （画线）工具，按平面图勾勒出墙体线形，如图7-12所示。

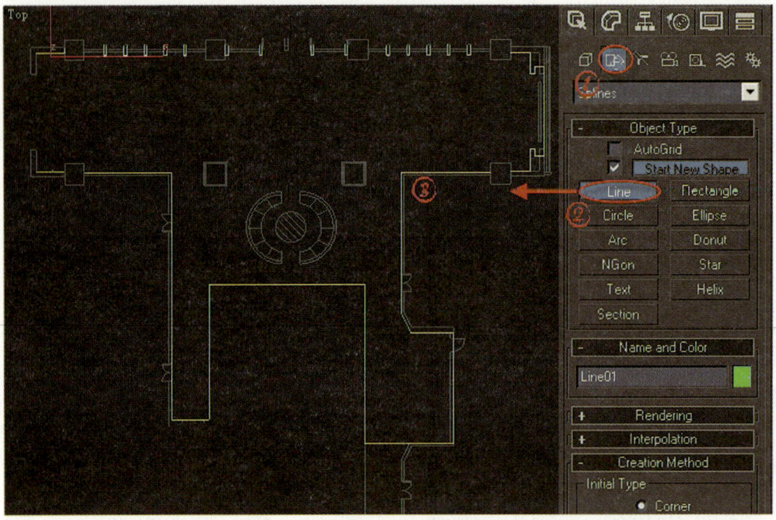

图7-12

09 将二维样条挤压成三维墙体：选择绘制好的墙体线形，执行修改面板中的 Extrude （挤压）命令，设置墙高3000mm，如图7-13所示。

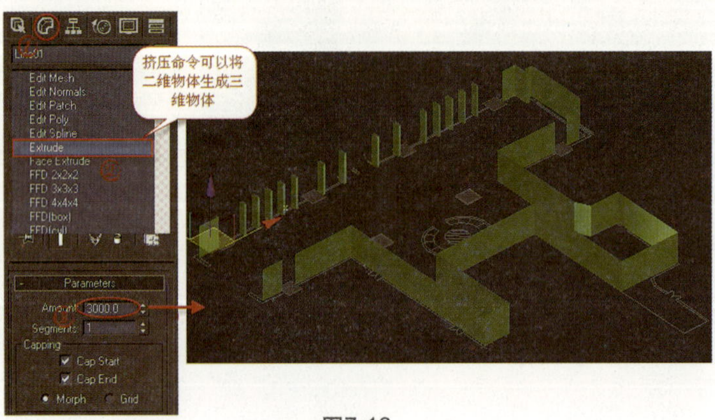

图7-13

技巧

- 如果模型的可见面不正确，即为模型的法线方向反了，可以通过修改编辑器中的Normal（法线）命令翻转模型的法线。
- 通过修改样条曲线的第一点，也可以翻转法线。选择修改编辑器中的Line的次物体Vertex（点）级别，在顶视图中选择每条线段的另一端点，单击Make First（生成第一点）按钮，完成每条线段的第一点的修改，如图7-14所示。

10 为墙面指定一个MAX基本材质：按M键打开材质编辑器，将墙体颜色设置为米黄色。为便于后期材质的调节，将所用的材料命名为"白洞石"，如图7-15所示。

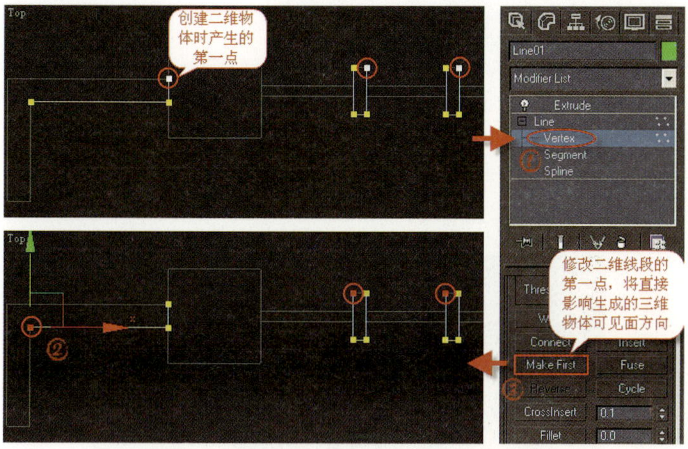

图7-14

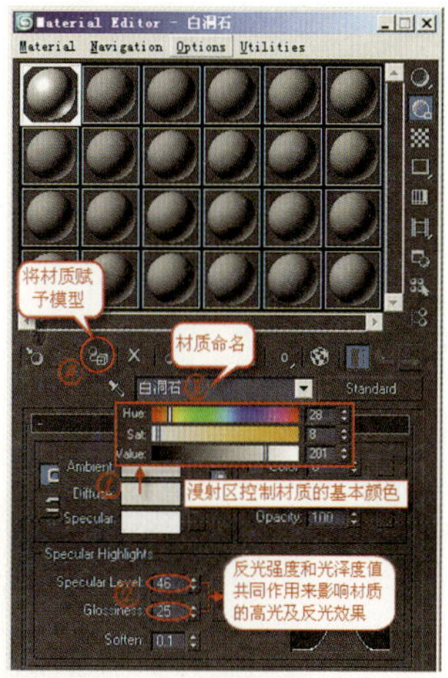

图7-15

技巧

是先建模后赋材质，还是边建模边赋材质？材质先赋后赋与否并不会影响最终效果，它只是一个工作程序、个人偏好的问题。但在此建议读者每建一个或同类材质的一组模型后，就为其指定材质并为材料命名，这样将会极大方便后续的材质调整工作。在下面的建模期间，材质的赋予就不再多说了。

11 创建地面：在Top（顶）视图创建一个Rectangle（矩形），进入修改面板并赋予矩形一个Edit Mesh（编辑网格）命令，将矩形转变为实体面片。进入次物体点级别移动节点的位置，完成地面的创建。按M键进入材质编辑器为其赋予"地面洞石"材质，如图7-16所示。

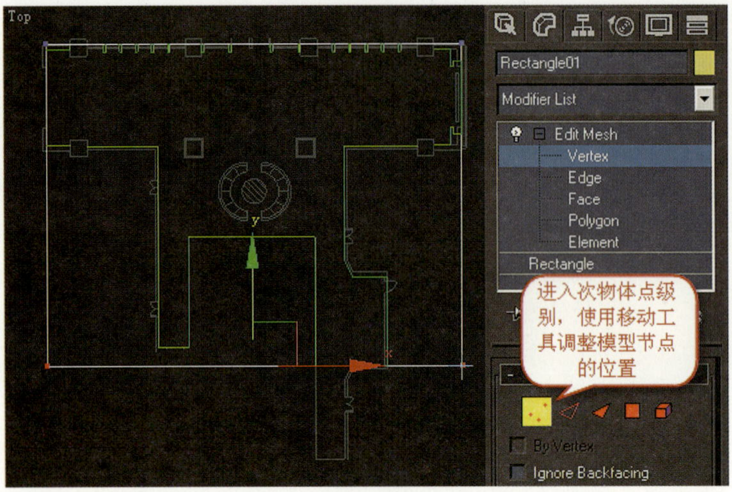

图7-16

12 架设摄像机：在创建面板中，单击摄像机创建面板，选择目标摄像机。将视野设置为24mm的广角镜头，这种镜头在室内效果图中很常用，它可以使室内空间表现得更完整，如图7-17所示。

(1)激活Top（顶）视图，拖曳鼠标创建一架摄像机，使用（移动）工具调整摄像机的位置。注意轴向的正确选择，如图7-18所示。

图7-17

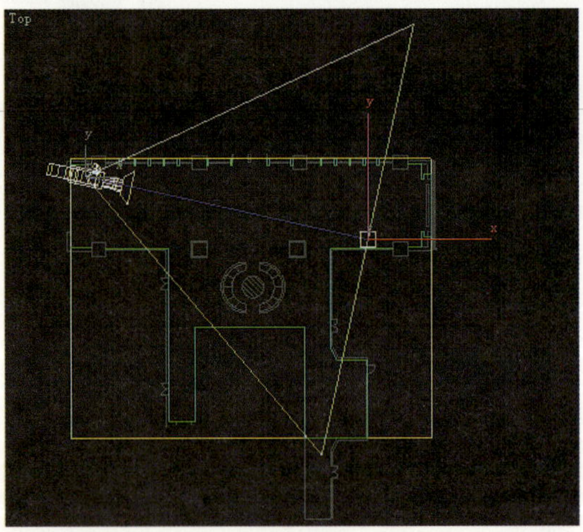

图7-18

(2)按F键切换到Front（前）视图，选择（移动）工具调整摄像机的高度，在此也可以使用移动变换工具栏对高度值精确控制，如图7-19所示。

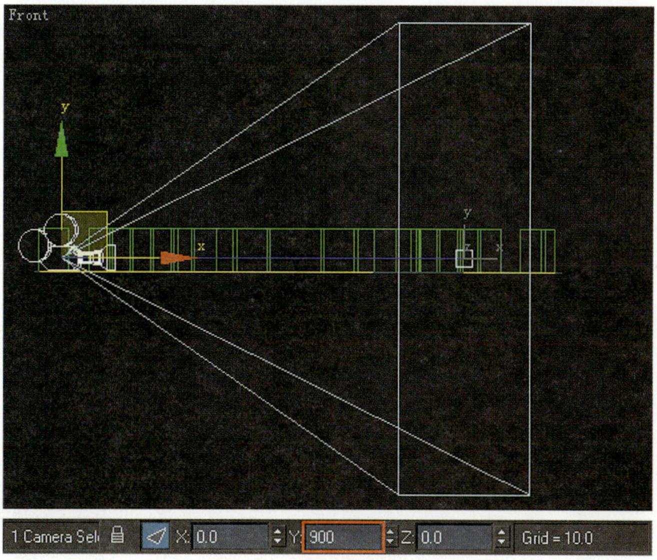

图7-19

13 按C键切换到当前摄像机视图。为便于观察，在此先打开场景中两盏默认的泛光灯来照亮场景。具体操作如图7-20所示。打开泛光灯后的场景效果，如图7-21所示。

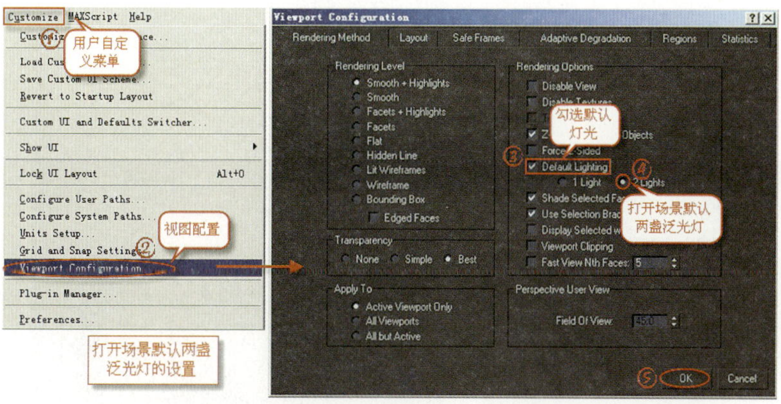

图7-20

图7-21

14 创建柱体：在Front（前）视图中，使用二维创建面板中的 Line （画线）工具，依据尺寸绘制出线形，使用 Lathe （旋转）工具生成三维柱体，如图7-22所示。

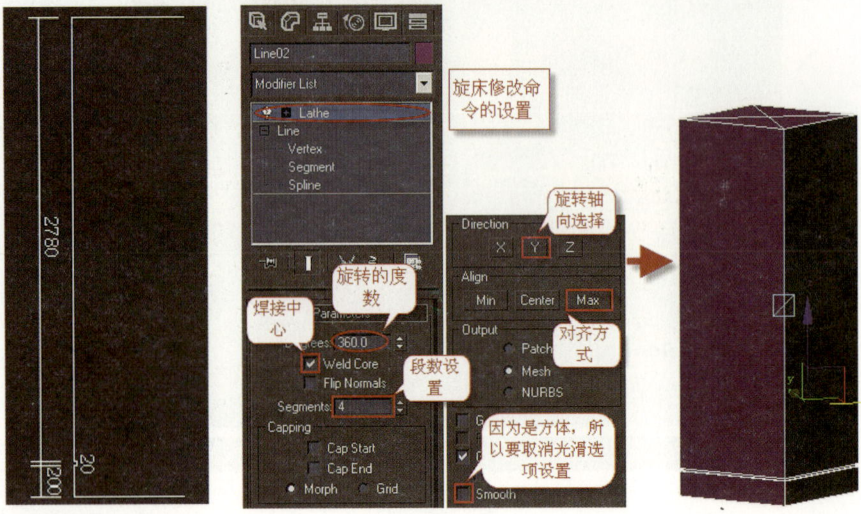

图7-22

15 旋转柱体角度：按T键切换到Top（顶）视图，选择 （旋转）工具并打开 （角度捕捉）按钮，将柱体沿Z轴旋转45°，如图7-23所示。

16 调整柱体尺寸大小：为柱体添加 Edit Mesh （编辑网格修改）命令，打开次物体点级别，使用 （移动）工具来移动模型节点调整柱体的大小，在移动的过程中可以打开 （2.5维捕捉）工具，对节点进行精确移动操作。关闭次物体并赋予柱体白洞石材质，如图7-24所示。

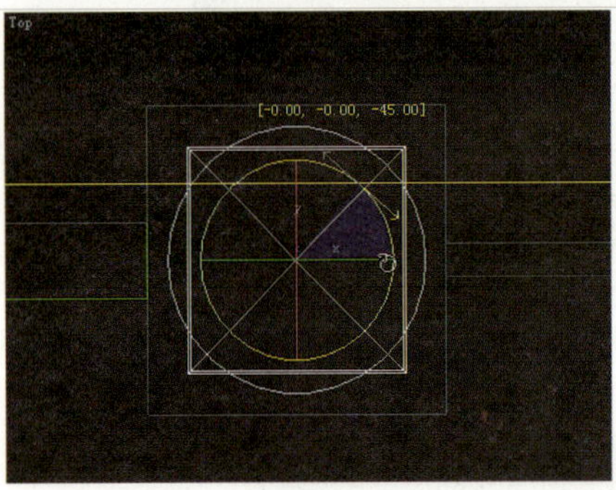

图7-23

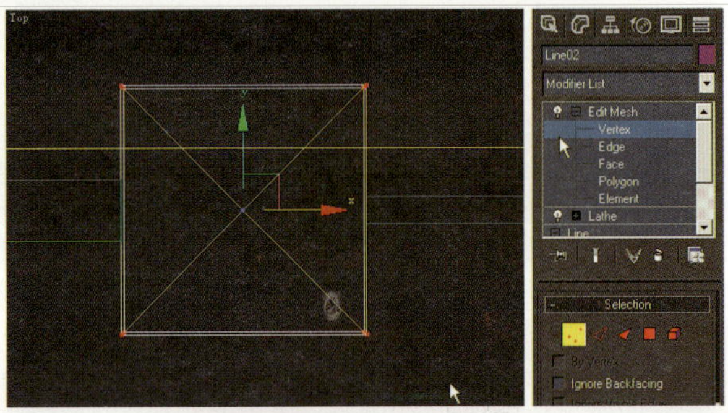

图7-24

17 复制柱体模型：选择移动工具，按F5键锁定X轴，按住Shift键，捕捉模型的节点进行精确移动。松开Shift键，在弹出复制对话框中选择关联复制选项。重复该步操作，创建出其他柱体模型，如图7-25所示。

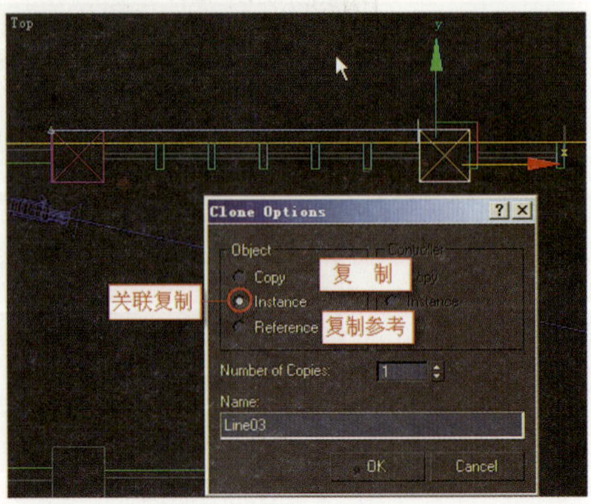

图7-25

18 创建右侧墙体造型：在顶视图中，回到墙体编辑样条曲线的次物体级别，选择左面墙体的样条曲线复制分离出新的样条线，如图7-26所示。

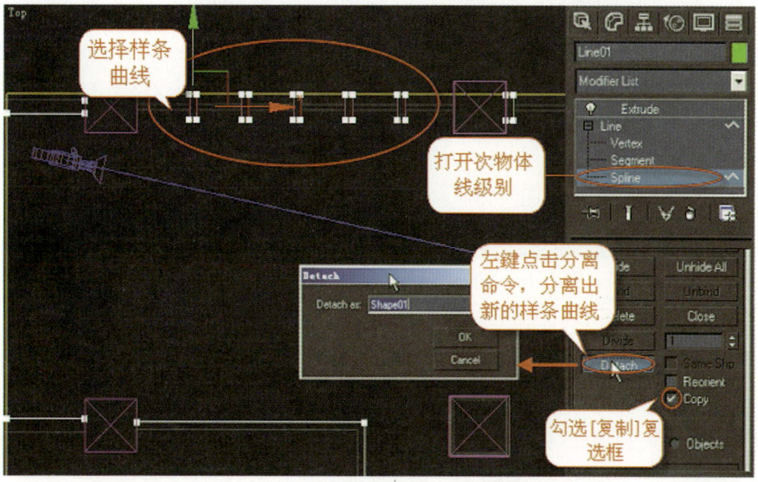

图7-26

19 选择分离物体，沿Z轴旋转180°并将样条线移动到右侧墙体，选择Extrude（挤压）命令生成三维墙体造型，按住Shift键沿X轴移动物体关联复制模型，如图7-27所示。

20 创建天花造型：依图纸尺寸创建出天花的造型。按M键进入材质编辑器为其赋予“乳胶漆”材质，如图7-28所示。

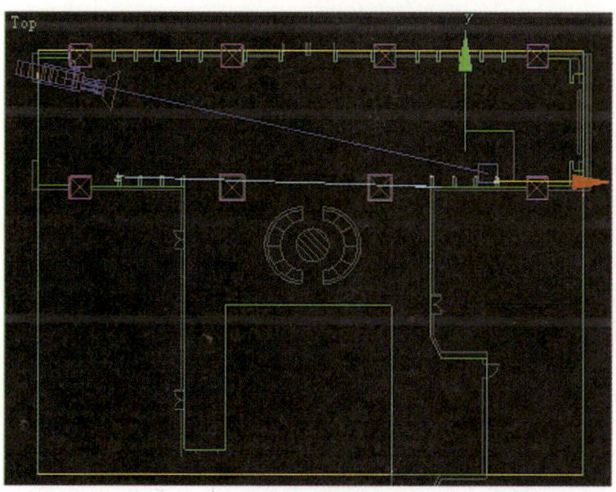

图7-27

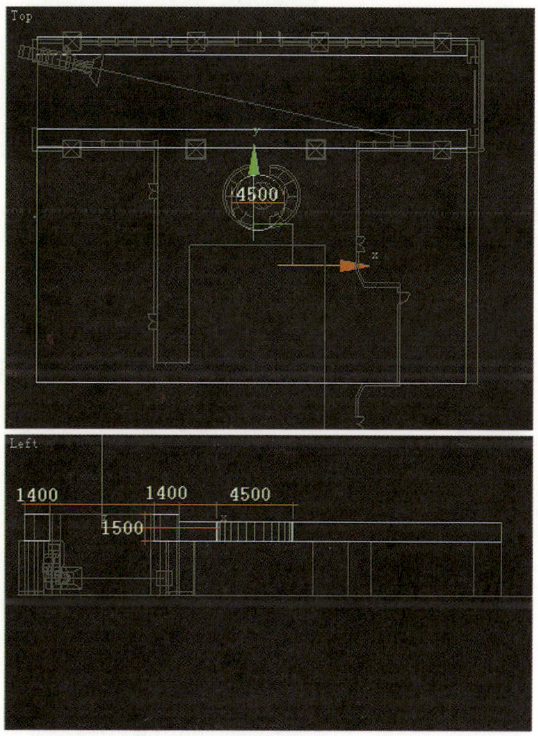

图7-28

21 在Left（左）视图中，使用二维创建面板中的Rectangle（矩形）工具创建一个矩形，依方案尺寸编辑出如图7-29所示的形状，使用Extrude（挤压）命令生成三维模型，效果如图7-29所示。

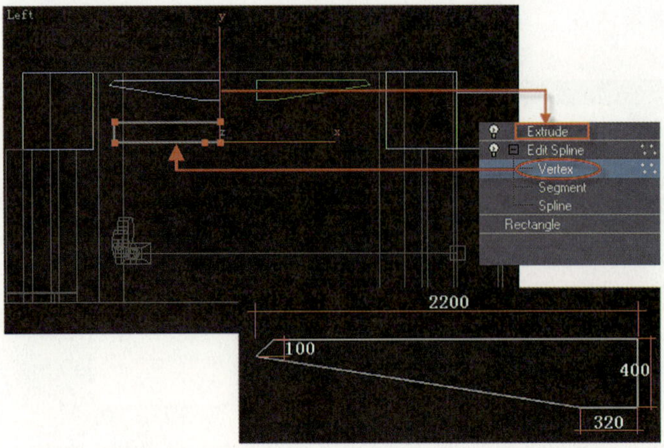

图7-29

22 在距近柱子上使用二维创造面板的 Text （文字）工具创建不锈钢字样并使用 Extrude （挤压）修改命令生成三维实体，如图7–30所示。

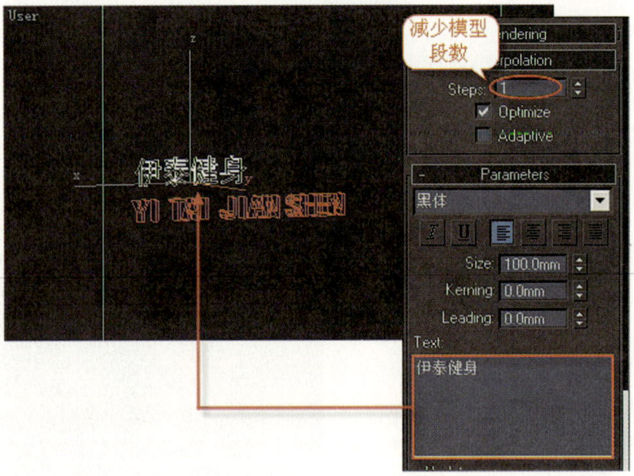

图7-30

23 依据方案图纸创建出剩余模型，空间模型的最终效果如图7–31所示。

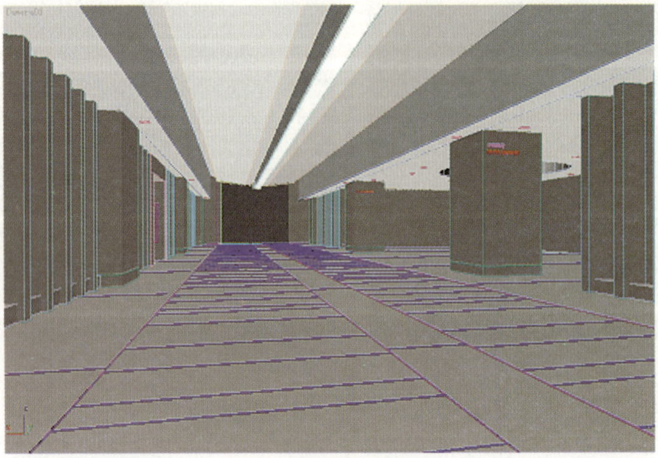

图7-31

24 导入家具模型

（1）执行 File （文件）菜单下的 Merge... （合并）命令，找到配套光盘中的“项目名/help/家俱.max”文件，将其导入到场景中，如图7–32所示。

（2）如果所合并的模型中与场景中的模型重名，将会弹出一个对话框，具体设置如图7–33所示。

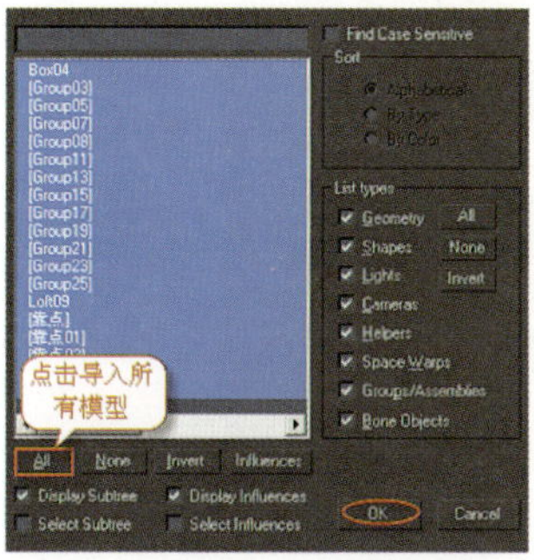

图7-32

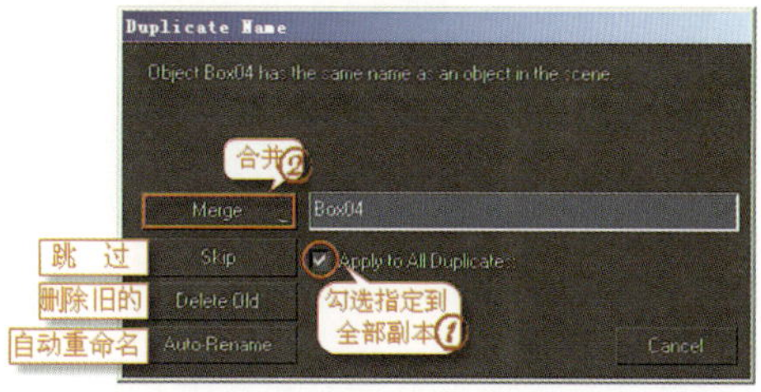

图7-33

（3）如果所合并模型的材质中有与场景中模型使用的材质重名，将会弹出重名材质对话框，具体设置如图7–34所示。

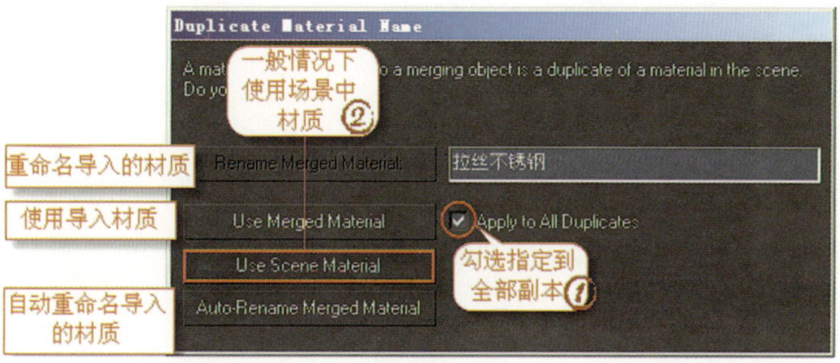

图7-34

25 依据平面布置图将家具模型放置在休息区位置，使用 MultiRes （多重解析）编辑器对导入的模型进行优化处理。该修改命令允许用户以百分比的形式减少模型的点面数，较之 Optimize （优化）编辑器可以更好地控制模型的点面数和质量，如图7–35所示。

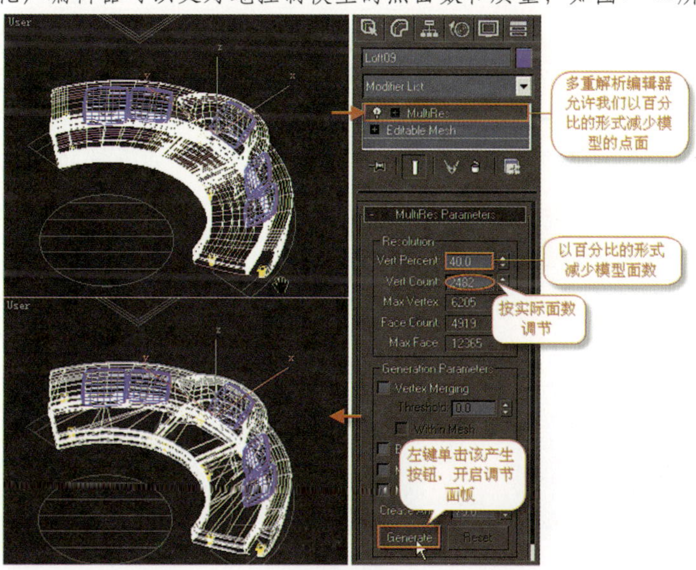

图7-35

26 在Top（顶）视图使用 （移动）工具调整家具模型的位置并重新定义家具材质；使用 （镜像）工具镜像并关联复制模型，如图7-36所示。在此可以使用 Group （组）命令将整体家具模型组成组，以方便以后的操作。

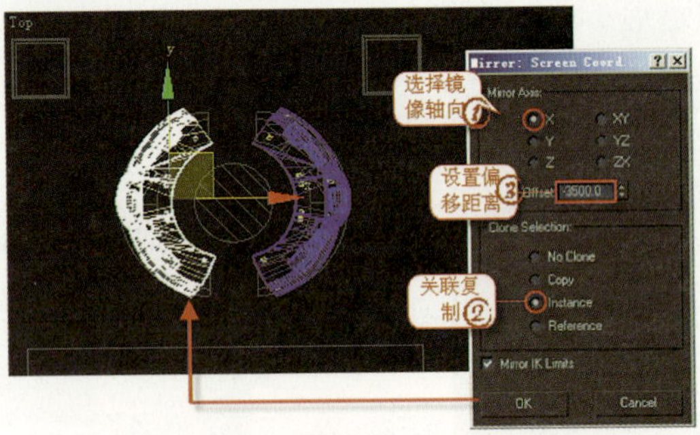

图7-36

27 三维场景模型的创造到此就告一段落，最终的模型场景效果如图7-37所示。

图7-37

7.4 调试渲染的参数设置

模型完成以后，接下来的工作就是对场景中材质与灯光进行设置。我们知道VRay的渲染速度是相对较慢的，所以在对物体材质和场景灯光的调试阶段为加快处理速度，通常要把渲染参数设置得较低一些，以提高工作效率。

01 按F10键打开渲染面板，将渲染器设置为VRay渲染器，如图7-38所示。

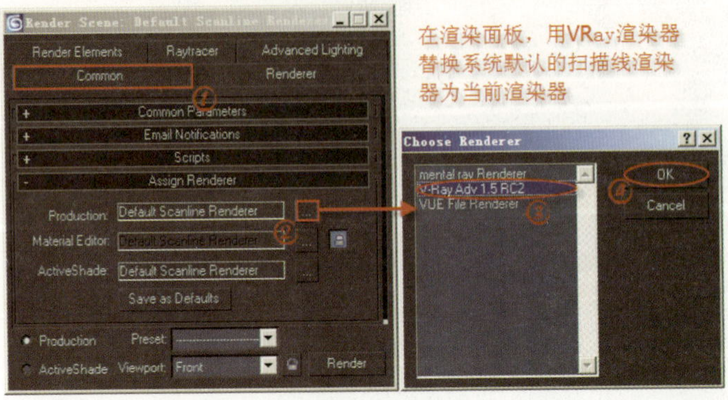

图7-38

02 为加快测试渲染速度，设置一个较小的渲染图像尺寸，如图7—39所示。

03 （VRay：：全局开关）卷展栏：关闭场景中默认灯光照明，如图7—40所示。

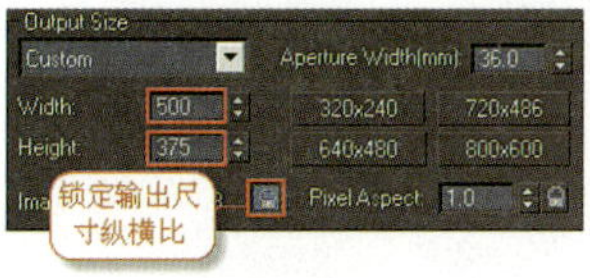

图7-39

图7-40

04 （VRay：：图像采样（抗锯齿））卷展栏：选择渲染速度较快的固定比率采样器，同时关闭抗锯齿过滤器，如图7—41所示。

05 （VRay：：间接照明（GI））卷展栏：开启GI引擎，设置首次反弹设为Irradiance map（发光贴图），二次反弹设为Light cache（灯光缓存），如图7—42所示。

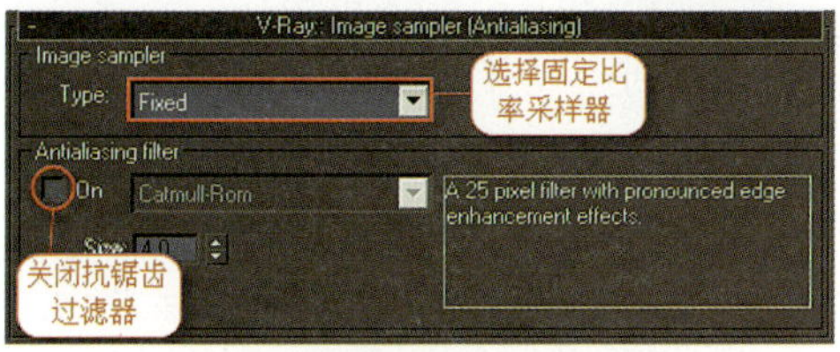

图7-41

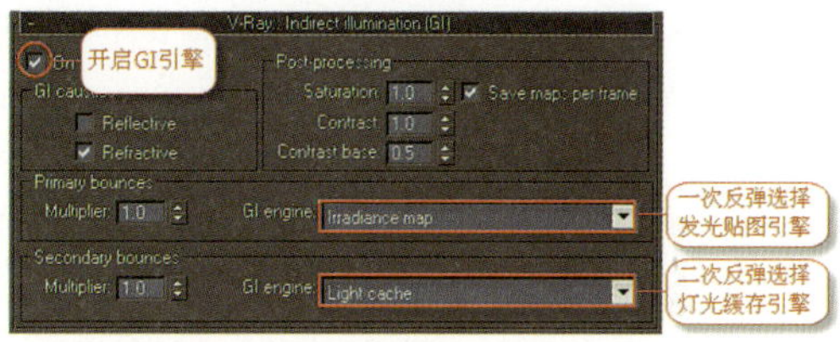

图7-42

06 对发光贴图和灯光缓存引擎的参数进行如图7—43所示的设置。

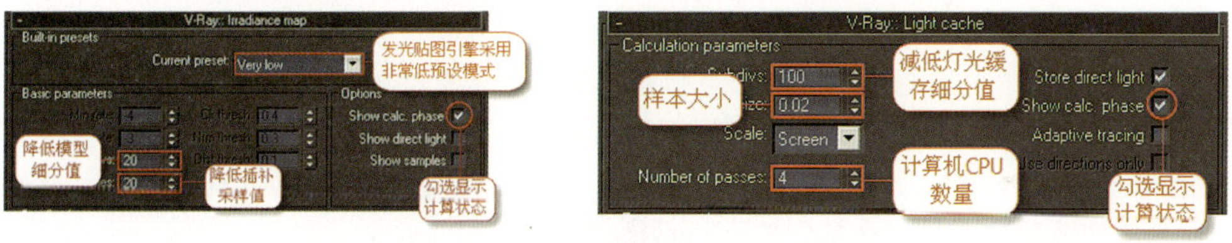

图7-43

07 （VRay：：颜色映射）卷展栏：对于不熟悉VRay的读者，建议将色彩贴图类型设置为指数曝光模式，这样易于控制。其他参数一般情况下不必调节，如图7—44所示。

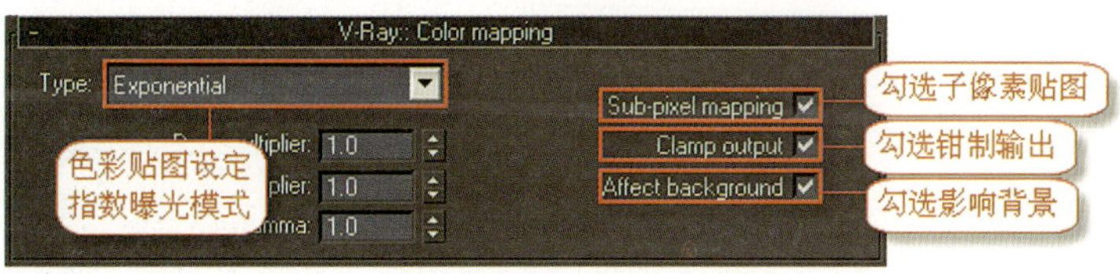

图7-44

08 （VRay：：系统）卷展栏：对系统参数的设置并不会影响渲染的最终效果，如图7—45所示。

09 设置空间场景的背景颜色：单击Rendering（渲染）菜单下的Environment...（环境）命令，在弹出的环境设置面板中将背景色设置为淡淡的蓝色，如图7—46所示。

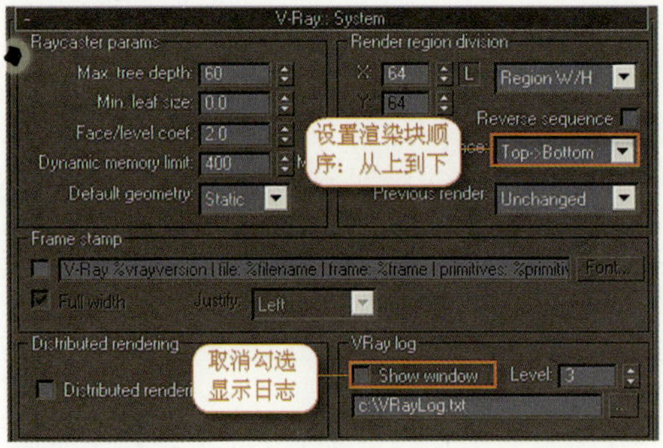

图7-45

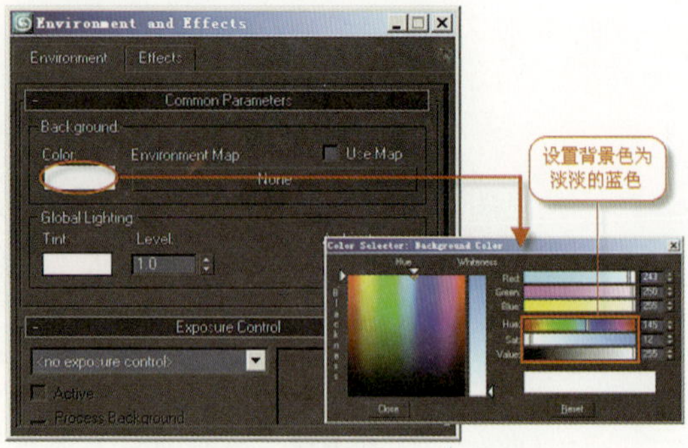

图7-46

7.5 材质的设置

VRayMtl（VRay专业材质）的参数很多时候都是根据以往的经验来设置的，并不需要去一一调试着来设置。当灯光设置完成进入到最后调试阶段时，才会根据具体场景对材质的纹理贴图、反射强弱等属性进行微调。

对于书中设定的材质参数，这只是常规情况下的设置，仅作参考。有些时候同一材质参数在不同的场景中产生的效果会有所差异，如材质反射的强弱，所以希望读者在学习的时候注意理解参数的含义，并能够灵活运用。

7.5.1 地面洞石材质

洞石材质是一种表面光滑，具有较强反射率并带有小洞的理石材质。

01 首先在漫射区颜色贴图通道中添加洞石贴图来模拟材质表面的纹理效果，关联复制漫射区通道贴图到凹凸贴图通道中来增强洞石材质表面的质感，如图7—47所示。

02 设置洞石材质的反射属性。在反射贴图通道中使用 Falloff（衰减）贴图类型来模拟物理世界中真实的菲涅尔反射，如图7—48所示。

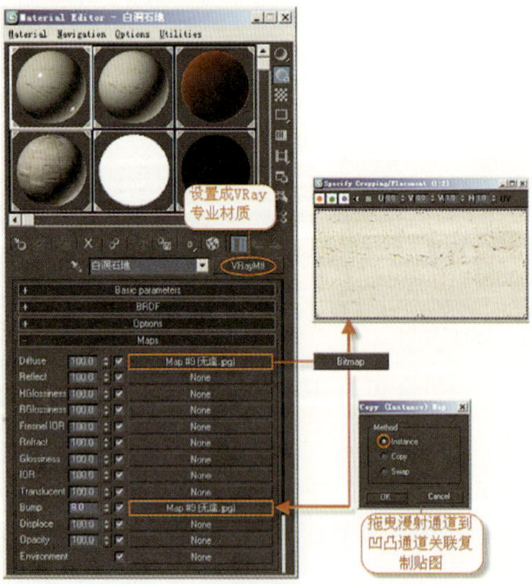

图7-47

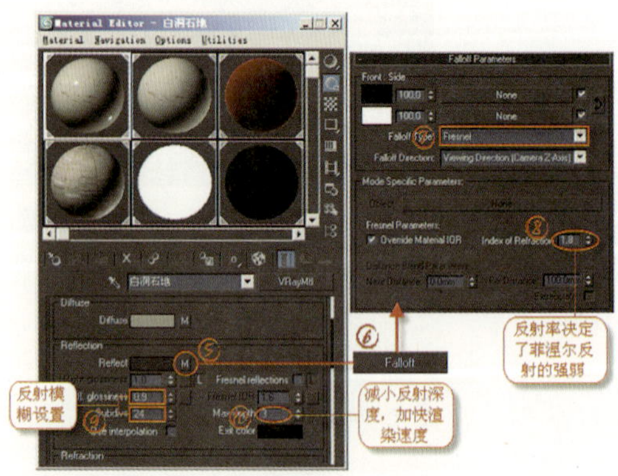

图7-48

03 为地面模型指定UVW Mapping修改编辑器，设定合适的贴图坐标，如图7—49所示。

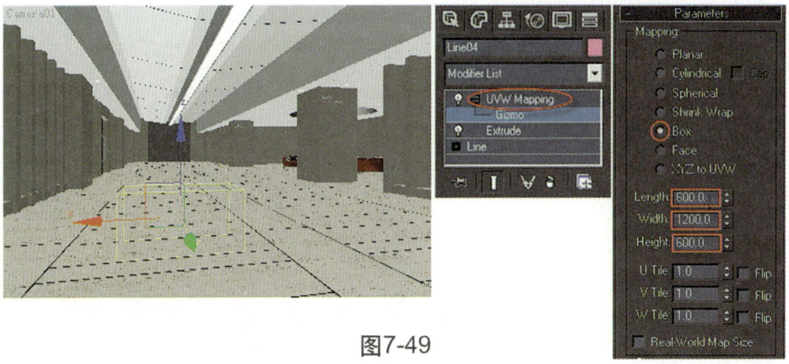

图7-49

7.5.2　墙面洞石材质的设置

01 将材质类型改为 VRayMtl（VRay专业材质）。在漫射区颜色贴图通道中添加洞石贴图来模拟材质表面的纹理效果，关联复制漫射区通道贴图到凹凸贴图通道中来增强洞石材质表面的质感，如图7–50所示。

02 设置洞石材质的反射属性，具体参数设置如图7–51所示。

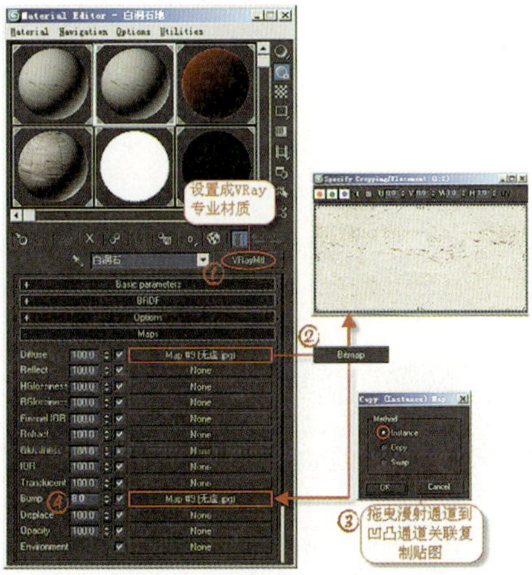

图7-50

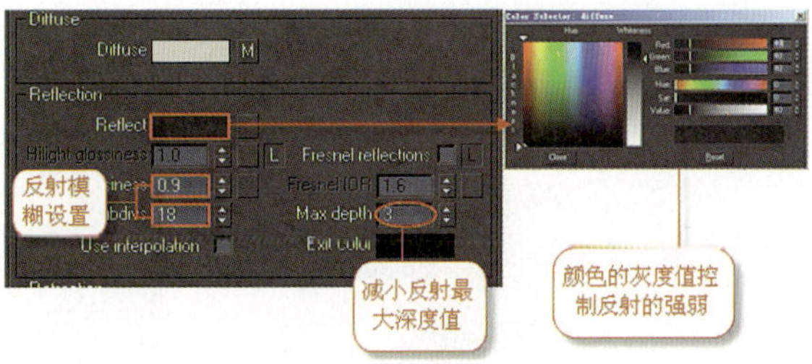

图7-51

03 单击（按材质选择）按钮来选择所有赋予该材质的模型，如图7–52所示。指定UVW Mapping修改编辑器，设定合适的贴图坐标，如图7–53所示。

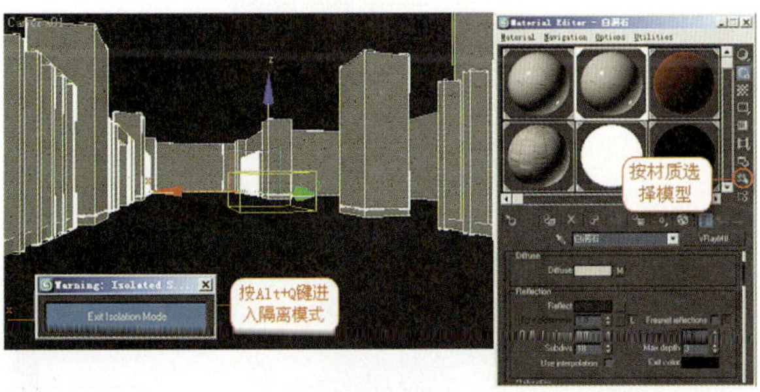

图7-52

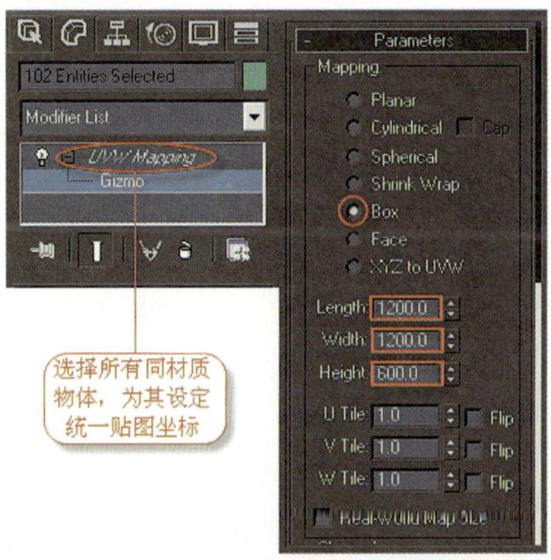

图7-53

7.5.3 天花白色乳胶漆材质

乳胶漆是一种表面粗糙，有细小凸凹且不具有镜面反射属性的漫反射材质。它的参数设置比较简单，只需为其设定一个白色的漫射颜色即可，如图7-54所示。

此处需要注意的是，在VRay世界里纯白色的物体对光线的反弹是不会产生衰减的，纯黑色也不会产生光线反弹，所以理论上不能将场景中大面积的白色或黑色材质的颜色设置成纯白色或纯黑色。

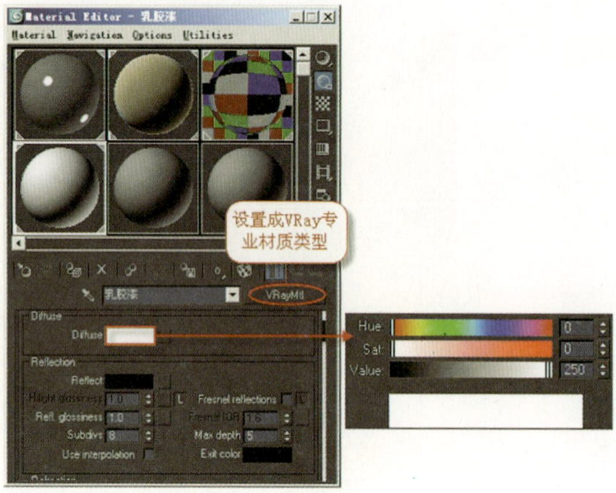

图7-54

7.5.4 文字拉丝不锈钢材质

拉丝不锈钢是在镜面不锈钢的基础上经过抛光拉丝机加工，而使表面产生拉丝效果，所以拉丝不锈钢同样具有镜面不锈钢强反射属性。

01 将材质类型改为 VRayMtl （VRay专业材质）。在漫射区颜色贴图通道中添加拉丝不锈钢贴图来模拟材质表面的拉丝纹理效果，关联复制漫射区通道贴图到凹凸贴图通道中来增强材质表面的凹凸质感，如图7–55所示。

02 设置拉丝不锈钢材质的反射属性，具体参数设置如图7–56所示。

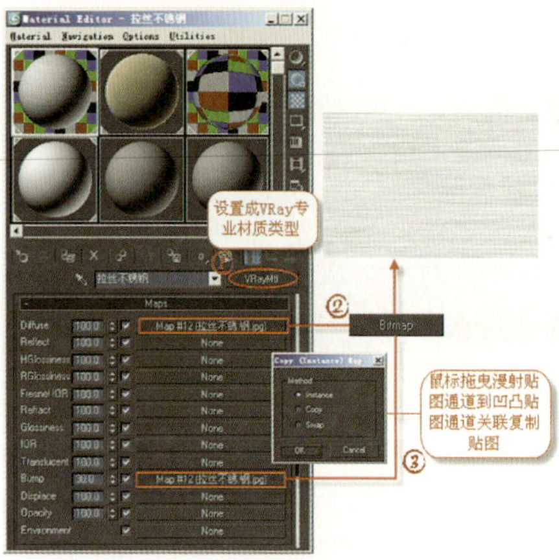

图7-55

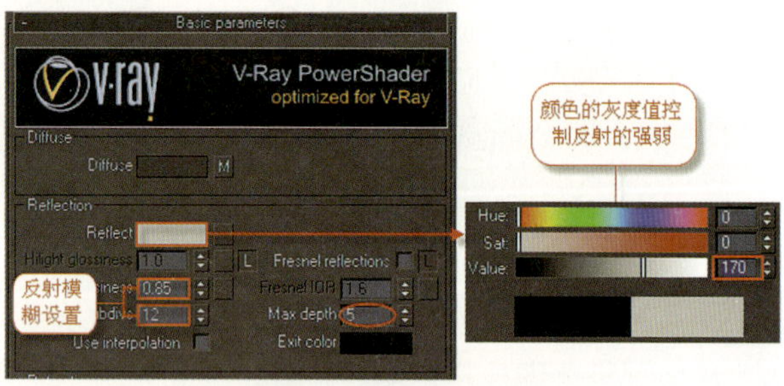

图7-56

7.5.5 窗口清水玻璃材质

清水玻璃是一种表面非常光滑，具有非常强烈的菲涅尔反射现象，并且完全透明的一种材质，具体参数设置如图7-57所示。

01 设定材质漫射区颜色。清水玻璃是一种纯透明的材质，为了更好地表现材质的清澈性，通常会将材质设置成较深的颜色。

02 设置反射颜色的灰度值255，并勾选后面的菲涅尔反射复选框。

03 设置折射强度值为255，即完全透明。设置玻

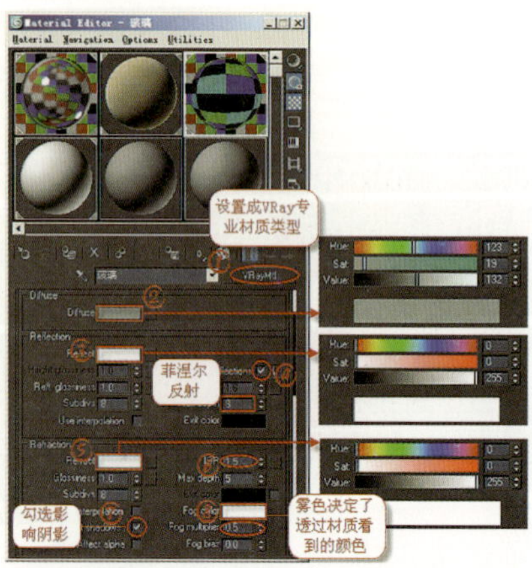

图7-57

璃的折射率为1.5，勾选影响阴影属性，这样玻璃所产生的阴影将带有透明属性。

7.5.6　红色布艺沙发材质

布艺是一种表面粗糙且质地柔软的漫射材质。表面不会产生镜面反射现象，并且受灯光照射，视觉上会产生一种毛绒绒的感觉。

01 将材质类型改为 VRayMtl （VRay专业材质）。在漫射区颜色贴图通道中添加 Falloff （衰减贴图）类型来模拟材质表面的纹理及绒毛效果，为凹凸贴图通道添加一张布纹贴图来增强材质表面的质感，如图7—58所示。

02 单击 （按材质选择按钮）来选择所有该材质的模型，指定UVW Mapping修改编辑器，设定合适的贴图坐标

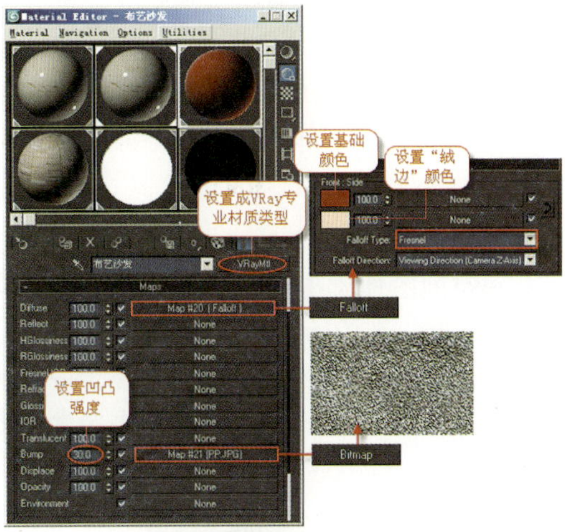

图7-58

7.5.7　VRay灯光材质

对于场景中白色灯光模型，可以为其指定一个 VRayLightMtl （VRay灯光材质贴图）类型，使其具有照明功能，具体设置如图7-59所示。

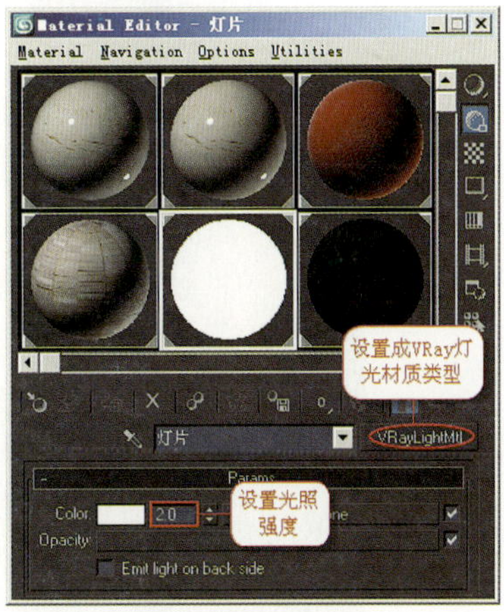

图7-59

7.5.8　背景墙材质

在该案例中背景墙是使用了一张贴图来模拟造型及毛石质感的，看上去效果也很棒。所以一张好的贴图能使效果图制作起到事半功倍的作用，如图7-60所示。

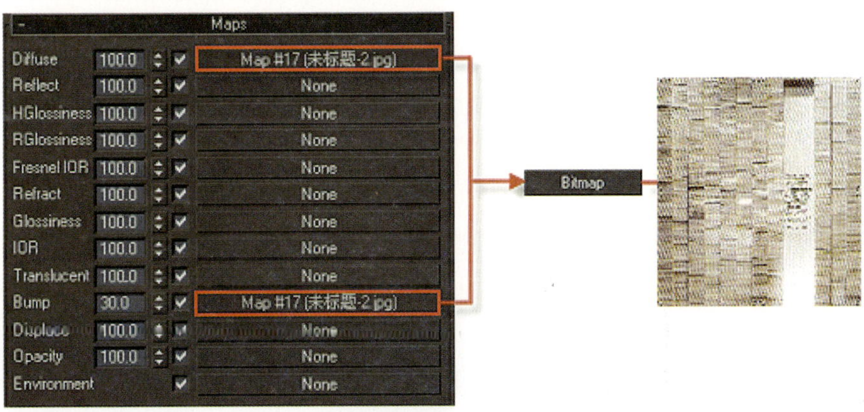

图7-60

提示

VRay常用材质的设置大同小异，关键是要找到合适的纹理贴图以及对反射强弱和光泽度的把握。只要读者能够善于总结和归纳，这样才不会让案例参数限制自己的发挥。

7.6 场景灯光的设置

该空间的性质在前期已经交代过，表现形式上会采用室内人工光源为主，天光为辅的灯光布局。在为场景布置灯光的时候，通常的做法是先设定室外光（天光），然后设置室内主光源，再设置暗藏灯和点缀光源，最后是设置补光，不过多数情况下不建议使用补光，因为补光把握不好的话会造成画面光照泛滥，使效果图失去真实感。

7.6.1 天光的设置

01 在该场景中使用 VRayLight （VRay灯光）中的面光来模拟天光效果。单击 （创建）→ （灯光）→ VRay → VRayLight （VRay灯光），在窗外创建一个面光源，如图7-61所示。

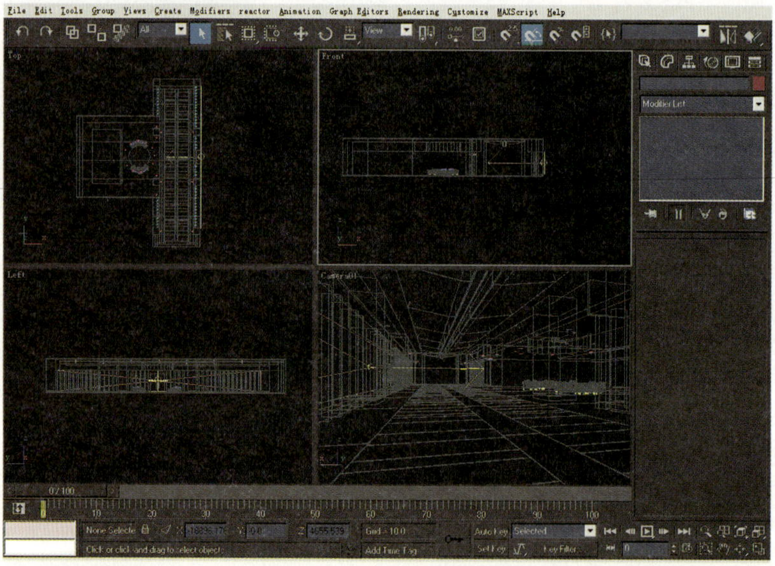

图7-61

02 设置面光源的颜色为淡淡的蓝色。该场景以室内人工光源为主，所以光照强度不宜设置得太大，具体参数设置如图7-62所示。

注意

调节光源颜色的灰度值也会影响光照强度的变化。

03 调试渲染

（1）右击摄像机视窗名称，在弹出的下拉菜单中勾选 Show Safe Frame （显示安全框）

复选框，以安全框的方式在摄像机视窗中显示最终渲染内容，如图7—63所示。

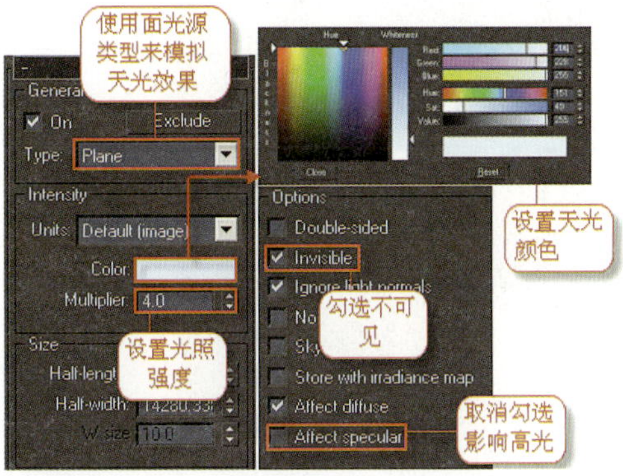

图7-62

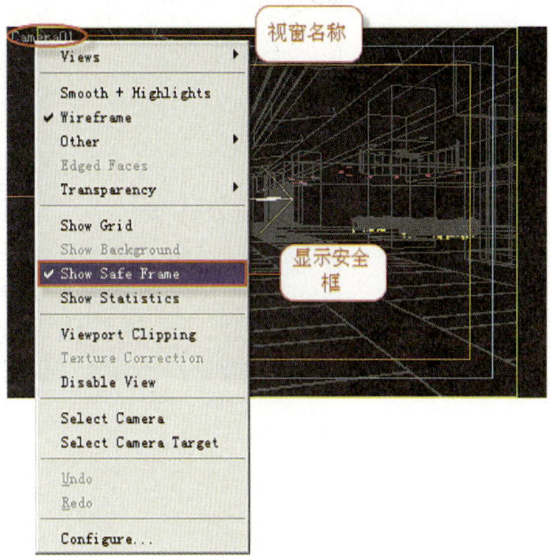

图7-63

（2）选择Region（区域）渲染类型，框选渲染内容，单击视窗下面的OK按钮进行渲染，如图7—64所示。

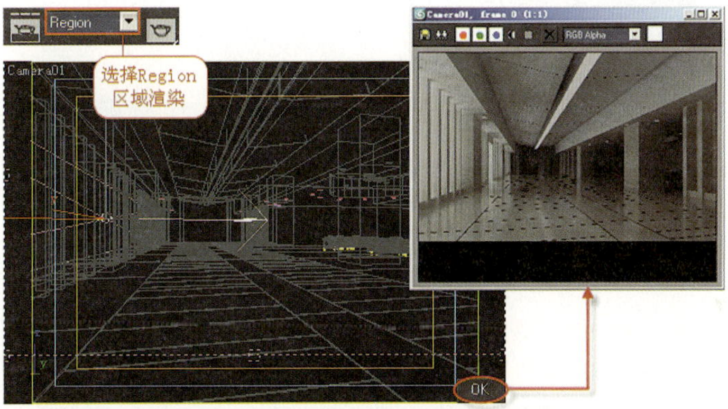

图7-64

提示

通过测试渲染图，可以看到“天光”已经照亮了整个场景，但画面却产生了很多的噪点。这些噪点是由于渲染参数设置较低并且灯光的尺寸设置得过大造成的，通过增大面光源的Subdivs（采样细分）值可以有效减少噪点的产生。

注意：为加快调试渲染速度，增大面光源的Subdivs（采样细分）值可以留在最终渲染时再设置。

7.6.2　室内人工光源的设置

01 移动复制用于模拟天光的VRay面光源，调整面光源的尺寸、颜色和光照强度，并放置在如图7—67所示的位置，用于模拟室内日光灯的光照，如图7—65所示。

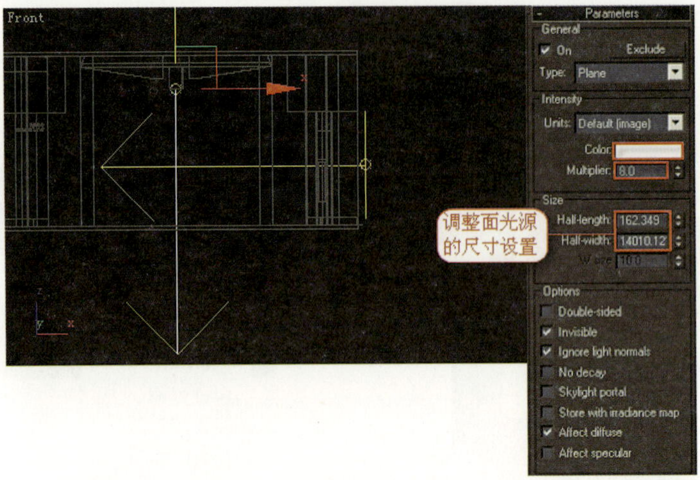

图7-65

02 测试渲染效果如图7–66所示。

图7-66

03 在天花的暗藏灯槽位置添加如图7–67所示的面光源。

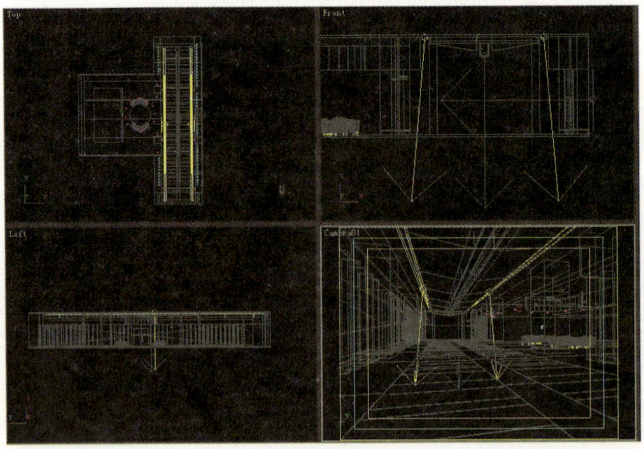

图7-67

04 设置灯光颜色及光照强度，勾选不可见选项并取消影响高光选项的勾选。测试渲染效果及参数设置如图7–68所示。

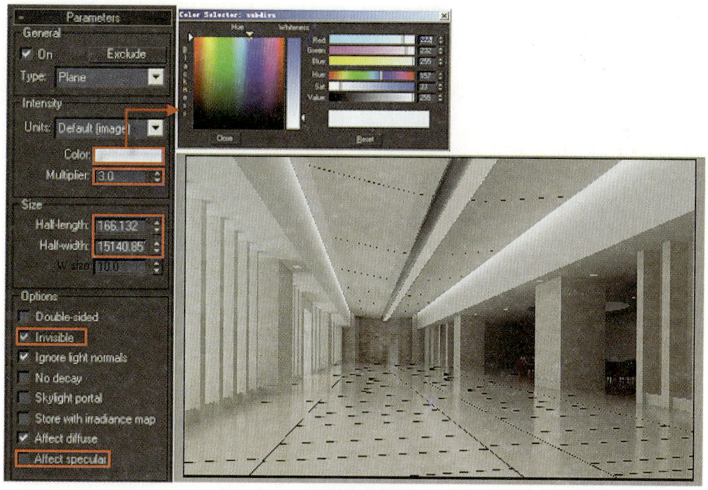

图7-68

05 继续添加面光源至背影墙后面的暗藏灯槽内，如图7–69所示。

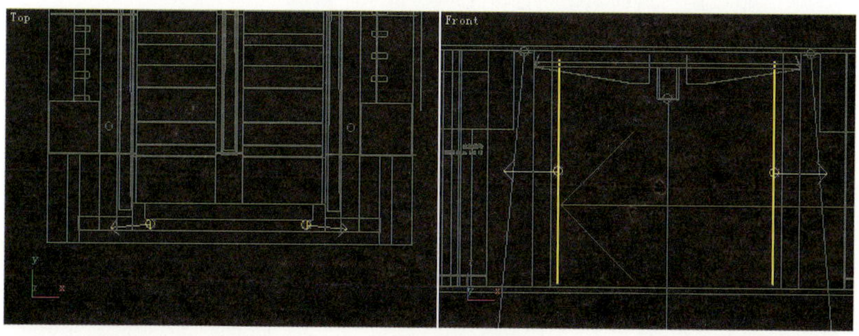

图7-69

06 设置灯光颜色及光照强度，勾选不可见选项并取消影响高光选项的勾选。测试渲染效果及参数设置如图7–70所示。

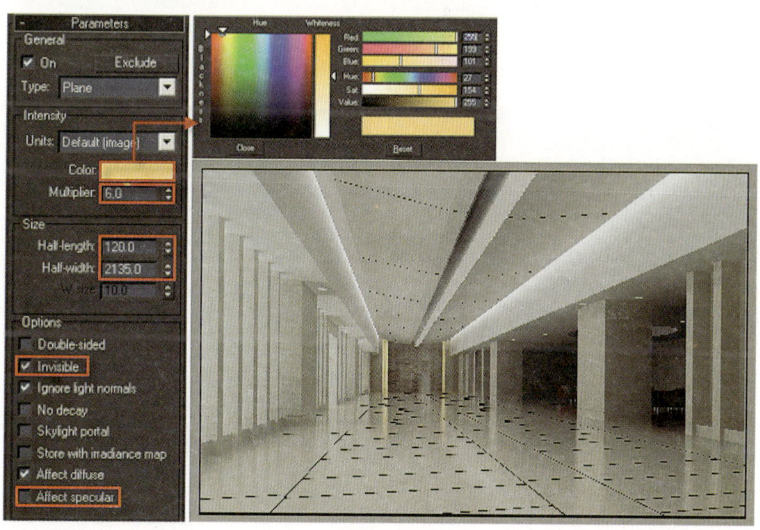

图7-70

07 添加面光源至休息区上方的天花圆形暗藏灯槽内，位置布局如图7–71所示。

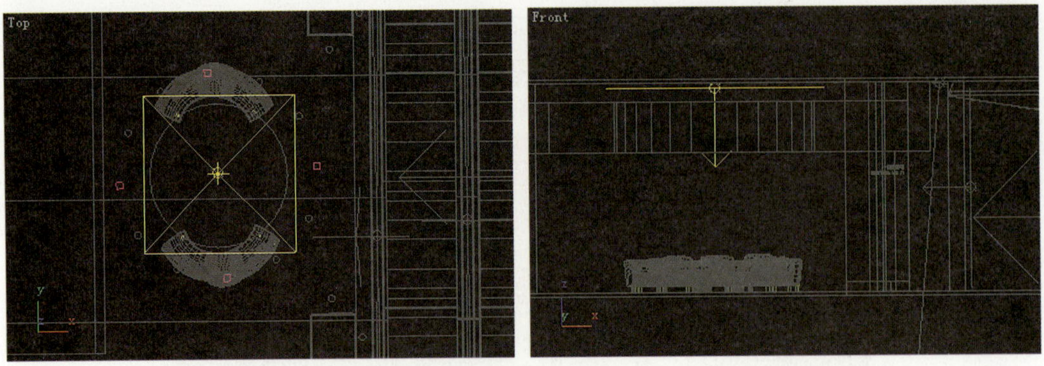

图7-71

08 设置灯光颜色及光照强度，勾选不可见选项并取消影响高光选项的勾选。测试渲染效果及参数设置如图7–72所示。

图7-72

09 添加面光源至休息区背景墙的“洗墙灯槽内”，位置布局如图7–73所示。

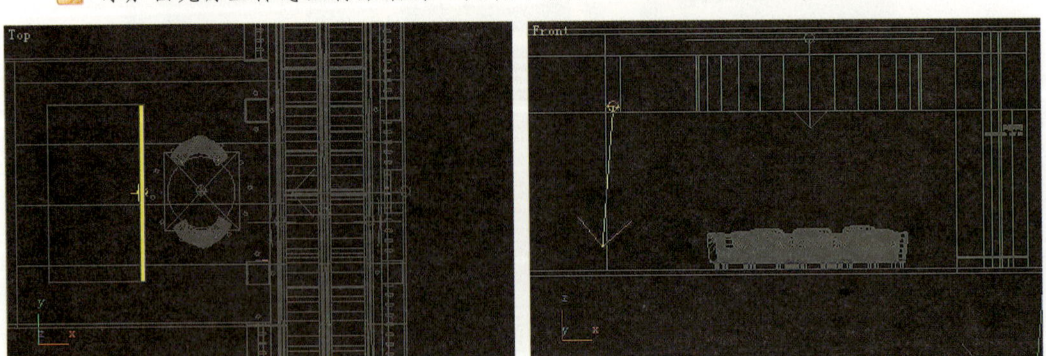

图7-73

10 设置灯光颜色及光照强度，勾选不可见选项并取消影响高光选项的勾选。测试渲染效果及参数设置如图7–74所示。

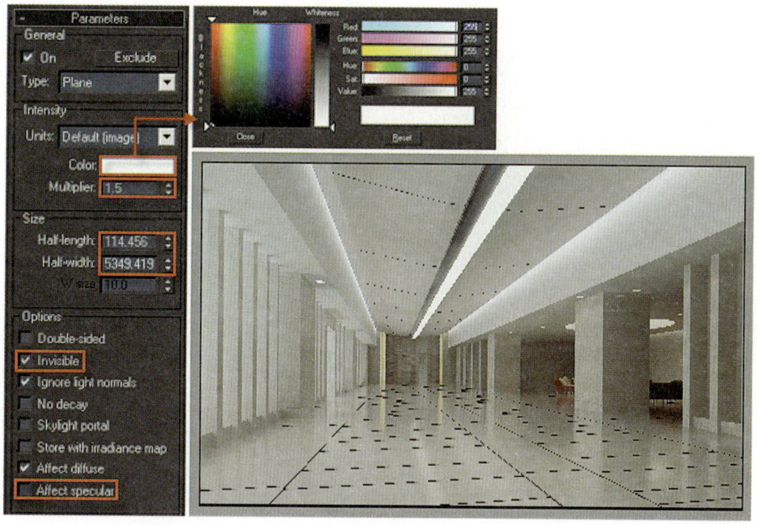

图7-74

▶7.6.3 点缀光源的设置

接下来按照实际灯具的位置来布置柱体射灯。射灯多采用光度学灯光中的 Target Point （目标点光源）来进行模拟，并通过导入照明制造商提供的特定光度学文件（即俗称的光域网）更精确地定义灯光。

01 按F键切换到前视图，在图所示位置创建一盏 Target Point （目标点光源）来模拟射灯光照效果。（创建）面板→灯光→ Photometric （光度学灯光）面板→ Target Point （目标点光源），如图7–75所示。

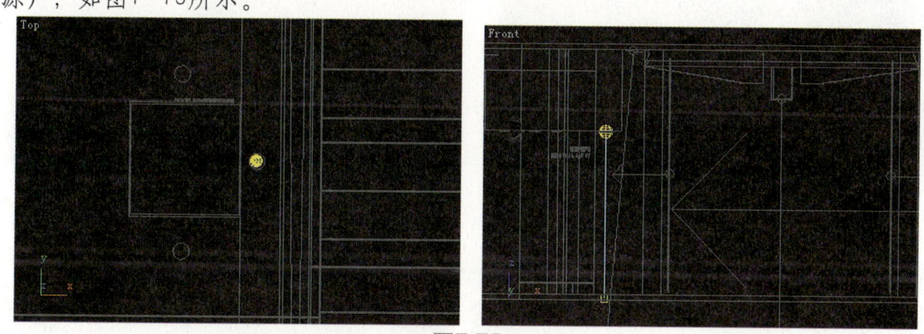

图7-75

02 进入（修改）面板，对射灯的参数进行设置，如图7–76所示。

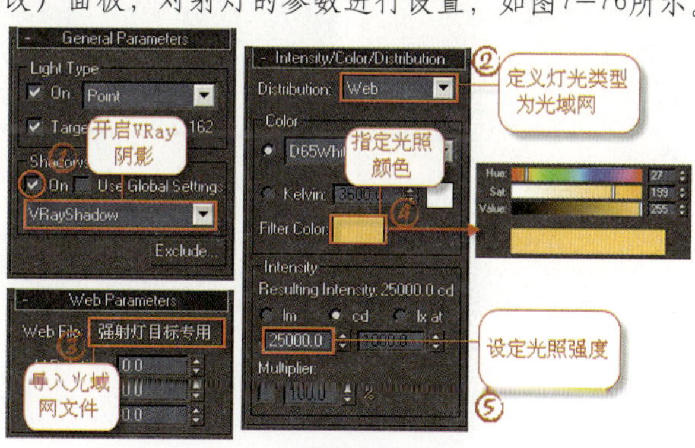

图7-76

03 测试渲染效果如图7-77所示。

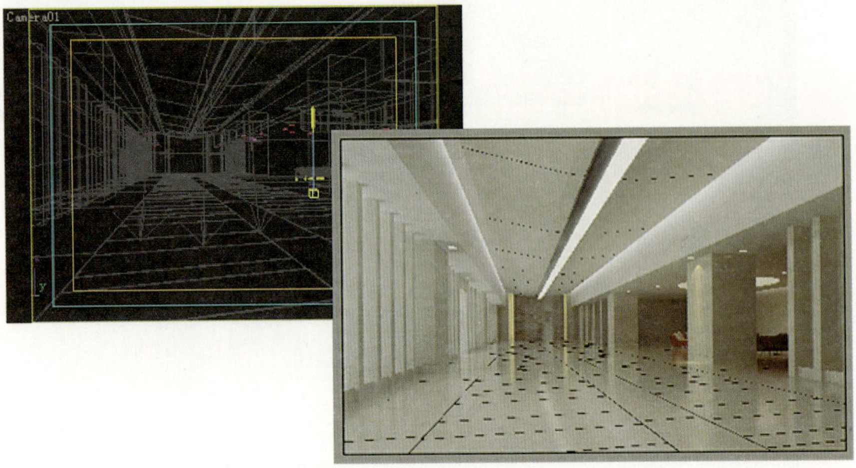

图7-77

04 选择目标点光源，按住Shift键，根据射灯的实际位置进行关联复制。最终的射灯布置效果如图7-78所示。

05 按F9键进行快速渲染，测试渲染效果如图7-79所示。

图7-78

图7-79

06 按F键切换到前视图，选择一盏目标点光源，按住Shift键的同时沿Z轴旋转180°，移动到如图7-80所示的右侧墙体前位置模拟地灯光照效果。

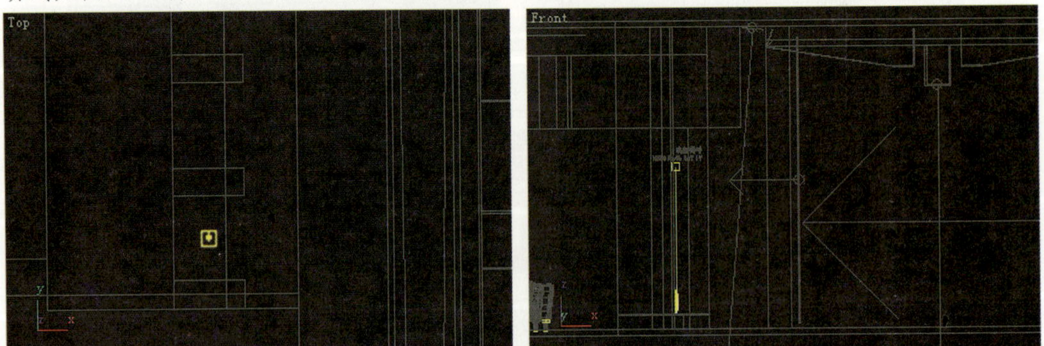

图7-80

07 进入 (修改) 面板，替换目标点光源的光域网文件，并修改光照强度与颜色参数，如图7-81所示。

08 按F9键进行快速渲染，测试渲染效果如图7-82所示。

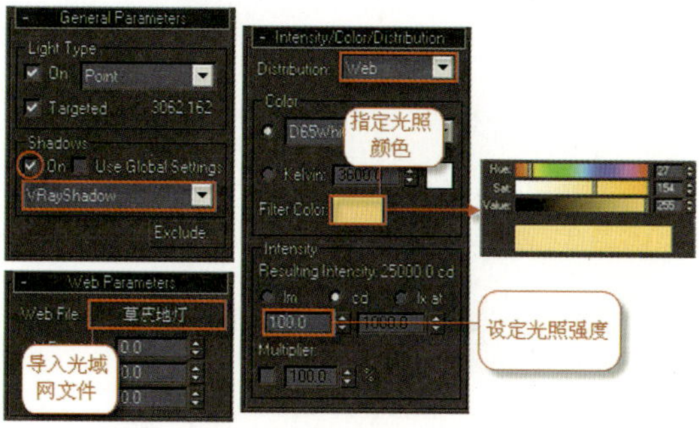

图7-81

图7-82

09 选择地灯模型，按住Shift键，根据地灯的实际位置进行关联复制。最终的地灯布置效果如图7-83所示。

10 测试渲染场景效果如图7-84所示。

图7-83

图7-84

至此该场景灯光的设定已基本完成。对于VRay全局光渲染器来说，灯光布置是一件很简单的事情，绝大部分情况下只需按照灯具的实际位置设定相应的灯源就可以渲染出漂亮的效果。但有几点需要读者注意：

- 在布灯的时候最好使用逐步添加的方式，也就是先设定主光源为场景定调，再设定辅助光及点缀光源，逐步照亮场景。
- 为便于调试，同一类型的光源要使用关联复制。这样调节一盏灯光，其他同类光源就都可以关联修改。
- 在保证光照效果的前提下，尽量减少对场景中影响较小的灯光的数量。灯光越多，渲染速度会越慢。
- 当测试渲染时产生大量噪点时，可以通过提高光源的采样细分值来减少噪点的数量。

7.7　最终渲染与输出设置

当场景的灯光设置完成以后，可以通过多次渲染测试对场景的光照氛围，材质的纹理质感及反射折射属性进行调节。当达到满意的效果以后，就可以提高渲染参数完成最终的渲染输出。

7.7.1 最终渲染的参数设置

01 设置渲染输出图像的尺寸为3000×2250像素就可以基本满足A0图纸的打印尺寸，设置输出图像的保存路径并将其保存为*.tga文件格式，如图7-85所示。

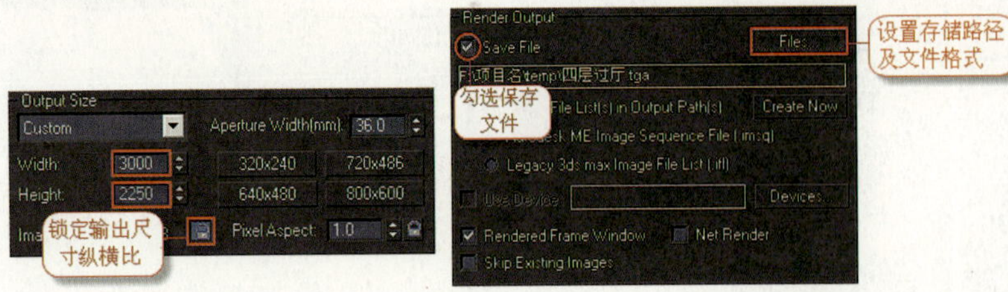

图7-85

02 （VRay::全局开关）卷展栏：取消勾选默认灯光。光线偏移值能有效预防因模型重面而产生的“阴影漏”现象，如图7-86所示。

03 （VRay::图像采样（抗锯齿））卷展栏：最终渲染选择蒙特卡罗采样器和只读存储抗锯齿过滤器，以提高渲染图像的抗锯齿效果，如图7-87所示。

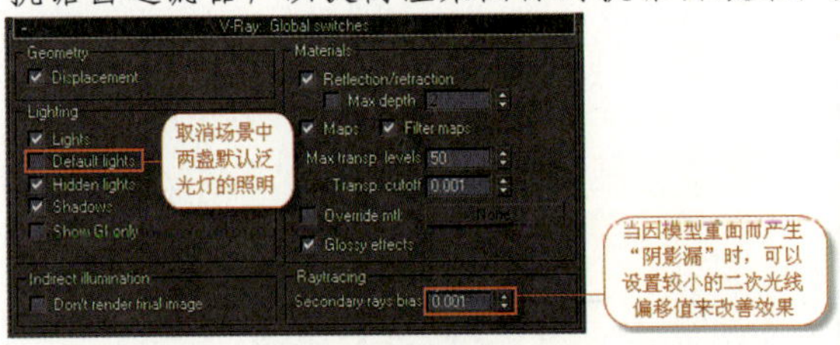

图7-86

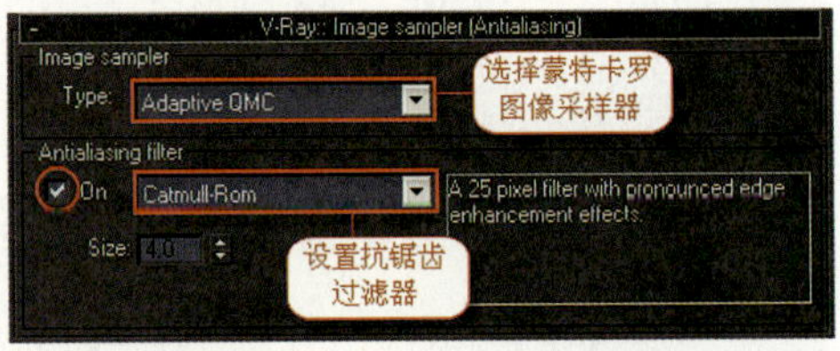

图7-87

04 （VRay::间接照明（GI））卷展栏：开启GI引擎，设置首次反弹设为Irradiance map（发光贴图），二次反弹设为Light cache（灯光缓存）。其他设置保持与预览设置相同，如图7-88所示。

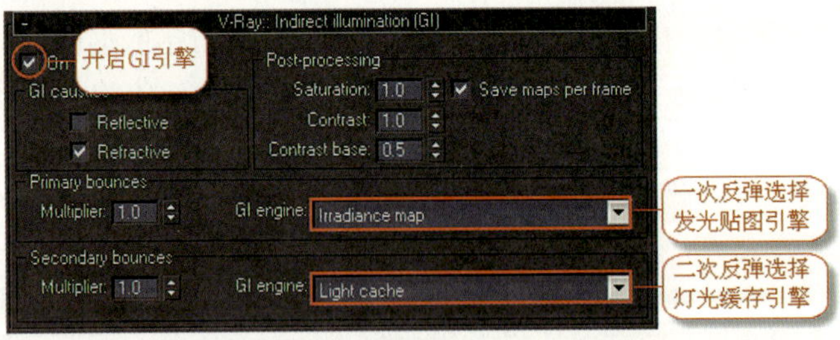

图7-88

05 对发光贴图引擎和灯光缓存引擎的参数进行设置，如图7-89所示。

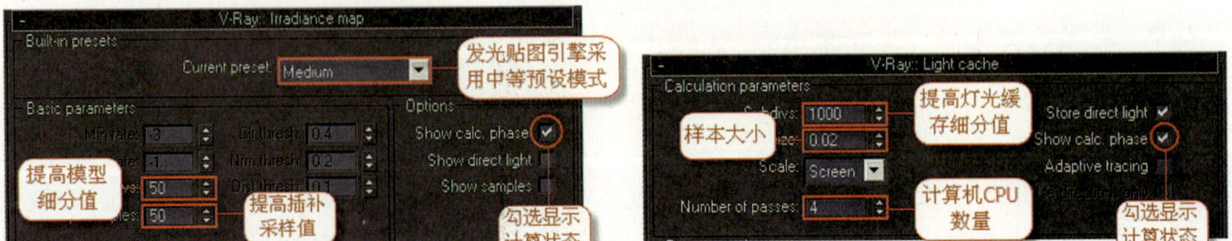

图7-89

06 （VRay::颜色映射）卷展栏：选用指数曝光模式，其他设置保持与预览设置相同，如图7-90所示。

07 系统设置如图7-91所示。

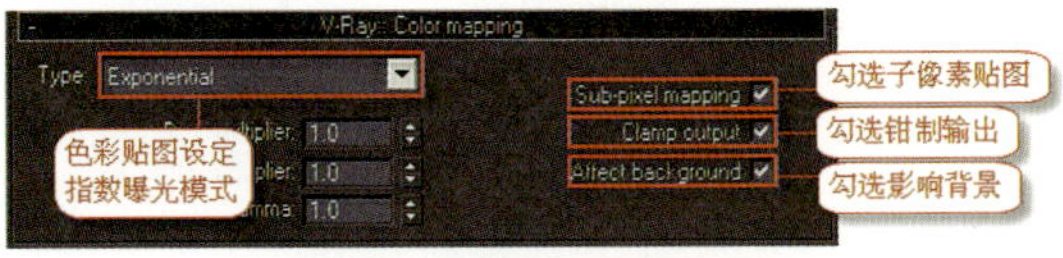

图7-90

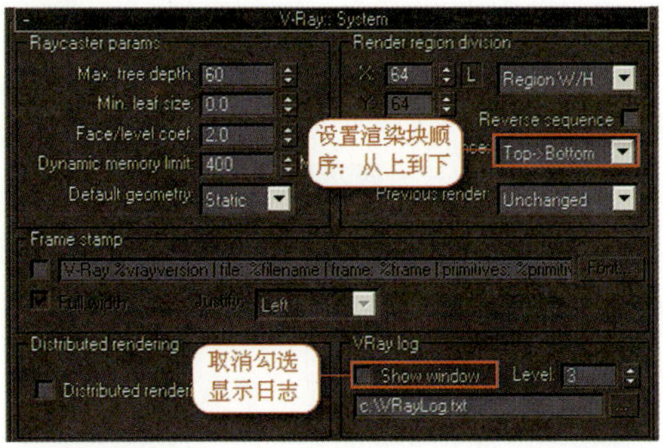

图7-91

08 单击渲染按钮，对场景进行最终的渲染输出，如图7-92所示。

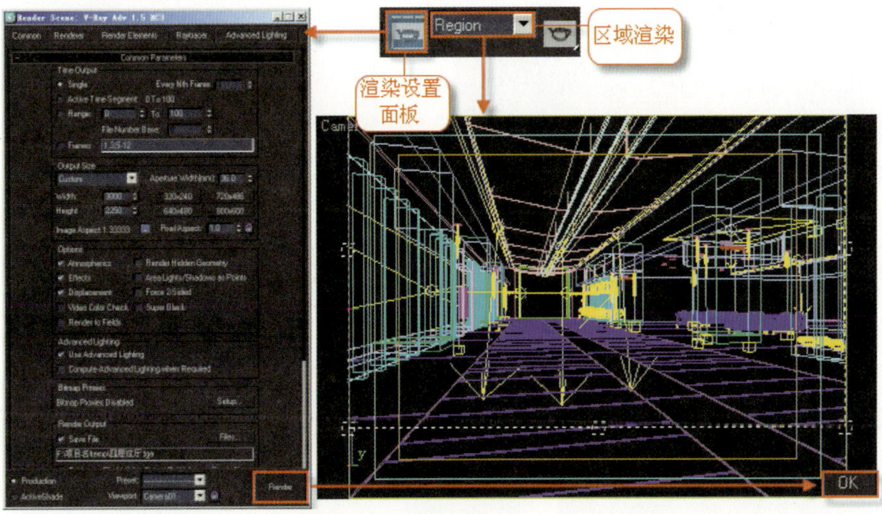

图7-92

09 最终渲染效果如图7-93所示。

图7-93

7.7.2 “颜色通道”的设置与渲染输出

01 按M键打开材质编辑器，将场景中被赋予的材质设置成 Standard （MAX标准）材质类型，将材质 Diffuse （漫射）颜色调节成易识别的单色，并将 Self-Illumination （自发光）值设置成100，如图7-94所示。为场景的材质设置颜色时，相邻材质的颜色反差越大越好。

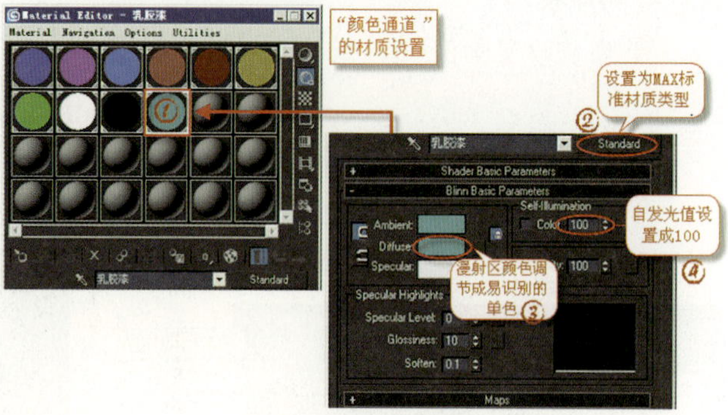

图7-94

02 按F10键打开渲染面板，选择MAX默认扫描线渲染器，如图7-95所示。使用最终渲染图像的输出尺寸，并另设置图像文件的存储路径，如图7-96所示。

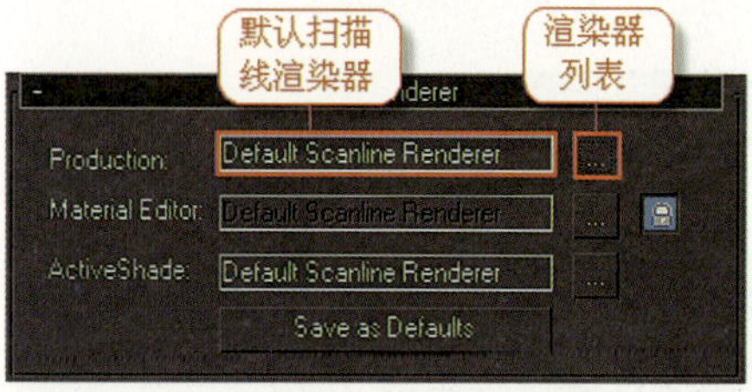

图7-95

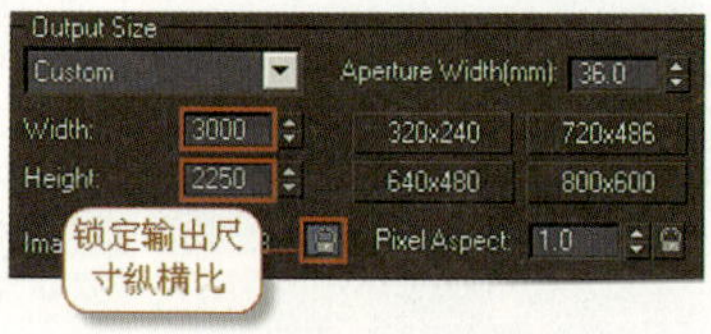

图7-96

03 切换到渲染面板中的 Renderer 面板下，取消勾选纹理贴图、材质的反射/折射和阴影选项，如图7-97所示。

04 最终渲染的“颜色通道”效果如图7-98所示。

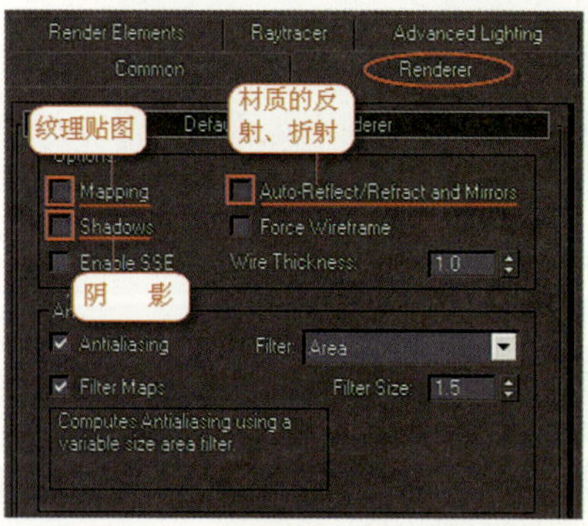

图7-97

图7-98

在对效果图进行后期处理时，通过“颜色通道”可以快速地选择出需要处理的区域。

7.8 Photoshop对效果图的后期处理

效果图通过渲染输出以后，还需要使用Photoshop软件做一些后期处理工作，包括图像色彩的调整、配景的合成、瑕疵的修补以及排版打印等。后期在效果图制作过程中有着相当的比重，好多效果都是在Photoshop中完成的。

本书使用的软件版本为Photoshop CS4 Extended的英文版本，在第13章将会系统讲解Photoshop CS4 Extended软件的应用以及如何辅助做效果图后期处理工作。

01 启动Photoshop软件并打开本书配套光盘中的“项目名\temp\四层过厅.tga”和“四层过厅通道.tga”文件，如图7-99所示。

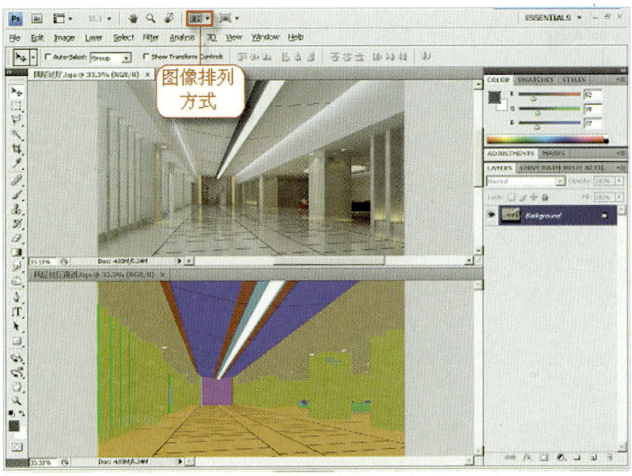

图7-99

02 使用（移动）工具拖曳“颜色通道”图像至四层过厅效果图中。双击背景层，将其转换为普通层，并复制背景图层，操作如图7-100所示。

注意

在拖曳图层的时候，按住Shift键，图片将自动以图像中心对齐。

03 渲染输出的图像整体色彩偏灰，接下来按Shift+Ctrl+Alt+L键使用色彩调节工具中的 Auto Contrast （自动对比度）工具自动处理图像的明度及对比度，如图7-101所示。

图7-100

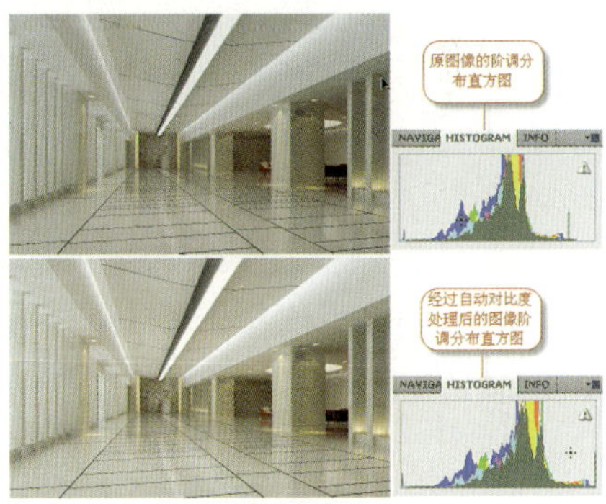

图7-101

04 地面与墙面使用的是同一种洞石材质，但在效果图表现的色彩与明度上要有所区分。打开“颜色通道”的显示并选择“颜色通道”图层，使用 Select （选择）下拉列表中的 Color Range... （颜色范围选区）命令，选出图像的地面。关闭“颜色通道”图层的显示，选择下面的图像图层，按Ctrl+J键为选区内地面新建图层，如图7-102所示。

05 使用菜单栏上的 Image （图像）→ Adjustments （调整）→ Brightness/Contrast... （亮度/对比度）工具加强“地面”的对比度，如图7-103所示。

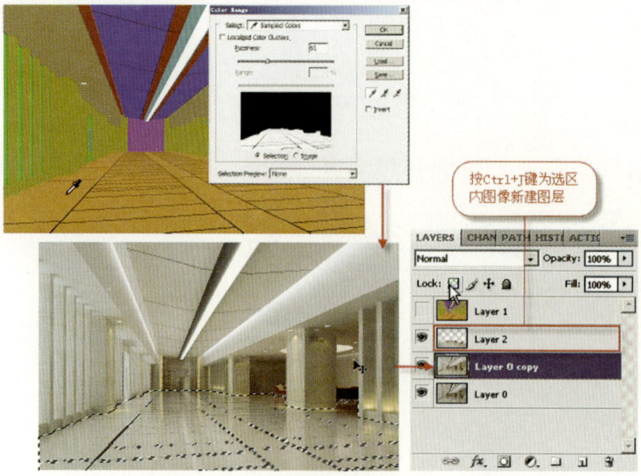

图7-102

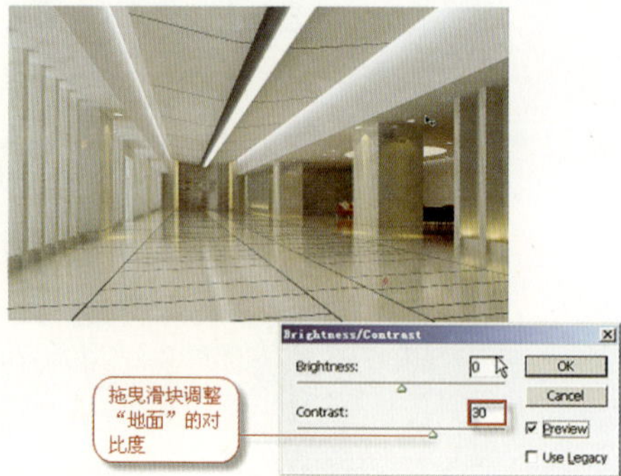

图7-103

06 使用 Color Range... （颜色范围选区）命令选出“墙体”并新建图层，按Ctrl+M键打开 Curves... （曲线）对话框，调节“墙体”亮度及对比度，如图7–104所示。

07 选择背景墙，使用 Brightness/Contrast... （亮度/对比度）工具加强该层的对比度及亮度，如图7–105所示。

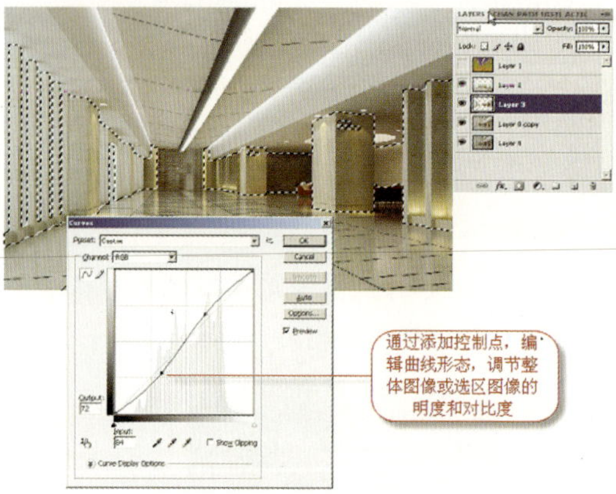

图7-104

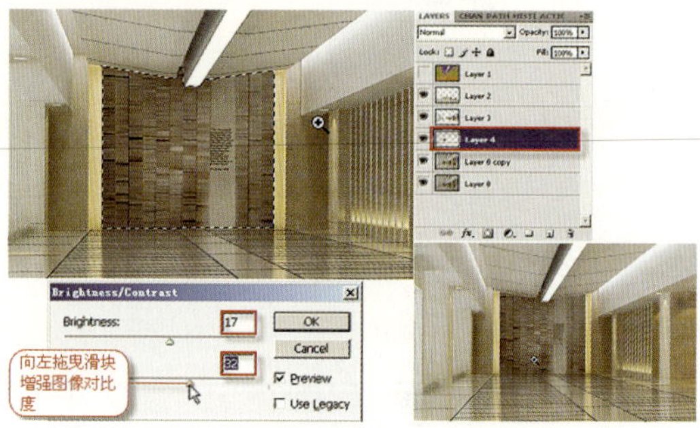

图7-105

08 调整反光灯槽的光照效果

（1）选择天花左侧反光灯槽的顶面并按Ctrl+J键新建图层，然后使用（套索）工具圈选出效果图“顶面”的部分图像，如图7–106所示。

（2）按Shift+F6键打开羽化对话框，为选区设置相对较大的羽化值，如图7–107所示。

（3）按Ctrl+L键打开 Levels... （色阶）对话框调整选区图像的亮度，如图7–108所示。

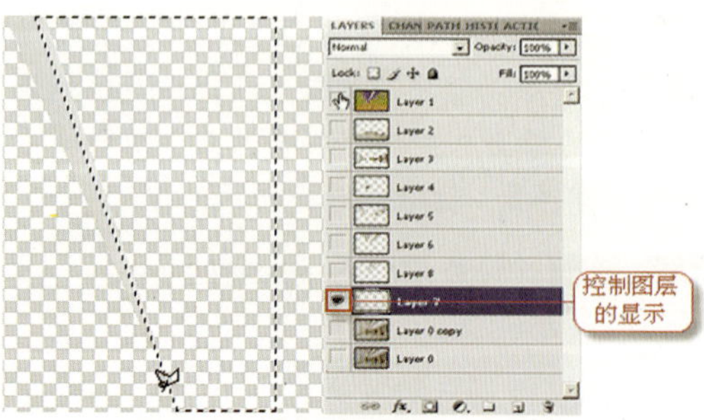

图7-106

图7-107

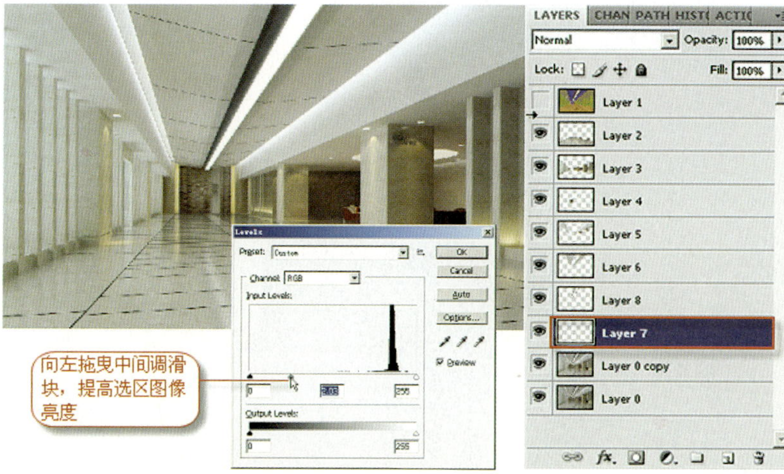

图7-108

技巧

为便于观察调节效果，可以按Ctrl+H键将选区隐藏。

通过为选区设置羽化值可以使其产生选区的强度变化，再对羽化后的选区进行色彩调节便可产生由明到暗或色彩渐变效果。

（4）使用同样的办法制作地面的羽化选区，使地面产生从左向右、由明到暗的明度变化，如图7-109所示。

09 选择左侧的“玻璃”，按Ctrl+U键打开（色相/饱和度）工具对话框，提高玻璃颜色的饱和度，如图7-110所示。

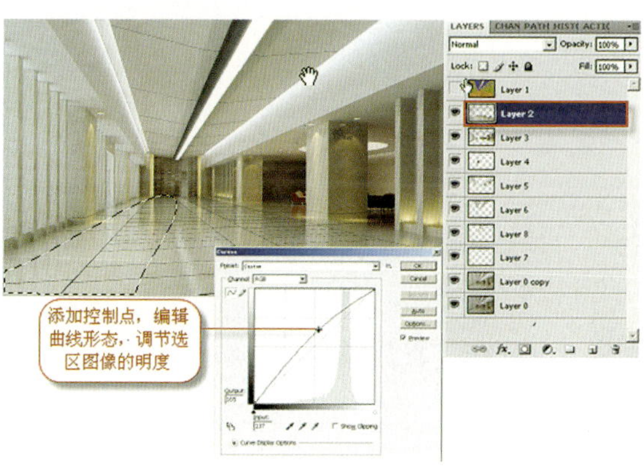

图7-109

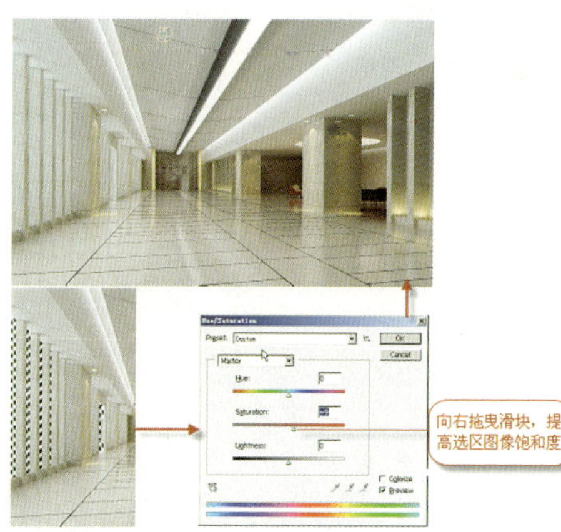

图7-110

10 借助“颜色通道”可以快捷地选择出需要调节的区域，并对图像进行各个分区的精确调整，调整后的效果如图7-111所示。

图7-111

11 按Ctrl+E键合并选择的图层，如图7-112所示。

12 选择Filter（滤镜）→Sharpen（锐化）→Unsharp Mask...（USM锐化滤镜）工具对图像边缘进行锐化处理，如图7-113所示。

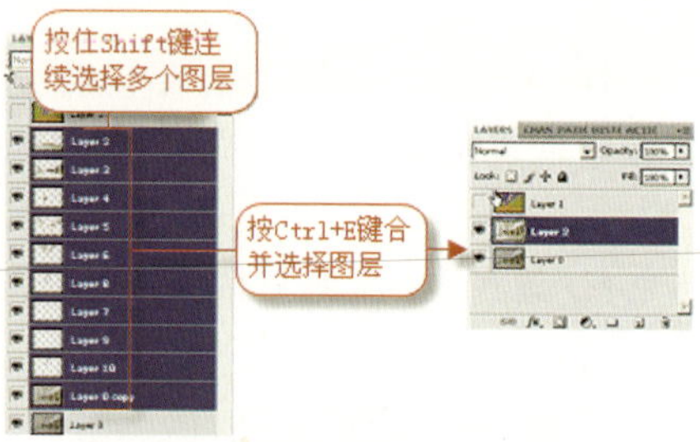

图7-112

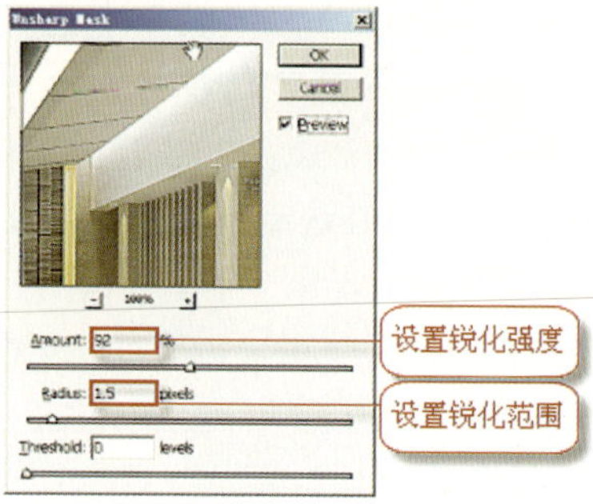

图7-113

13 锐化后的效果如图7-114所示。

14 添加前景配饰并添加Exposure（曝光）效果，调整图层提高整体图像的明度及对比度，如图7-115所示。

图7-114

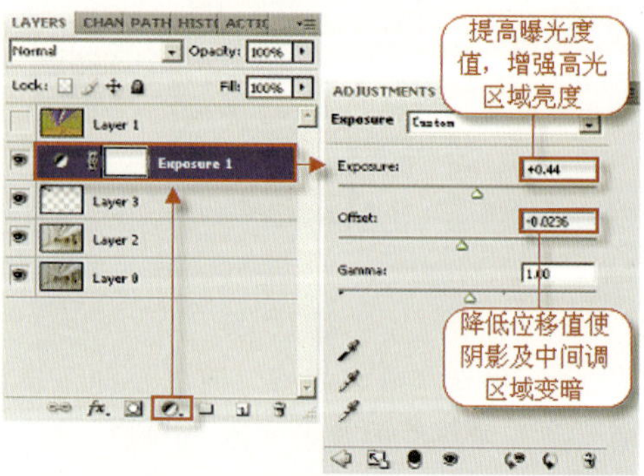

图7-115

至此，伊泰集团大厦四层过厅空间效果图就制作完成了。本章对图像后期处理工作着重给大家介绍了如何利用“颜色通道”快速创建选区并对图像的局部做色彩调节处理的方法。最终效果如图7-116所示。

图7-116

7.9 本章小结

本章通过对“过厅空间”方案从建模→ 架设相机→ 材质设定→ 灯光布局→ 渲染输出→ 后期处理步骤为读者呈现了完整而详实的效果图制作流程。很多参数的设置及操作都是笔者多年来总结和归纳的经验，仅供参考。

在这个行业中效果图的修改是家常便饭，大到修改模型，小到修改图像色彩、配饰等，所以从建模伊始就要留着后路，尽量保留操作步骤，对模型不要轻易塌陷，这样便于以后修改。在用Photoshop做后期处理也是一样，尽量不要破坏原始图像，对于配景素材要善于使用图层蒙版工具。

·读·书·笔·记·

第8章
阳光效果的表现——四合院走廊

知识要点

- 掌握VRay物理相机的使用。
- 掌握运用 VRaySun （VRay阳光）系统和 VRaySky （VRay天光）系统来表现真实的日光光照效果。
- 加深理解VRay材质的参数设置。
- 进一步了解Photoshop的色彩调节工具，重点掌握图层蒙版的使用。

8.1 案例简介

本案例场景是一个四合院的走廊空间。走廊的左侧是庭院，右侧为正房等室内空间。整体设计方案为中式的四合院建筑，效果图需要表现出细致而精彩的中式风格。材质选用的是大量弱反射材质，如青砖、毛石等。至于灯光主要采用 VRaySun （VRay阳光）系统和 VRaySky （VRay天光）系统来表现真实的阳光效果。该走廊空间的效果图如图8-1的所示。

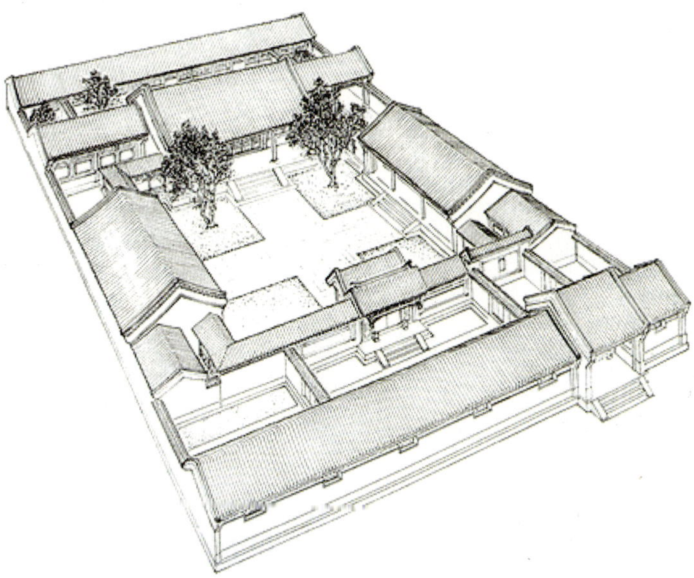

打开本案例场景文件，配套光盘中“项目名\max\走廊.max”文件，这是一个已经由模型师建好的模型空间，如图8-2所示。

图8-1

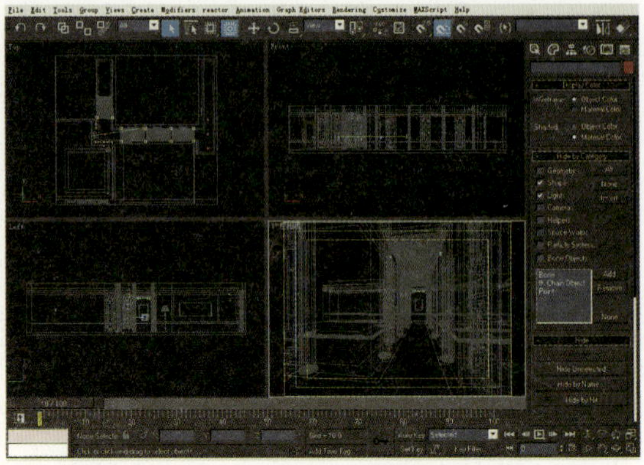

图8-2

8.2 调试渲染的参数设置

01 按F10键打开渲染面板，切换至VRay渲染器，具体设置如图8-3所示。设置较小的渲染图像的尺寸，如图8-4所示。

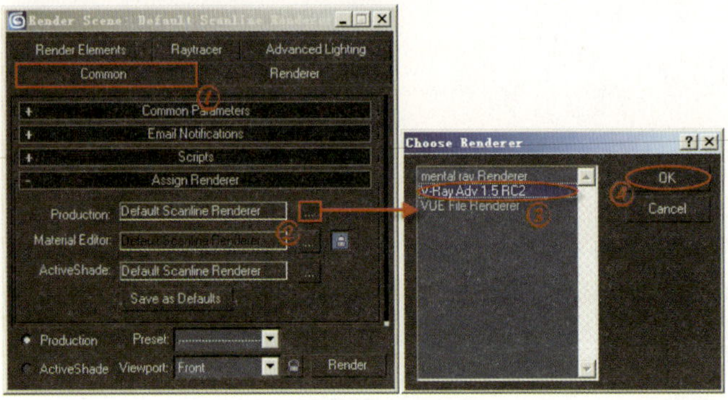

图8-3

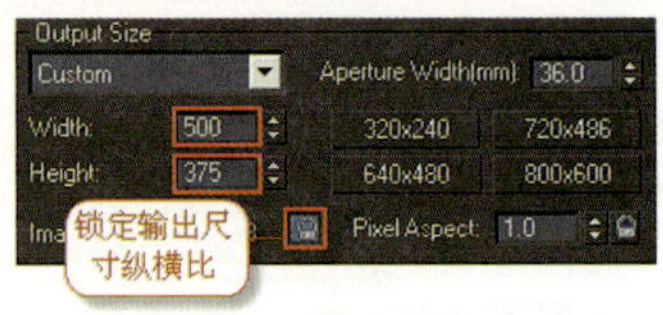

图8-4

02 （VRay::全局开关）卷展栏：关闭场景中默认泛光灯的照明，如图8-5所示。

03 （VRay::图像采样（抗锯齿））卷展栏：选择渲染速度较快的固定比率采样器，同时关闭抗锯齿过滤器，如图8-6所示。

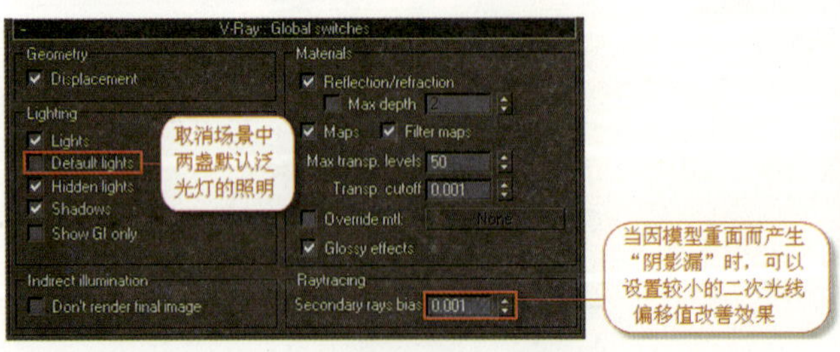

图8-5

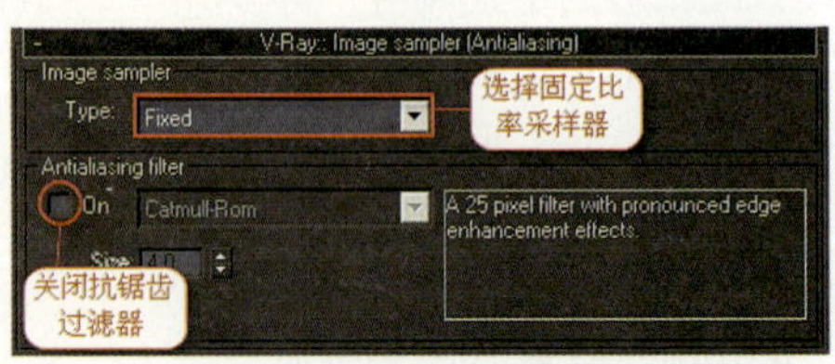

图8-6

04 （VRay::间接照明（GI））卷展栏：开启GI引擎，设置首次反弹设为Irradiance map（发光贴图），二次反弹设为Light cache（灯光缓存），如图8-7所示。

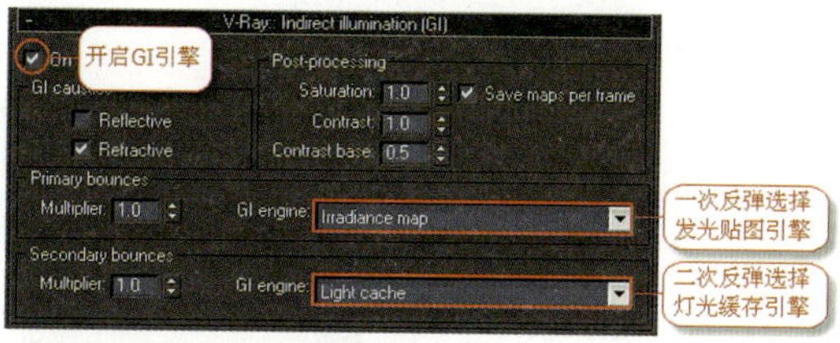

图8-7

05 对发光贴图和灯光缓存引擎的参数进行设置，如图8—8所示。

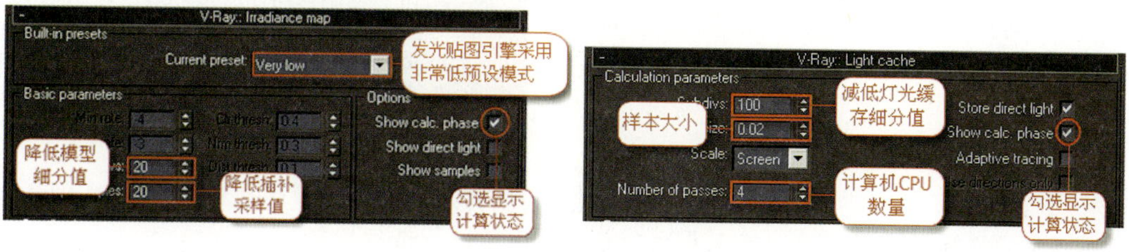

图8-8

06 （VRay：：颜色映射）卷展栏：设置色彩贴图类型为指数曝光模式。勾选子像素贴图、钳制输出和影响背景3个复选框，如图8—9所示。

07 （VRay：：系统）：对系统参数的设置并不会影响渲染的最终效果，所以在此按个人的习惯设置参数即可，如图8—10所示。

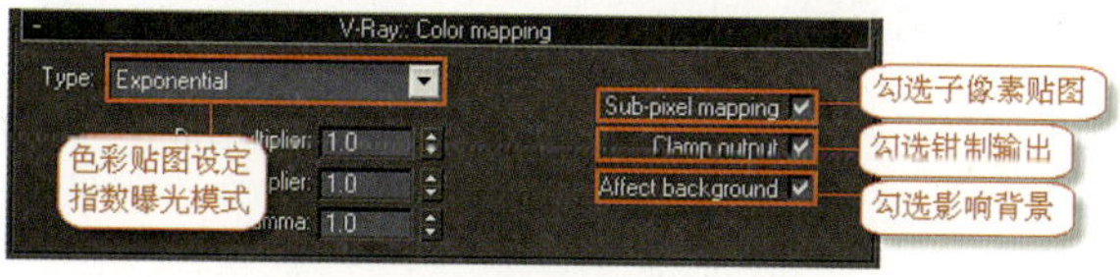

图8-9

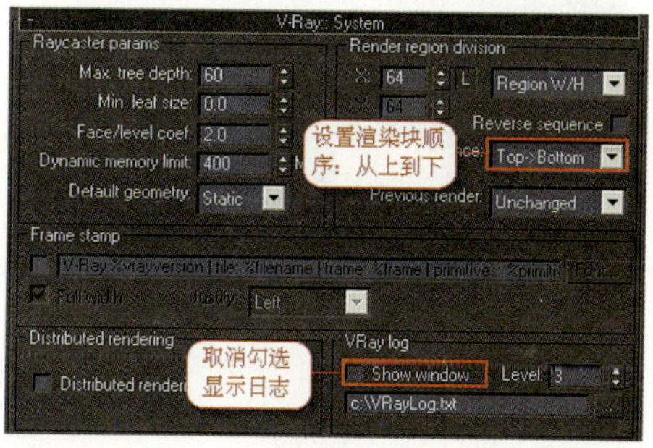

图8-10

08 设置场景的背景颜色，单击Rendering（渲染）菜单下的Environment...（环境）命令，在弹出的环境选项卡中将背景色设置为淡淡的蓝色，如图8—11所示。

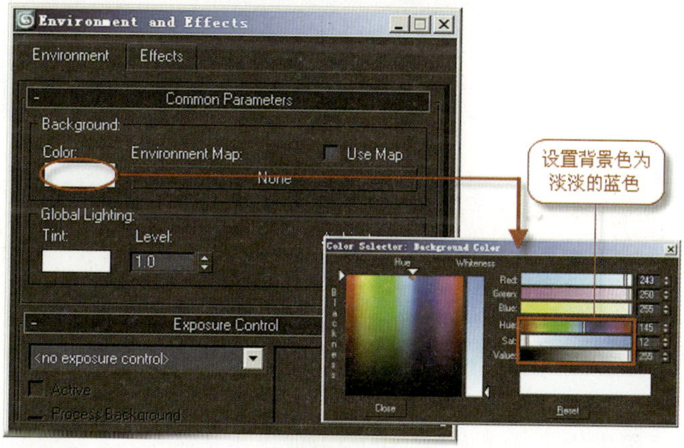

图8-11

8.3 VRay物理相机的视野设置

通过VRay的物理相机，可以轻松地调节透视效果模拟出真实的成像，并且更重要的是它可以影响全局光照的强度。当然使用VRay物理相机与MAX的标准相机的渲染速度相对是较慢的。

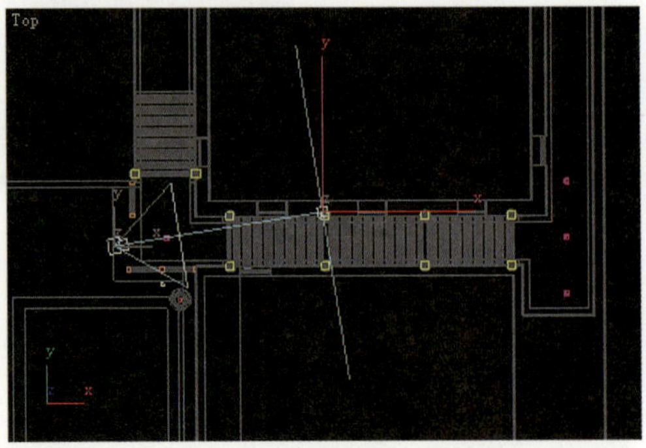

图8-12

01 单击（创建）按钮，打开（摄相机）面板，单击相机下拉列表切换到VRay相机面板，在Top（顶）视图中创建一部ayPhysicalCam（VRay物理像机），位置如图8-12所示。参数设置如图8-13所示。

02 按F键切换到Front（前）视图，选择（移动）工具调整摄像机的高度，如图8-14所示。也可以通过设置移动变换工具栏对移动高度值进行精确控制。

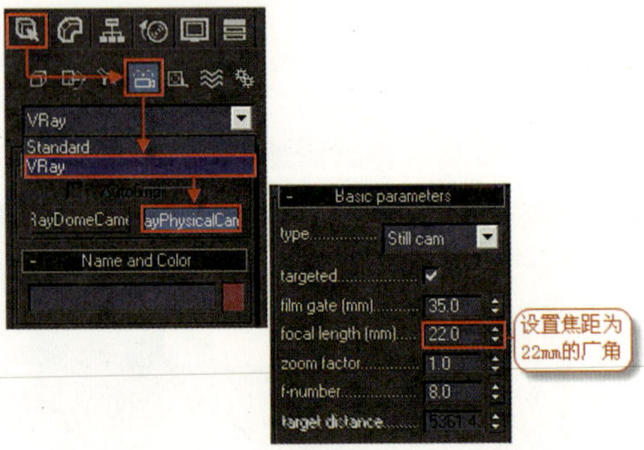

图8-13

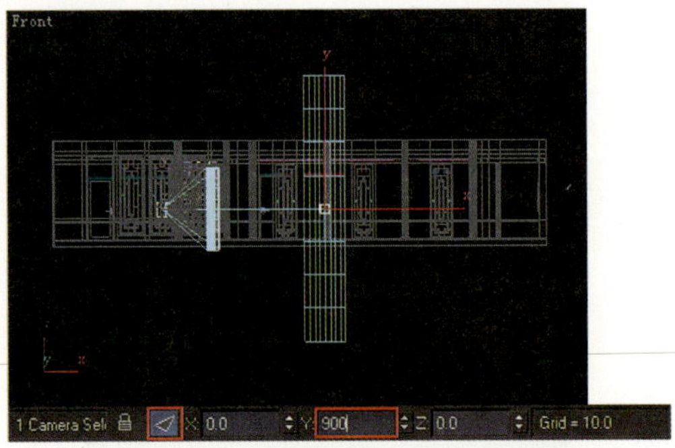

图8-14

03 按C键切换到当（前）摄像机视图。为便于观察，打开场景中两盏默认的泛光灯照亮场景，具体操作如图8-15所示。

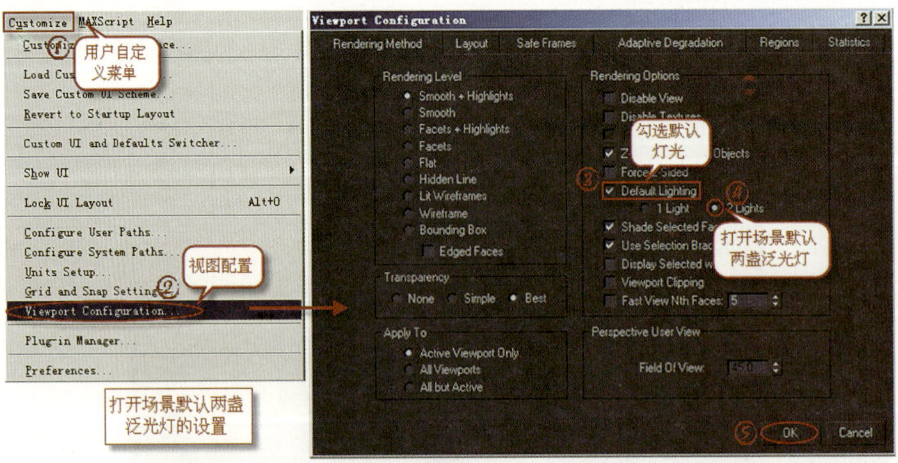

图8-15

04 在摄像机视图中右击视窗名称，在弹出的快捷菜单中勾选Show Safe Frame（显示安全框）命令，以显示最终渲染内容，如图8-16所示。

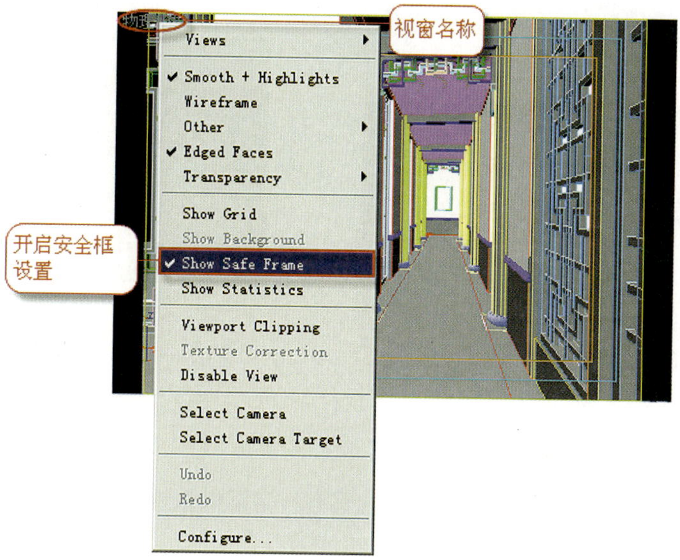

图8-16

8.4　材质的设置

8.4.1　墙裙青砖材质

青砖是一种表面粗糙的漫射硬质感材质。

01 首先将材质类型改为 VRayMtl （VRay专业材质），在漫射颜色贴图通道中添加青砖贴图来模拟材质表面的纹理效果，关联复制漫射贴图通道至凹凸贴图通道中以增强青砖材质表面的质感，如图8–17所示。

02 设置青砖材质的高光。VRay暂时还无法单独调节材质的高光属性，它需要与反射属性相配合。当只想要高光时，可以先赋予材质一定的反射，然后取消 Trace reflections （追踪反射）的勾选即可，如图8–18所示。

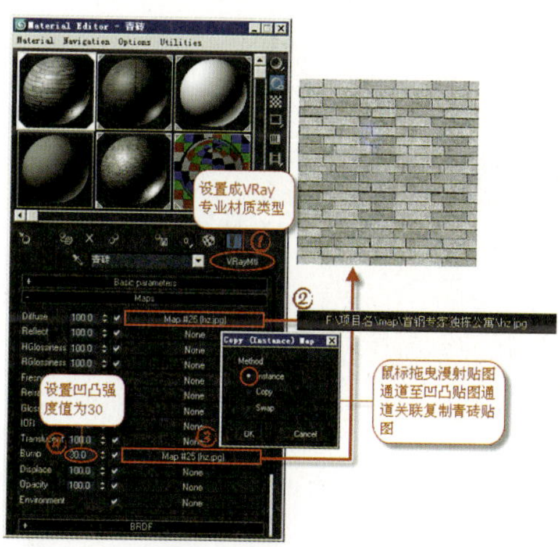

图8-17

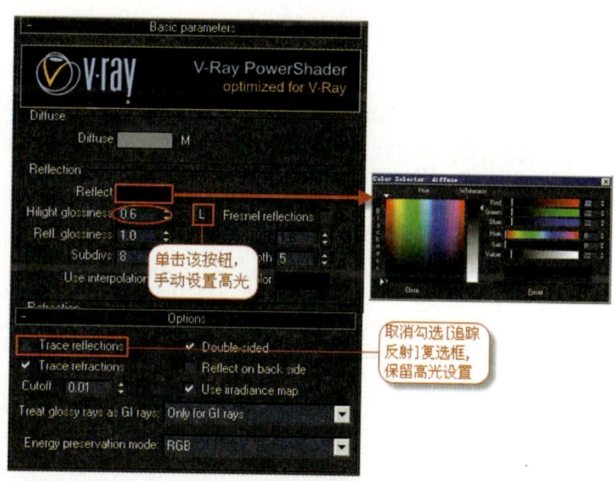

图8-18

03 单击 （按材质选择）按钮选择所有该材质的模型，按Alt+Q键进入隔离模式，如图

8-19所示。为墙裙模型指定UVW Mapping修改编辑器，设定贴图坐标，如图8-20所示。

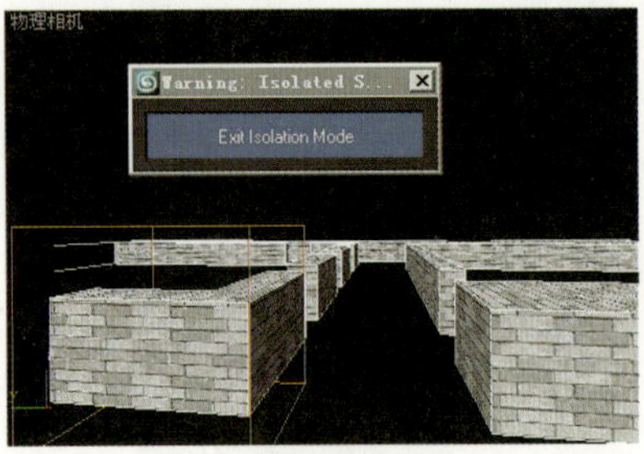

图8-19

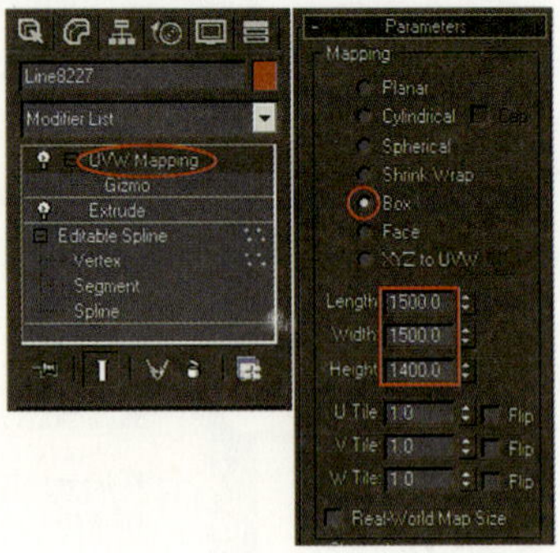

图8-20

8.4.2 地面方砖材质

场景中的地砖是一种表面相对粗糙，且具有一定反射属性的釉面材质。

01 先将材质类型改为 VRayMtl （VRay专业材质）。在漫射区颜色贴图通道中添加地砖贴图来模拟材质表面的纹理感觉，关联复制漫射区通道贴图至凹凸贴图通道中来增强材质表面的质感，如图8-21所示。

02 设置地砖材质的反射属性，具体参数设置如图8-22所示。

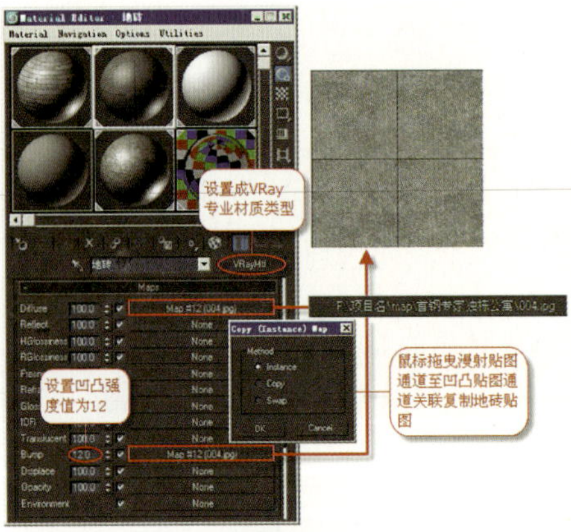

图8-21

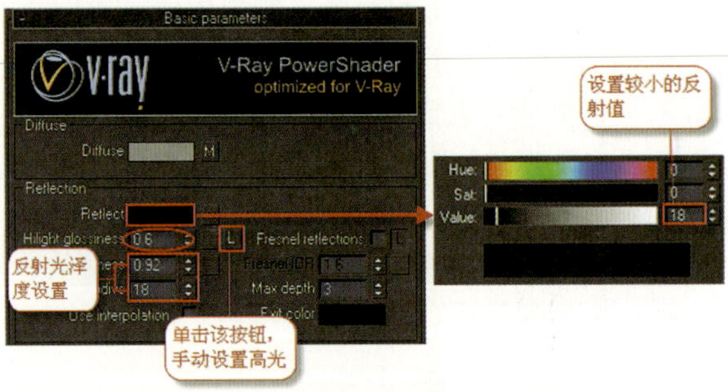

图8-22

03 指定UVW Mapping修改编辑器，设定合适的贴图坐标，如图8-23所示。

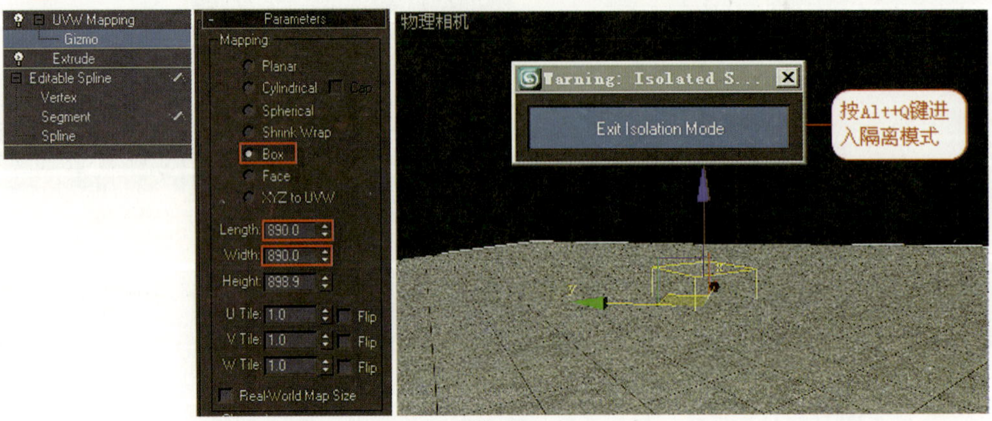

图8-23

8.4.3 白色乳胶漆材质

乳胶漆是一种表面粗糙且不具有镜面反射属性的漫反射材质。它的参数设置比较简单，只需为材质设定一个白色的漫射颜色即可，如图8-24所示。

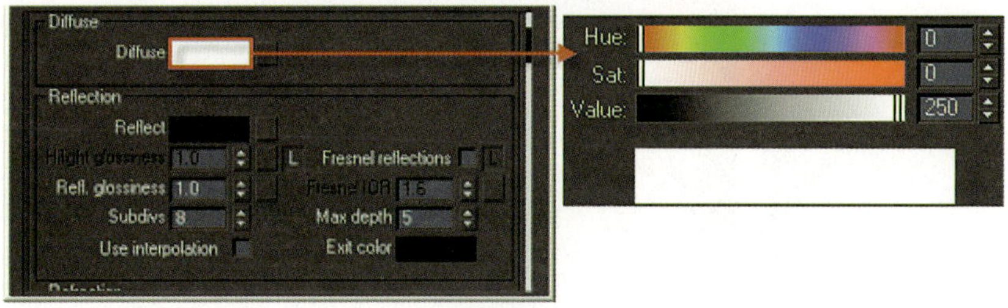

图8-24

8.4.4 不锈钢材质

不锈钢是一种表面光滑，且具有强烈反射的金属材质。

将材质类型改为VRayMtl（VRay专业材质）。设置漫射颜色为略带有蓝色的灰色，并为其设置一个强烈的反射效果。适当设置反射模糊，不锈钢的质感会更逼真，如图8-25所示。

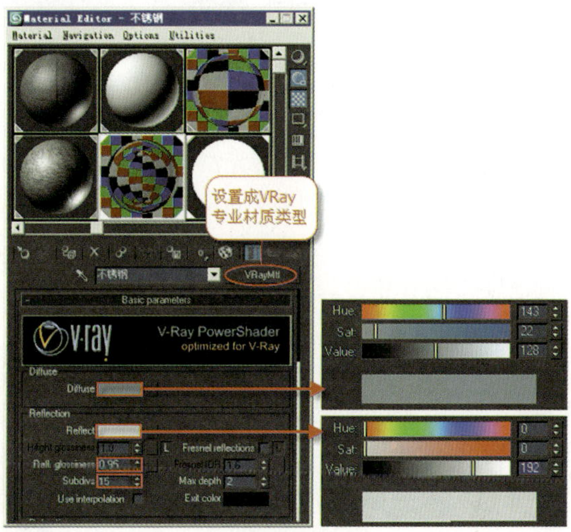

图8-25

8.4.5 清水玻璃材质

清水玻璃是一种表面非常光滑，且具有非常强烈的菲涅尔反射现象，并且完全透明的一种材质，具体参数设置如图8-26所示。

01 设定材质漫射区颜色。清水玻璃是一种纯透明的材质，为了更好地表现材质的清澈性，通常会将材质设置成较深的颜色。

02 设置反射颜色的灰度值255，并勾选后面的菲涅尔反射复选框。

03 设置折射强度值为255，即完全透明。玻璃的折射率为1.5，勾选影响阴影属性复选框，这样玻璃所产生的阴影将带有半透明属性。

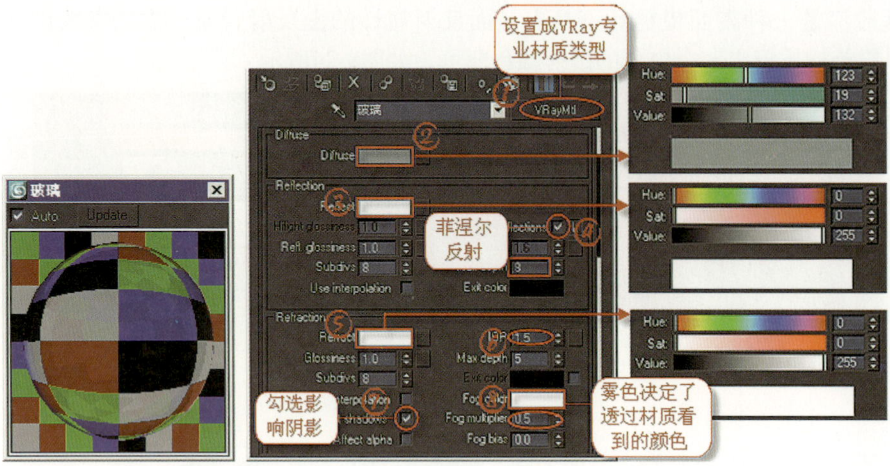

图8-26

8.4.6 清漆木饰面材质

木饰面是一种表面相对光滑且具有木质纹理，经过上漆处理后表面会产生一定的反射现象的材质。接下来便根据以上材质特征设置材质参数。

01 首先将材质类型改为 VRayMtl（VRay专业材质）。在漫射颜色贴图通道中添加木纹贴图来模拟材质表面的纹理效果，关联复制漫射贴图通道到凹凸贴图通道中来增强材质表面的质感，如图8-27所示。

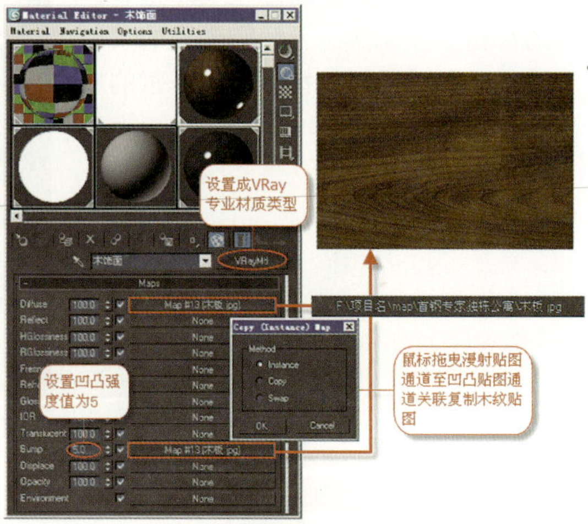

图8-27

02 设置木饰面材质的反射属性，具体参数设置如图8-28所示。

03 指定UVW Mapping修改编辑器，设定合适的贴图坐标，如图8-29所示。

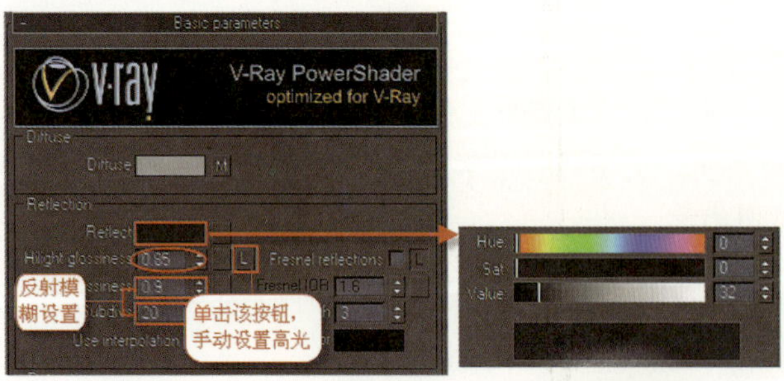

图8-28

图8-29

8.4.7　理石材质

大理石是一种表面很光滑，且具有较强反射性质的石质材质。

01 首先将材质类型改为 VRayMtl（VRay专业材质）。在漫射颜色贴图通道中添加石材贴图来模拟材质表面的纹理效果，关联复制漫射贴图通道到凹凸贴图通道来增强材质表面的质感，如图8–30所示。

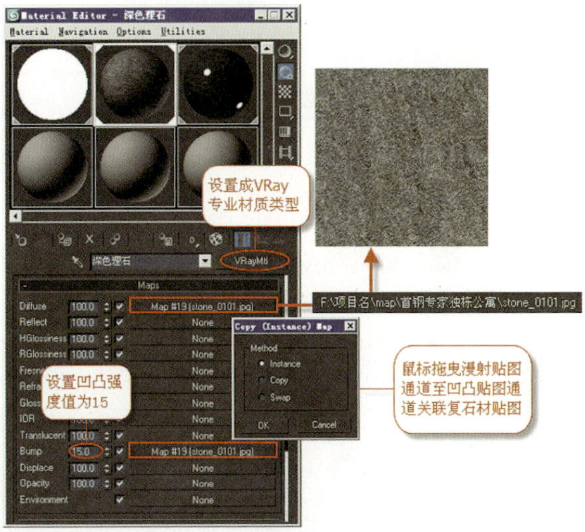

图8-30

02 设置理石材质的反射属性，具体参数设置如图8–31所示。

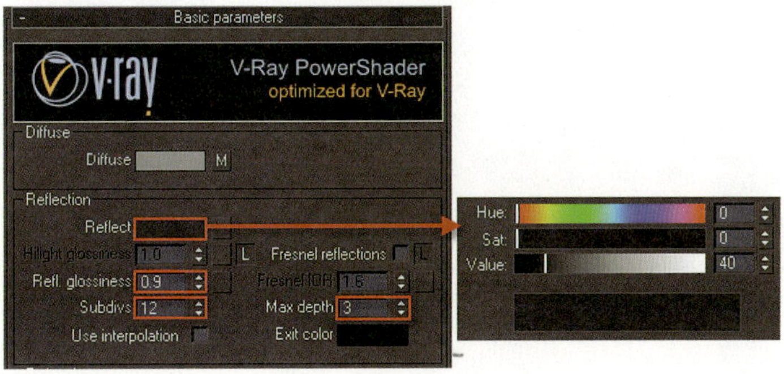

图8-31

03 单击（按材质选择）按钮选择所有该材质的模型，指定UVW Mapping修改编辑器，设定合适的贴图坐标，如图8–32所示。

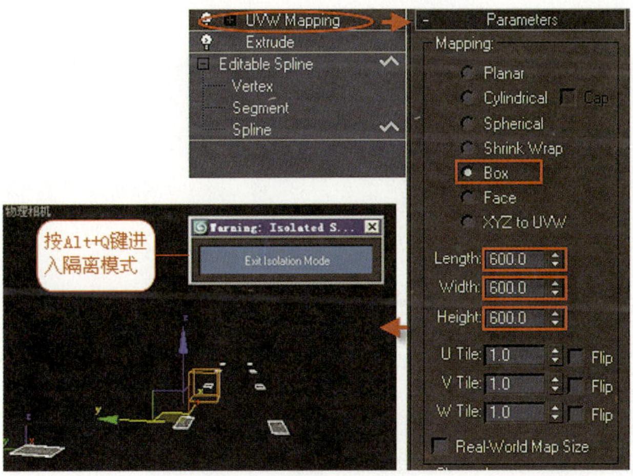

图8-32

8.5 场景灯光的设置

本案例场景采用VRaySun（VRay阳光）系统和VRaySky（VRay天光）系统来表现真实的日光光照效果。

8.5.1 设置主体光源——VRay阳光

01 单击（创建）按钮，打开（灯光）面板，单击灯光下拉列表切换到VRay灯光面板，创建VRaySun（VRay阳光），位置如图8-33所示。

图8-33

VRay阳光与地平面的角度会影响到场景的光照效果。在此设定日光光照氛围为上午11点左右，以真实世界中太阳从东升到西落绕地球旋转180°需要12个小时为准，可以计算出上午11点太阳与地面的夹角大概为75°。

02 VRay阳光系统参数的设置：阳光系统的设置参数比较少，很容易控制。设置光照强度倍增器值为3，以提高场景亮度；设置太阳光源体的大小值为2，使所投射的阴影产生少量的模糊，增加真实感；设置较小的阴影偏移值，参数设置与测试效果如图8-34所示。

图8-34

提示

当使用MAX标准相机的时候，阳光的光照强度倍增器值要设置得足够小才能产生真实的光照效果，否则会使整个场景曝光过度。

8.5.2　设置辅助光源——VRay天光

VRay阳光要配合VRay天光贴图的使用才能产生理想的自然环境光照效果。

01 首先按F10键打开渲染面板，切换至 V-Ray:: Environment （VRay：：环境）卷展栏，单击全局光环境（天光）覆盖的贴图通道为其添加 VRaySky （VRay天光）贴图，如图8-35所示。

图8-35

02 设置VRay天光贴图参数。拖曳环境光贴图通道将其关联复制到材质编辑器中。设置VRaySun为太阳节点，并加强天光的光照强度，如图8-36所示。

03 测试渲染观察效果如图8-37所示。

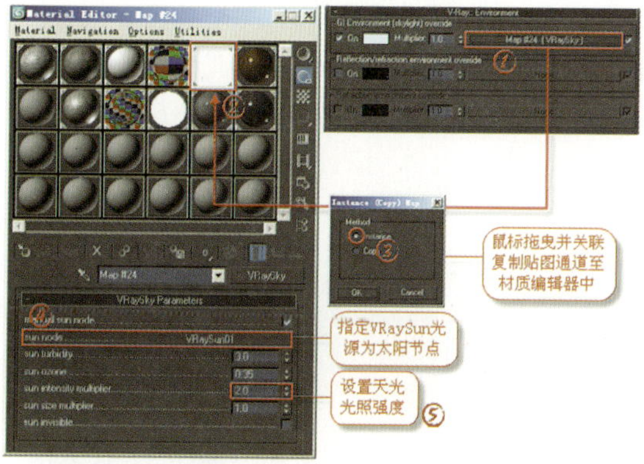

图8-36

图8-37

04 至此阳光的光照效果已经大体出来了，但近景的中式木隔栅有些死黑。接下来通过为室内添加一盏VRay球形光来模拟台灯光照效果，来解决近景木隔栅的问题。在如图8-38所示位置创建一盏 VRayLight （VRay灯光）。

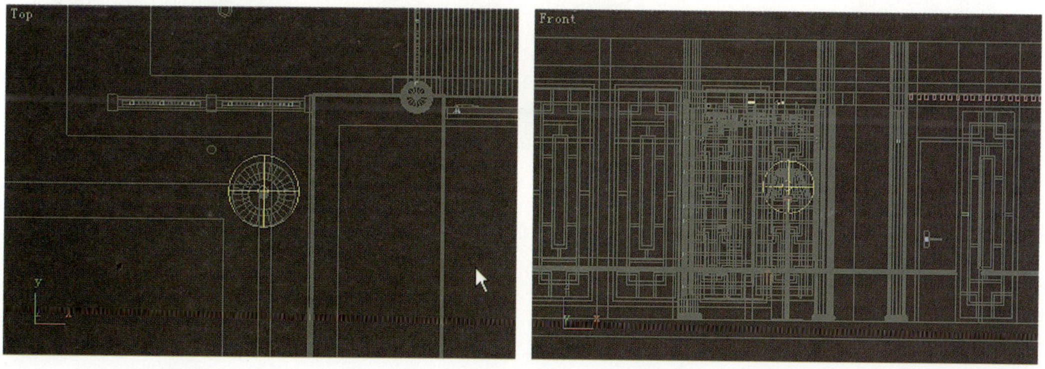

图8-38

05 设置VRay灯光类型为球形光，将光照颜色设置成暖黄色，并增大光照强度及光源尺寸，具体参数设置如图8-39所示。

06 测试渲染效果如图8-40所示。

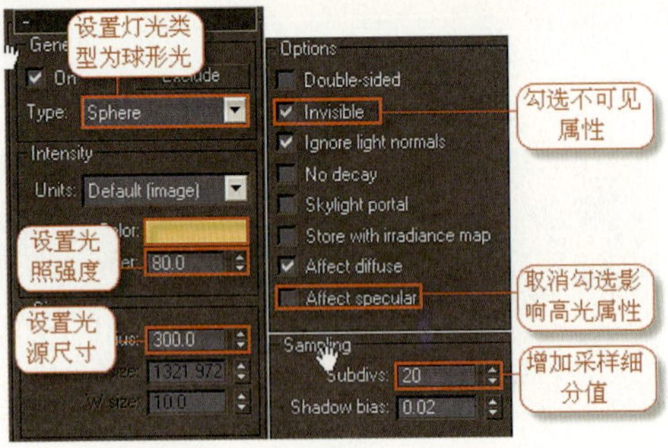

图8-39

图8-40

到此场景的灯光设置已经完成。接下来通过设置VRay物理相机的参数来调节场景的全局光照效果。

8.6 VRay物理相机的参数设置

01 选择场景中的物理相机，并切换到（修改）面板。对物理相机的f-number（光圈）、shutter speed（快门速度）和film speed（ISO）（感光速度参数）进行设置，如图8-41所示。

02 测试渲染效果如图8-42所示。

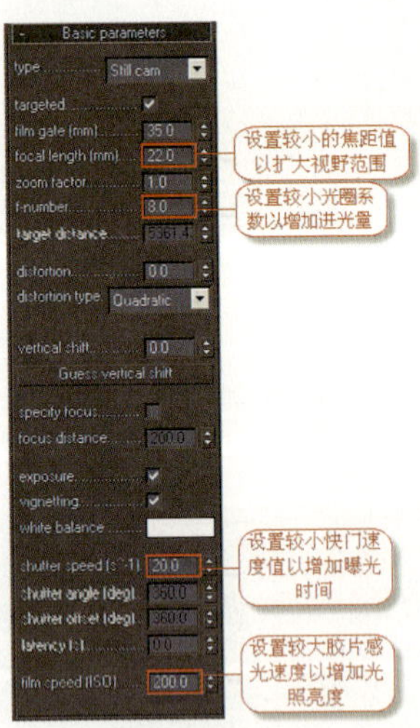

图8-41

图8-42

03 观察渲染图像会发现场景的光照效果偏黄，这时可以通过设置物理相机的白平衡来修正图像的色相，具体设置如图8-43所示。

技巧

当场景的光照效果偏黄时，就需要将白平衡的颜色设置成黄色，以修正渲染图像偏黄的问题。

04 设置场景的背景天空。单击Rendering（渲染）菜单下的Environment...（环境）命令，打开环境设置面板。拖曳材质编辑器中的VRaySky贴图复制到背景贴图通道中，如图8-44所示。

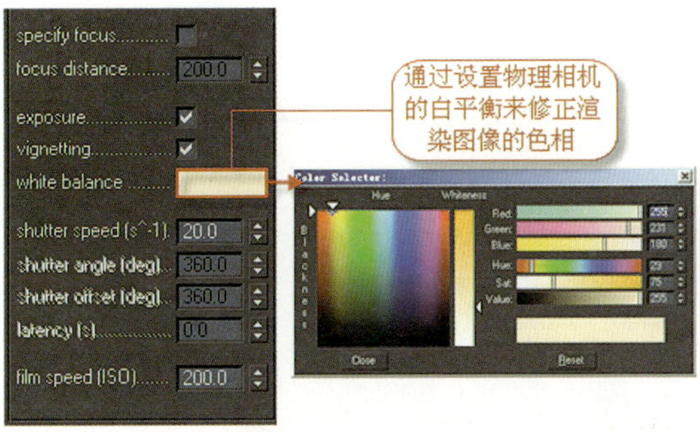

图8-43

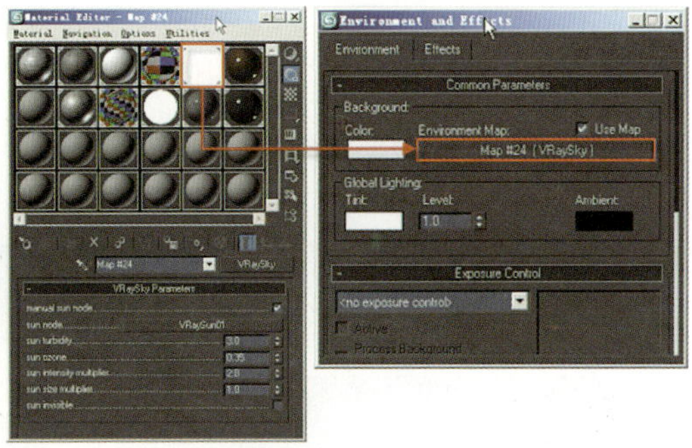

图8-44

05 至此场景的材质、灯光和物理相机的设置已基本完成，最终的测试渲染效果如图8-45所示。

图8-45

8.7　最终渲染与输出设置

当场景测试渲染效果达到满意的效果以后，就可以提高渲染参数完成最终的渲染输出。

8.7.1　提高图像的渲染品质

将VRaySun（VRay阳光）的阴影细分值设置为24，如图8-46所示。将VRay球形光的采样细分值设置成20，如图8-47所示。

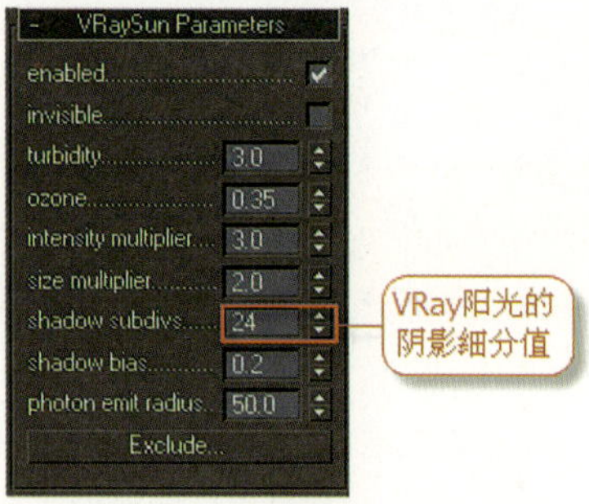

图8-46

图8-47

8.7.2 最终渲染的参数设置

01 设置渲染输出图像的尺寸为3000×2250像素，如图8-48所示。设置输出图像的保存路径并将文件保存为*.tga文件格式，如图8-49所示。

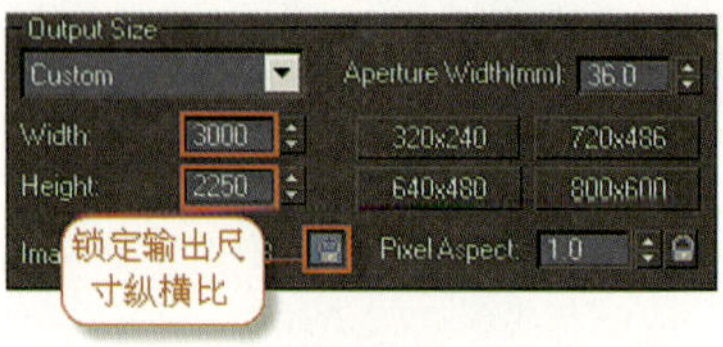

图8-48

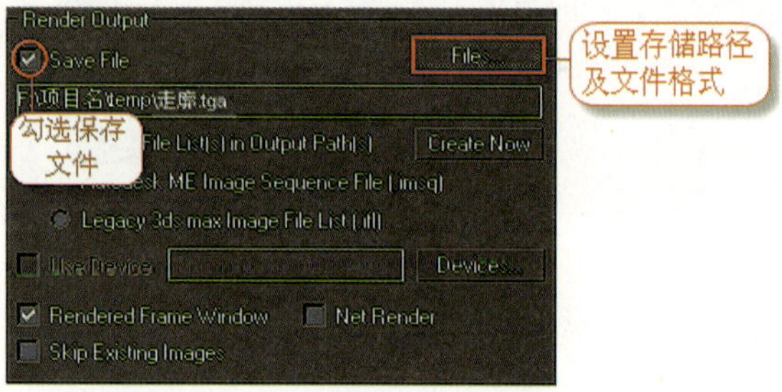

图8-49

02 （VRay::全局开关）卷展栏：取消勾选默认灯光。设置一个光线偏移值能有效预防因模型重面而产生的“阴影漏”现象，如图8-50所示。

03 （VRay::图像采样（抗锯齿））卷展栏：选择蒙特卡洛采样器和只读存储抗锯齿过滤器，以提高渲染图像的抗锯齿效果，如图8-51所示。

图8-50

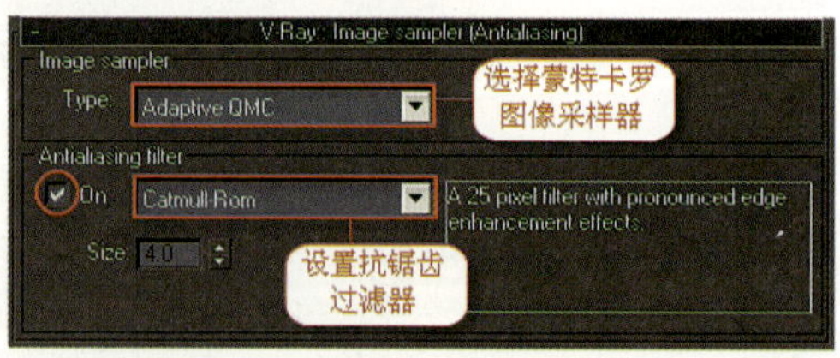

图8-51

04 （VRay::间接照明（GI））卷展栏：开启GI引擎，设置首次反弹设为Irradiance map（发光贴图），二次反弹设为Light cache（灯光缓存）。其他设置保持与预览设置相同，如图8-52所示。

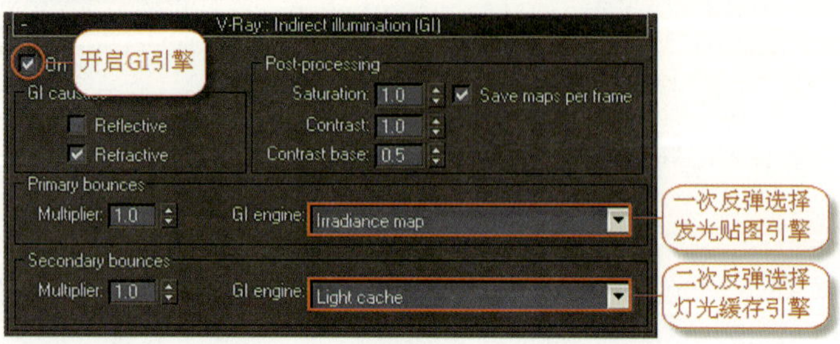

图8-52

05 对发光贴图引擎和灯光缓存引擎的参数进行如图8-53所示的设置。

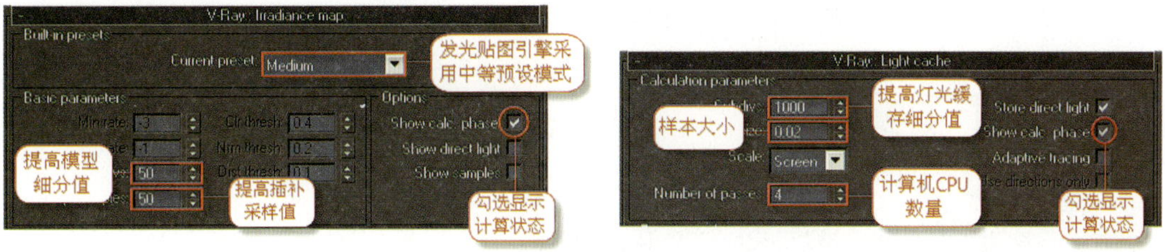

图8-53

06 （VRay::颜色映射）卷展栏：选用指数曝光模式，其他设置保持与预览设置相同，如图8-54所示。

07 系统设置如图8-55所示。

图8-54

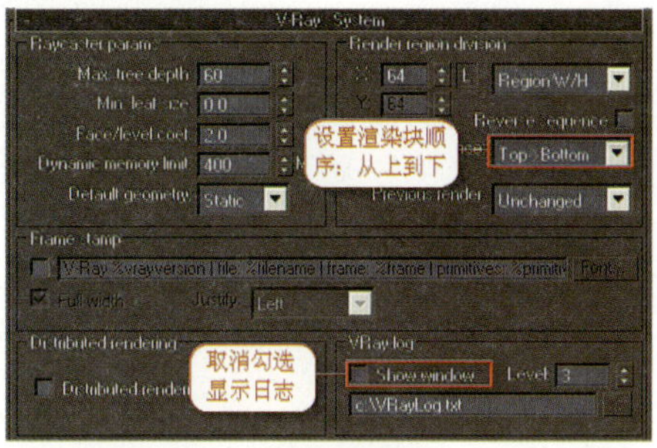

图8-55

08 单击渲染按钮，对场景进行最终的渲染输出，最终渲染效果所图8-56所示。

图8-56

8.7.3 颜色通道的设置与渲染输出

01 按M键打开材质编辑器，将场景中被赋予的材质设置成 Standard （MAX标准）材质类型，将材质 Diffuse （漫射）颜色调节成易识别的单色，并将 Self-Illumination （自发光值）设置成100，如图8-57所示。相邻材质的颜色反差越大越好。

02 按F10键打开渲染面板，选择MAX默认扫描线渲染器，如图8-58所示。使用最终渲染图像的输出尺寸，并另设置图像文件存储的路径，如图8-59所示。

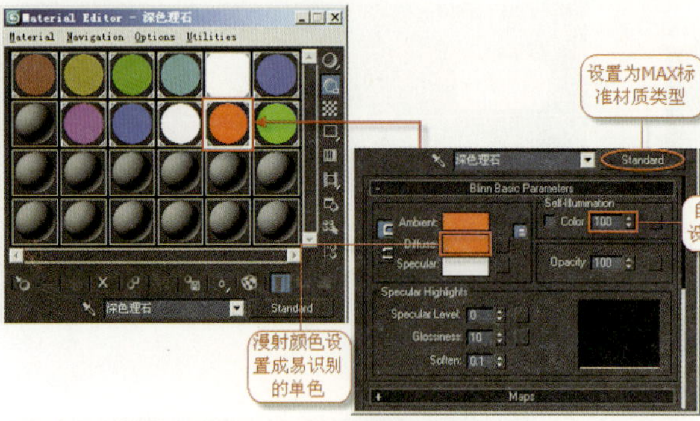

图8-57

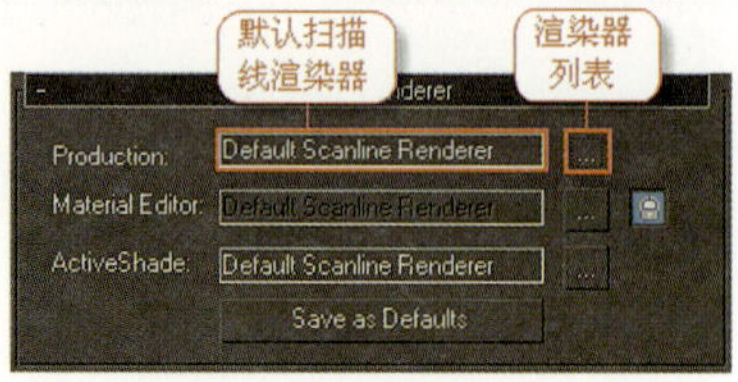

图8-58

03 切换到渲染面板中的Renderer（渲染器）面板下，取消勾选渲染纹理贴图、渲染反射/折射和渲染阴影选项，如图8-60所示。

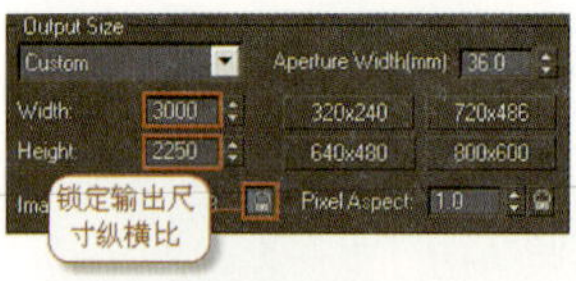

图8-59

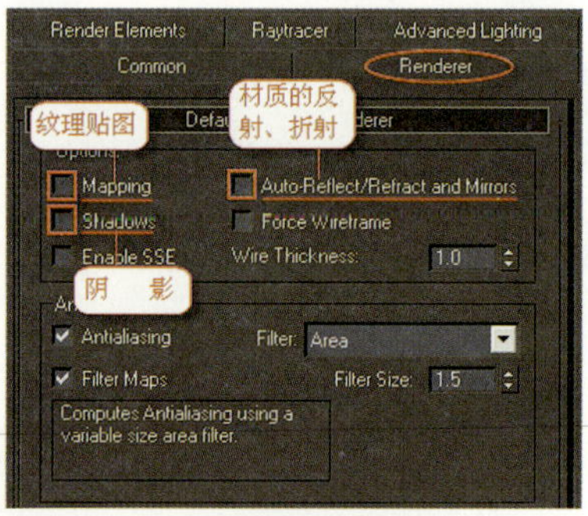

图8-60

04 最终渲染的“颜色通道”效果如图8-61所示。

图8-61

8.8 Photoshop的后期处理

该场景的渲染效果远中近景的层次关系很不错，这主要归功于构图的成功，它符合“黄金分割”的比例关系。画面的明暗变化也还可以，但总体给人的感觉还是有些偏暗，这就需要在后期的时候进行色彩调节，提高画面的亮度以得到满意的效果，这不是给整体图像一个 Brightness/Contrast... （亮度/对比度）命令那么简单的。

01 启动Photoshop软件并打开保存在配套光盘中的渲染输出的走廊效果图及颜色通道图像最终渲染文件“项目名\temp\走廊.tga”和“走廊通道.tga”，如图8-62所示。

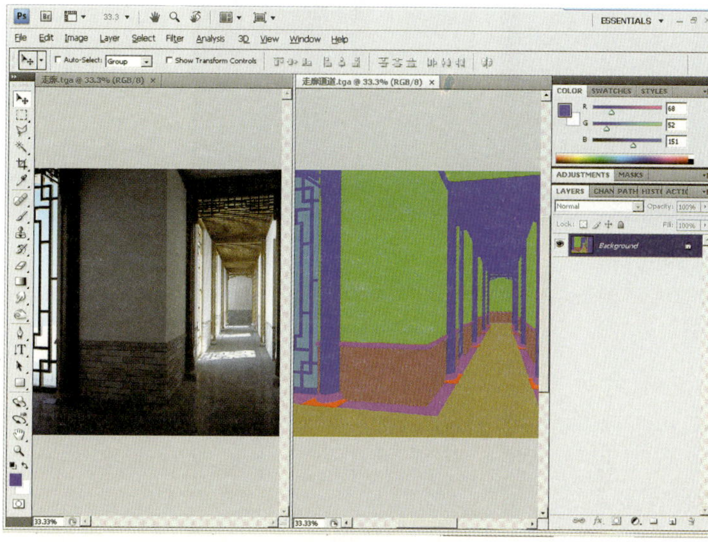

图8-62

02 使用 （移动）工具拖曳“颜色通道”图像至走廊效果图中。双击背影层，将其转换为普通层，并复制背影图层，具体操作如图8-63所示。

图8-63

技巧

在拖曳的时候，按住Shift键，图片将自动以图像中心对齐，避免了手动对齐的麻烦。

03 选择新复制的图层，按Shift+Ctrl+Alt+L键使用色彩调节工具中的 Auto Contrast （自动对比度）工具对图像进行自动明度及对比度处理，如图8-64所示。

图8-64

提示

由系统自动处理过的图像的效果并没有太大的变化，这说明渲染出的图像明暗层次已经很丰富，是好事情。但作为一张用于商业性质的效果图，满足了这一点还不能符合绝大多数甲方(业主)的审美要求。

效果图的地面使用了3种同一色系的不同石材：走廊正中铺的是一种略带反射的青砖，波打线使用的是无反射的毛石材质，而柱基下面使用的是一种具有较强反射性的大理石。接下来要在明度上加强它们的区分。

04 打开“颜色通道”的显示并选择“颜色通道”图层，使用 Select （选择）菜单下的 Color Range... （颜色范围）选取命令，选出图像的“青砖”地面，选择下面的效果图层，按Ctrl+J键为选区内的“地面”创建新图层。为便于对比着调节，重复以上操作选出地面的其他两种材质。关闭“颜色通道”图层的显示，如图8-65所示。

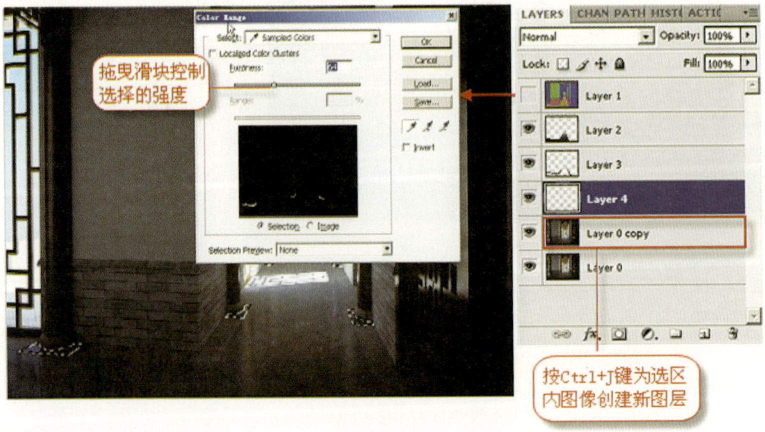

图8-65

05 使用Image（图像）→Adjustments（调整）→Curves...（曲线）工具（或按Ctrl+M键）分别调整“地面”不同材质的明度。注意地面是同一色系的材质，所以反差不要调整得太大，如图8-66所示。

图8-66

06 按住Ctrl键选择“地面”的3个图层，按Ctrl+E键合并选择图层。使用色彩调节工具中的Brightness/Contrast...（亮度/对比度）命令，增强整体“地面”的对比度，如图8-67所示。

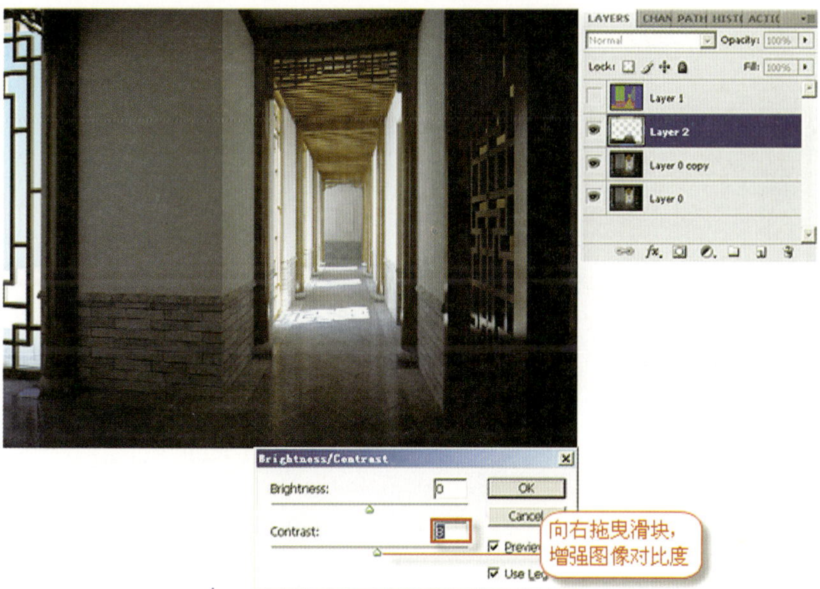

图8-67

07 使用Color Range...（颜色范围）选取命令选出白色乳胶漆材质并为其新建图层，按Ctrl+M键打开Curves...（曲线）对话框，提高白色乳胶漆材质的亮度，如图8-68所示。

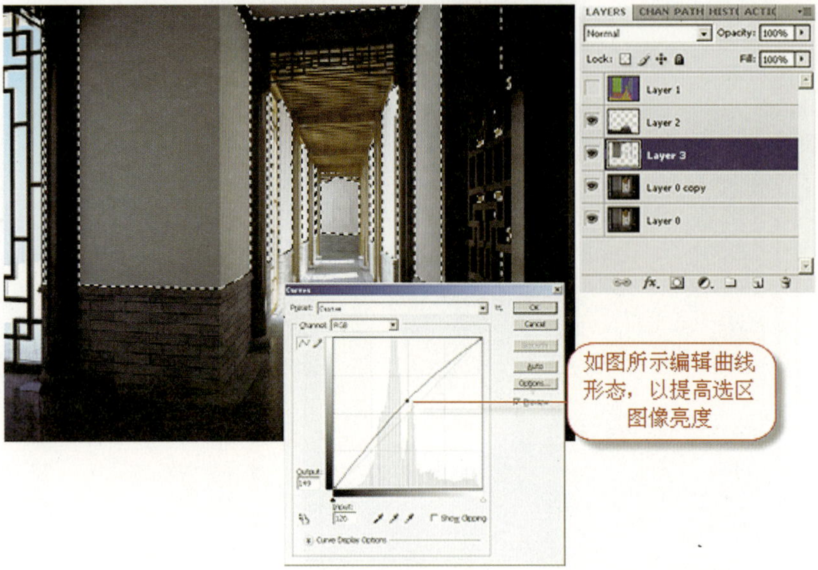

图8-68

渲染时通过物理相机的白平衡功能对渲染效果做了偏黄的校正。在此要表现的是晴朗的阳光效果，所以画面还需再偏蓝一些。而且有时候场景中大面积白色区域的色彩会影响人们的色彩判断。

08 按Ctrl+B键调出色彩平衡对话框，调节白色乳胶漆的亮度颜色偏蓝一些，暗部偏暖一些，如图8–69所示。

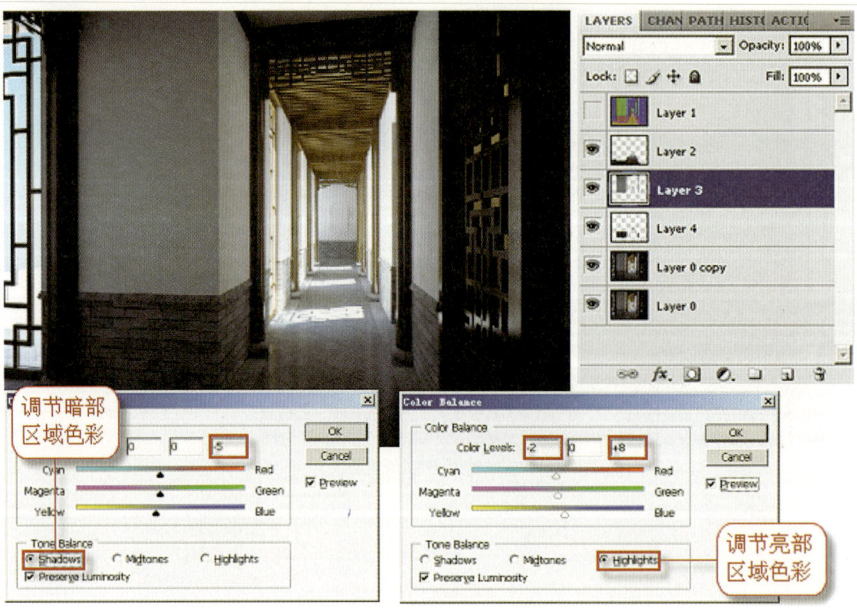

图8-69

09 选择墙裙，使用Brightness/Contrast...（亮度/对比度）工具加强其对比度，如图8–70所示。

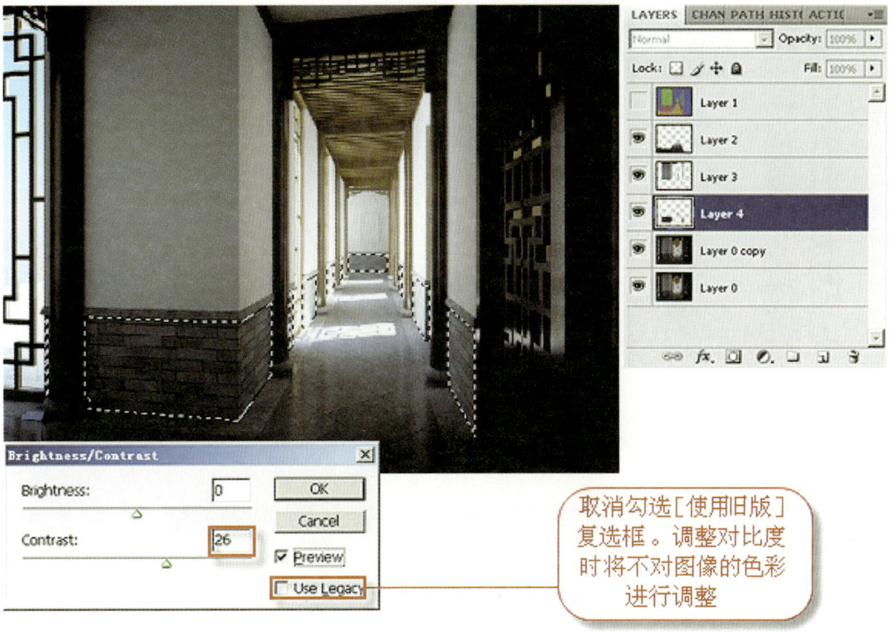

图8-70

10 使用Color Range...（颜色范围）选取命令选出木饰面材质，并为其新建图层。选择色彩调节工具中的Shadows/Highlights...（阴影/高光）命令进行亮度调节，如图8-71所示。

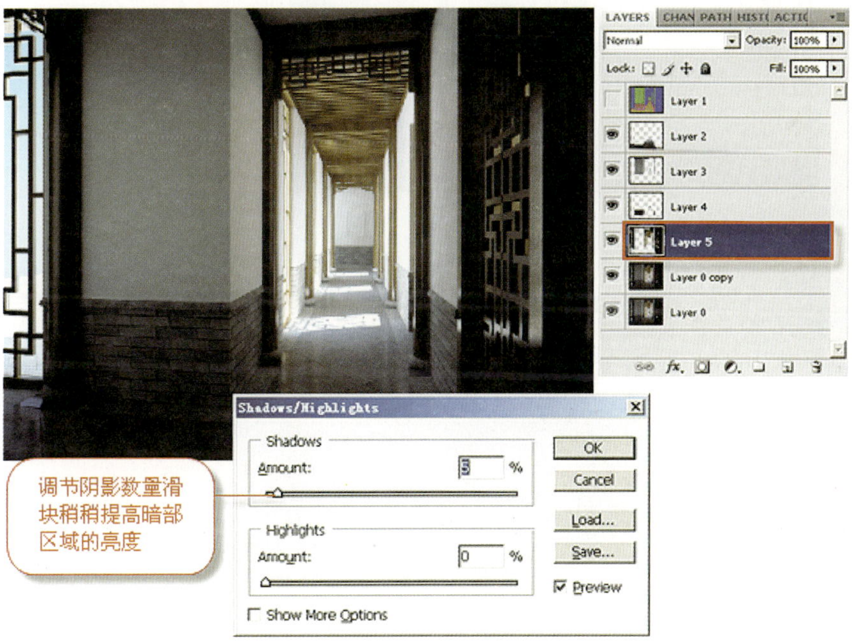

图8-71

11 借助“颜色通道”对图像已经进行了各个分区的精确调整。达到满意的效果以后，为节省内存空间，可以按Ctrl+E键将调整后的分图层合并，调整后的效果如图8-72所示。

图8-72

12 选择 Filter（滤镜）→ Sharpen（锐化）→ Unsharp Mask...（USM锐化滤镜）命令对图像边缘进行锐化处理，如图8-73所示。

图8-73

13 配景的合成

（1）打开本书配套光盘中的“项目名\help\配景素材.jpg”文件，如图8-74所示。这是一张已经处理好的用于晴朗天空外景合成的图片，接下来就用这张图片来合成走廊效果图的外景。

图8-74

（2）使用（移动）工具拖曳外景图片至走廊效果图中，并借助“颜色通道”使用 Color Range... （颜色范围）选取命令选出玻璃材质，如图8–75所示。

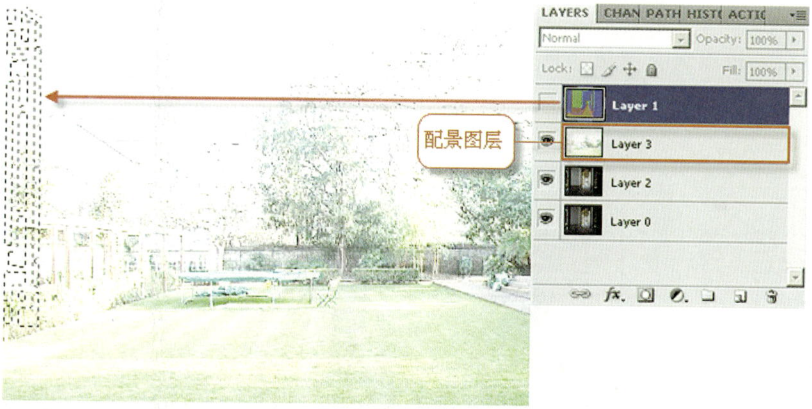

图8-75

（3）选择配景图层，单击（创建图层蒙版）按钮为选区创建图层蒙版，如图8–76所示。

图8-76

（4）单击图层与蒙版的链接图标，取消其之间的链接，并按Ctrl+D键取消选区。选择前面的配景图层缩略图，使用 Edit （编辑）菜单中的 Free Transform （自由变换）工具（或按Ctrl+T键），调整配景的大小、角度及位置，并调整图层的不透明度，如图8–77所示。

图8-77

(5) 为远处预留画的位置添加一幅中国画并根据空间氛围调整其色彩。使用图层样式为其添加阴影效果，如图8-78所示。

14 到现在为止整个画面还是给人感觉偏暖，最后还要通过添加Photo Filter（照片滤镜）调整图层，进而调整图像的色彩倾向，如图8-79所示。

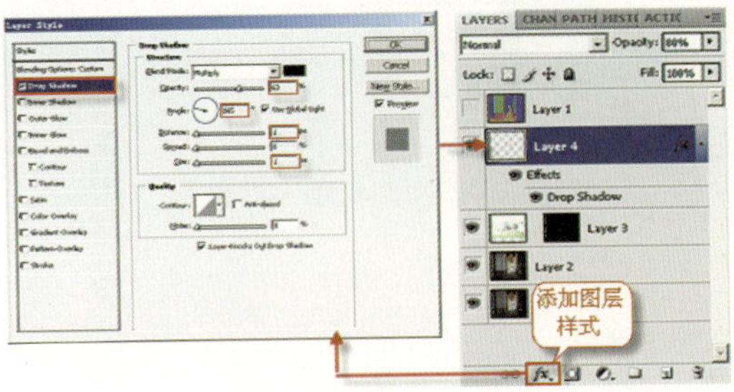

图8-78

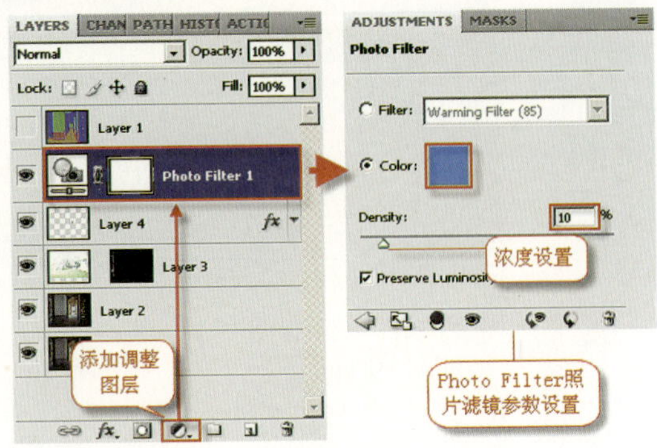

图8-79

至此，这个独栋公寓的走廊空间效果图就制作完成了。本章后期处理操作中又涉及了很多新的色彩调节工具，其中图层蒙版的使用需要大家重点掌握。效果图渲染的最终效果如图8-80所示。

图8-80

8.9 本章小结

本章通过VRay阳光系统和VRay天光系统来表现自然界真实的日光光照效果，并配合VRay物理相机的使用来制作超写实的效果图作品。希望通过本案例的学习使读者能够理解并掌握这类空间效果图的表现手法。

商业效果图就是通过这种直观的方式将所要表达的设计意图传达给客户方，所以效果图要让客户方看得懂才行，造型是用什么材质做的、这个材质又是什么颜色的，等等，都要在图面中表达清楚，其次才是空间氛围的表现。商业效果图不能做得过于昏暗，设计得亮一点才能使空间显得宽阔、明亮。

第9章
封闭空间的表现——赤峰会所

知识要点

- 掌握封闭空间类效果图的表现手法。
- 掌握VRay布光的基本原则。
- 灵活运用VRay专业材质的参数设置。
- 掌握Photoshop做后期处理的基本流程。

9.1 案例简介

赤峰玉龙园宾馆1＃别墅私人会所位于赤峰市兴安南麓植物园内与玉龙园宾馆毗临。会所是国际、国内企业家商务交流的平台，是公司高层管理人员商务活动的重要场所，是国内企业家面向国际的窗口。本案例场景是会所二层的会议区部分，在功能的设置上比较灵活，除洽商会谈功能外，亦可作为豪华宴请的空间。其他功能区均围绕此进行布局，错落有致，同时还运用了中式布局中的借景对称手法。如图9-1所示。

图9-1

打开本案例场景文件，本书配套光盘中的“项目名\max\赤峰会所.max”文件。该场景是一个由模型师建好的模型，已经架设了MAX标准摄像机，像机中确定了视角并赋予了最基本的材质纹理贴图，如图9-2所示。

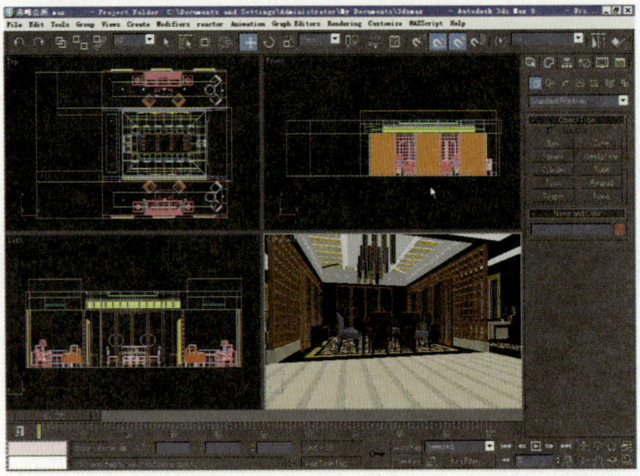

图9-2

9.2 调节渲染范围以确定画面构图

作为渲染师拿到模型以后的第一件事并不是急于调节材质和设置灯光，而是调节摄像机位置和渲染范围以确定画面构图。

01 单击（打开渲染设置）面板，设置一个较小的渲染尺寸以加快调试速度，锁定输出尺寸的纵横比，如图9-3所示。

02 选择Blowup（固定框）渲染类型，调节摄像机视图中固定框的大小、位置以确定渲染范围（构图），如图9-4所示。

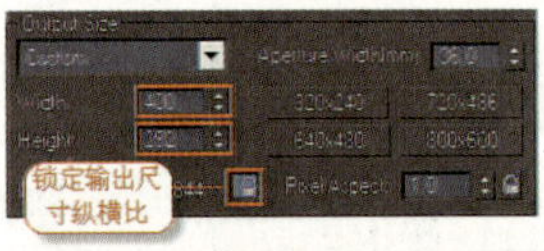

图9-3

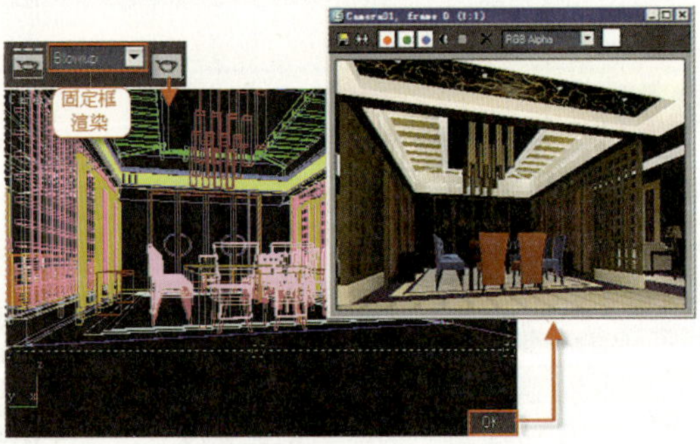

图9-4

提示

场景构图的基本原则：

- 尽量保证场景的完整性，即尽可能多地展现场景。
- 图面中最好表现出远、中、近景3个层次关系并明确视觉中心。
- 天花的比例要略大于地面，这样构图给人的视觉感觉会更舒服。这一点通过框选渲染即可实现。

9.3 调试渲染的参数设置

01 按F10键打开渲染面板，切换至VRay渲染器，具体设置如图9-5所示。

02 （VRay：：全局开关）卷展栏：关闭场景中默认泛灯光的照明，如图9-6所示。

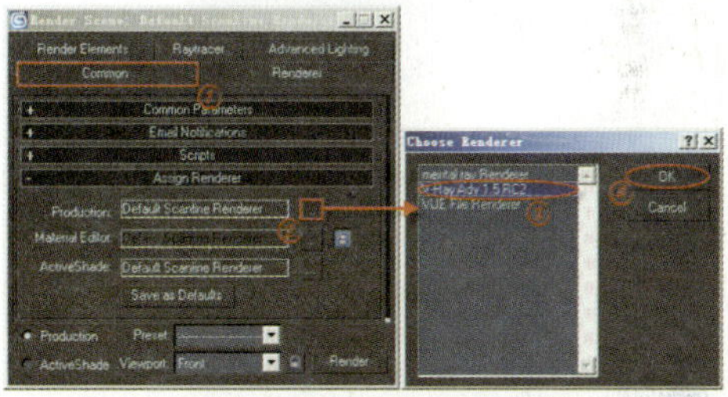

图9-5

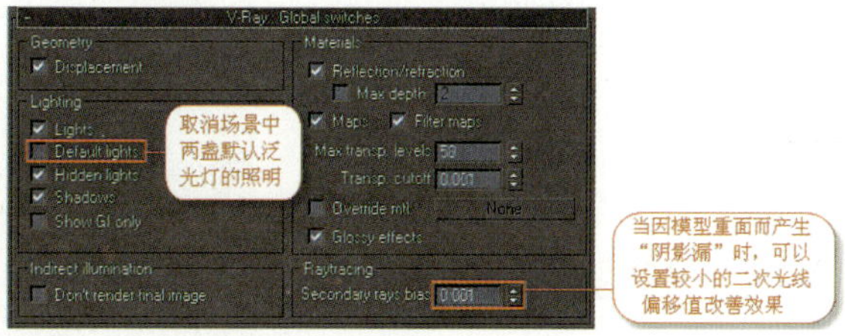

图9-6

03 （VRay：：图像采样（抗锯齿））卷展栏：选择渲染速度较快的固定比率采样器，同时关闭抗锯齿过滤器以加快调试速度，如图9-7所示。

04 （VRay：：间接照明（GI））卷展栏：开启GI引擎，设置首次反弹设为Irradiance map（发光贴图），二次反弹设为Light cache（灯光缓存），如图9-8所示。

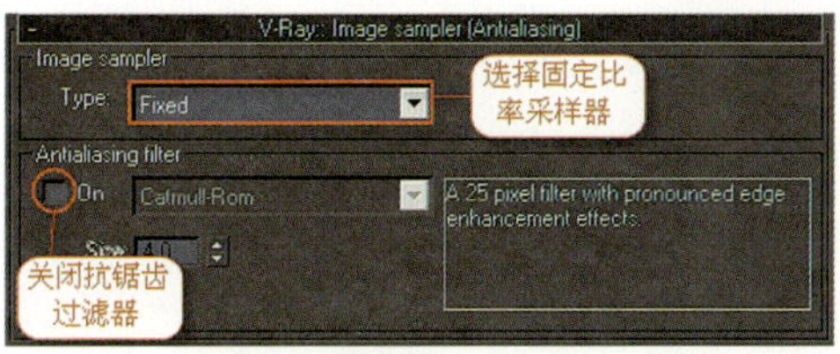

图9-7

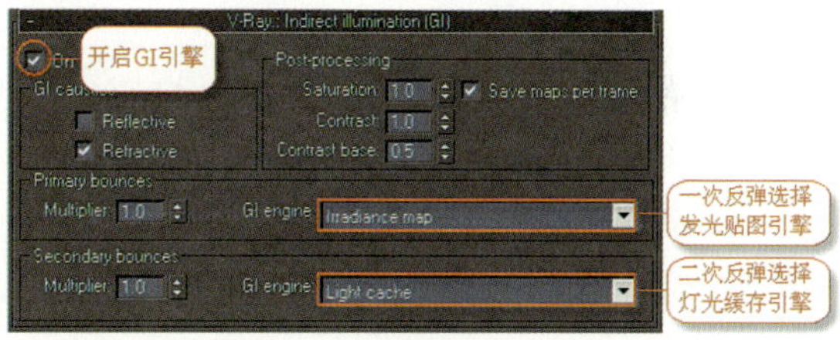

图9-8

05 对发光贴图和灯光缓存引擎的参数进行如图9-9所示的设置。

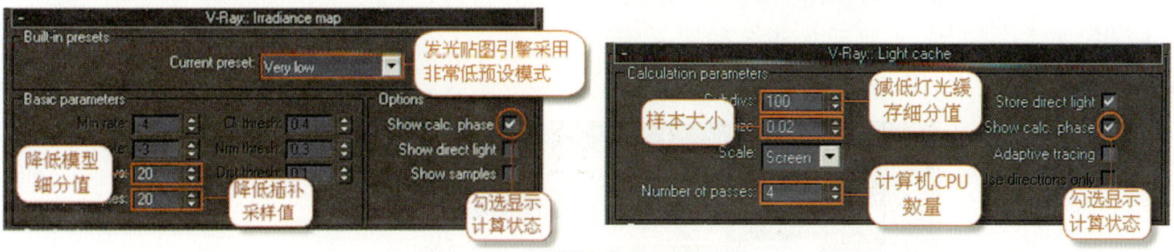

图9-9

06 （VRay：：颜色映射）卷展栏：设置色彩贴图类型为指数曝光模式（当然也可以选择其他曝光方式）。勾选子像素贴图、钳制输出和影响背景3个复选框，如图9-10所示。

07 对（VRay：：系统）卷展栏进行如图9-11所示的设置，该设置并不会影响渲染的最终效果。

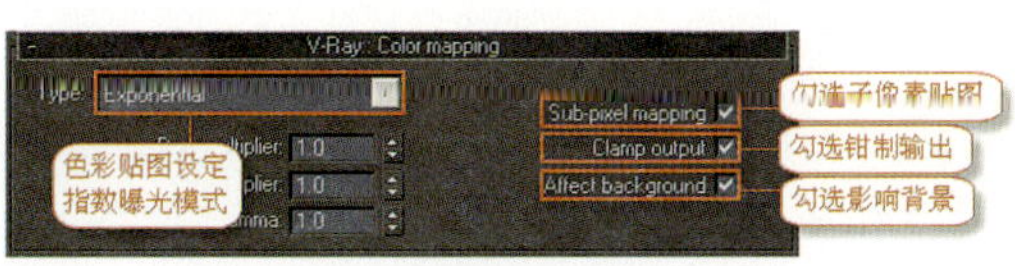

图9-10

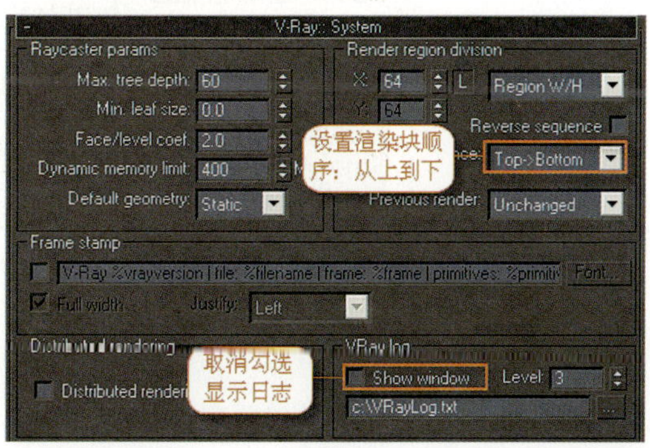

图9-11

08 为便于观察，手动开启场景中摄像机视图的两盏默认泛光灯以照亮场景，具体操作如图9-12所示。

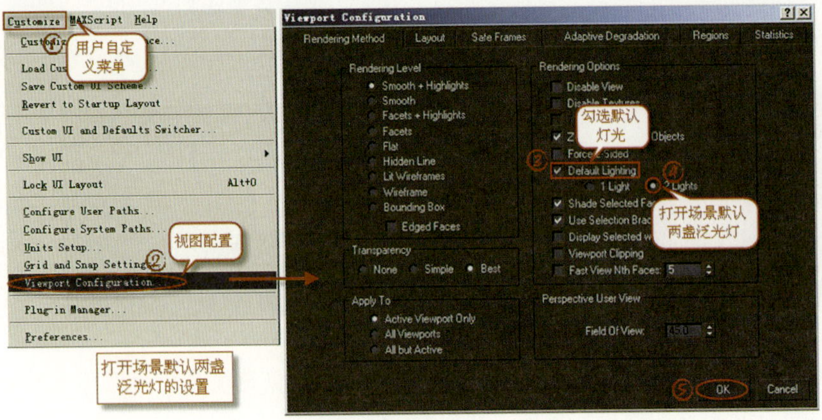

图9-12

9.4 材质的设置

前期的准备工作已经基本完成，接下来设置场景中主要材质的参数。场景中材质已经赋予了最基本的纹理贴图，由于VRay材质较之MAX材质的渲染速度要快，所以尽量将场景中的材质调整为VRay材质。材质参数的设定并不是一成不变的，要根据渲染效果来调试，如反射的强弱。

9.4.1 地面理石材质

理石是一种表面相对光滑且具有一定反射属性的石材。

01 首先在MAX标准材质的漫色贴图通道上右击鼠标，在弹出的快捷菜单中选择Copy命令复制Bitmap贴图，如图9-13所示。

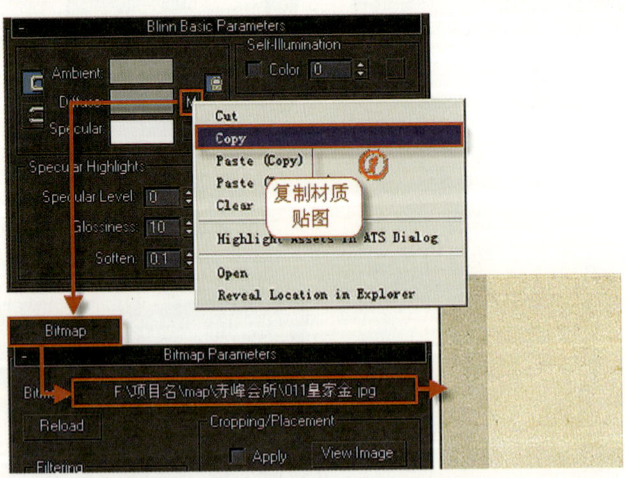

图9-13

02 将材质类型改为 VRayMtl （VRay专业材质），在漫色贴图通道上右击鼠标，在弹出的快捷菜单中选择Paste命令，粘贴Bitmap贴图完成材质表面的纹理设置，关联复制漫射贴图通道至凹凸贴图通道中以增强理石材质表面的质感，如图9-14所示。

03 设置理石材质的反射属性。单击反射贴图通道为其添加 Falloff （衰减）贴图，用以模拟地面材质的菲涅尔反射，如图9—15所示。

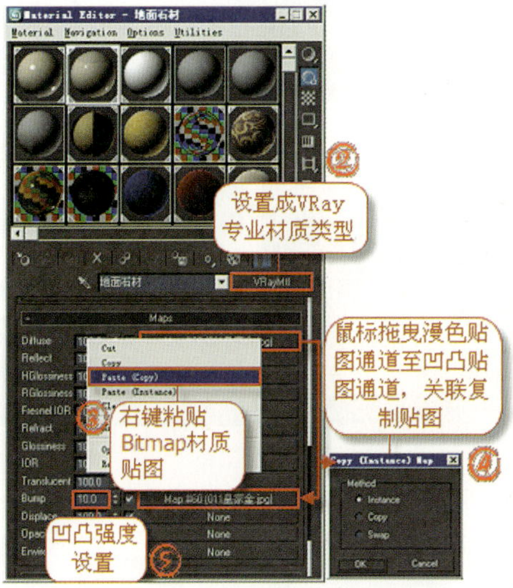

图9-14

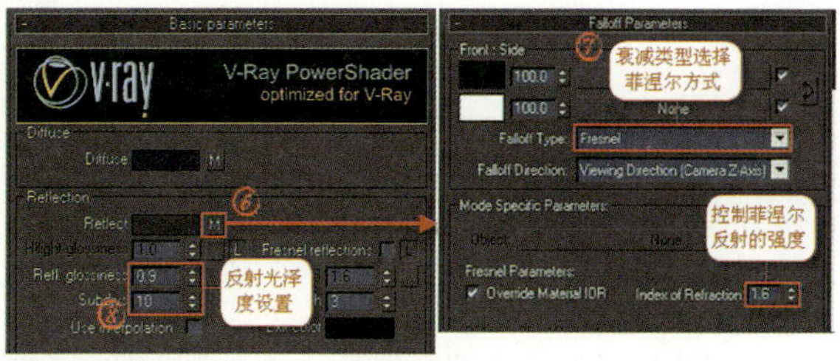

图9-15

9.4.2 地毯材质

场景中的地砖是一种表面相对粗糙，且具有一定反射属性的釉面材质。

将材质类型改为 VRayMtl （VRay专业材质）。在漫射区颜色贴图通道中添加 Falloff （衰减）贴图，在置换贴图通道中添加相同的纹理贴图，并设置一个较小的置换强度，如图9-16所示。

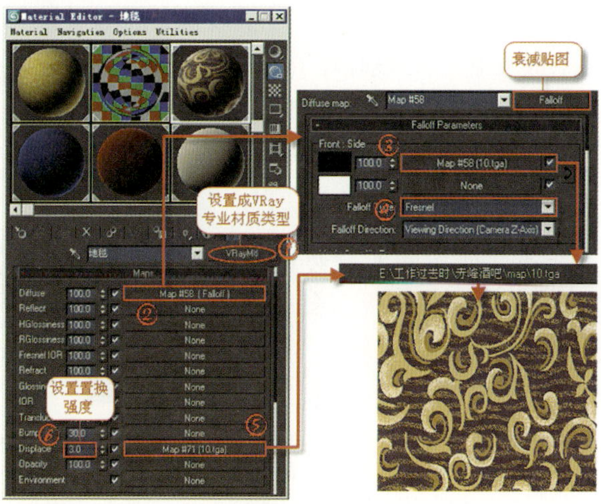

图9-16

9.4.3 白色乳胶漆材质

乳胶漆是一种表面粗糙且不具有镜面反射属性的漫射材质。设定漫射区颜色为白色，灰度值设定在250左右，如图9-17所示。

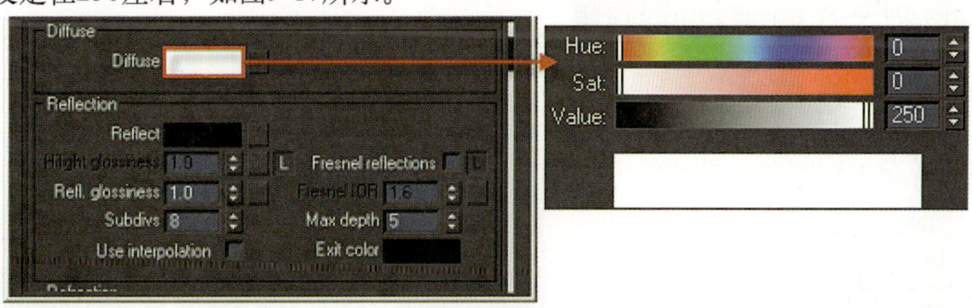

图9-17

9.4.4 铜皮饰面

黄铜材质的设置难点在于镜面反射属性的控制，它的反射带有很强的固有色。

将材质类型改为 VRayMtl （VRay专业材质）。黄铜材质的具体参数设置如图9-18所示。

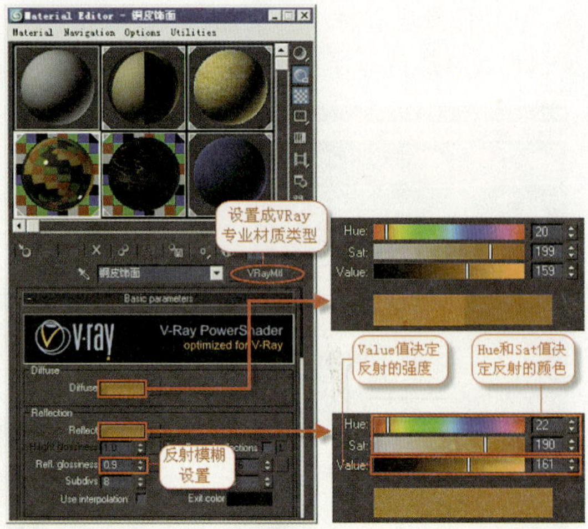

图9-18

9.4.5 艺术玻璃材质

该场景中的艺术玻璃可以按清水玻璃的参数进行设置，只是不用设置它的折射属性（即不透明），具体参数设置如图9-19所示。

01 为漫色区贴图通道添加Bitmap贴图，设置材质的纹理。

02 设置反射颜色的灰度值为255，并勾选后面的菲涅尔反射复选框。

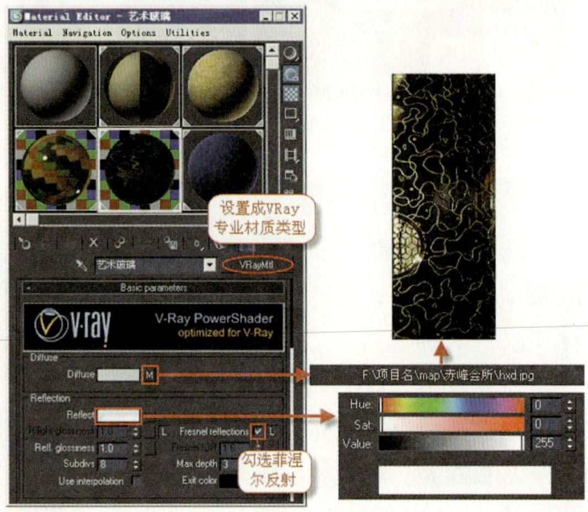

图9-19

9.4.6 清漆木饰面材质

通常使用的木制装饰面板都是经过清漆处理过的，所以会产生一定的模糊反射。

01 首先将材质类型改为 VRayMtl （VRay专业材质）。在漫射颜色贴图通道中添加木纹贴图来模拟材质表面的纹理效果，关联复制漫射贴图通道到凹凸贴图通道中以增强材质表面的质感，如图9—20所示。

02 设置木饰面材质的反射属性，具体参数设置如图9—21所示。

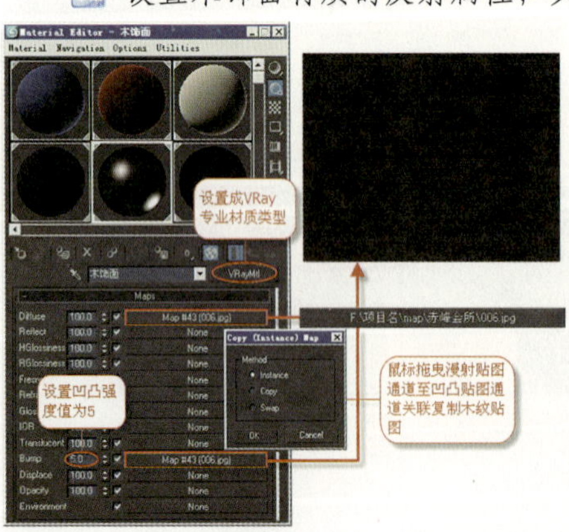

图9-20

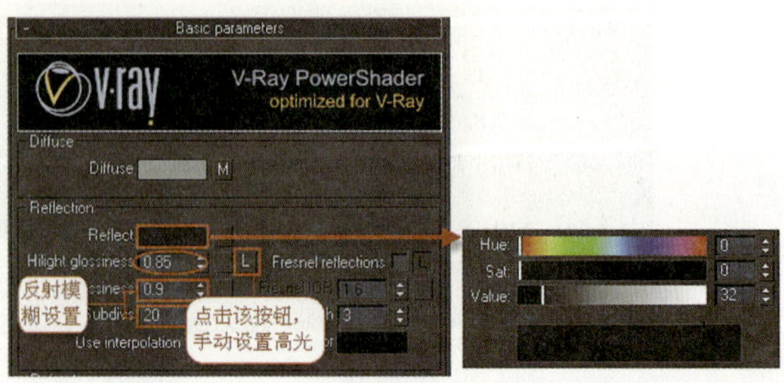

图9-21

9.4.7　理石材质

大理石是一种表面很光滑，且具有较强反射的石质材质。

01 首先将材质类型改为 VRayMtl （VRay专业材质）。在漫射颜色贴图通道中添加石材贴图来模拟材质表面的纹理效果，关联复制漫射贴图通道到凹凸贴图通道来增强材质表面的质感，如图9-22所示。

02 设置理石材质的反射属性，具体参数设置如图9-23所示：

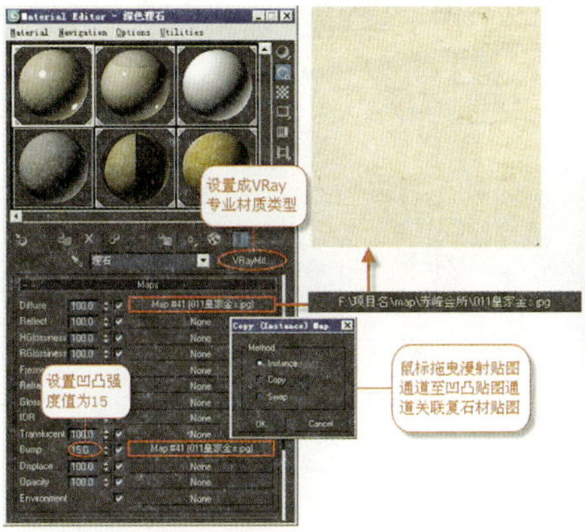

图9-22

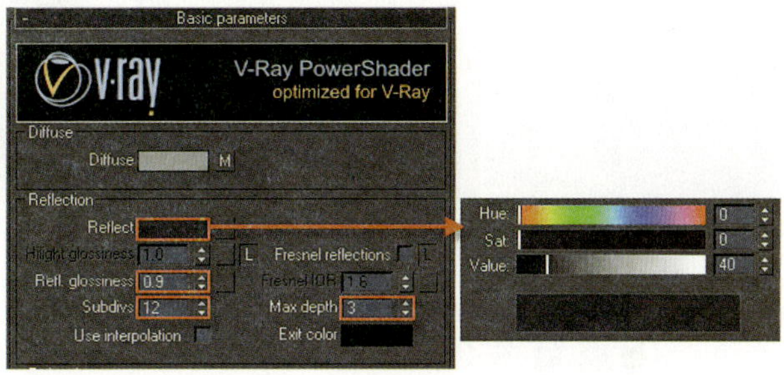

图9-23

9.4.8　镜子

镜子几乎是一种100%反射的材质，它的参数设置也很简单，如图9-24所示。

01 设置一个较深的漫色区颜色，这样产生的反射会更加清澈。

02 设置反射颜色的灰度值。

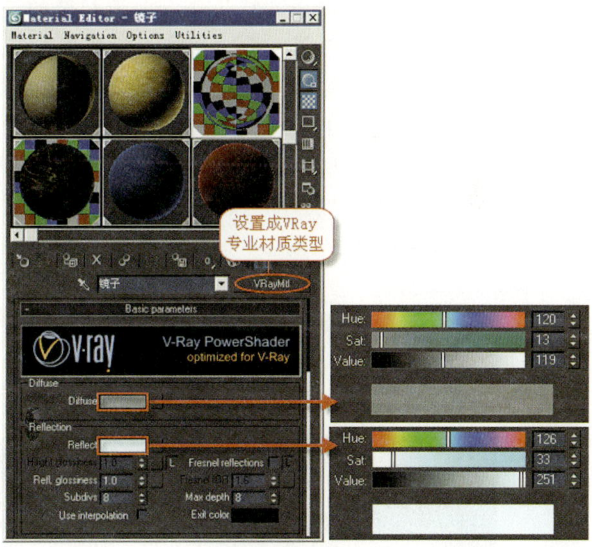

图9-24

9.4.9　蓝色布艺椅子材质

布艺是一种表面粗糙、柔软的漫射材质。表面不会产生镜面反射现象，并且受光照的影响，视觉上会产生一种毛绒绒的感觉。

将材质类型改为 VRay专业材质。在漫射区颜色贴图通道中添加衰减贴图类型来模拟材质表面的纹理及绒毛效果，如图9-25所示。

场景中其他的布艺材质设置方法大体相同，在此不再重复讲述。到此场景中的主要材质已经设置完成，打开场景默认泛光灯进行渲染，效果如图9-26所示。接下来设定场景的光照效果。

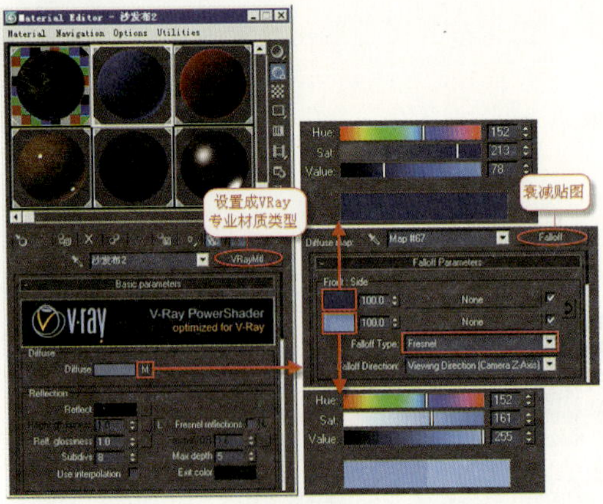

图9-25

图9-26

9.5 场景灯光的设置

本案例场景是一个封闭的室内空间，在对场景进行灯光设置之前有几个布光原则要注意遵守：

- 布光时应遵循由整体到局部、由简到繁的过程。先设置主体光源的光照强度及颜色来确定画面主色调，再逐步添加辅助光源完成场景的光照设置。
- 灯光的数量宜精不宜多。对于VRay全局光渲染器，通常按照实际的光源位置布灯即可满足光照要求；为便于控制，通常相同种类的光源要进行关联复制；尽量删除场景中对全局光照影响不大的光源，以加快显示及渲染速度。
- 灯光布局要体现出场景的明暗层次变化，并通过灯光颜色的设置体现出画面中色彩的冷暖对比。

9.5.1 设置主体光源

01 单击（创建）按钮，打开（灯光）面板，单击灯光下拉列表切换到VRay灯光面板，创建 VRayLight （VRay灯光）用于模拟主体光源的光照效果，其位置如图9-27所示。

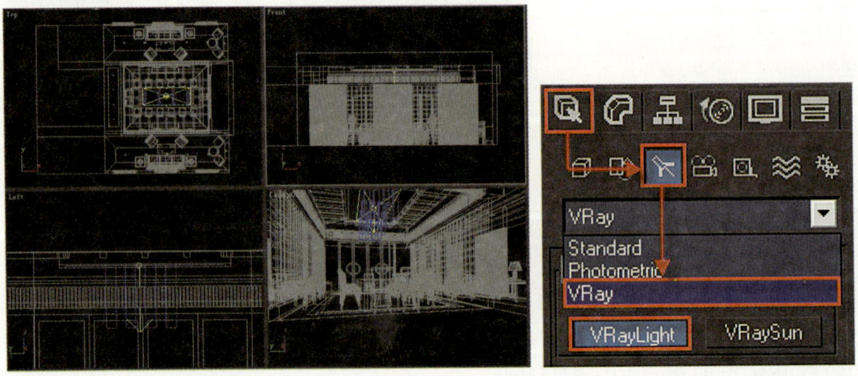

图9-27

02 主体光源的参数设置：设置 VRayLight 光源类型为VRay面光源，光照颜色偏暖一些。由于设置的是场景中的主体光源，所以光照强度值要设置得大一些，勾选光源的不可见属性并取消勾选影响高光属性，具体设置如图9-28所示。

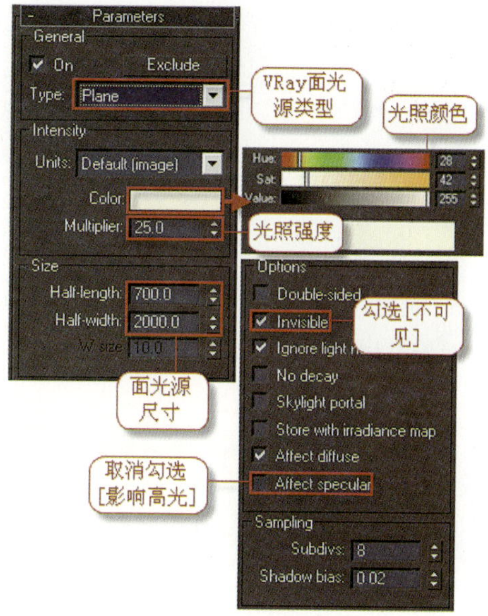

图9-28

03 观察主体光源的光照渲染效果图会发现画面中产生了大量的噪点。一方面是由于渲染参数设置的较低，另一方面是光源的采样细分值较低，但为了得到一个较快的调试渲染速度通常在最终渲染出图时才会提高光源的采样细分值，如图9-29所示。

图9-29

9.5.2 设置辅助光源

01 点击（创建）按钮，打开（灯光）面板，单击灯光下拉列表切换到VRay灯光面板，如图9-30所示。创建 VRayLight （VRay灯光）并将其设置为球形光源用于模拟台灯的光照效果，其位置如图9-31所示。

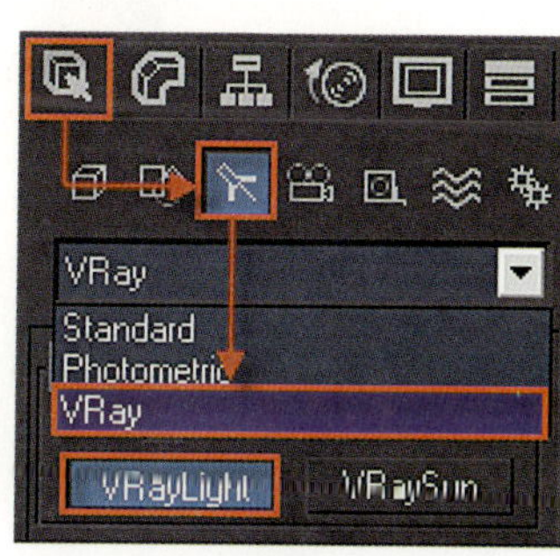

图9-30

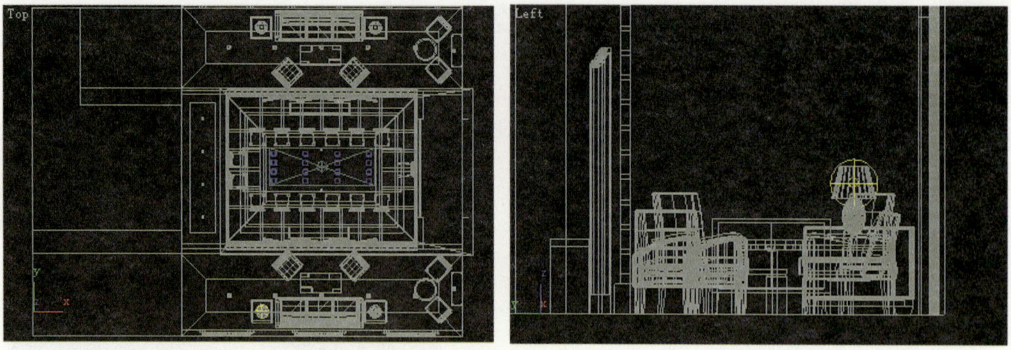

图9-31

02 台灯参数设置：设置 VRayLight （VRay灯光）的光源类型为VRay球形光，其具体参数设置如图9-32所示。

03 按T键切换到Top（顶）视图，选择用于模拟台灯的球形光源。按住Shift键进行移动复制操作创建其他台灯的球形光源，如图9-33所示。

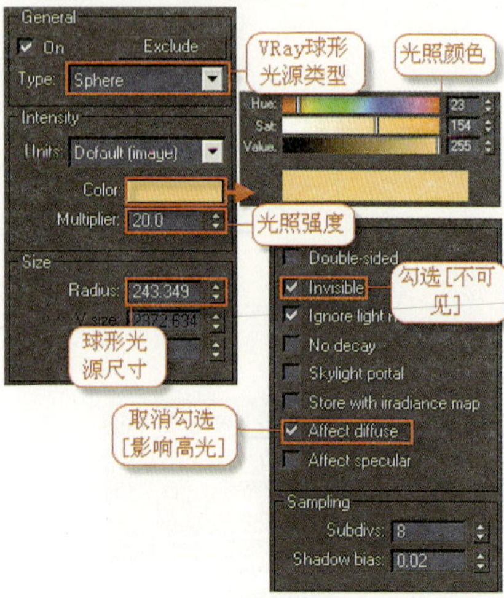

图9-32

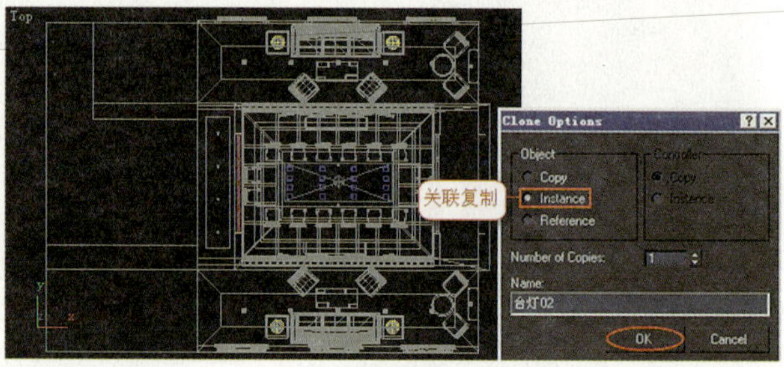

图9-33

04 测试渲染效果如图9-34所示。

图9-34

9.6 最终渲染输出设置

当场景测试渲染效果达到满意的效果以后，就可以提高渲染参数完成最终的渲染输出。

9.6.1 最终渲染的参数设置

01 设置渲染输出图像的尺寸为3200×2250像素，如图9–35所示。并设置输出图像的保存路径及文件格式为*.tga，如图9–36所示。

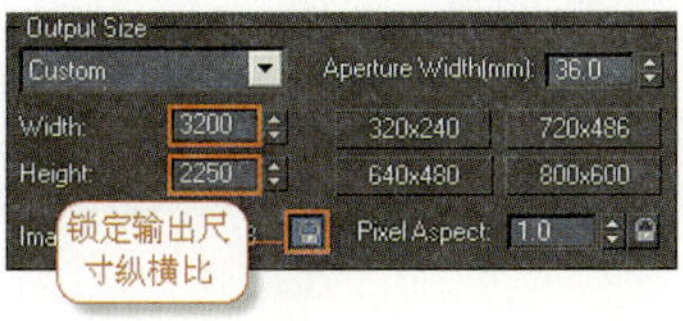

图9-35

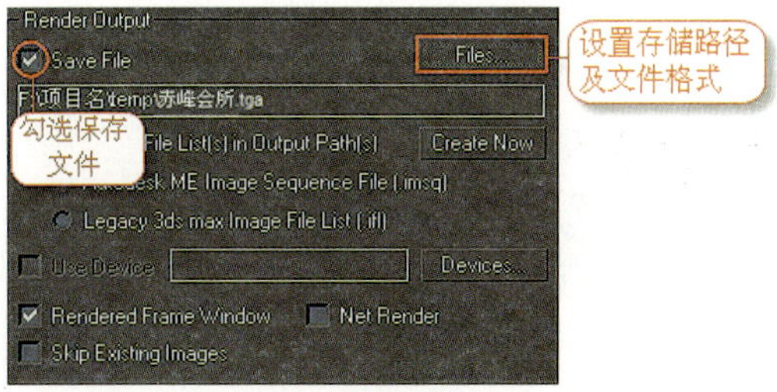

图9-36

02 （VRay：：全局开关）卷展栏：参数的设置保持与调试渲染时的设置相同，如图9–37所示。

03 （VRay：：图像采样（抗锯齿））卷展栏：选择蒙特卡罗采样器和只读存储抗锯齿过滤器，以提高渲染图像的抗锯齿效果，如图9–38所示。

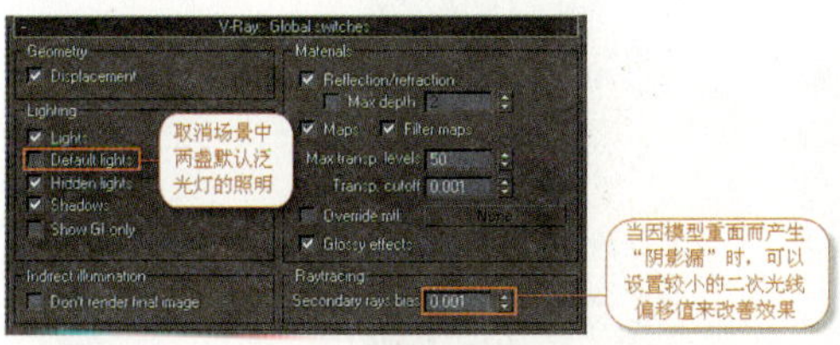

图9-37

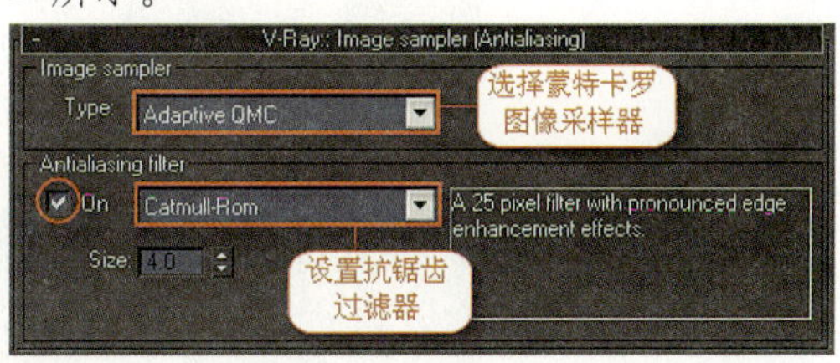

图9-38

04 （VRay：：间接照明（GI））卷展栏：开启GI引擎，设置首次反弹设为Irradiance map（发光贴图），二次反弹设为Light cache（灯光缓存）。其他设置保持与预览设置相同，如图9–39所示。

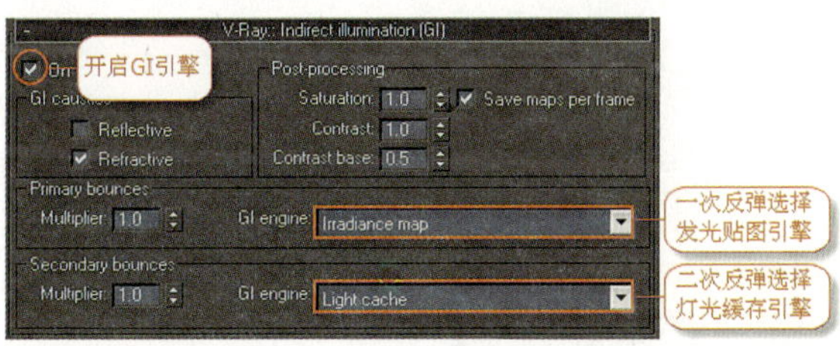

图9-39

05 对发光贴图引擎和灯光缓存引擎的参数进行如图9–40所示的设置。

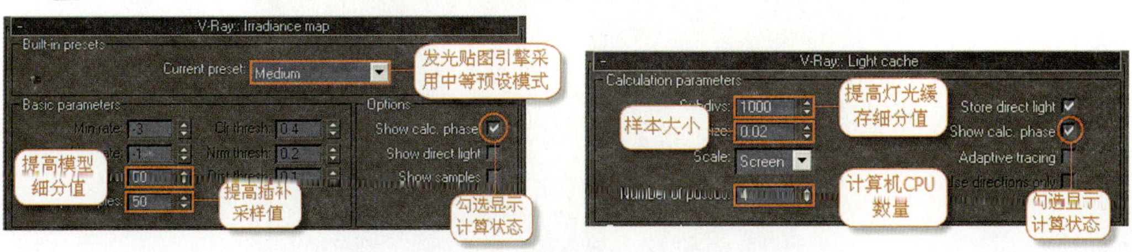

图9-40

06 （VRay::颜色映射）卷展栏：选用指数曝光模式，其他参数设置保持与预览设置相同，如图9-41所示。

07 系统设置保持与预览设置相同，如图9-42所示。

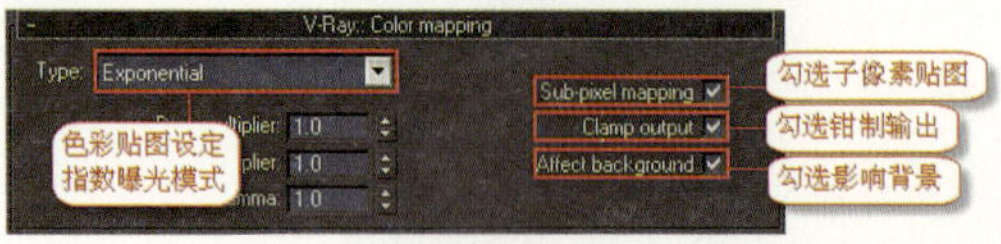

图9-41

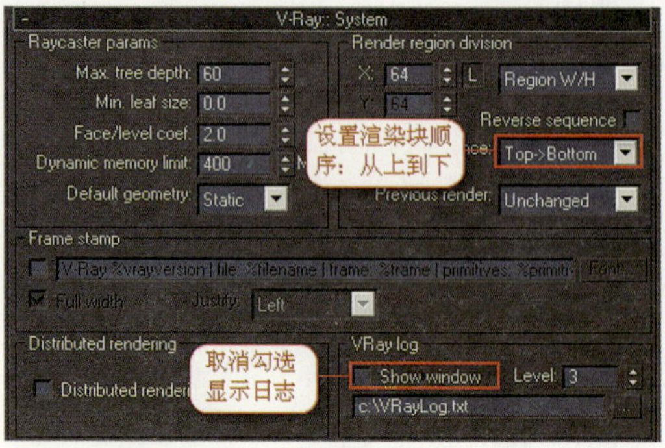

图9-42

08 单击渲染按钮，对场景进行最终的渲染输出。最终渲染效果所图9-43所示。

图9-43

9.6.2 “颜色通道”的设置与渲染输出

01 按M键打开材质编辑器，将场景中被赋予的材质设置成Standard（MAX标准材质）类型，将材质Diffuse（漫射）颜色调节成易识别的单色，并将Self-Illumination（自发光值）设置为100，如图9-44所示。

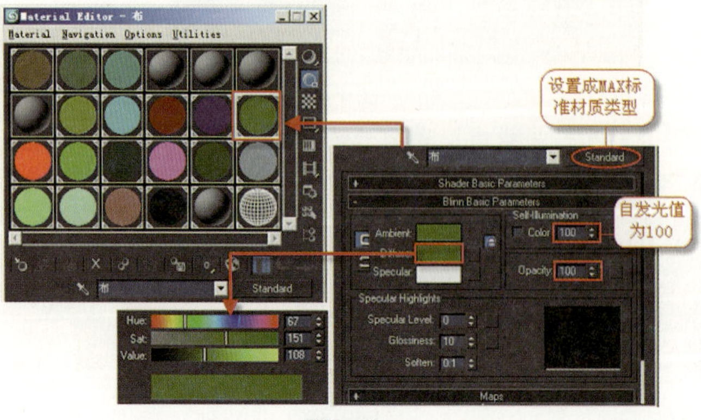

图9-44

02 按F10键打开渲染面板，选择MAX默认扫描线渲染器，如图9-45所示。使用最终渲染图像的输出尺寸，并另设置图像文件存储路径，如图9-46所示。

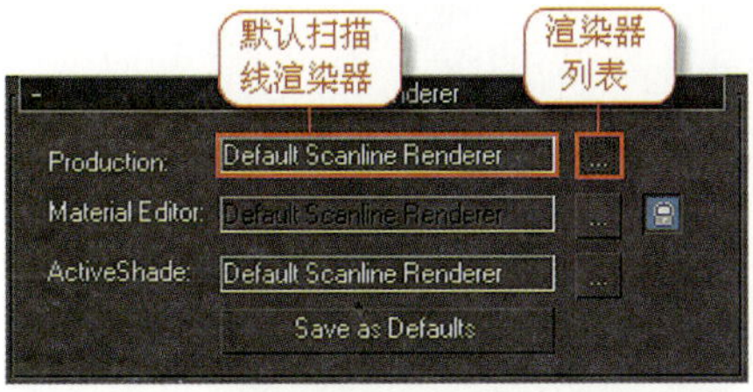

图9-45

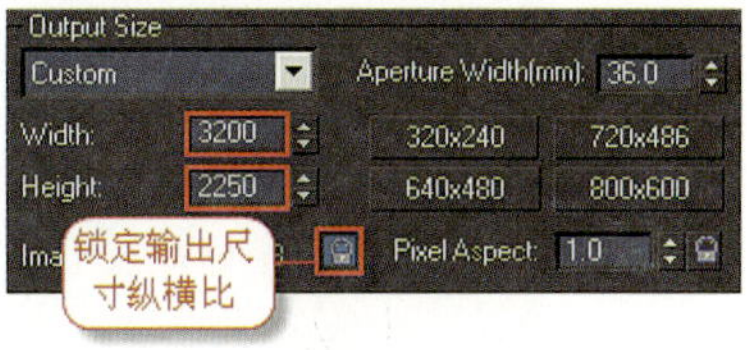

图9-46

03 切换到渲染面板中的Renderer面板下，取消勾选纹理贴图、材质反射/折射和阴影复选框，如图9-47所示。

04 最终渲染的"颜色通道"效果如图9-48所示。

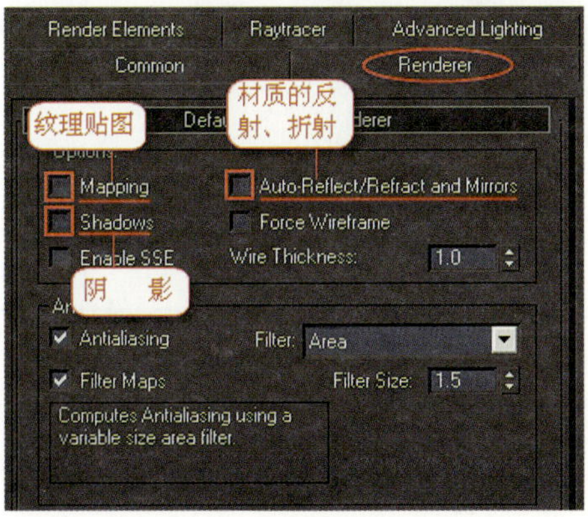

图9-47

图9-48

9.6.3 渲染输出线框物体

渲染完"颜色通道"以后，接下来还要将场景中隐藏的一些物体渲染出线框形式以满足设计的要求。

01 在任一视窗中右击鼠标，在弹出的快捷菜单中选择Unhide All（显示所有隐藏物体）命令将前景的"隔断门"显示出来，如图9-49所示。

02 选择被隐藏的物体，按Alt+Q键进入隔离模式为其赋予线框材质，具体设置如图9-50所示。

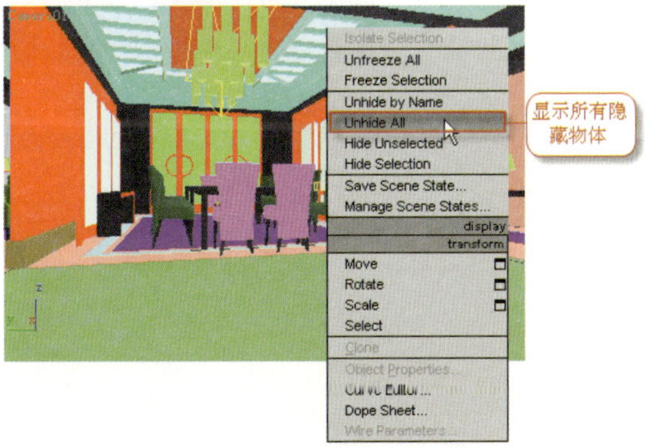

图9-49

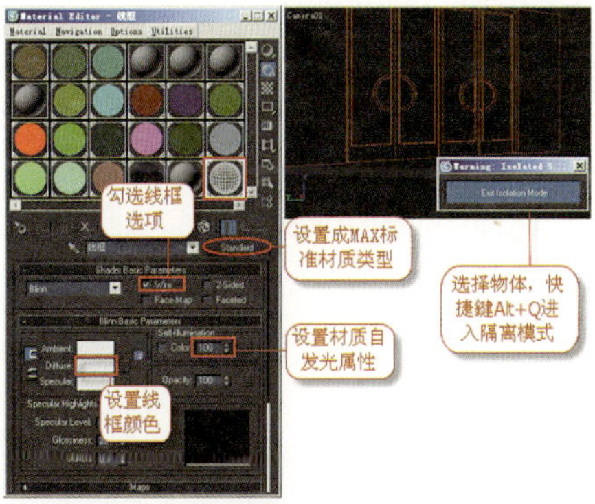

图9-50

03 最终渲染的线框效果如图9-51所示，保存渲染出的线框图像，这会在后期处理时将其合成到赤峰会所效果图中。

图9-51

9.7 Photoshop的后期处理

01 启动Photoshop软件并打开渲染输出的赤峰会所效果图及颜色通道图像，最终渲染文件保存在配套光盘中的“项目名\temp\赤峰会所.tga”和“赤峰会所通道.tga”，如图9-52所示。

02 使用 （移动）工具拖曳“颜色通道”图像至赤峰会所效果图中。双击背影层，将其转换为普通层，并复制背影图层，具体操作如图9-53所示。

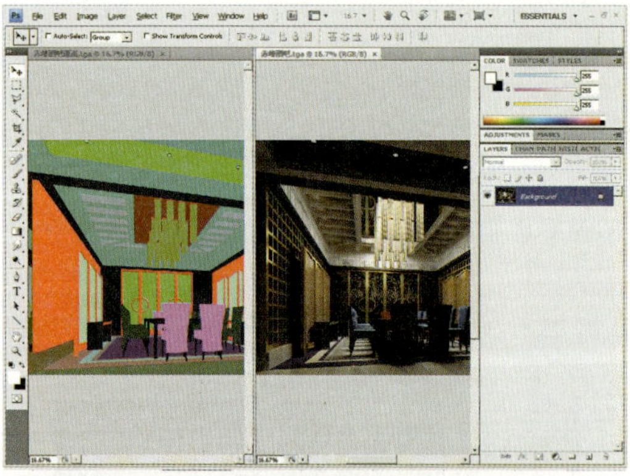

图9-52

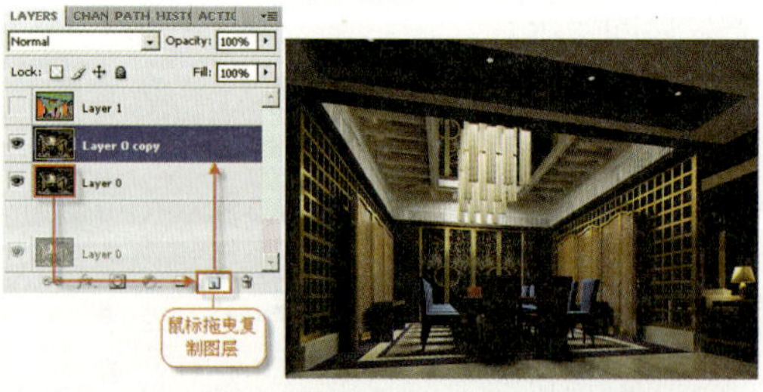

图9-53

注意

在拖曳的时候，按住Shift，图片将自动以图像中心对齐，避免了手动对齐的麻烦。

03 选择新复制的图层，按Shift+Ctrl+Alt+L键使用色彩调节工具中的Auto Contrast（自动对比度）工具对图像进行自动明度及对比度处理，效果如图9-54所示。

04 按Ctrl+M键打开曲线工具对话框如图9-55所示。编辑曲线形状来提高图像的整体亮度。

图9-54

图9-55

效果图的后期处理就好比绘画，也应遵循由整体到局部再到整体的一个过程，接下来利用“颜色通道”对图像进行各局部的色彩调整。

05 打开“颜色通道”的显示并选择“颜色通道”图层，使用Select（选择）菜单下Color Range...（色彩范围）选取命令选出图像的“地面”，选择下面的效果图的复制图层，按Ctrl+J键为选区内“地面”创建新图层，关闭“颜色通道”图层的显示，如图9-56所示。

06 使用Image（图像）→Adjustments（调整）→Brightness/Contrast...（亮度/对比度）命令调整“地面”图像的对比度，如图9-57所示。

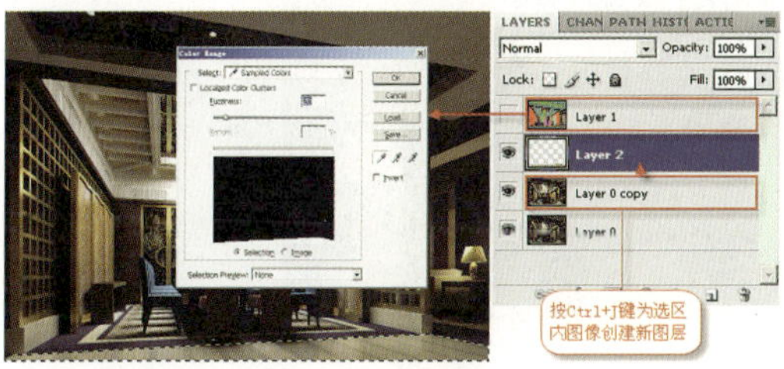

图9-56

图9-57

07 重复第5步的操作利用“颜色通道”选出铜金属并新建图层，使用Image（图像）→Adjustments（调整）→Curves...（曲线）命令编辑曲线形状调整其亮度，如图9-58所示。

08 观察调整后的铜金属，在色相上有些偏冷，接下来再次使用曲线工具调节其色彩倾向，具体操作如图9-59所示。

图9-58

图9-59

09 使用 Color Range... （颜色范围）选取命令选出“白色乳胶漆”并为其新建图层，按Ctrl+M键打开 Curves... （曲线）对话框，提高“白色乳胶漆”的亮度，如图9-60所示。

10 使用 Color Range... （颜色范围）选取命令选出“屏风”，使用 Brightness/Contrast... （亮度/对比度）工具自动调整亮度及对比度，如图9-61所示。

图9-60

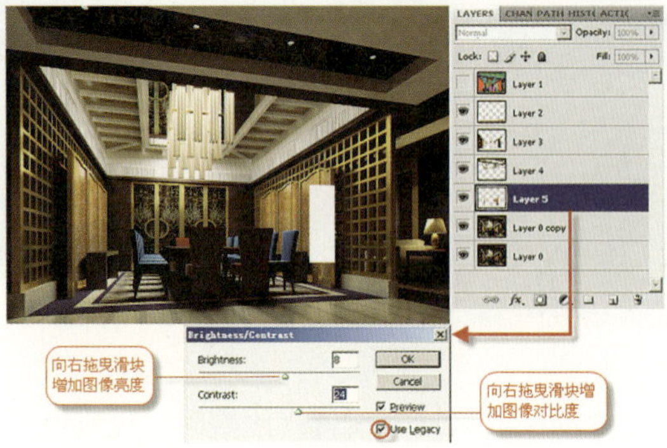

图9-61

11 借助“颜色通道”对图像各个选区的色彩、对比度及明度进行精确调整，当达到满意的效果以后，为节省内存空间，可以按Ctrl+E键将调整后的分图层合并。调整后的效果如图9-62所示。

12 台灯罩的渲染效果不是很好，下面将把一个真实的台灯罩合入效果图中。拖曳“灯罩”至赤峰会所效果图中并为灯罩图层创建图层蒙版，如图9-63所示。

图9-62

图9-63

13 利用“颜色通道”创建原始灯罩的选区，选择“灯罩”的图层蒙版，按Ctrl+Delete键为蒙版图层的选区填充黑色的背景色，按Ctrl+D键删除选区，按Ctrl+I键反转图层蒙版颜色（Alt+BackSpace为填充前景色快捷键），如图9-64所示。

14 经过蒙版操作，“灯罩”在画面中消失了。接下来单击蒙版与图层之间的链接图标，去除链接，单击前面的图层缩略图，按Ctrl+T键打开自由变换工具并调整“灯罩”的位置及大小，如图9-65所示。

图9-64

图9-65

15 根据画面的氛围调整“灯罩”的亮度、色相及对比度，使之融入到场景中。当调整至满意效果后，按住Ctrl键加选原始图像并按Ctrl+E键将图层合并。

16 选择 Filter （滤镜）→ Sharpen （锐化）→ Unsharp Mask... （USM锐化滤镜）对图像边缘进行锐化处理，如图9-66所示。

17 打开配套光盘中的“项目名\temp\赤峰会所线框.tga”文件，删除背景色，选择 （移动)工具按住Shift键拖曳至赤峰会所效果图中，调整图层的不透明度，如图9-67所示。

图9-66

图9-67

18 整体画面还是有些偏暗，接下来就添加曲线调整图层，以提高整体图面的亮度，如图9-68所示。

19 赤峰会所最终效果如图9-69所示。

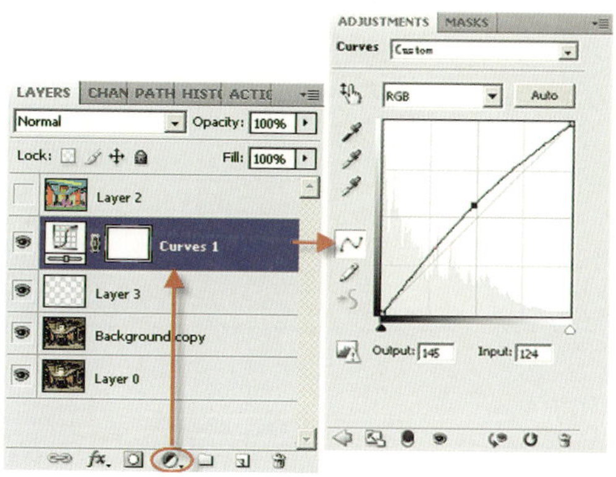

图9-68

图9-69

9.8 本章小结

本章通过一个封闭空间场景案例的渲染使读者理解并谨记布光原则：布光时应遵循由整体到局部、由简到繁的过程；灯光的数量宜精不宜多；不同类型空间的氛围是不尽相同的，比如办公空间多为清爽、淡雅的，而酒店、娱乐空间多为色彩比较浓重的。

万事万物都是相通的，效果图的后期处理工作和绘画一样，也应遵循由整体到局部再到整体的调整过程，这样有利于在调整时对整体画面的把握。

·读·书·笔·记·

第10章
午后阳光效果的表现——五层多功能厅

知识要点

- 掌握表现阳光效果的另一种方法(目标聚光灯+VRay穹顶灯)。
- 理解Photoshop在效果图制作中的意义。

10.1 案例简介

本案例场景是中国寰球工程科研基地的五层多功能厅的设计方案。该空间可以满足平时举行大型会议的需求，其他时间则做为员工的健身场所。设计尺度上延续了建筑手法，采用了大比例、大尺度的造型来体现空间大气磅礴的气势。手法上延续了方形的语言使空间达到统一，这要求建模时对空间要有一个清晰的把握。顶部设计形态为外弓形，使自然光最大限度地进入室内，所以本场景最适合表现午后阳光效果。

图10-1

打开本书配套光盘中的“项目名\max\五层多功能厅.max”文件。本案例场景模型已由模型师建好，后续要做的工作是架设摄像机确定构图、设置场景材质、布置灯光、渲染输出并做后处理，如图10-2所示。

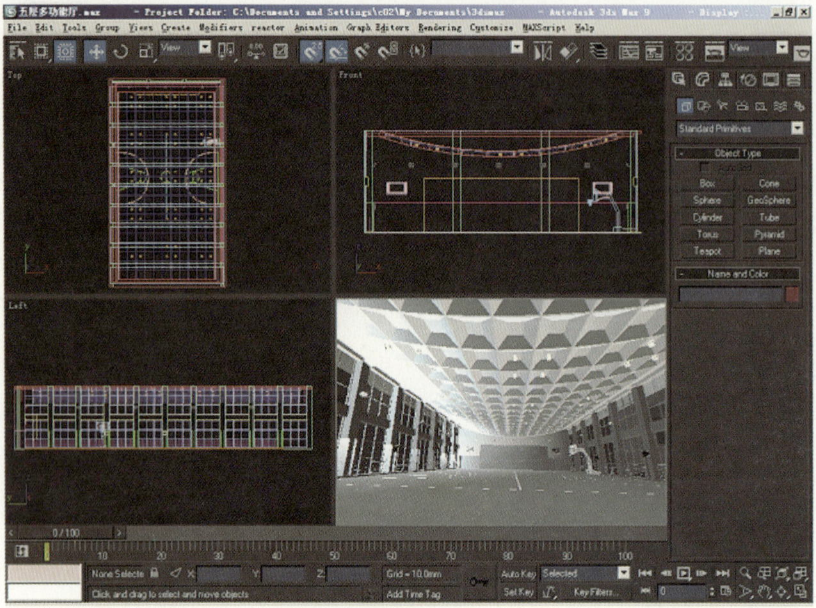

图10-2

10.2　架设摄像机确定画面构图

影响画面构图的因素有很多，制作效果图犹如绘图，但又不如绘图灵活，会受到一些软件技术方面的限制。架设摄像机只是确定了视点及视野范围，渲染画面的大小也是影响构图的重要因素，在对效果图进行后期处理时，由于构图的需要经常会对图像进行有限剪切操作。

01 单击（创建）按钮，打开（摄相机）面板，在Top（顶）视图中如图10-3所示位置创建一部 Target （目标）摄像机，将视野设定为18。

02 按F键切换到Front（前）视图，选择（移动）工具调整摄像机的高度为800mm，为了表现出空间的高大，在此把摄像机目标高度设置为5000mm的仰视效果，如图10-4所示。

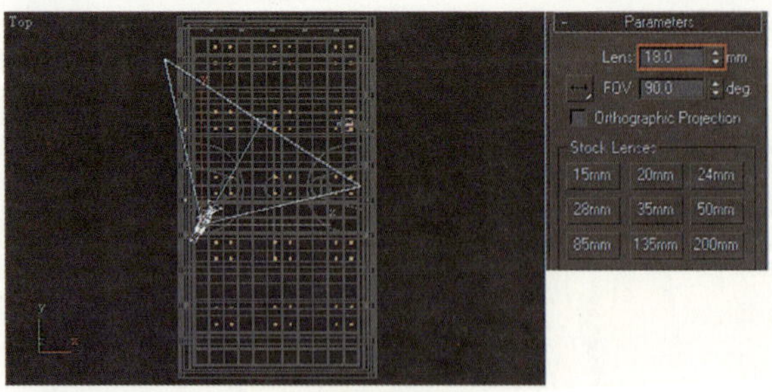

图10-3

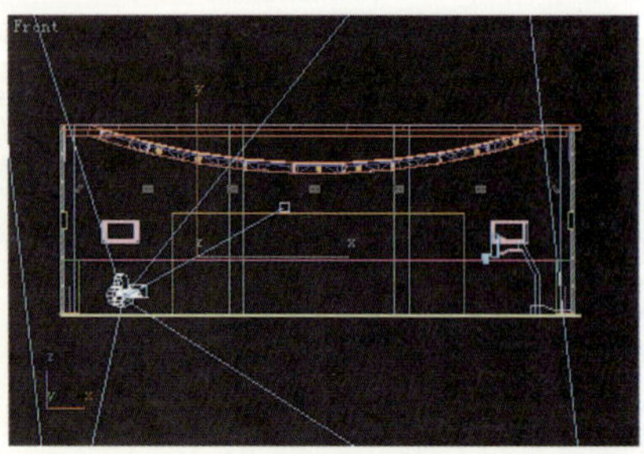

图10-4

03 按C键切换到当前摄像机视图。为便于观察，打开场景中两盏默认的泛光灯照亮场景。具体操作如图10-5所示。

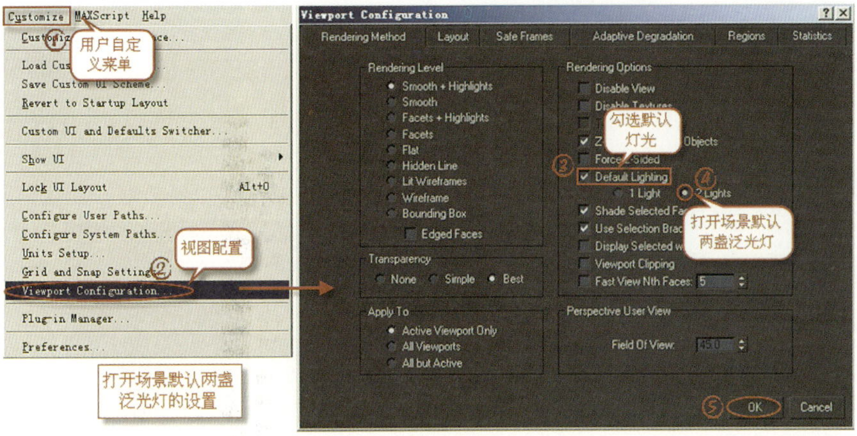

图10-5

04 调整后的摄像机视图效果如图10-6所示。

05 单击按钮打开渲染设置面板，设置较小的渲染尺寸以加快调试渲染速度，锁定输出尺寸纵横比以确定最终渲染输出的幅面尺寸，如图10-7所示。

图10-6

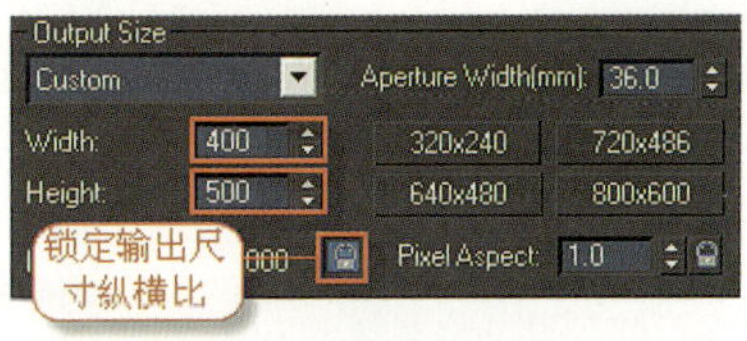

图10-7

06 在摄像机视图中，右击视窗名称，在弹出的快捷菜单中选择 Show Safe Frame（显示安全框）命令，以显示最终渲染内容，如图10-8所示。

07 设置空间场景的背景颜色，单击Rendering（渲染）菜单下的Environment...（环境）命令，在弹出的环境设置选项卡中将背景色设置为淡淡的蓝色，如图10-9所示。

图10-8

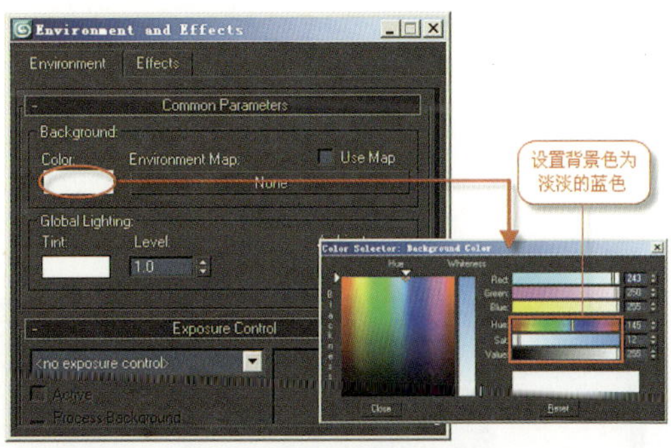

图10-9

10.3 调试渲染的参数设置

01 按F10键打开渲染面板，切换至VRay渲染器，具体设置如图10-10所示。

02 （VRay：：全局开关）卷展栏：关闭场景中默认泛光灯的照明，如图10-11所示。

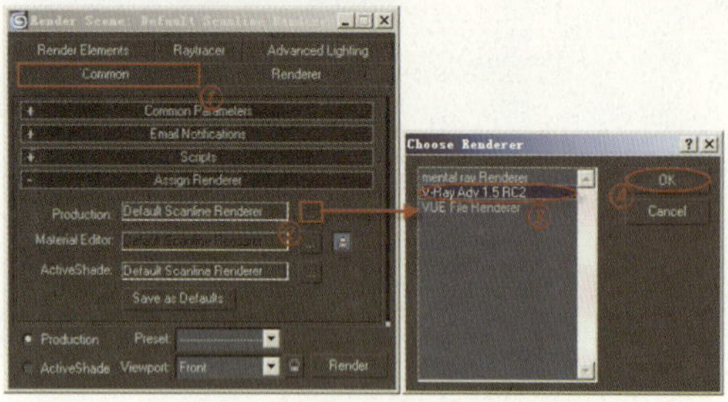

图10-10

图10-11

03 （VRay：：图像采样（抗锯齿））卷展栏：选择渲染速度较快的固定比率采样器，同时关闭抗锯齿过滤器以加快渲染速度，如图10-12所示。

04 （VRay：：间接照明（GI））卷展栏：开启GI引擎，设置首次反弹设为Irradiance map（发光贴图），二次反弹为Light cache（灯光缓存），如图10-13所示。

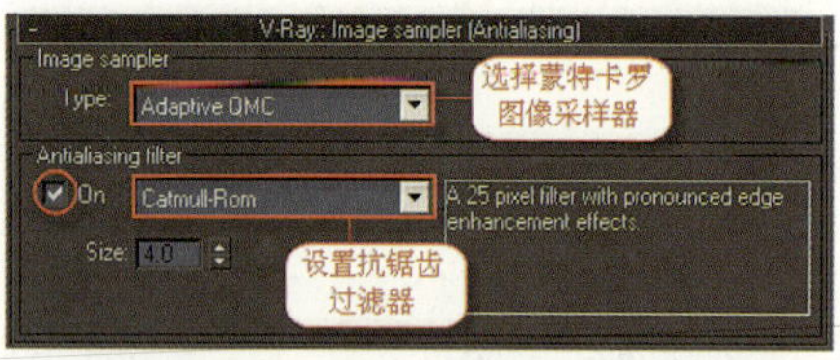

图10-12

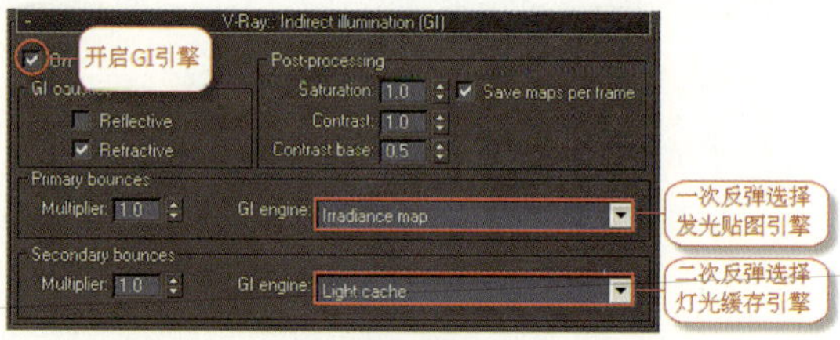

图10-13

05 对发光贴图和灯光缓存引擎的参数进行如图10-14所示的设置。

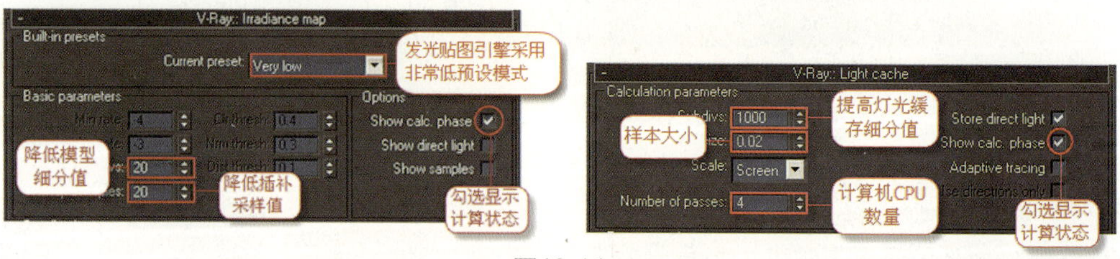

图10-14

06 （VRay：：颜色映射）卷展栏：设置色彩贴图类型为Reinhard（曝光）模式，具体参数设置如图10-15所示。

07 对（VRay：：系统）卷展栏参数进行如图10-16所示的设置，该设置并不会影响渲染的最终效果。

图10-15

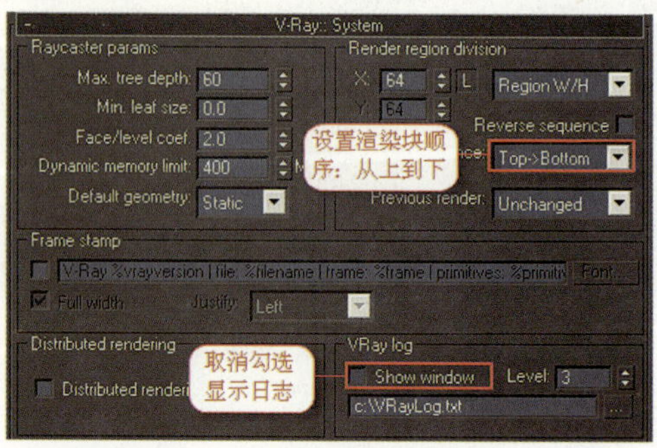

图10-16

10.4　材质的设置

10.4.1　地面木地板材质的设置

01 首先将材质类型改为 VRayMtl （VRay专业材质）。在漫反射颜色贴图通道中添加木地板贴图来模拟材质表面的纹理效果，关联复制漫反射贴图通道至凹凸贴图通道以增强材质表面的质感，如图10-17所示。

02 设置材质的反射属性。在反射贴图通道中使用 Falloff （衰减）贴图类型来模拟物理世界中真实的菲涅尔反射，如图10-18所示。

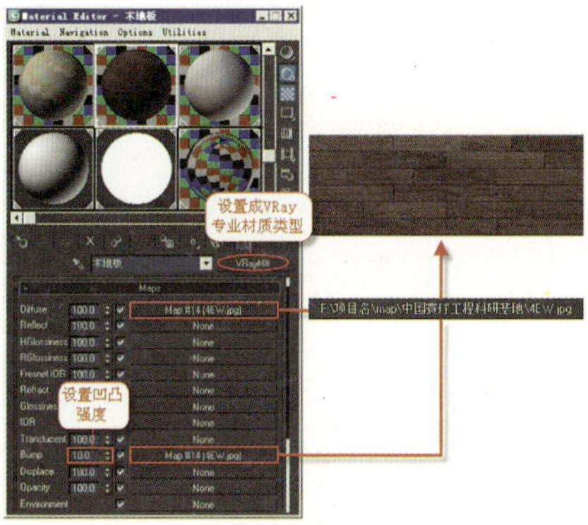

图10-17

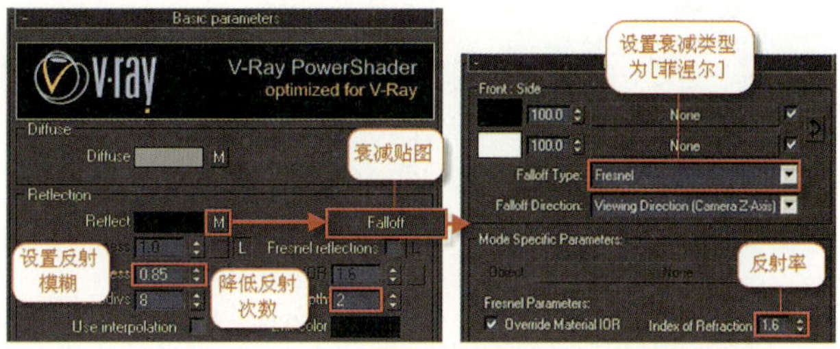

图10-18

10.4.2　墙面理石材质

将材质类型改为 VRayMtl （VRay专业材质）。在漫射颜色贴图通道中添加米黄石材贴图来模拟材质表面的纹理效果，并设置材质的反射属性，如图10-19所示。

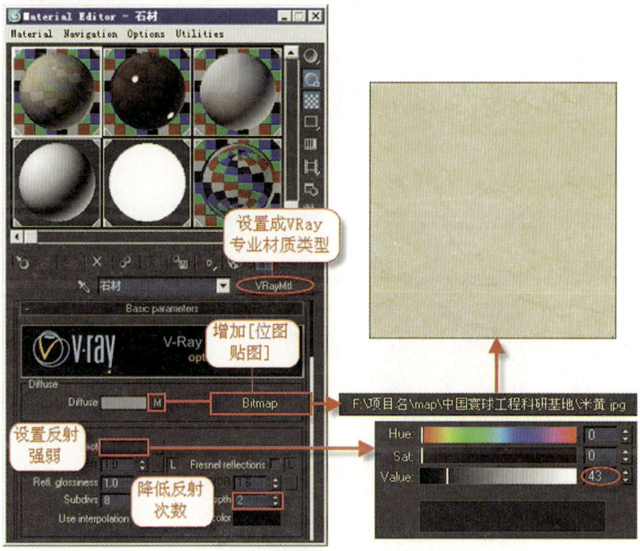

图10-19

10.4.3　白色乳胶漆材质

将材质类型改为 VRayMtl （VRay专业材质），设定漫射区颜色为白色，灰度值设定在250左右，如图10-20所示。

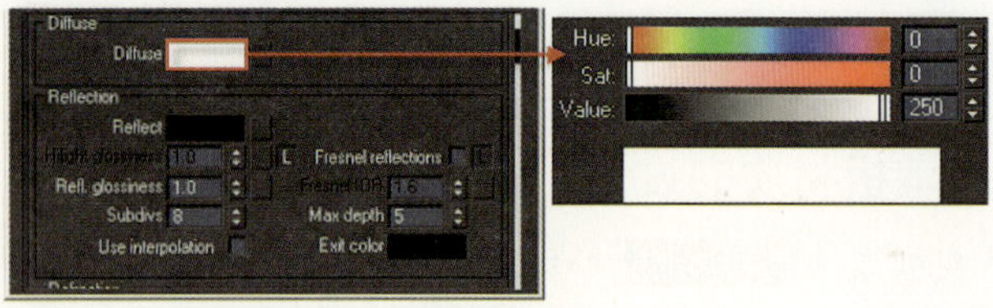

图10-20

10.4.4 木制吸音板材质

01 首先将材质类型改为 VRayMtl （VRay专业材质）。在漫反射颜色贴图通道中添加镂空板贴图来模拟材质表面的纹理效果，关联复制漫反射贴图通道至凹凸贴图通道中以增强材质表面的质感，如图10-21所示。

02 设置材质的反射属性，具体参数如图10-22所示。

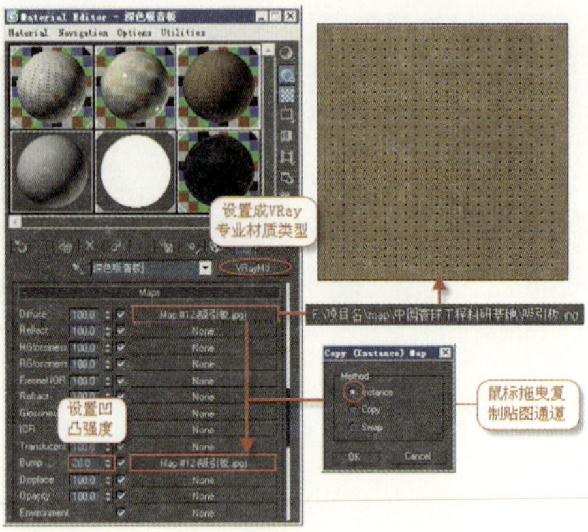

图10-21

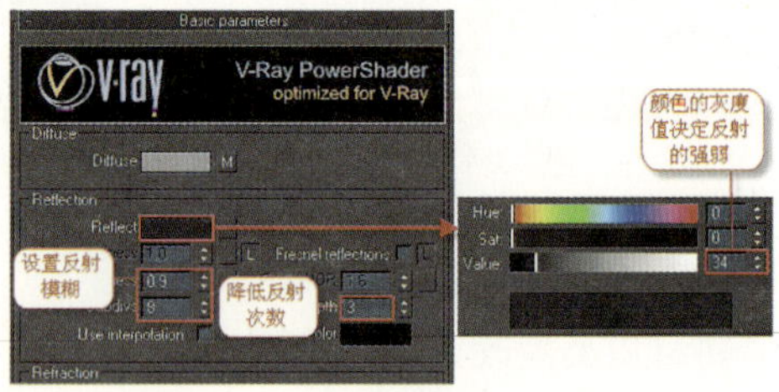

图10-22

10.4.5 窗帘材质

窗帘是一种半透明的布纹材质，该类材质的重点是折射属性的设置。材质参数的具体设置如图10-23所示。

01 首先将材质设置成VRay专业材质类型并设置漫射区颜色。

02 通过设置折射颜色的灰度值使材质产生半透明效果，并设置折射率为1.01，勾选影响阴影选项。

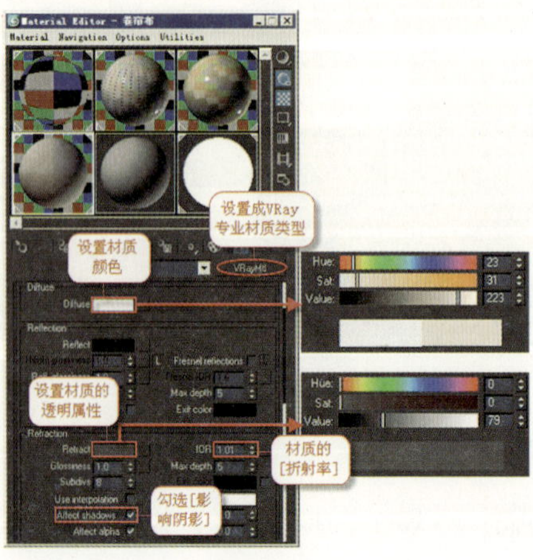

图11-23

10.4.6　清漆木饰面材质

01 首先将材质类型改为 VRayMtl （VRay专业材质）。在漫射颜色贴图通道中添加木纹贴图来模拟材质表面的纹理效果，关联复制漫射贴图通道到凹凸贴图通道以增强材质表面的质感，如图10—24所示。

02 设置木饰面材质的反射属性，具体参数设置如图10—25所示。

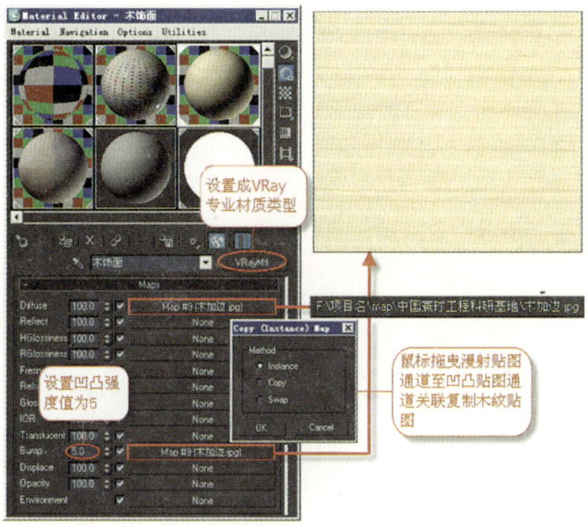

图10-24

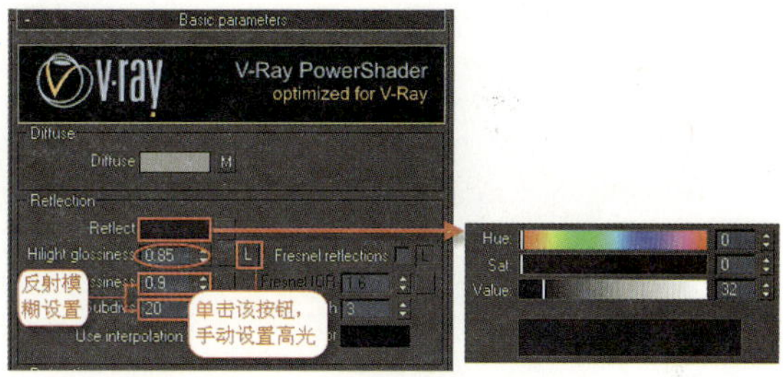

图10-25

10.4.7　清水玻璃材质

将材质类型改为 VRayMtl （VRay专业材质）并设置材质的漫射区颜色。考虑到窗玻璃的最终效果及渲染速度的问题，该玻璃材质将不设置反射属性。设置折射强度值为255，即完全透明。玻璃的折射率为1.5，勾选影响阴影属性，这样玻璃所产生的阴影将带有半透明属性，具体参数设置如图10-26所示。

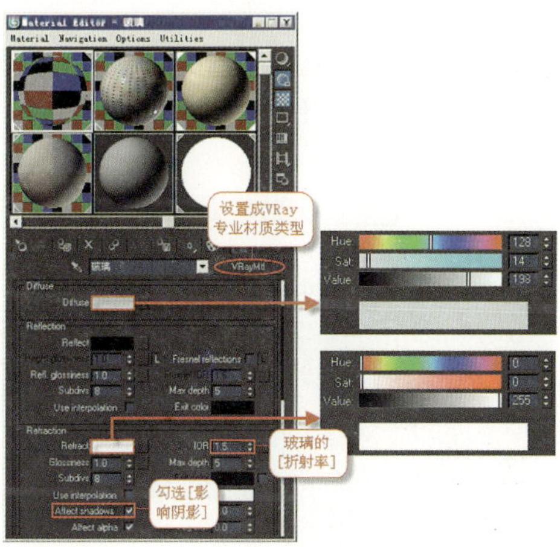

图10-26

10.4.8　不锈钢材质

不锈钢是一种表面非常光滑，且具有强烈反射的金属材质，具体参数设置如图10-27所示。

01 将材质设置成 VRayMtl （VRay专业材质），并设置材质颜色。不锈钢为强反射材质，为了更好地表现它的质感，通常将材质颜色设置为偏蓝的深色。

02 调节反射属性：不锈钢会产生强烈的反射，所以设置反射颜色的灰度值为200左右（颜色的亮度值决定反射属性）。

03 设置材质的模糊反射：强烈的反射会产生镜面效果，为了更好地表现金属感，通常会为其设置少量的模糊反射。因此设置反射光泽度值为0.9。

到此场景中的主要材质已经设置完成，勾选渲染默认灯光，渲染的效果如图10-28所示。

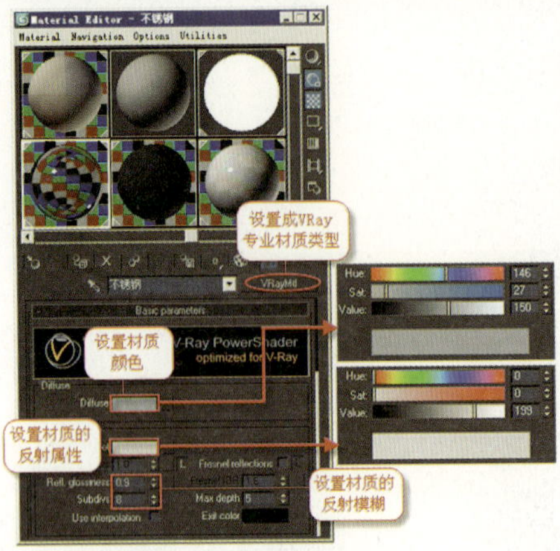

图10-27

图10-28

10.5 场景灯光的设置

本案例场景有着良好采光的先天条件，非常利于表现阳光效果，在第9章案例中运用了 VRaySun （VRay阳光）系统和 VRaySky （VRay天光）系统来表现真实的日光光照效果，本章将采用另一种灯光布局来模拟“午后阳光效果”。

10.5.1 设置“阳光”光源

制作阳光效果除使用 VRaySun （VRay阳光）系统以外，还可以采用 Target Point （目标聚光灯）来模拟， Target Direct （目标平行光）也是不错的选择。本案将采用目标平行光来模拟阳光的光照效果。

01 点击（创建）按钮，打开（灯光）面板，创建 Target Direct 目标平行光用于模拟太阳的光照效果，位置如图10-29所示。

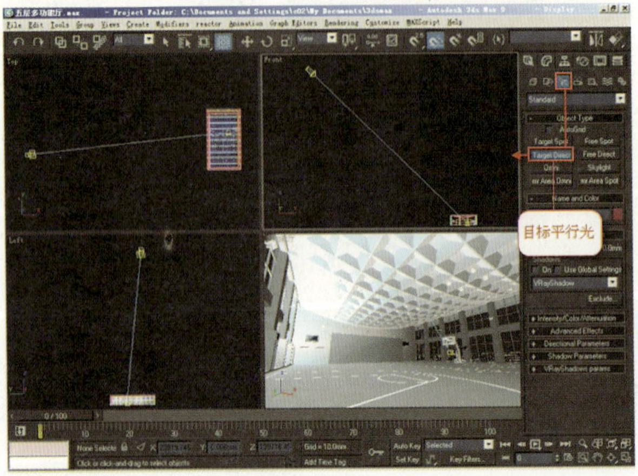

图10-29

02 阳光参数设置：选择目标平行光，进入 （修改）面板对“阳光”的参数进行设置，具体设置如图10-30所示。

03 按F9键进行快速渲染，可以看到阳光的光照强度及位置基本达到要求，渲染效果如图10-31所示。

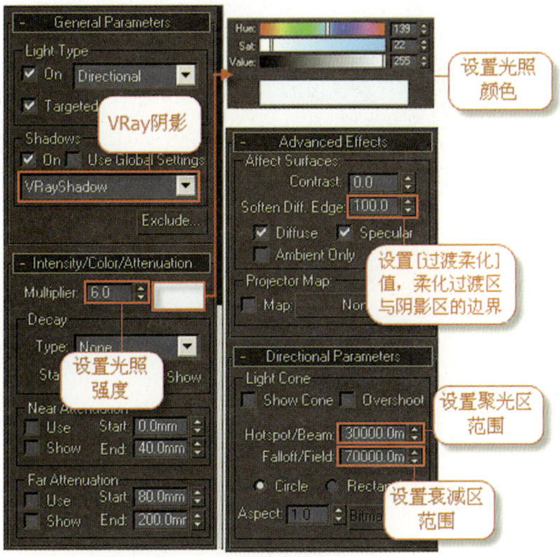

图10-30

图10-31

提示

本案例的目标平行光的光照强度、位置以及光照颜色等参数是经过多次调试以后所得到的比较合适的结果，至于参数的调试在此就不过多做测试了。

10.5.2 天光的设置

用于模拟天光的方式也有很多种，如第8章中采用VRayLight（VRay光灯）的面光来模拟天光的光照效果，它的优点是产生的阴影细节更好；第9章运用了VRaySky（VRay天光）贴图来表现真实的天光光照效果；本章中将采用VRayLight（VRay灯光）的穹顶光使模型场景产生天光光照效果。用穹顶光模拟天光所得到的效果比环境光要好，尤其是在阴影细节上的表现，但渲染速度上要慢很多，如果灯光细分值不够高，还会产生大量的噪点。

01 单击 （创建）按钮，打开 （灯光）面板，单击灯光下拉列表切换到VRay灯光面板，在Top（顶）视图中如图10-32所示位置创建VRayLight（VRay灯光）的穹顶光源。

02 VRayLight（VRay灯光）的穹顶光在场景中的位置对于渲染效果不会有任何影响，它在摄像机视图的位置如图10-33所示。

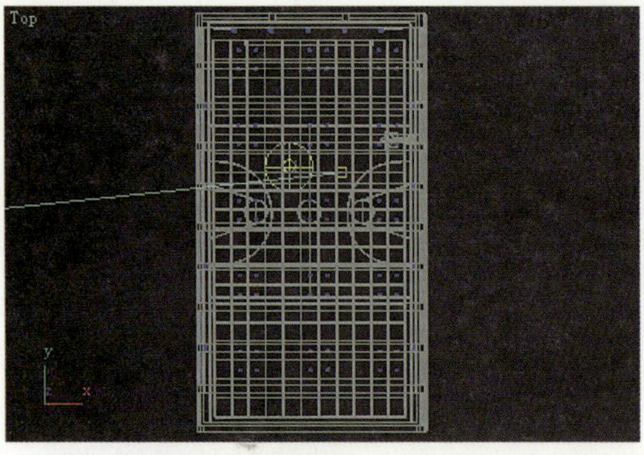

图10-32

图10-33

03 选择VRay穹顶光，进入 (修改) 面板对“天光”的参数进行设置，如图10—34所示。

04 测试渲染效果如图10—35所示。

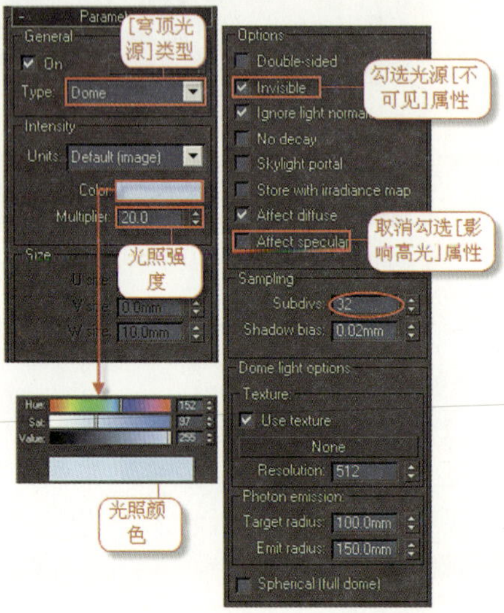

图10-34

图10-35

10.5.3 设置室内灯光辅助照明

01 创建 VRayLight (Vray灯光) 并将其设置为球形光源来模拟室内吸顶灯的光照，位置如图10—36所示。

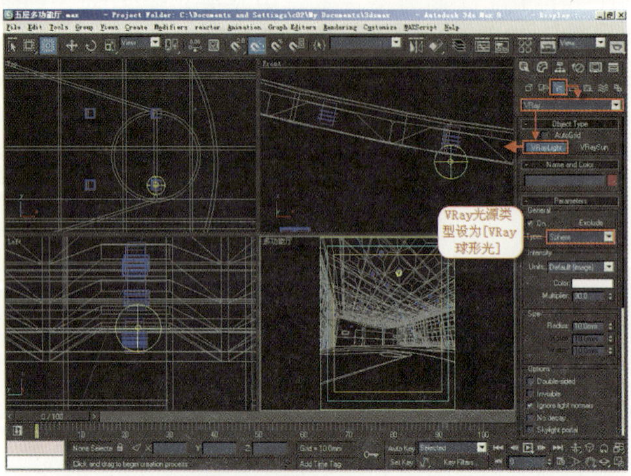

图10-36

02 选择球形光，按住Shift键进行移动复制操作，创建其他吸顶灯的光照效果，如图10—37所示

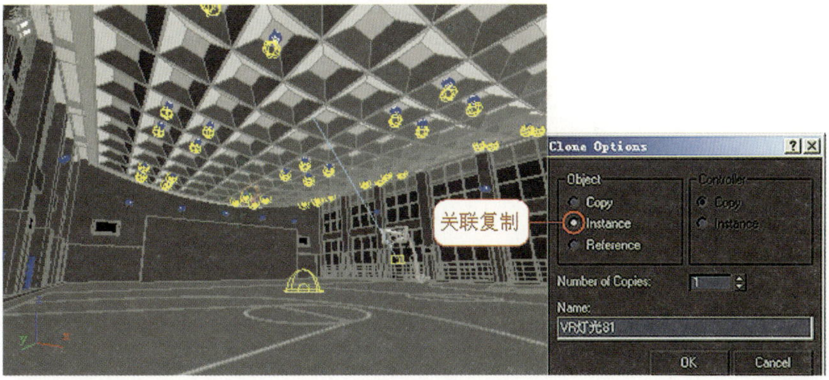

图10-37

提示

布光过程中应谨记布光原则的第二条“灯光的数量宜精不宜多”，还有相同类型的光源要用关联复制的方法创建。

03 打开 （修改）面板对VRay球形光的参数进行设置，如图10—38所示。

04 测试渲染效果如图10—39所示。画面的光照氛围已经出来了，但整体有些偏暗，接下来将通过调节渲染面板的曝光参数来整体提高渲染亮度。

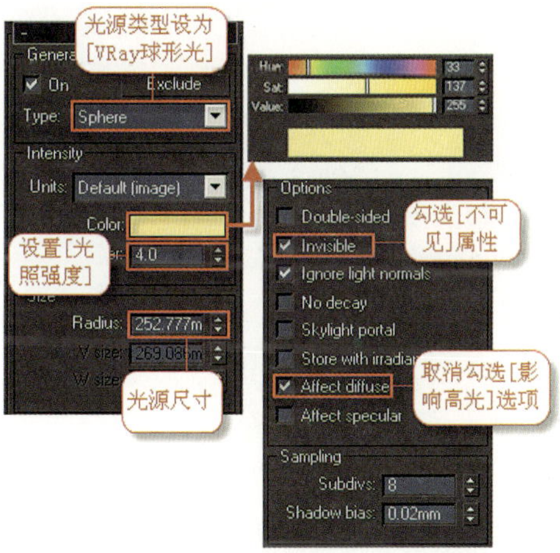

图10-38

图10-39

10.5.4 调整整体渲染效果的亮度

打开（VRay: : 颜色映射）卷展栏，将曝光倍增值设置为1.2，渲染效果如图10-40所示。

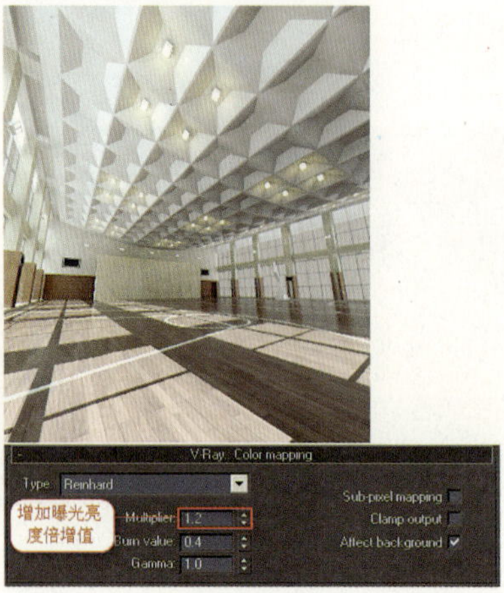

图10-40

10.6 最终渲染与输出设置

从某种意义上来说MAX所做的工作是为Photoshop提供一个可供其修改的“粗坯”，通过Photoshop的后期处理工作可以非常方便快捷地完成效果图的润色、配饰和修补等工作。但这并不代表前期工作就可以马虎，“粗坯”做得好，后期处理工作就可以更轻松一些。接下来就提高渲染参数设置来完成最终的渲染输出。

10.6.1 提高图像的渲染品质

观察测试渲染效果就会发现图面中产生了大量的噪点，最终渲染时就需要提高产生噪点光源的采样细分值以减少噪点提高渲染输出的品质。通常情况下为了加快调试渲染的速度，增加光源的采样细分值都会留在最终渲染前操作。增加用于模拟“天光”的面光源的采样细分值的效果如图10-41所示。

图10-41

10.6.2 最终渲染的参数设置

01 设置渲染输出图像的尺寸为3200×4000像素，如图10-42所示。并设置输出图像的保存路径及文件格式为*.tga，如图10-43所示。

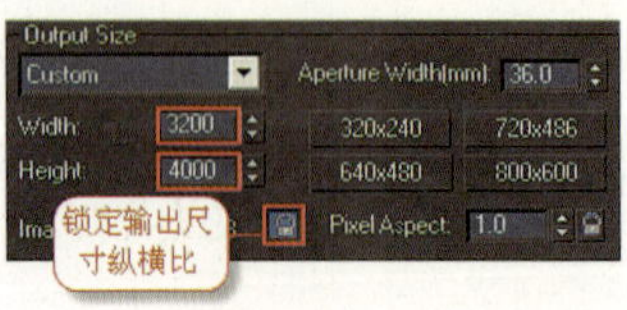

图10-42

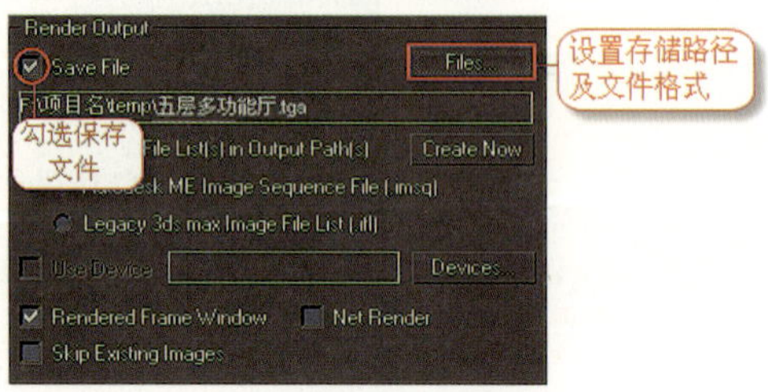

图10-43

02 （VRay::全局开关）卷展栏：参数设置保持与调试渲染时的设置相同，如图10-44所示。

03 （VRay::图像采样（抗锯齿））卷展栏：选择蒙特卡罗采样器和只读存储抗锯齿过滤器，以提高渲染图像的抗锯齿效果，如图10-45所示。

图10-44

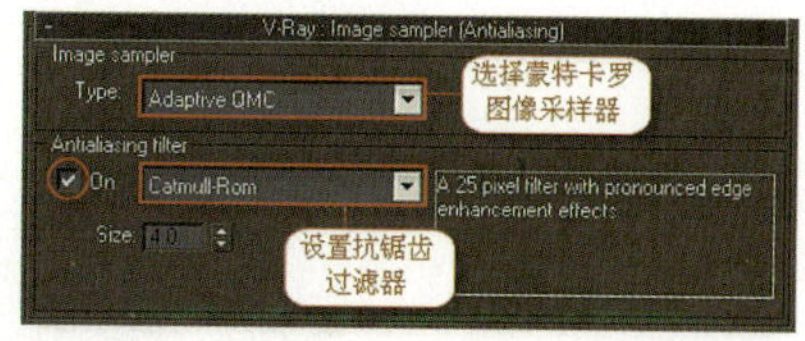

图10-45

04 （VRay::间接照明（GI））卷展栏：其设置保持与预览时的设置相同，如图10-46所示。

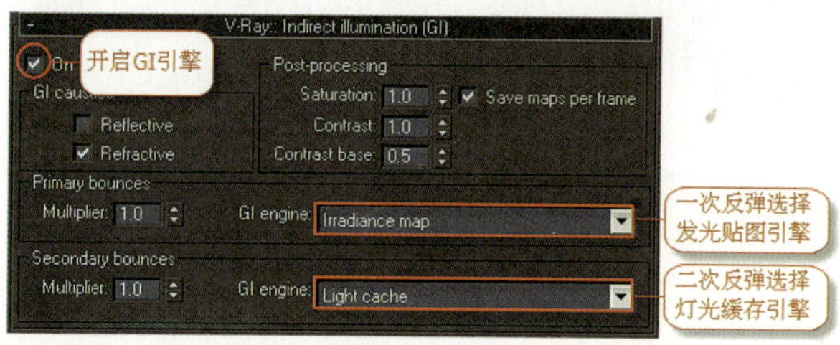

图10-46

05 对发光贴图引擎和灯光缓存引擎的参数进行如图10-47所示的设置。

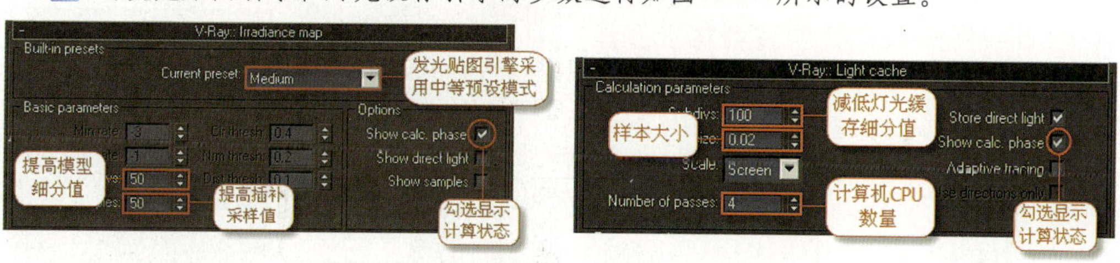

图10-47

06 （VRay::颜色映射）卷展栏：参数设置保持与预览设置相同，如图10-48所示。

07 系统设置保持与预览设置相同，如图10-49所示。

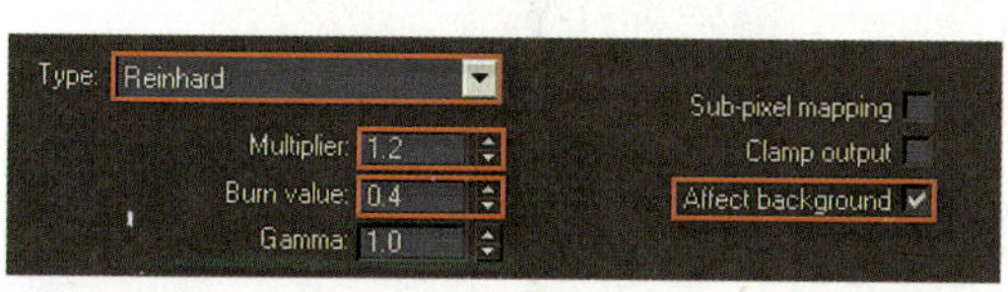
图10-40

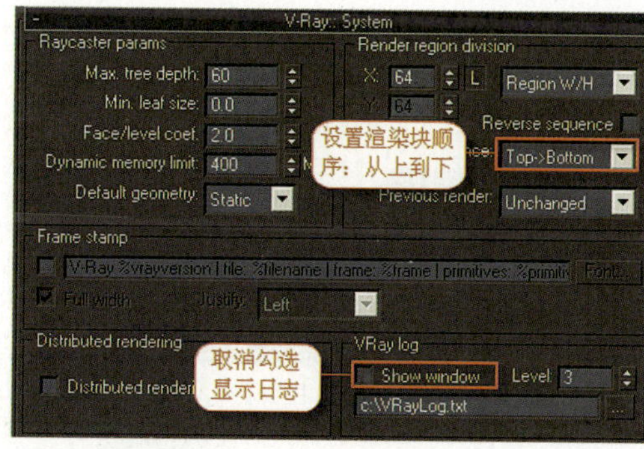

图10-49

08 单击渲染按钮，对场景进行最终的渲染输出。渲染效果所图10-50所示。

图10-50

10.6.3 “颜色通道”的设置与渲染输出

01 本案例的“颜色通道”将使用beforeRender.mse脚本进行渲染输出。打开 MAXScript （MAX脚本语言）菜单中的 Run Script... （运行脚本）命令，选择beforeRender.mse脚本，将所有材质转换为通道渲染场景，如图10-51所示。(该脚本版权为“本.强强”所有，beforeRender.mse脚本的存放路径在光盘相应的根目录下)。

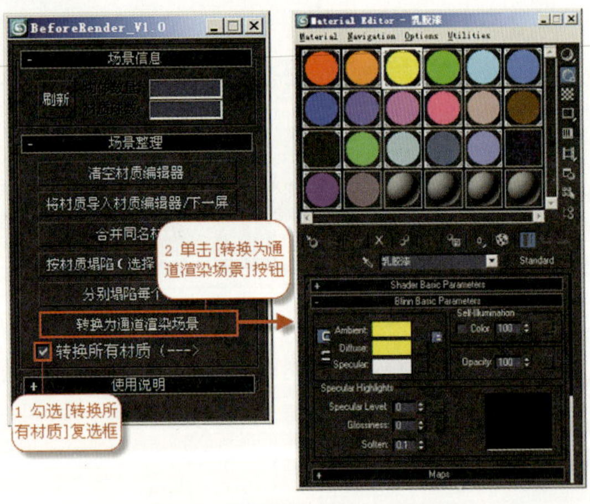

图10-51

02 按F10键打开渲染面板，选择MAX默认扫描线渲染器，如图10-52所示。使用最终渲染图像的输出尺寸，并另设置图像文件存储路径，如图10-53所示。

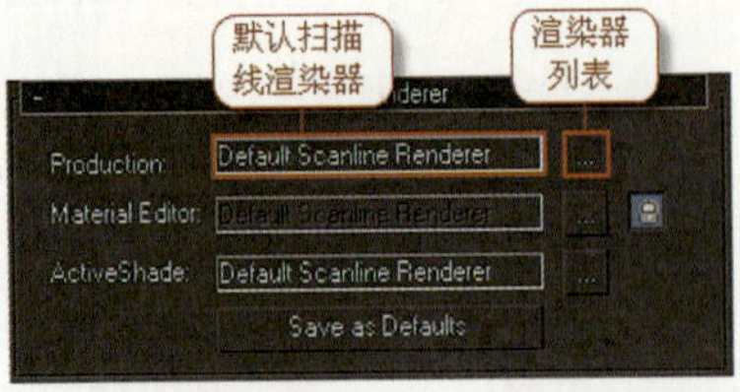

图10-52

图10-53

03 切换到渲染面板中的 Renderer （渲染）选项卡下，取消勾选纹理贴图、材质的反射/折射和阴影复选框，设置如图10-54所示。

04 最终渲染的“颜色通道”效果如图10-55所示。

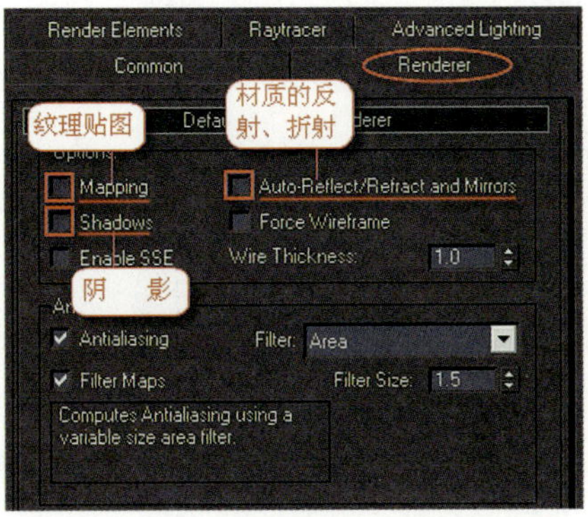

图10-54

图10-55

10.7　Photoshop的后期处理

01 启动Photoshop软件并打开配套光盘中的“项目名\temp\五层多功能厅.tga”和“五层多功能厅通道.tga”，效果如图10-56所示。

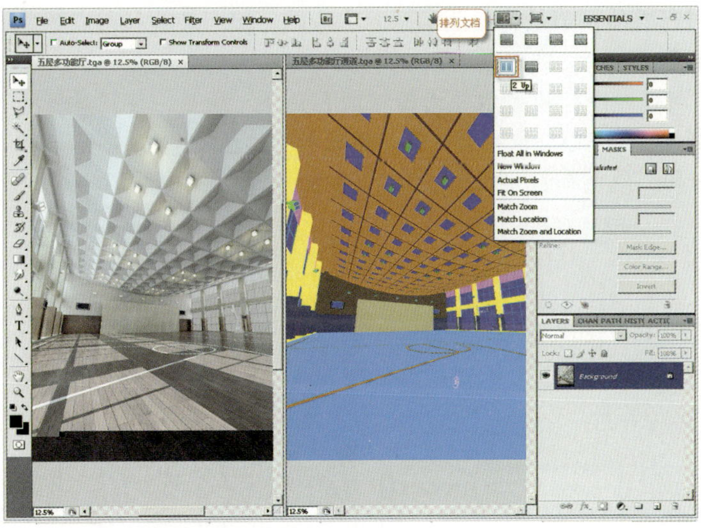

图10-56

02 使用（移动）工具并按住Shift键的同时拖曳“颜色通道”图像至五层多功能厅效果图中。关闭“颜色通道”图层的显示，选择（剪切）工具对图像的画面尺寸进行适当的剪切，具体操作如图10-57所示。

03 双击背影层缩略图将其转化为普通层，按Shift+Ctrl+Alt+L键使用色彩调节工具中的 Auto Contrast （自动对比度）工具对图像进行自动明度及对比度的处理，所得效果如图10-58所示。

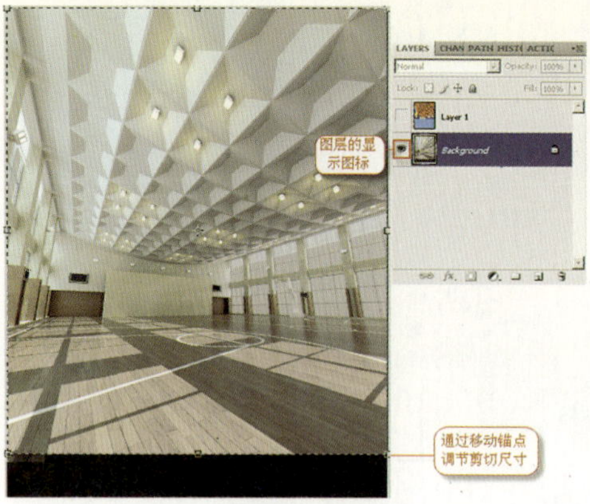

图10-57

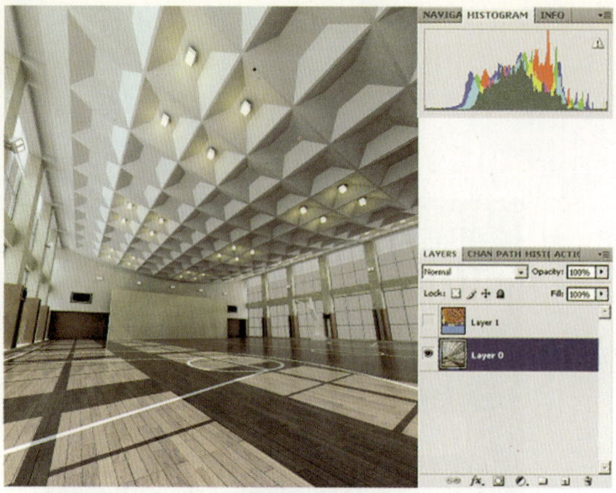

图10-58

提示

Photoshop的一些操作不能针对背景图层。

04 使用 Image （图像）→ Adjustments （调整）→ Exposure... （曝光度）工具调整整体图像的曝光度，如图10-59所示。

对效果图进行整体调节是为了明确画面主基调，接下来就利用“颜色通道”对图像进行局部的色彩调整。

05 打开“颜色通道”的显示并选择“颜色通道”图层，使用 Select （选择）菜单下 Color Range... （颜色范围选取）命令选出图像的“地板”；按Ctrl+J键为选区内“地板”创建新图层，关闭“颜色通道”图层的显示，如图10-60所示。

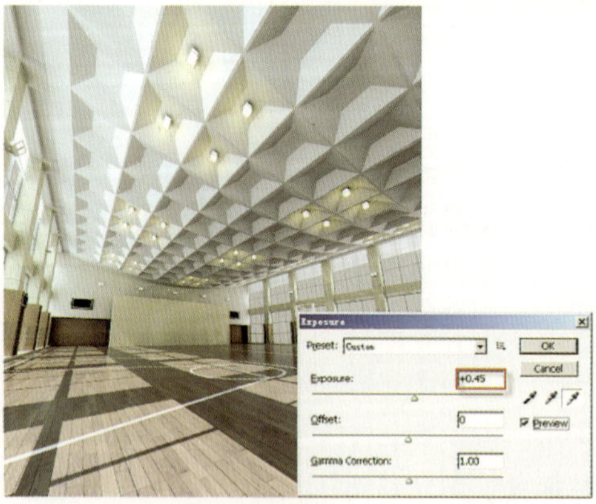

图10-59

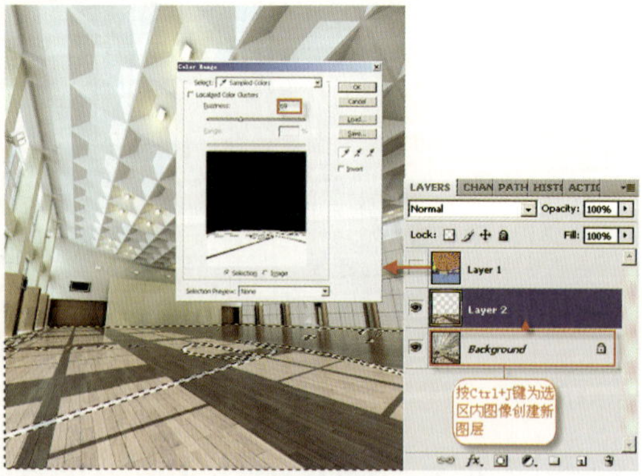

图10-60

06 使用 Image （图像）→ Adjustments （调整）→ Vibrance... （自然饱和度）工具调整“地板”颜色的饱和度，如图10-61所示。

07 选择使用 Image （图像）→ Adjustments （调整）→ Brightness/Contrast... （亮度/对比度）工具增强“地板”的颜色对比度，如图10-62所示。

图10-61

图10-62

08 石材的柱体有些偏绿，接下来利用“颜色通道”选出柱体，并按Ctrl+J键为选区内“柱体”创建新图层，按Ctrl+B键打开色彩平衡工具调节中间调的颜色，如图10-63所示。

09 使用 Color Range... （颜色范围）选取命令选出“浅色吸音板”并为其新建图层，按Ctrl+M键打开 Curves... （曲线）对话框，如图10-64所示调整曲线，以提高其亮度。

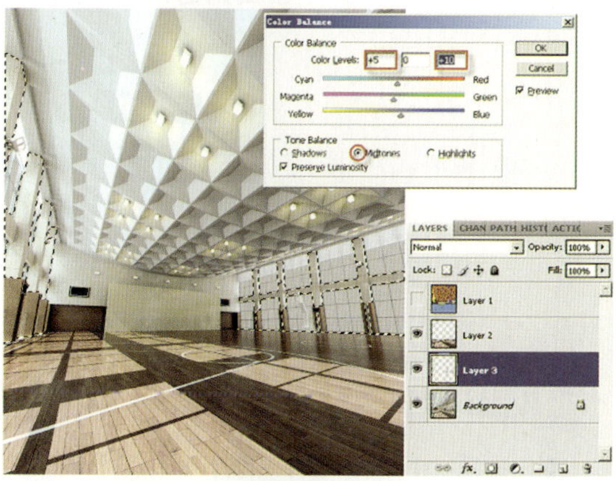

图10-63

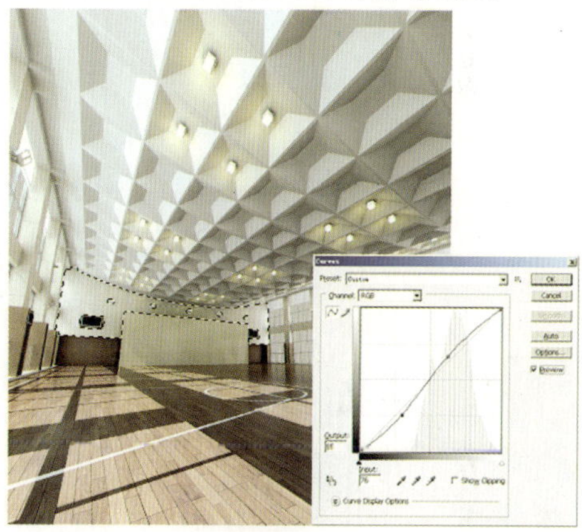

图10-64

10 选择出顶部造型，按Ctrl+J键为选区内图像创建新图层，使用 Image （图像）→ Adjustments （调整）→ Curves... （曲线）命令，打开曲线对话框调整其亮度，如图10-65所示。

11 按Ctrl+B键打开色彩平衡对话框，分别调整亮部区域的颜色和暗部区域的颜色，具体设置如图10-66所示。

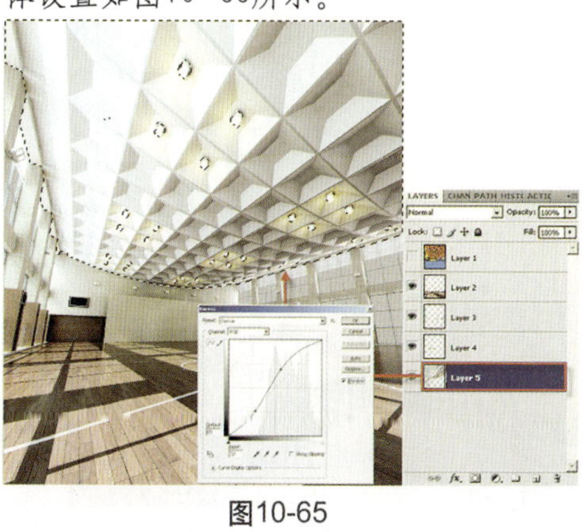

图10-65

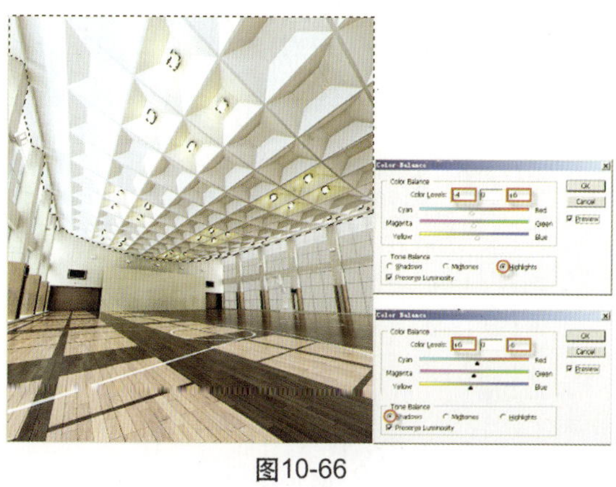

图10-66

12 选择所有调整后的图层，按Ctrl+E键将其合并。调整后的效果如图10-67所示。

13 添加企业标识。按Ctrl+T键使用自由变换工具调整其尺寸及透视关系，如图10-68所示。

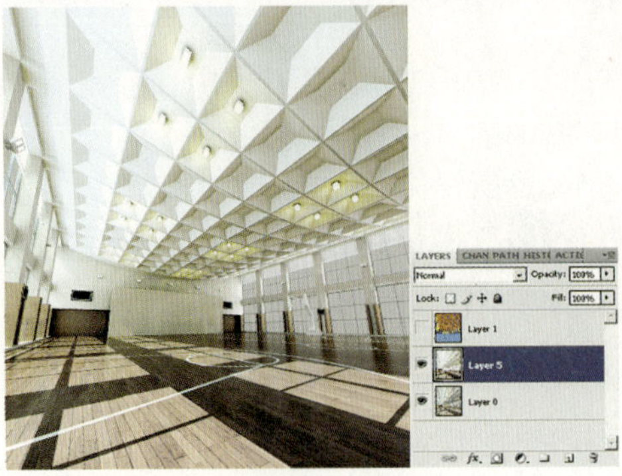

图10-67

图10-68

14 制作室外配景

(1) 新建一个空白图层并利用“颜色通道”创建窗玻璃的选区，如图10-69所示。

(2) 选择（填充渐变）工具并调整渐变颜色，创建室外天空由白到蓝的渐变效果，如图10-70所示。

图10-69

图10-70

15 添加Exposure（曝光度）效果来调整图层，降低整体画面的亮度，如图10-71所示。

16 中国寰球工程科研基地的五层多功能厅的最终效果如图10-72所示。

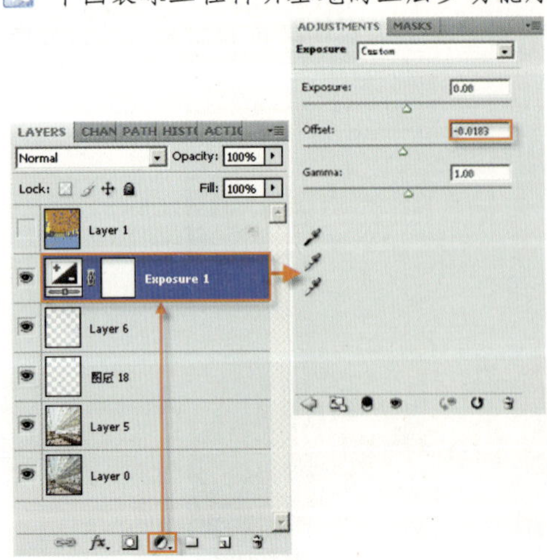

图10-71

图10-72

10.8　本章小结

模拟阳光效果的方法有很多种，本章案例使用目标平行光和VRay灯光的穹顶光来模拟午后阳光的光照效果。在三维的世界里一切都是虚拟的，同样的结果可以使用很多不同的方法来完成，关键是要找到最适合的方式，希望读者能够灵活掌握，充分发挥自身的创造性和主观能动性。

·读·书·笔·记·

第11章 雨过晴天效果的表现——建筑外观

知识要点

- 掌握建筑效果图的灯光设置
- 掌握建筑表现中玻璃材质的设置
- 掌握Photoshop配景的合成技巧

11.1 案例简介

本案例场景是是北京建材科学研究院技术研发大楼的早期设计方案。考虑到所处地区的大背景，将整体设计为简约现代的中式风格，造型上采用了中国传统的花格元素。本案例将采用常规的布光手法并通过大量的后期处理工作表现出雨过晴天时建筑的外观效果。

图11-1

11.2 创建摄像机

01 打开本书配套光盘中的“项目名\max\外观.max”文件。该场景是一个已由模型师建好的模型空间，如图11-2所示。

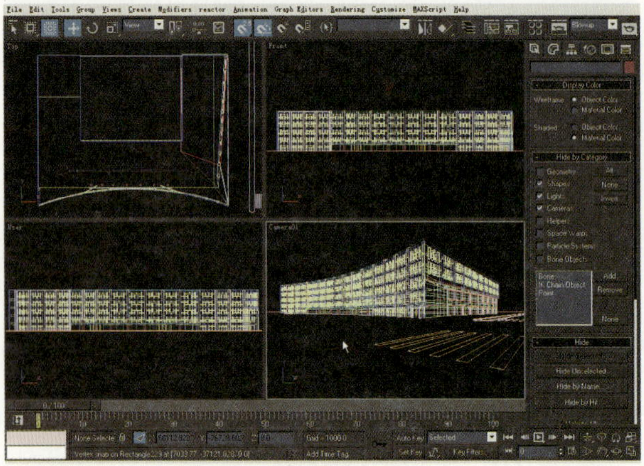

图11-2

02 点击（创建）按钮，打开（摄相机）面板，在Top（顶）视图中创建一部 Target （目标）摄像机，将视野设定为24mm，位置如图11-3所示。

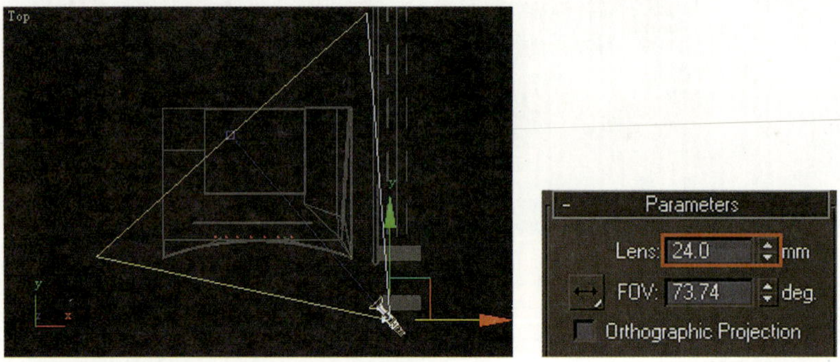

图11-3

03 按F键切换到Front（前）视图，使用（移动）工具调整摄像机的高度为1600mm，如图11-4所示。

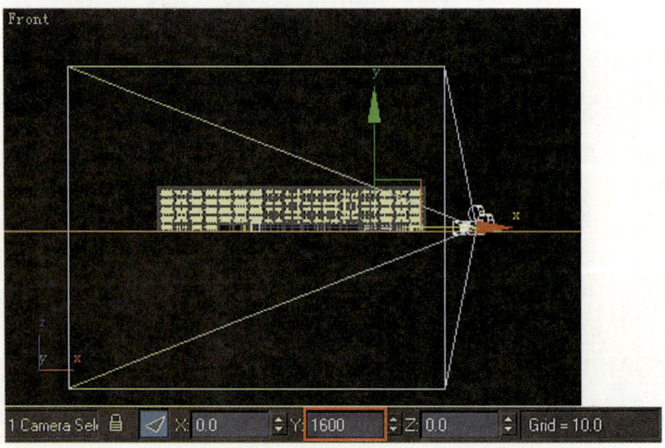

图11-4

04 按C键切换到当前摄像机视图。为便于观察，打开场景中两盏默认的泛光灯来照亮场景，具体操作如图11-5所示。

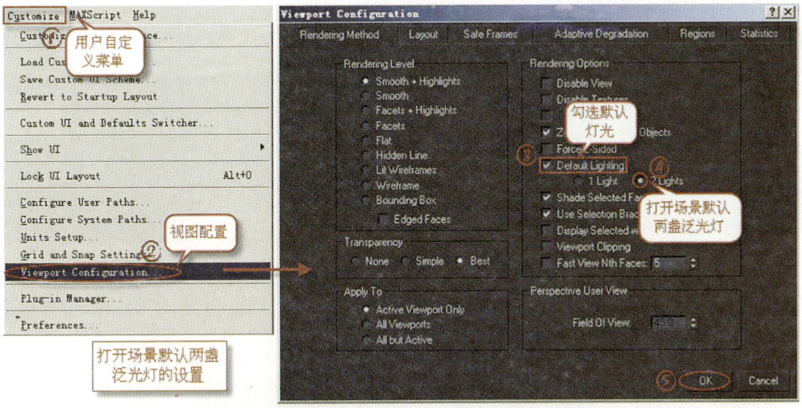

图11-5

05 调整后的摄像机视图效果如图11-6所示。

图11-6

11.3　调试渲染的参数设置

01 按F10键打开渲染设置面板，切换至VRay渲染器，如图11-7所示。设置一个较小的渲染图像尺寸，如图11-8所示。

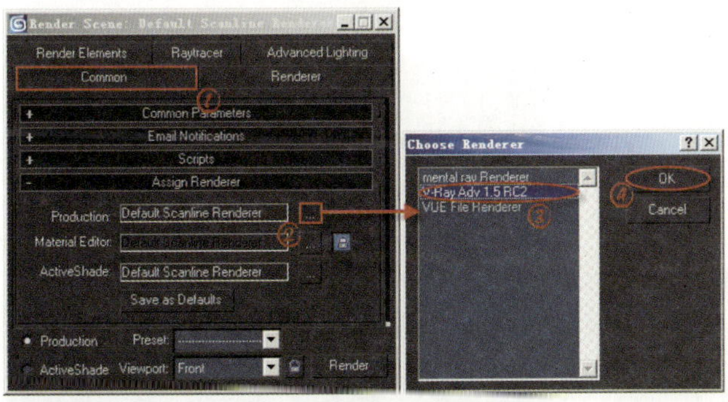

图11-7

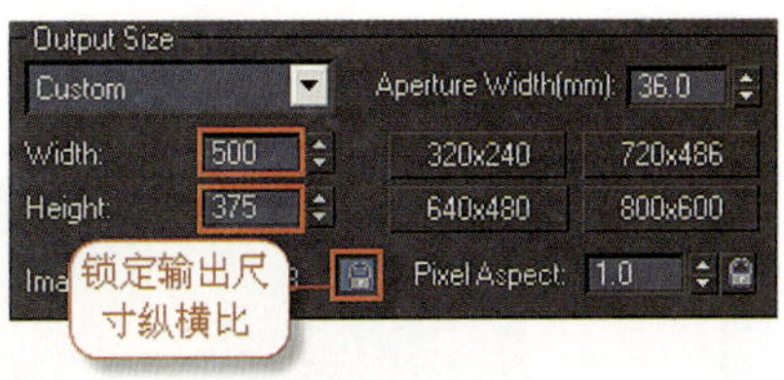

图11-8

02 （VRay::全局开关）卷展栏：关闭场景中默认泛光灯照明，如图11-9所示。

03 （VRay::图像采样（抗锯齿））卷展栏：选择渲染速度较快的固定比率采样器，同时关闭抗锯齿过滤器，如图11-10所示。

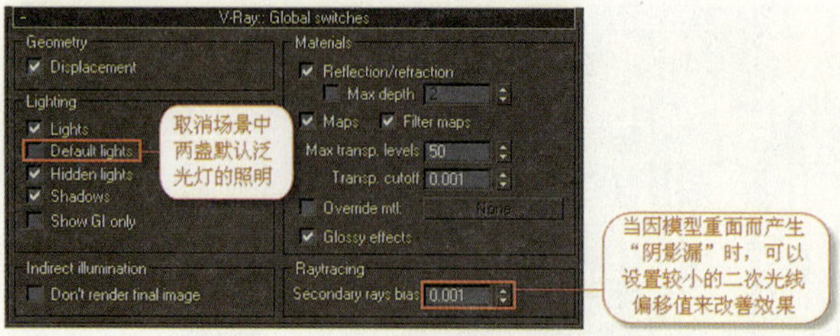

图11-9

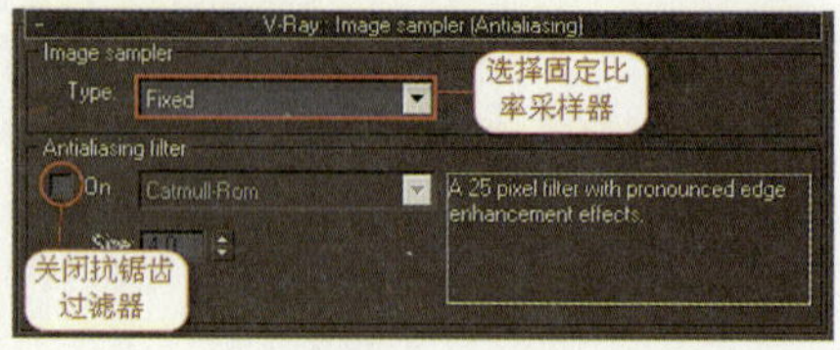

图11-10

04 （VRay::间接照明（GI））卷展栏：开启GI引擎，设置首次反弹设为Irradiance map（发光贴图），二次反弹为Light cache（灯光缓存），如图11-11所示。

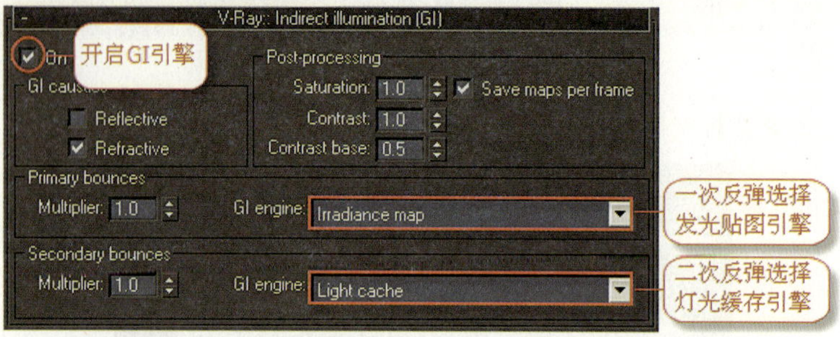

图11-11

05 对发光贴图和灯光缓存引擎的参数进行如图11-12所示的设置。

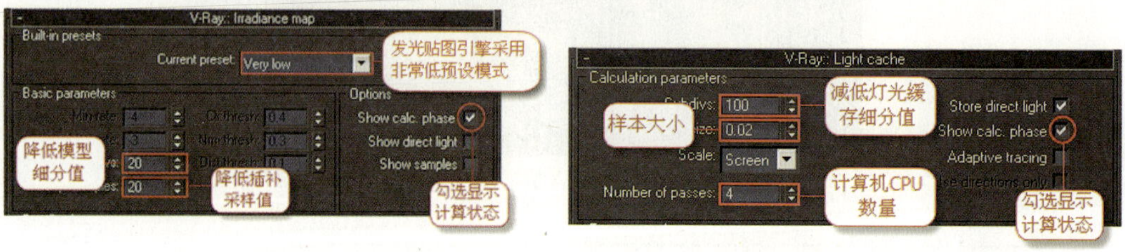

图11-12

06 （VRay::颜色映射）卷展栏：设置色彩贴图类型为指数曝光模式。勾选子像素贴图、钳制输出和影响背景3个选项，如图11-13所示。

07 （VRay::系统）卷展栏：对该卷展栏参数的设置并不会影响到渲染的最终效果，设置如图11-14所示。

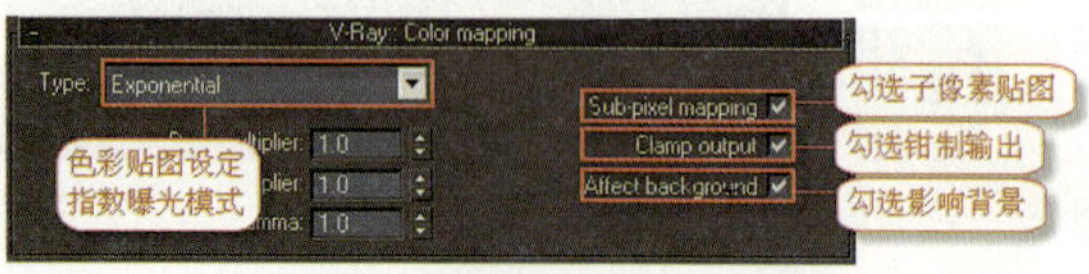

图11-13

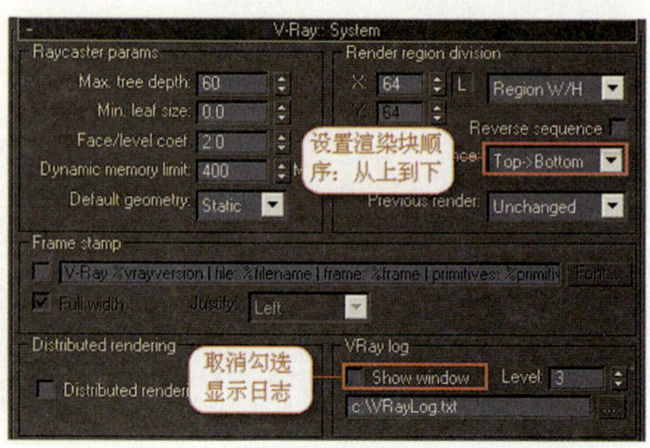

图11-14

11.4　材质的设置

建筑外观的材质设置与室内材质设置差不多，主要也是对材质纹理贴图、反射与折射等属性的控制。在建筑外观表现中，玻璃材质的设置是重点也是难点。

11.4.1　主墙体白麻石材材质

白麻是一种表面很光滑，且具有较强反射的花岗岩石材。鉴于本场景表现的需要，将不设置反射属性。

01 将材质类型改为 VRayMtl （VRay专业材质），在漫射贴图通道中添加白麻贴图来模拟材质表面的纹理效果，如图11-15所示。

02 设置白麻材质的高光。VRay需要与反射属性相配合才能产生高光。当只想要使用高光时，可以先设置材质一定的反射值，然后取消勾选 Trace reflections （追踪反射）复选框即可，如图11-16所示。

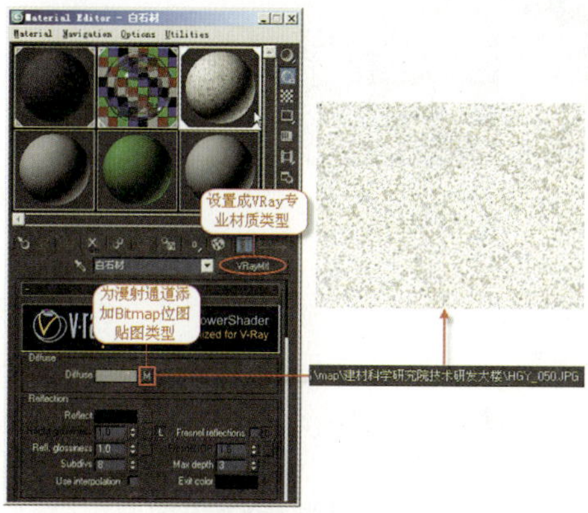

图11-15

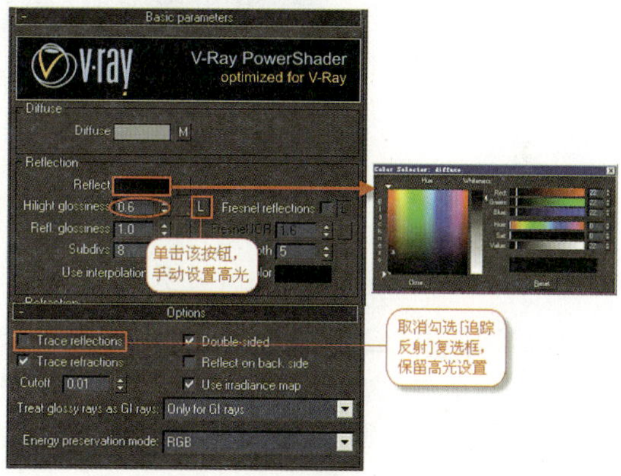

图11-16

03 单击 （按材质选择）按钮选择所有该材质的模型，为主墙体模型指定UVW Mapping修改编辑器，设定合适的贴图坐标，如图11-17所示。

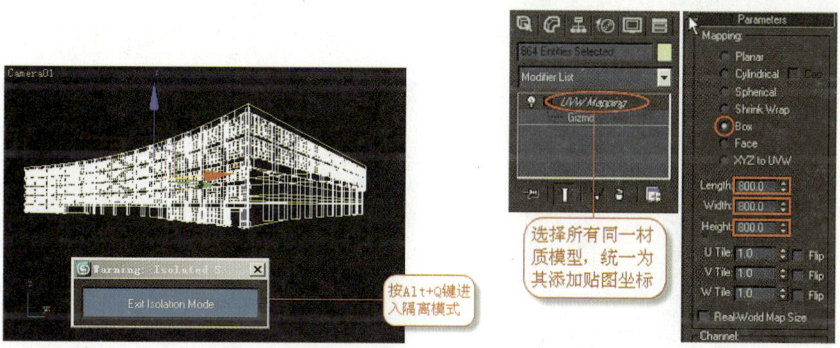

图11-17

技巧

当使用按材质选择命令的时候，有时会将与该材质同一编组下的其他模型选中，这时就需要先取消编组，然后再进行选取。

11.4.2　地面材质的设置

雨后晴天时，假设场景中的地面上会有水，所以要为水添加一定的反射属性。

将材质类型改为 VRayMtl （VRay专业材质）。设定漫射区颜色，并为其反射通道添加 Falloff （衰减）贴图来模拟地面的菲涅尔反射现象，如图11-18所示。

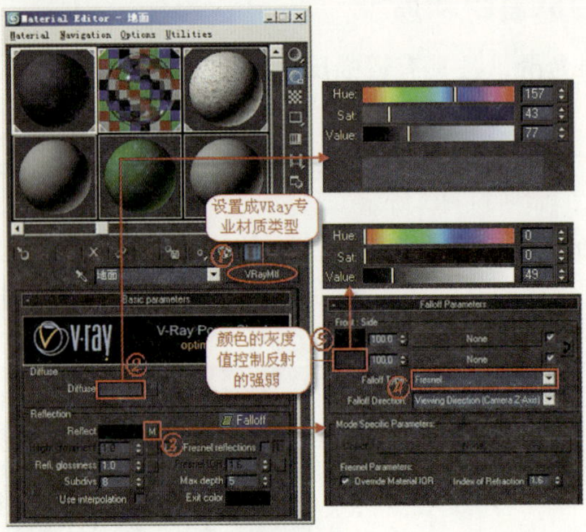

图11-18

11.4.3　玻璃材质

本次将使用MAX的标准材质类型来设置玻璃材质。

01 首先设定玻璃材质漫射区颜色为较深的墨绿色（漫射区颜色越深产生的反射效果就越显得清亮、明澈），设置较小的不透明度值及较小的高光值，如图11－19所示。

02 设置玻璃的反射属性。在玻璃的反射贴图通道中为其添加 VRayMap （VRay贴图）来创建玻璃的反射效果，如图11－20所示。

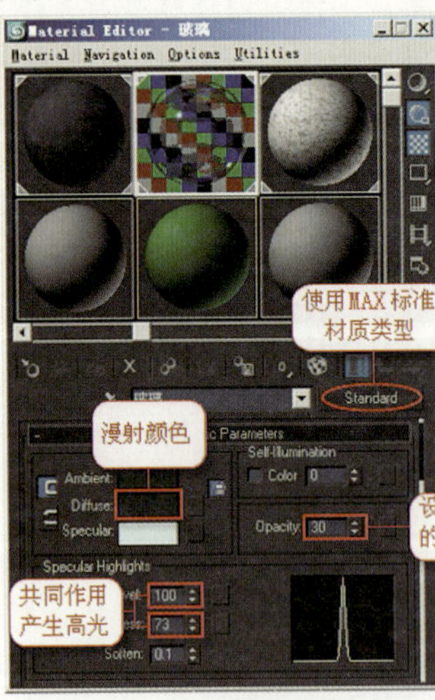

图11-19

图11-20

设置好玻璃的反射参数并不等于能够渲染出完美的反射效果。既然是反射，就需要场景中有可反射的物体才行。

11.5 详解三点照明布光方案

三点照明法在电影拍摄、摄影领域中有着广泛的运用，是用光勾勒出物体造型的一种有效方法。在3D场景中，三点照明也是最基本的布光方法，它简便易用，并且适用于很多类型的场景。这3个点的灯光分别是主光、辅助光和背光，如图11-21所示。

- 主光：用于照明场景中的主体，最大程度地影响场景的照明及阴影的显示。一般会比其他的光源亮一些，它是最主要的阴影投射来源，物体高光也是由它来产生。主光确定画面的层次、基调及氛围。
- 辅助光：它的作用是柔和和扩展主光的照明范围，使之能够看到更多的主体细节。在场景中可以放置很多的辅助光，任何光源都可以做为辅助光而存在。辅助光和主光多放置在摄像机的两端，分处于相对的位置，但不一定要完全对称。辅助光的亮度一般是主光的一半，如果存在多盏辅助光，光照总值不能超过主光。
- 背光：它的作用是定义物体边缘，使物体在视觉上把主体和背景分开。背光是会让场景中的物体顶部和边缘产生光亮的灯。

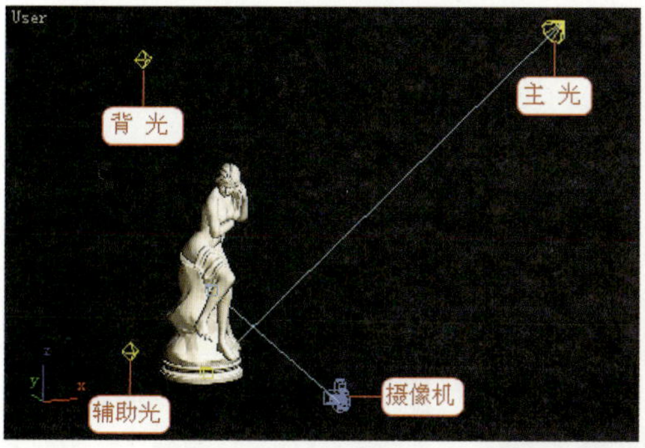

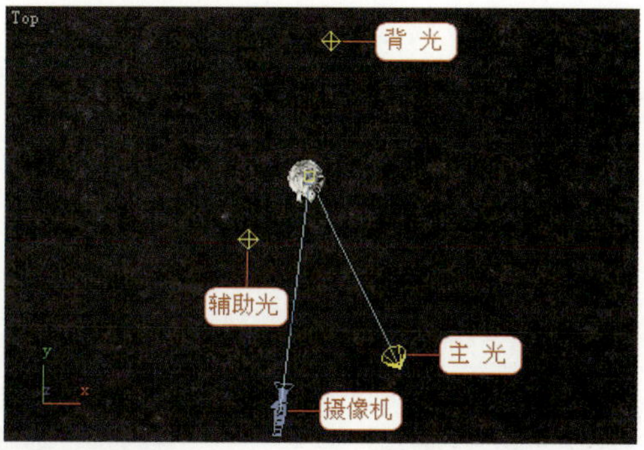

图11-21

提示

背光不是背景光，它主要用以勾勒物体边界以区分物体和背景，而背景光则属于辅助光的一种，如天光；三点照明法要灵活运用，场景中不只限于布置一个主光、一个辅助光和一个背光，布光时完全可以布置几个主光以满足场景中照明的需要。

11.6 场景灯光的设置

11.6.1 背景光(天光)的设置

天光的模拟有很多方法，通常是通过 V-Ray:: Environment （VRay: : 环境）卷展栏中的全局光环境（天光）覆盖来设置天光。本节将通过设置“天光”贴图来模拟背景光效果。

01 单击 Sphere （球体）按钮，创建一个半球体罩住整个场景，如图11—22所示。

02 为半球体添加 Edit Mesh （编辑网格）命令，打开次物体多边形级别，删除底面并翻转法线，具体操作如图11—23所示。

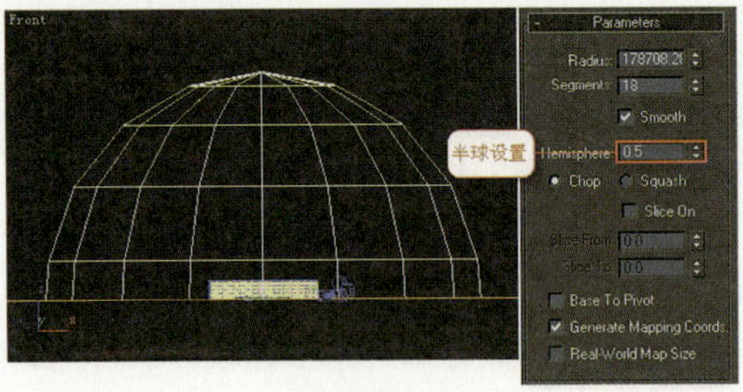

图11-22

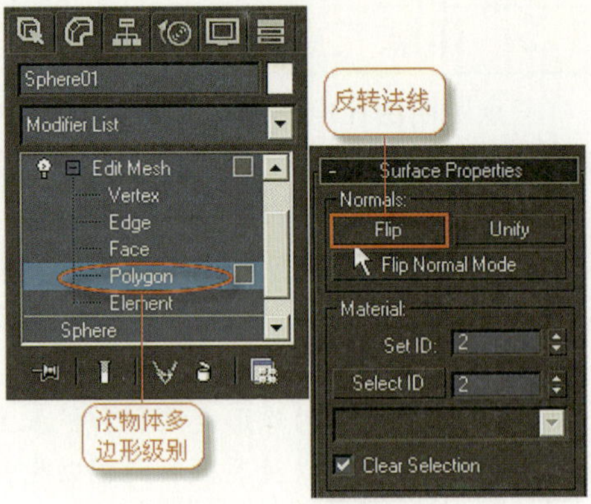

图11-23

03 一般情况下，做为天光的半球体，不需要它投射阴影和接受阴影，尤其是当光源体在半球体以外时会阻挡光线对场景的照射。选择半球体，在视窗中右击鼠标，并在弹出的快捷菜单中选择物体属性命令，如图11-24所示设置半球体的属性。

04 为半球体赋予 VRayLightMtl（VRay灯光材质），使其产生一定的照明功能来模拟天光效果。添加合适的外景贴图并设置正确的贴图坐标，如图11-25所示。

05 测试渲染效果如图11-26所示。

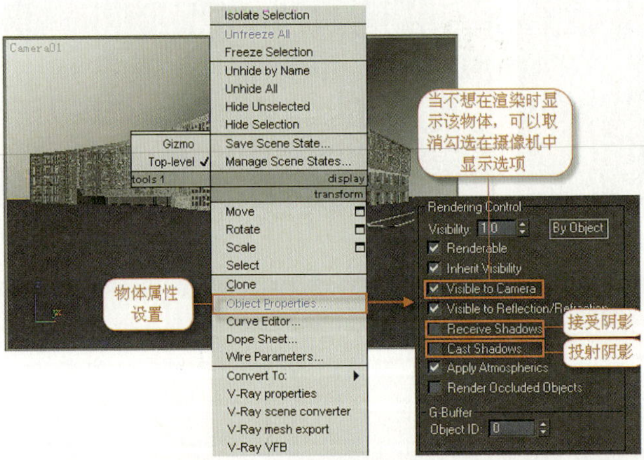

图11-24

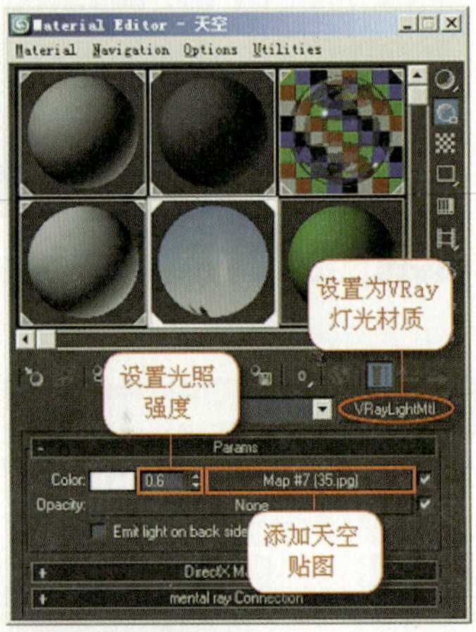

图11-25

图11-26

11.6.2 设置主光

01 本场景中将设置两盏目标聚光灯来模拟太阳光的光照效果。先创建一盏目标聚光灯来确定画面的基调及投影，位置如图11−27所示。

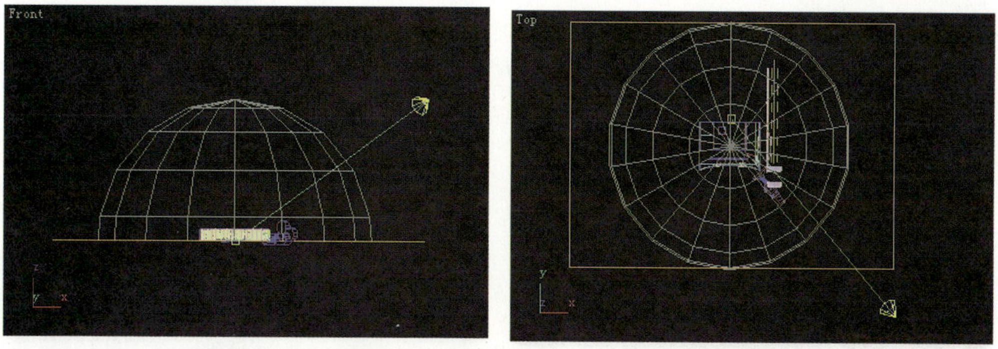

图11-27

02 开启光源的VRay阴影，并设置光照颜色及强度，具体参数设置如图11−28所示。

03 观察测试渲染效果，场景的蓝色主调以及阴影效果都已经出来了，但效果还并不是很理想，如图11−29所示。

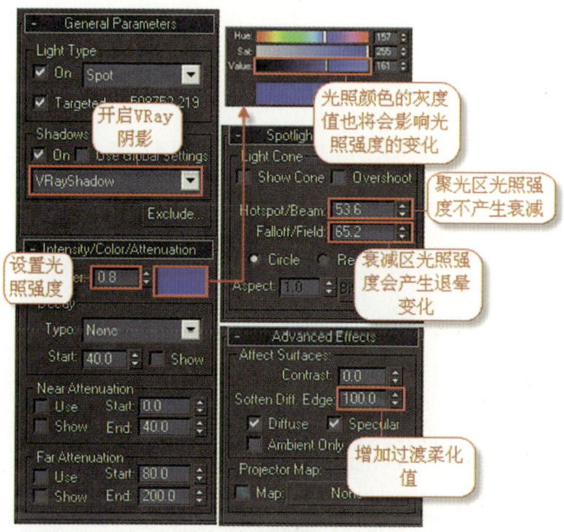

图11-28

图11-29

04 复制目标聚光灯，移动到如图11−30所示位置，创建辅助主光的阳光光照效果。

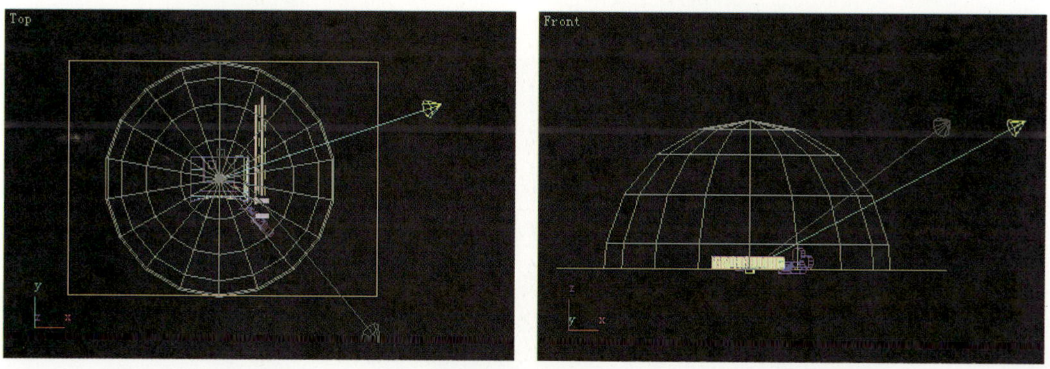

图11-30

05 取消勾选辅助光源的投射阴影功能，并修改光照颜色及强度，具体参数设置如图11－31所示。

06 观察测试渲染效果，如图11－32所示。

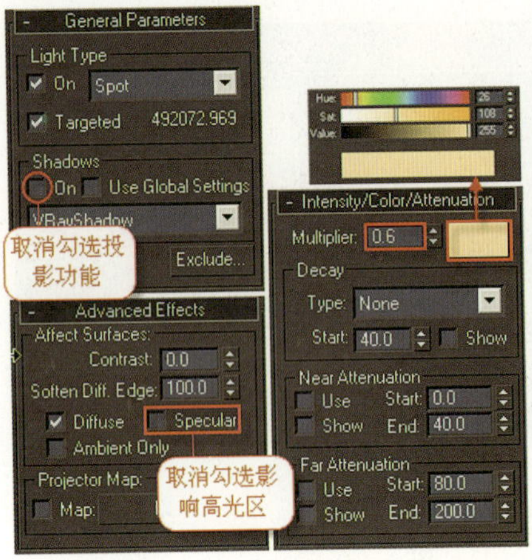

图11-31

图11-32

通过两盏聚光灯完成了主光的模拟，现在画面的层次和氛围已经大体出来了，接下来就添加辅助光进一步烘托场景氛围。

11.6.3 创建辅助光源

01 选择灯光创建面板中的 Omni （泛光灯）工具，在如图11－33所示的位置创建3盏泛光灯，用于照亮建筑的门厅内空间。

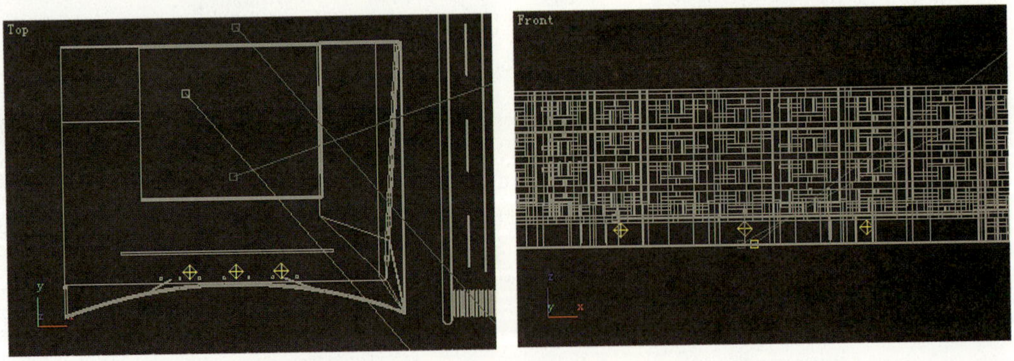

图11-33

技巧

相同属性的光源要关联复制，这样再调整一盏灯光的时候，其他光源也会同时自动做出同样的调整。

02 开启泛光灯的VRay阴影功能，将光照颜色设置成柠檬黄色，光照强度倍增值设为0.8，并设置其衰减，具体参数设置如图11－34所示。

03 测试渲染效果如图11－35所示。

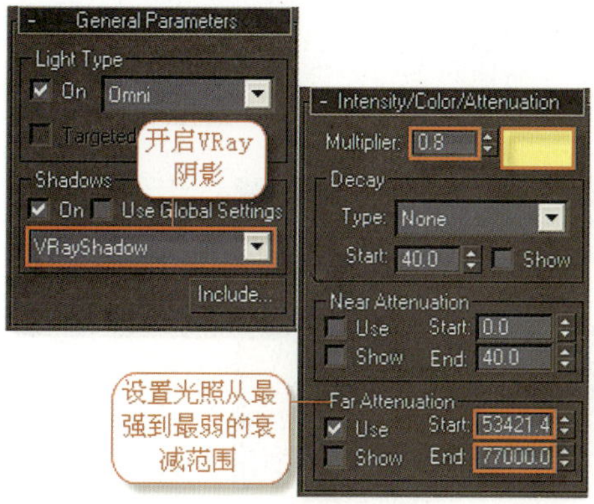

图11-34

图11-35

04 选择 VRayLight （VRay灯光）在如图11-36所示位置添加一个VRay面光，照亮窗内场景，其参数设置如图11-37所示。

05 至此场景的灯光设置基本完成，最终的测试渲染效果如图11-38所示。

图11-36

图11-37

图11-38

11.7　最终渲染与输出设置

当场景测试渲染效果较为理想后，就可以提高渲染参数完成最终的渲染输出。渲染输出时，为提高图像的渲染品质，要适当增加灯光的细分值，这可以有效减少噪点的产生。

11.7.1 最终渲染的参数设置

01 设置渲染输出图像的尺寸为3000×2250像素，如图11-39所示。设置输出图像的保存路径及文件格式为*.tga，如图11-40所示。

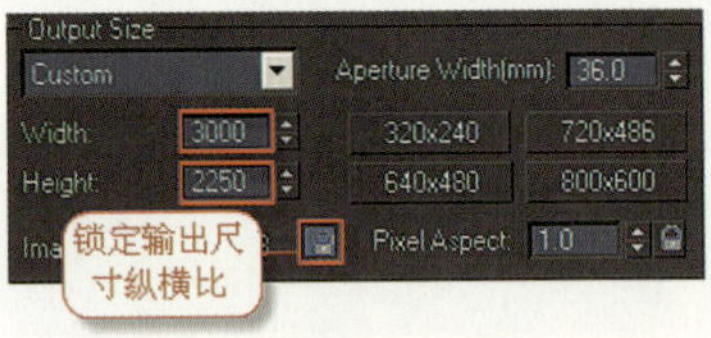

图11-39

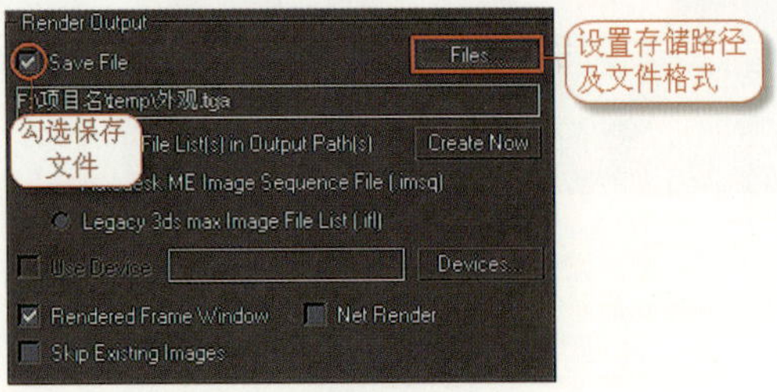

图11-40

02 (VRay::全局开关）卷展栏：取消勾选默认灯光。设置一个光线偏移值，预防因模型重面而产生的“阴影漏”现象，如图11-41所示。

03 (VRay::图像采样（抗锯齿））卷展栏：选择蒙特卡罗采样器和只读存储抗锯齿过滤器，以提高渲染图像的抗锯齿效果，如图11-42所示。

图11-41

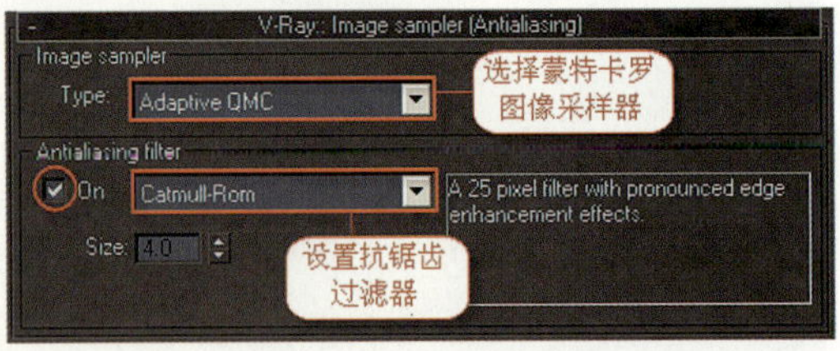

图11-42

04 (VRay::间接照明（GI））卷展栏：开启GI引擎，将首次反弹设为Irradiance map（发光贴图），二次反弹为Light cache（灯光缓存）。其他设置保持与预览设置相同，如图11-43所示。

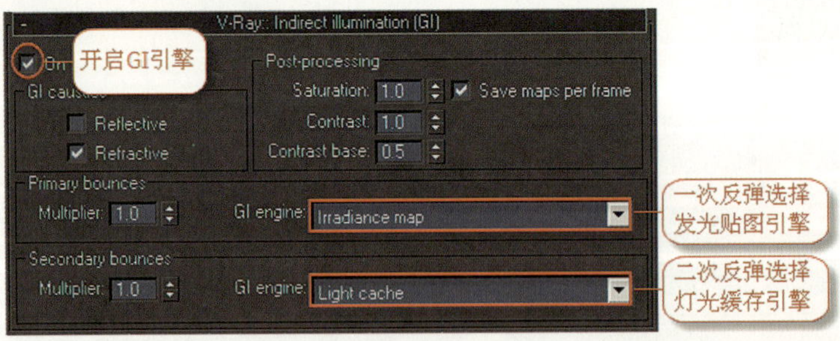

图11-43

05 对发光贴图引擎和灯光缓存引擎的参数进行如图11-44所示的设置。

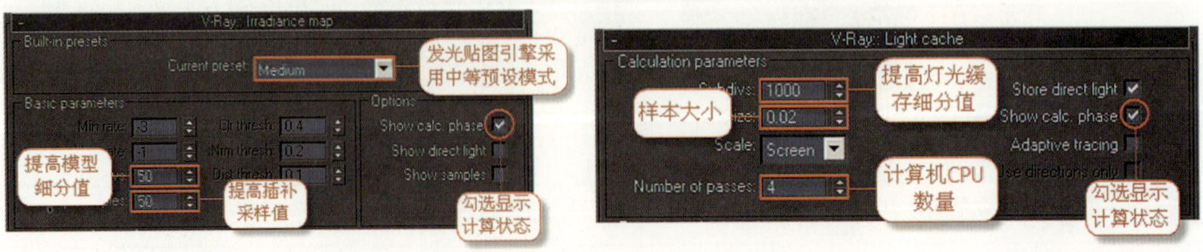

图11-44

06 （VRay::颜色映射）卷展栏：选用指数曝光模式，其他设置保持与预览设置相同，如图11-45所示。

07 系统设置如11-46图示。

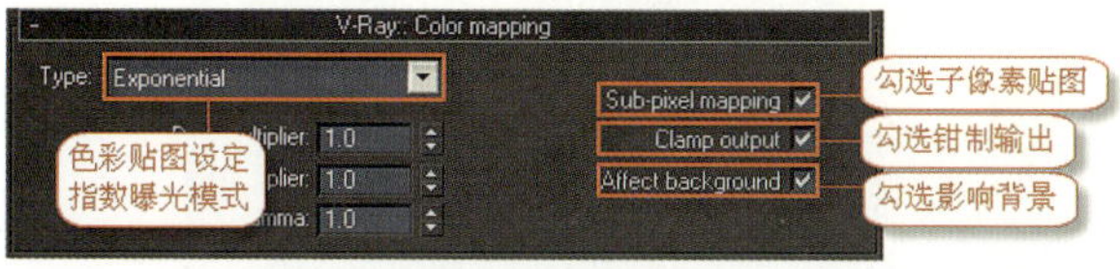

图11-45

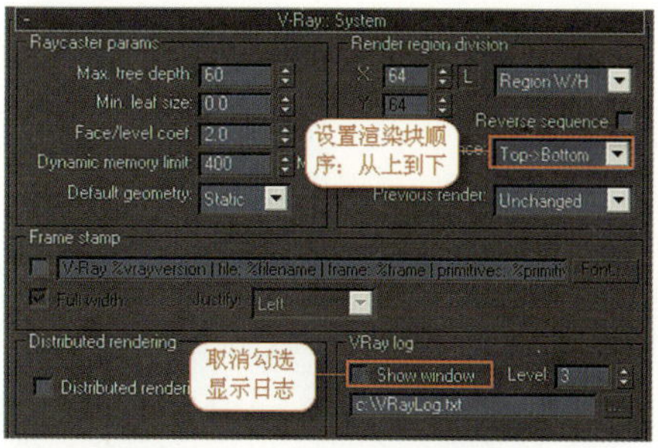

图11-46

08 单击Blowup（固定框渲染）按钮，调整要渲染的区域确定构图，对场景进行最终的渲染输出，如图11-47所示。

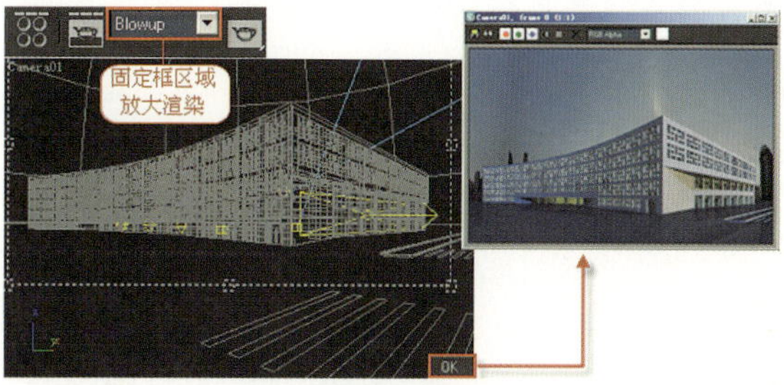

图11-47

11.7.2 “颜色通道”的设置与渲染输出

01 按M键打开材质编辑器，将场景中所有材质设置成Standard（MAX标准材质）类型，将材质Diffuse（漫射）颜色调节成易识别的单色，并将Self-Illumination（自发光）值设置成100，完全不透明，如图11-48所示。

02 按F10键打开渲染面板，选择MAX默认扫描线渲染器，如图11-49所示。使用最终渲染图像的输出尺寸，并另设置图像文件存储路径，如图11-50所示。

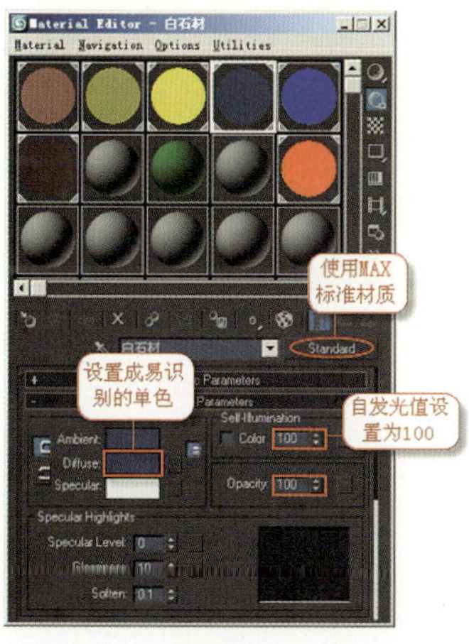

图11-48

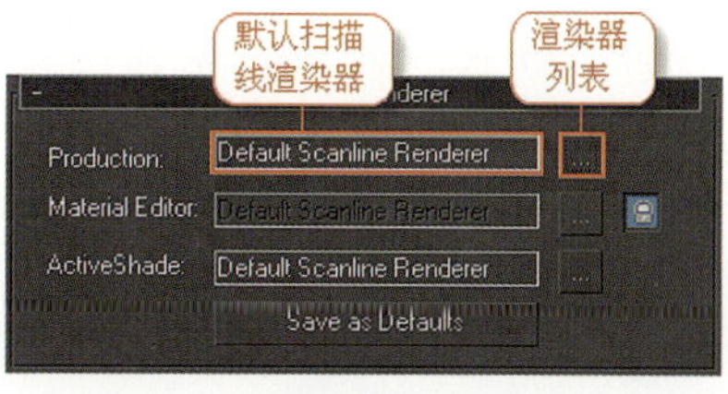

图11-49

03 切换到渲染面板中的Renderer（渲染）选项卡下，取消勾选纹理贴图、材质的反射/折射和阴影复选框，如图11-51所示。

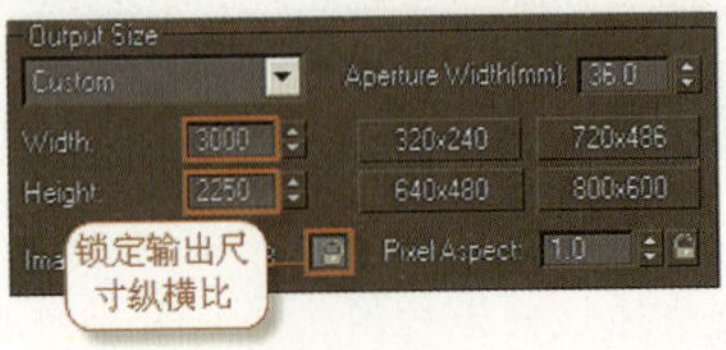

图11-50

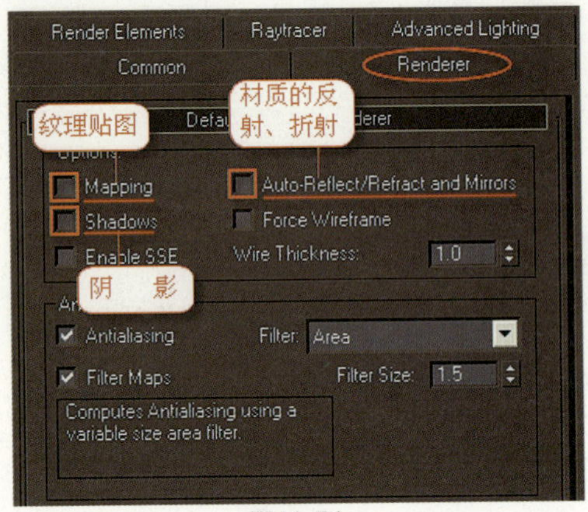

图11-51

04 最终渲染的"颜色通道"效果如图11-52所示。

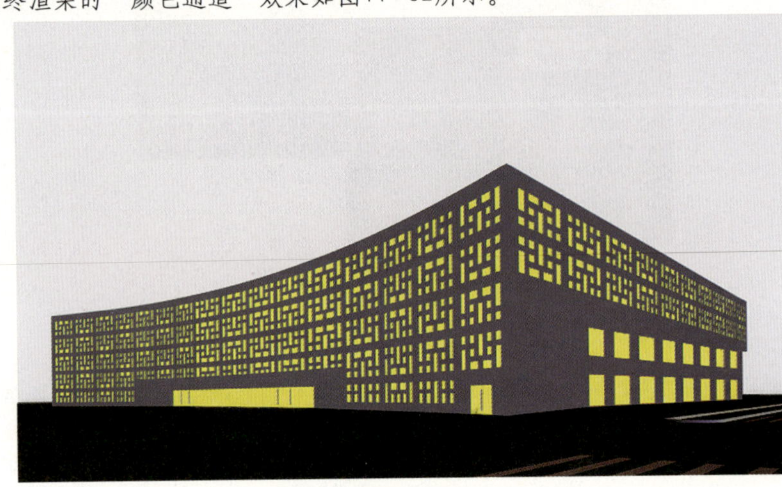

图11-52

11.8 建筑效果图的后期处理

本案例的难点在于后期的配景合成上。对于建筑效果图，配景合成技术是必修功课。本案例中合成的配景多是从别的图片中抠像出来的，所受的光照和色彩都有区别，所以为了得到统一的画面气氛，对配景素材的色彩调节也是必须的。

01 启动Photoshop软件并打开保存在配套光盘中渲染输出的外观效果图及颜色通道图像的最终渲染文件"项目名\temp\外观.tga"和"外观通道.tga"，如图11-53所示。

02 借助"颜色通道"对建筑主体进行精确调整。调整后的建筑主体效果如图11-54所示。

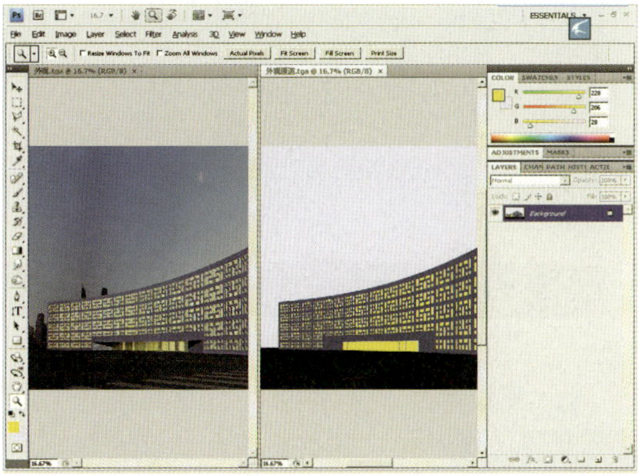

图11-53

图11-54

03 添加天空及近景绿地效果如图11—55所示。

04 添加人物、汽车素材后的效果如图11—56所示。为表现效果图的真实性要为其配景制作倒影或阴影，具体制作方法请参考第13章的内容。

图11-55

图11-56

05 添加路灯配景，并为其制作倒影，效果如图11—57所示。

06 添加玻璃的反射效果。打开配套光盘中的“项目名\help\配景素材2.jpg”文件，将其拖曳至效果图中并使用Free Transform（自由变换）工具调整其位置及大小，效果如图11—58所示。

提示

我们知道添加配景素材是为了丰富画面层次，但添加配景时有以下几点需要注意：

- 添加配景的同时一定要考虑画面的构图情况，并不是配景越多效果越好，要做到点到即止、恰到好处才行。
- 添加配景时一定要注意配景与主体的比例及透视关系，它将成为主体比例的参照。
- 添加配景时要注意配景在画面中的摆放位置，在一定程度上配景能起到“遮丑”的作用。
- 要注意配景的色彩、对比及明暗与主体建筑的协调统一。要谨记这一切都是在一个统一的大氛围内进行的。

图11-57

图11-58

07 融合玻璃效果。为“玻璃反射”图层添加图层蒙版，选择除“门厅的玻璃”以外的所有区域，使用Edit（编辑）菜单下的Fill...（填充）工具将蒙版的选区内填充黑色。选择Lighten（变亮）图层模式并调整“玻璃反射”图层的不透明度。融合后的效果如图11-59所示。

08 当图像的调整达到满意效果以后将所有图层合并，对整体图像进行Filter（滤镜）→Sharpen（锐化）→Unsharp Mask...（USM锐化）处理，如图11-60所示。

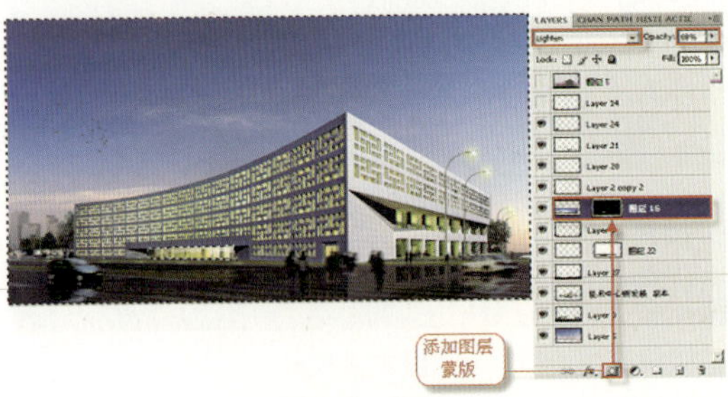

图11-59

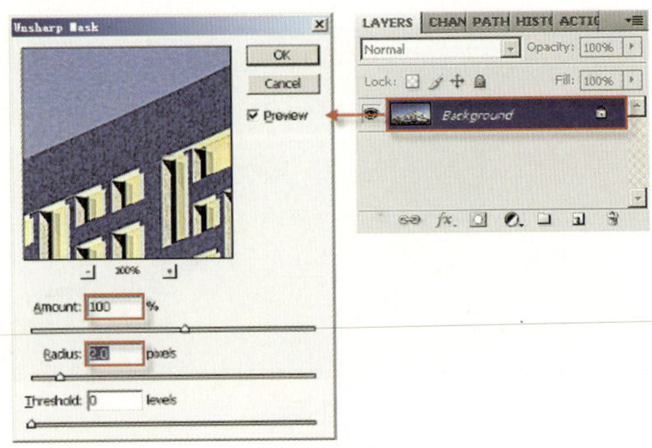

图11-60

09 最终的建材科学研究院建筑外观效果如图11-61所示。

图11-61

11.9 本章小结

本章通过MAX最基本的三点照明布光方法完成了场景的灯光布局，虽然三点照明法简单易用，但一定要灵活运用。三点照明中的“三点”实际上是指光在场景中所扮演的3个角色，每个角色都可以使用多盏灯光来实现其特定的功能。希望通过本案例的学习使读者能够真正理解三点照明的意义。

俗话说：巧妇难为无米之炊!

制作建筑外观效果图的难点一是玻璃材质，二是后期的配景合成。而配景合成并没有什么高深的技术，它只需要将合适的素材摆放到画面的适当位置，再通过Photoshop强大的色彩调节工具使之与建筑主体形成统一的氛围。要做到这一点就要求在平日里要多收集配景、配饰素材，做一个“有米巧妇”。

·读·书·笔·记·

第12章 Photoshop效果图的后期处理

从3ds Max 搭建模型到VRay渲染输出图像，只是完成了60%的工作。后期处理工作包括图像色彩的调整、配景的合成、瑕疵的修补以及排版打印等，它在效果图制作过程中占有很大的比重，希望读者们能够加以重视。

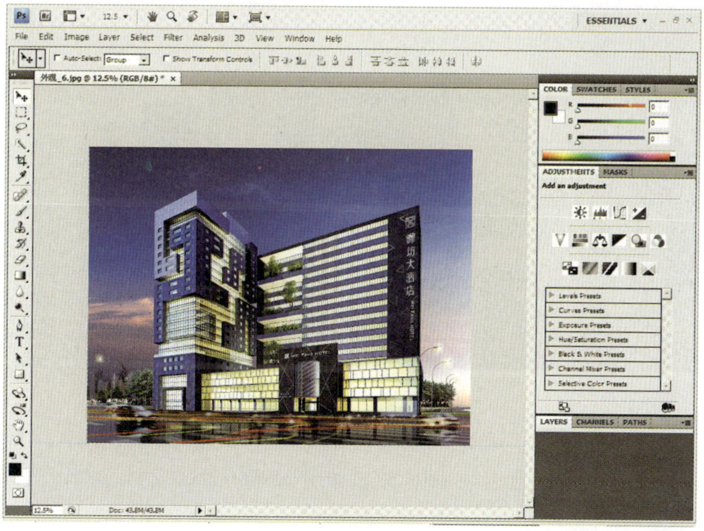

图12-1

12.1 Photoshop CS4简介

Photoshop软件是由Adobe公司开发的图形处理系列软件之一，广泛应用于图像处理、广告包装设计、视觉创意等众多领域。其专长不是图形创作，而在于图像处理，并成为全球图像设计人员乃至家庭生活必不可少的图像处理软件。

Adobe公司通过版本的不断升级，已使软件的操作难度大大降低。在2008年9月23日正式发行了Photoshop CS4两个版本，即Photoshop CS4 和Photoshop CS4 Extended。Photoshop CS4 Extended版本除具有Photoshop CS4 中的所有功能外，还加入了用于编辑基于 3D 模型内容以及高级图像分析的工具，操作界面也更加专业化，号称是Adobe公司历史上最大规模的一次产品升级。效果图后期处理工作也是在Photoshop CS4 Extended中来完成的。

12.1.1 Photoshop在效果图制作中的意义

- 完成效果图的后期处理工作：图像色彩的调整、配景素材的合成、画面瑕疵的修补以及排版工作都要靠Photoshop软件的强大图片处理功能来完成。
- 材质贴图的制作：一张合适的贴图会使模型场景变得更生动、具体，使物体产生更好的质感。但并不是总能够找到合适的贴图，通过Photoshop软件就可以依据已有的素材进行适当的修改处理，"制造"出所需的贴图素材。

12.1.2 计算机图形学中的3个基本概念

在进行正式学习之前，先来了解一下计算机图形领域中3个基本的概念。这对后面的学习有很大的帮助。

- 位图：又称光栅图，是由许多位置和颜色不同的小方块（像素点）阵列组成的图像。一般用于照片品质的图像处理，Photoshop软件的处理对象主要就是位图类型，如图12-2所示。
- 矢量图：又称向量图，它是采用几何公式来表示图像。一般用于工程绘图。AutoCAD、3ds Max、Coreldraw等软件就是基于矢量图形的图形创作软件，如图12-3所示。

图12-2

图12-3

- 分辨率：每单位长度上的像素叫做图像的分辨率，简单讲就是图像的清晰度。分辨率有很多种，如屏幕显示分辨率、扫描仪分辨率、打印分辨率等，如图12-4所示。

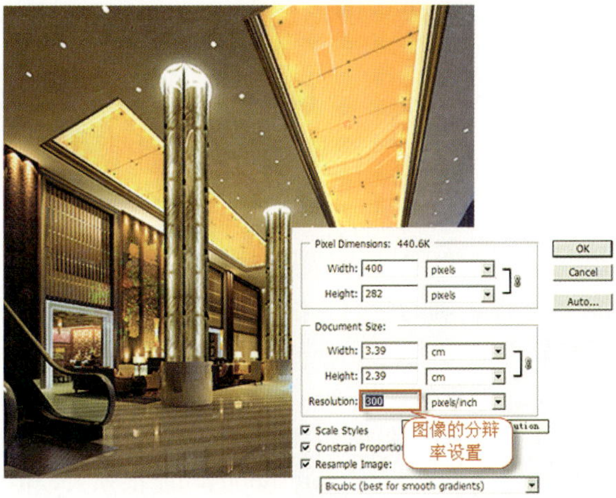

图12-4

12.1.3　修改Photoshop的性能配置

为了加快图像的处理速度，需要对Photoshop配置的性能进行修改。单击Edit（编辑）→Preferences（首选项）→Performance...（性能）命令，在弹出的对话框中进行配置设置，如图12-5所示。

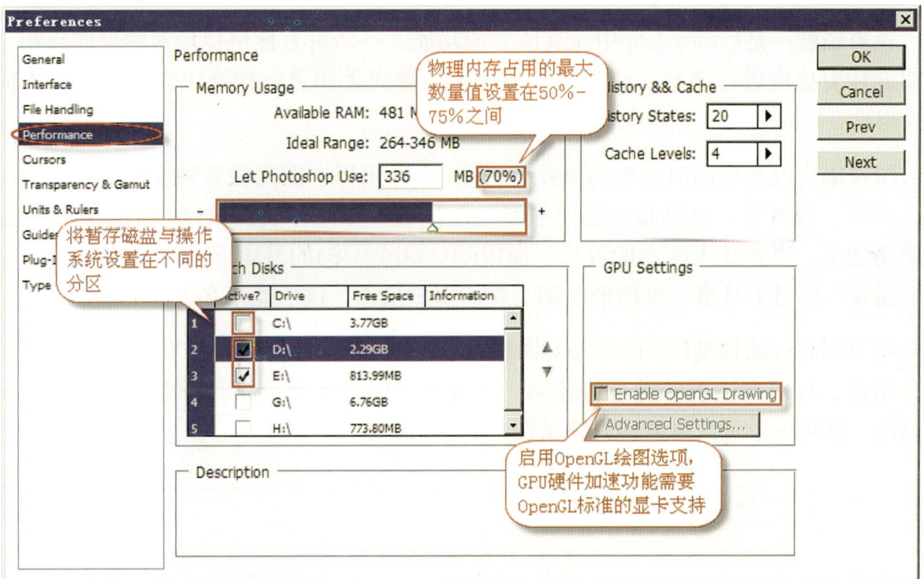

图12-5

- 要获得Photoshop的最佳性能，要将系统的物理内存占用的最大数量值设置在50%～75%之间。
- 将Photoshop的暂存磁盘与操作系统设置在不同的分区，如果在同一分区上会使Photoshop与操作系统争夺系统资源而导致整体性能的下降。
- 新版本的Photoshop CS4将支持GPU硬件加速功能。启用OpenGL绘图选项将极大地提升对大图像或复杂图形的处理速度，尤其在使用3D功能的时候。但要使用GPU加速功能需要OpenGL标准的显卡支持。

提示

启用OpenGL绘图选项会提升处理速度，但同时会降低软件的稳定性。而且配置完毕后，需要重启软件才会生效。

12.1.4 Photoshop的技术要点

学习任何软件都应该掌握正确的学习方法，而且要有明确的学习目的。所以在学习伊始就要从宏观上去了解软件的功能，要有一个清晰的学习思路；在学习过程中要善做笔记，养成总结和归纳的习惯。这就好比看书，翻开书页后我们会习惯性地看看目录，来了解一下书的大体内容。软件是一种工具，学习Photoshop就是要掌握这个工具，目的是为了能在实际工作中应用它更好地完成任务。Photoshop的功能很强大，但它的核心技术却很简单，归纳起来有以下几点。

1.选取：如何能选出要处理的图像区域。选择区域是进行一切后期处理工作的前提，Photoshop的选取方式大体可分为3类。

- 圈地式选择；
- 按颜色选择；
- 通过蒙板和通道模式选择。

2.色彩调整：是Photoshop中深具威力的功能之一，可方便快捷地对图像的色相、饱合度、明度和对比度进行调整。还可以在不同颜色模式之间进行切换以满足图像在不同领域中的应用。

3.图像编辑以及对图面瑕疵的修补：Photoshop可以对图像做各种变换操作，如放大、缩小、旋转、倾斜等；可以将几幅图像通过图层进行图像合成；可以对图像的残损进行修补或美化加工，得到让人满意的效果；而Photoshop CS4的3D功能将使效果图后期配饰效果更加逼真，但对于从事三维图形绘制工作的用户来说，该功能不必去深究。

4.特效制作：滤镜是Photoshop对图像进行特效处理的一个强大工具，它简单易用，而且效果明显，可以产生很多神奇的效果。滤镜好用但却不要滥用，有个别滤镜如锐化、模糊滤镜恰当使用一下可以有效提升效果图像的品质。

12.2 选区的创建

选区是一切操作的前提。通过选区的创建，将约束各种处理效果发生的有效区域，从而有针对性地对图像的局部进行调整。Photoshop的选取方式大体可分为以下3类。

- 圈地式选择工具：顾名思义，该类选取工具就是用“样条”线划定选择区域，如图12-6所示。

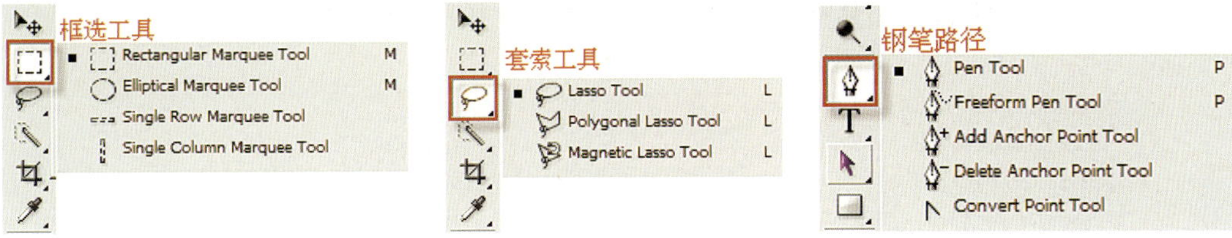

图12-6

- 按颜色选择工具：该类选取工具是利用图片自身的不同色彩来选择。其中颜色范围产生的选区是有强度变化的，如图12-7所示。

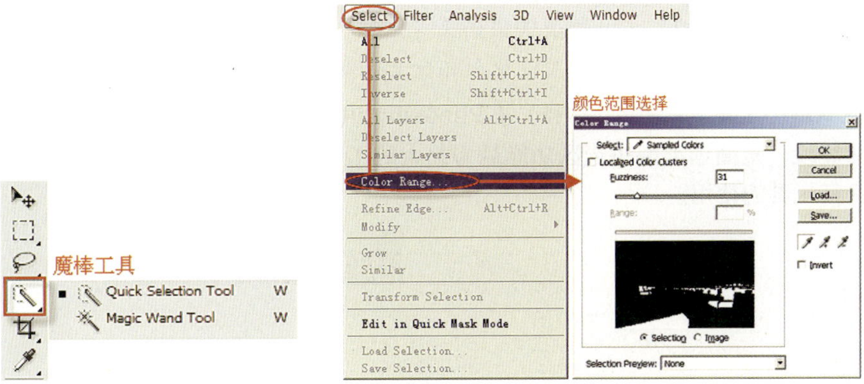

图12-7

- 通过蒙板和通道模式选择：激活Photoshop的快速蒙板模式，将在通道面板中自动创建一个快速蒙板通道，它允许通过绘图工具（画笔、橡皮擦）来编辑通道，然后通过通道的灰度值来生成选区。和颜色范围选择一样，该选区也带有选择强度，如图12-8所示。

图12-8

12.2.1 圈地式选择

1.框选工具的操作很简单，拖曳鼠标选择要选择的区域即可完成选区的创建，如图12-9所示。

2.套索工具较之框选工具有着较大的选区自由度，如图12-10所示。

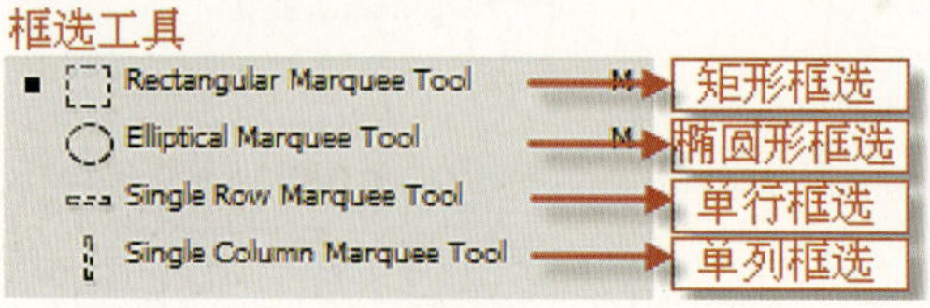

图12-9

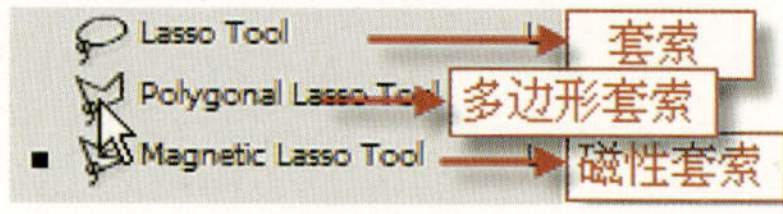

图12-10

- （套索）工具选取的精确度较难把握，它的操作类似于画笔工具，拖曳鼠标选择要选择的区域边缘，释放鼠标即可生成选区。
- （多边形套索）工具为最常用的选区工具，它通过单击鼠标圈选选区。
- （磁性套索）工具根据图像中相邻像素的明暗对比自动追踪图像边缘生成选区。

3.钢笔路径工具：Paths（**路径**）**在**Photoshop**中是使用贝赛尔曲线所构成的闭合或者开放的曲线段，是圈选类型中选区功能最为强大的工具，如图12-11所示。下面将以一个案例详述路径工具的使用。**

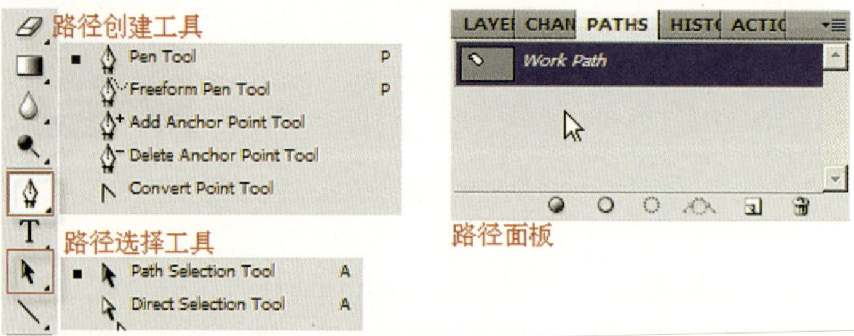

图12-11

01 打开配套光盘中的“Photoshop CS4教学\tupian01.jpg”，如图12-12所示。

图12-12

02 创建路径：单击（钢笔）工具，在界面上方将显示如图12-13所示的属性栏，选择创建工作路径按钮，在图像中沿植物轮廓单击鼠标创建出大体的选区范围，最后将鼠标移动到第一点，单击鼠标闭合路径，如图12-14所示。

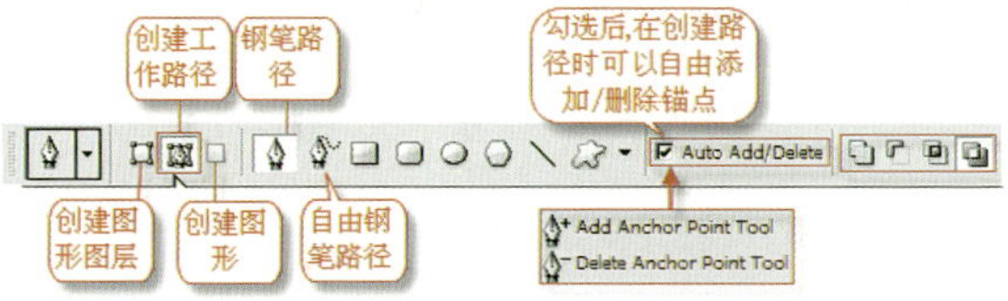

图12-13

图12-14

03 编辑路径：单击（缩放）工具，放大路径区域，对路径进行更精确调整。单击（锚点选择工具）调整锚点的位置，通过（抓手）工具移动放大后的图像并调整其他锚点。通过（添加）和（删除）锚点工具细化路径；单击（转化点）工具对锚点属性进行调整，如图12-15所示。

图12-15

04 将路径转化为选区：打开路径面板，单击下面的转化为选区按钮（或者按住Ctrl键的同时单击路径缩略图，又或者按Ctrl+Enter键直接将当前被选路径转化为选区），如图12-16所示。

提示

在用工具创建路径之初就放大图像进行精确创建路径（工具的快捷键为Z，按住Alt键同时单击图像即可缩小图像）；在编辑的同时按住空格键即可切换到工具平移图像。

在用工具创建路径的过程中，按住Ctrl键可以切换到工具调整锚点的位置；按住Alt键可以切换到工具调整锚点的贝兹属性。这样在进行路径创建的同时即可完成路径的编辑工作。

图12-16

05 按Ctrl+J键为选区创建新的图像图层，单击File（文件）→Save（保存）命令，以PSD格式存储编辑好的图像，如图12-17所示。

图12-17

12.2.2 按颜色选择

1.（魔棒工具）：对于有着清晰边缘的图像，该工具是个不错的选择。通过设置不同的容差值识别图像中的颜色分布来创建选区，如图12-18所示。

图12-18

2.（快速选择工具）是魔棒工具的延伸，通过单击或拖曳鼠标创建选区，拖曳鼠标创建选区时可以就像画笔一样“画出”选区。

3.颜色范围选取命令同魔棒工具一样也是通过识别颜色来创建选区。该命令位于Select（选择）菜单下，如图12-19所示。颜色范围选取命令产生的选区带有强度变化，是一种很好用的选取命令，如图12-20所示。

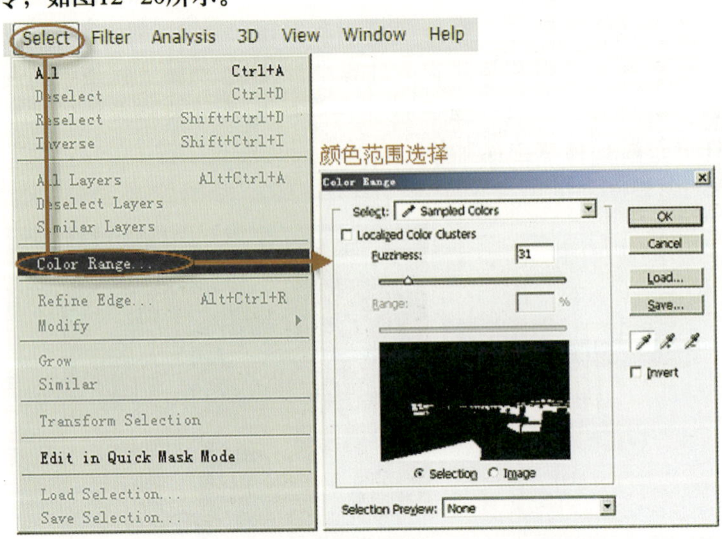

图12-19

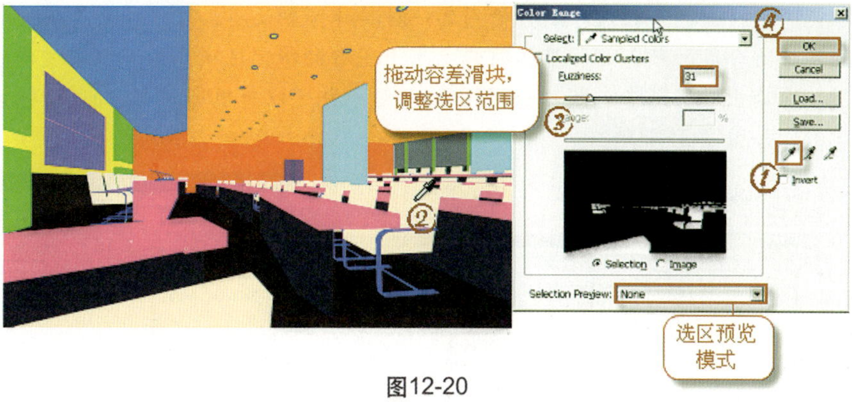

图12-20

12.2.3 通过蒙板和通道模式选择

为了更好地理解快速蒙板选择模式，有必要先理解一下Photoshop的通道概念。Photoshop的通道可以把它理解为一个载体，用于记录图像的颜色、选区。通道以图像的形式存在，这就使我们可以像编辑图像一样去编辑选区和颜色。

1.Photoshop的通道分为颜色通道、专色通道和Alpha通道3类。其中Alpha通道是最为常用的类型，它用于完成创建、编辑和存储选区等工作，快速蒙板生成的即是一种Alpha通道。

- 颜色通道：用于保存图像的颜色信息，可以对单一通道进行调色等操作进而影响最终效果。也可以基于颜色通道创建带有强度变化的选区，图像的颜色模式决定了颜色通道的不同。Photoshop允许在图像的颜色模式之间相互转换。系统内置了8种颜色模式，如图12-21所示。最常用的就是RGB颜色模式，如图12-22所示。CMYK颜色模式常在四色油墨印刷时使用，如图12-23所示。

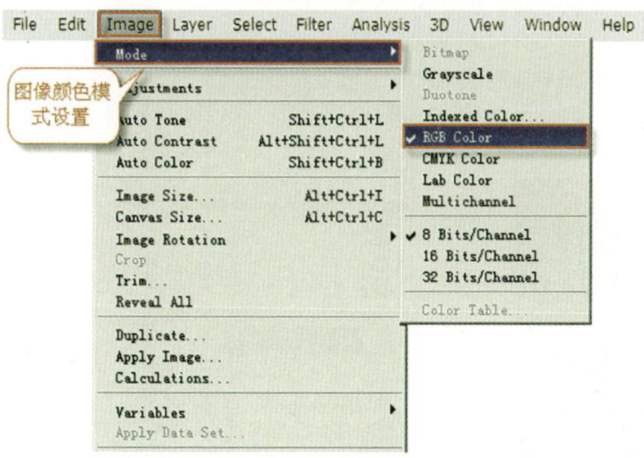

图12-21

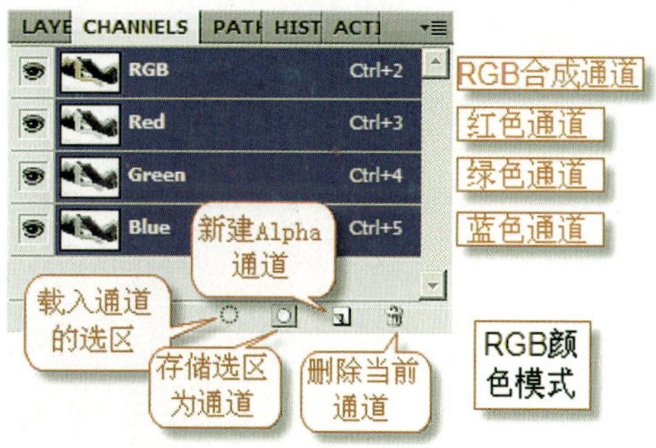

图12-22

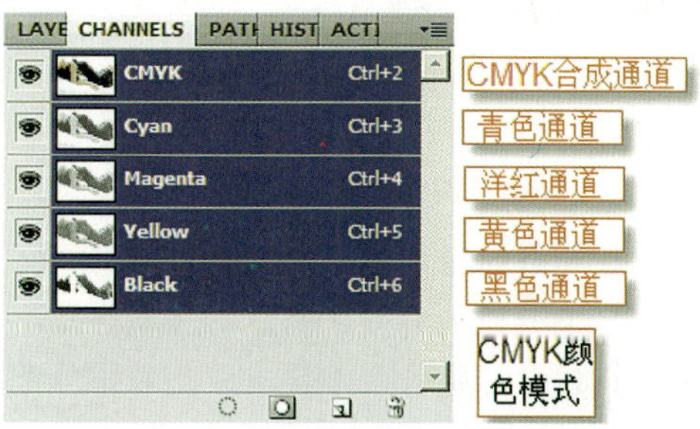

图12-23

- 专色通道：专色是指在印刷时使用的一种特殊预制油墨，可以获得使用CMYK四色油墨无法合成的颜色。如果要将专色用于图像的特定区域，则可以通过创建专色通道，在输出时得到专色版，如图12-24所示。也可以将现有的Alpha通道转化为专色通道，如图12-25所示。

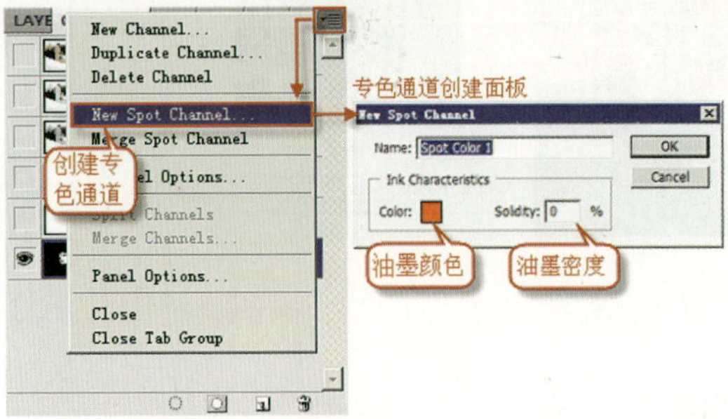

图12-24

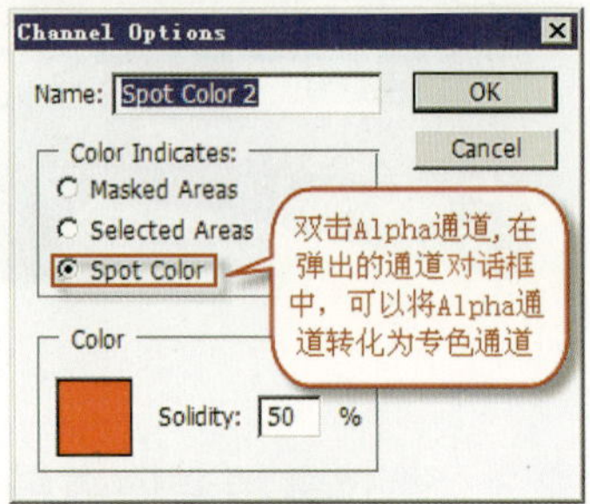

图12-25

- Alpha通道：与颜色通道不同，它主要用于存储选区的位置、形状等信息。还可以从Alpha通道中提取选区信息，如图12-26所示。快速蒙板选择模式即是一种Alpha通道。

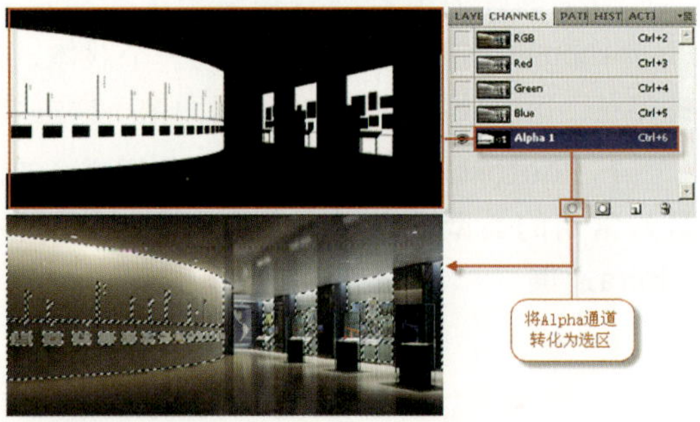

图12-26

2.下面通过一个案例学习使用快速蒙板模式创建选区来增强光照效果。

01 打开配套光盘中的“Photoshop CS4教学\tupian22.jpg”文件。单击工具栏最下面的 （快速蒙板）按钮，进入快速蒙板模式，如图12-27所示。

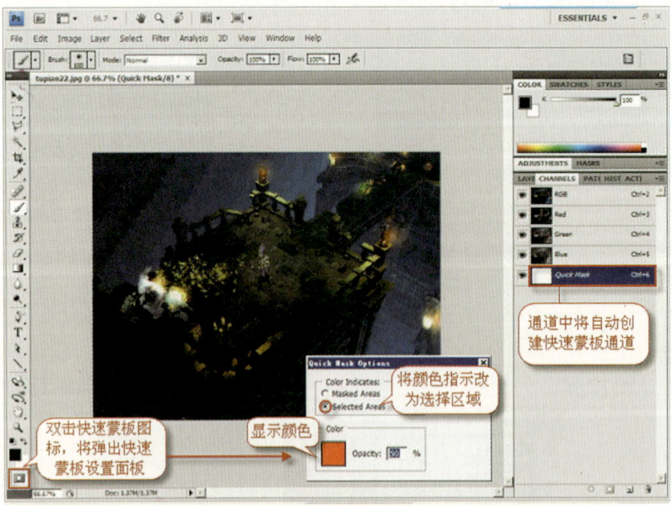

图12-27

02 使用画笔等工具画出需要被选择的区域，如图12-28所示。在快速蒙板模式下，所有的修改工具、喷笔、橡皮擦、渐变都可以用于选区的编辑操作。

03 单击 （快速蒙板）按钮，切换到正常模式。此时指示色区域将转化为选区，注意该选区是带有强度变化的，如图12-29所示。

图12-28

图12-29

04 切换到图层面板，新建一个图层，如图12—30所示。按Shift+F5键打开填充工具对话框，如图12—31所示。将选区填充为白色，如图12—32所示。此时会看到填充区域带有退晕变化，这就是选区强度。

05 通过切换不同的图层叠加模式和叠加不透明度设置，完成增强光效的操作，如图12—33所示。

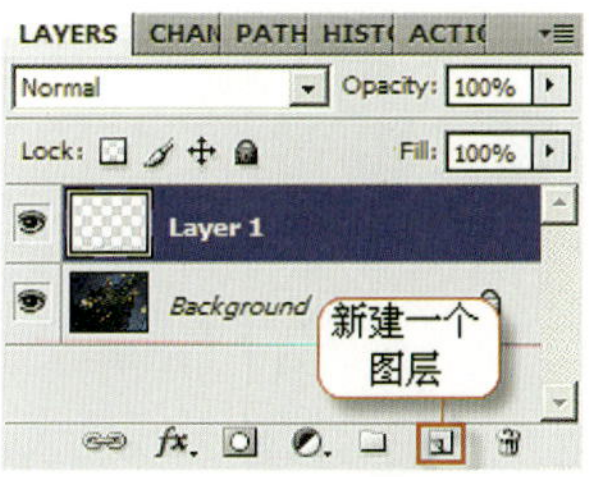

图12-30

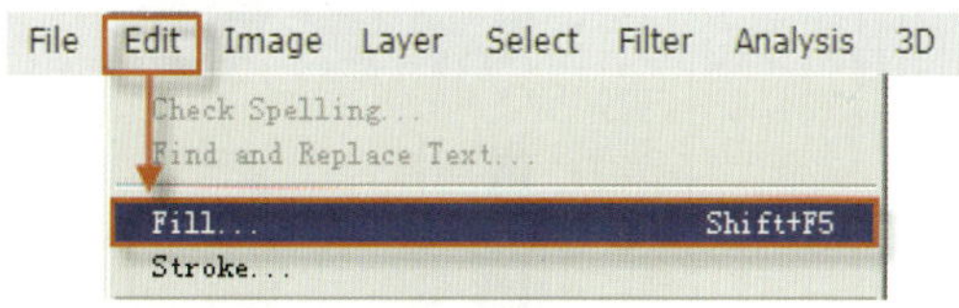

图12-31

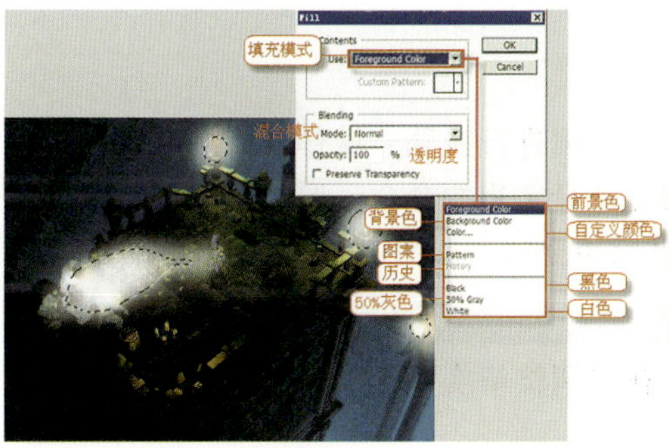

图12-32

图12-33

12.2.4 选区的编辑操作

很多时候选区的创建是不能一次性完成的，多数情况下需要多种选择工具的配合使用，进行增减和编辑操作才能取得满意的效果。本节将讲解针对选区的一些操作。

1.选区的和、交、差集运算

选择任一种选区工具，在上方的选项栏都会出现选区运算方式。方便选区的加减操作。

- 新选区：该模式为系统默认方式，当创建新的选区时，原选区将被取消，如图12-34所示。
- 和集：该模式将在原选区的基础上增加新建选区，如图12-35所示。也可以按住Shift键进行加选操作。
- 差集：该模式将在原选区的基础上删减与新建选区重合的部分，如图12-36所示。也可以按住Alt键进行减选操作。
- 交集：该运算模式将得到原选区与新建选区重合的部分，如图12-37所示。

图12-34

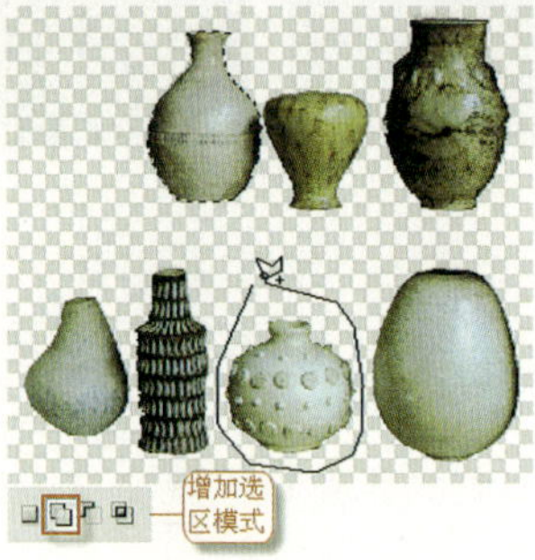

图12-35

图12-36

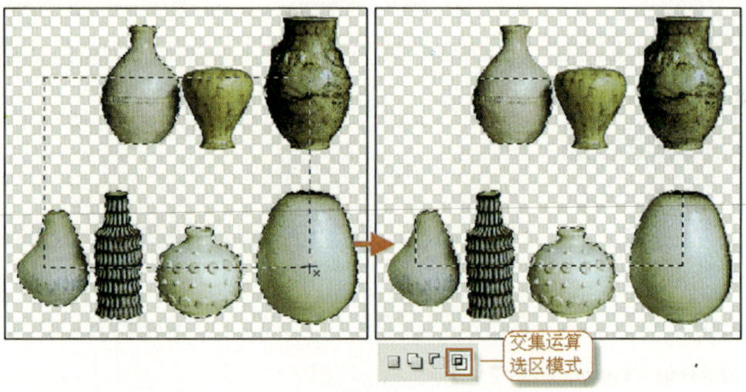

图12-37

2.调整选区范围：该修改命令组可以对选区的范围进行微调。操作很简单，在此不做详述。其中羽化选区（按Shift+F5键）是最常用也是最实用的命令，通过对选区羽化，可以调节选区的强度变化，这对于图像色彩调整是非常重要的，如图12–38所示。

3.选区的变换：通过单击Select（选择）→Transform Selection（选区变换）命令，可以对选区进行移动、旋转、缩放等自由变换操作，在对调整精度要求不高的情况下，该命令是个不错的选择，如图12–39所示。

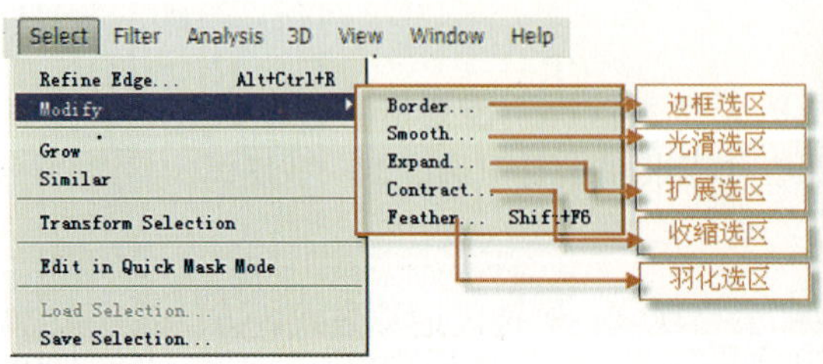

图12-38

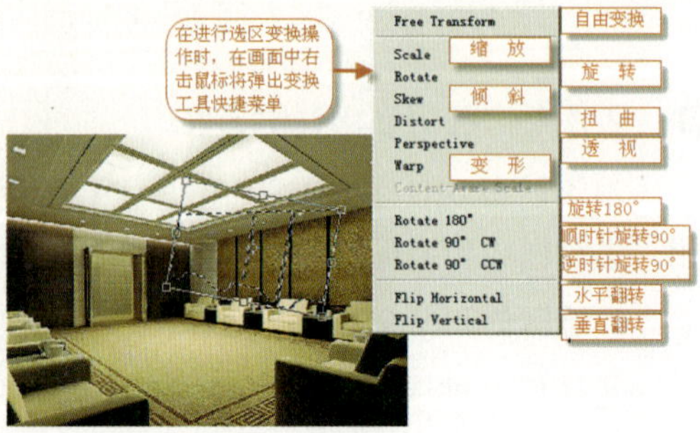

图12-39

Select（选择）菜单下的命令都是针对选区的操作，功能和操作都不是很复杂，在此就不一一详解。选择是一切工作的前提，而选择本身就是一种技巧，做为一个图形设计师一定要具备任意选择图像区域的能力。

对于配景素材选择的3点要求：

- 素材边缘轮廓要清晰、完整，不要出现选择锯齿。
- 作为配景的素材不要带有原图像的背影，必要情况下可以牺牲少许素材本体。
- 善用羽化工具，消除素材边缘轮廓的生硬感，这样在后期配景合成的时候会更加自然。

12.3 图像的色彩调整

MAX最终渲染输出的图像都需要Photoshop强大的色彩调节工具对其色彩、亮度、饱和度和对比度进行调整。而在后期处理中，也经常要把人物、绿植、饰品等融合到画面的场景中。而配景合成的好与坏也将直接影响到效果图最终效果的真实性或艺术性。

在学习图像色彩调节技术之前，先来学习一下配景素材的合成技巧。对于配景素材的合成需要考虑如何能把从别处抠出来的物体“天衣无缝”地融入到场景中，产生统一的气氛。这其中除了要对素材的色彩进行调节外，还涉及到素材的透视、倒影与阴影的制作和如何消除素材边缘的生硬感。

12.3.1 合成素材的边缘处理

01 要使配景素材与效果图场景更好地融合，首先要将素材的边缘进行虚化处理。打开配套光盘中的“Photoshop CS4教学\man.jpg”文件，如图12-40所示。

02 使用（魔棒工具）选中蓝色背景，单击Select（选择）菜单中的Inverse（反选）命令，如图12-41所示。

03 打开配套光盘中的“Photoshop CS4教学\电梯间.jpg”文件，如图12-42所示。然后将选中的人物合成到这张效果图中。

图12-40

图12-41

图12-42

04 选择（移动）工具，拖曳选中的人物素材到电梯间效果图中。放大图像，我们会看到人物的边缘很生硬，而且还有原图的背景，如图12-43所示。

图12-43

05 按住Ctrl键，单击人物所在图层的缩略图，选中人物，如图12—44所示。

06 对于素材边缘的虚化处理需要使用到 Filter （滤镜）→ Blur （模糊）→ Gaussian Blur... （高斯模糊）命令。在此只是想对素材的边缘进行模糊处理，这种情况就要用到选区的修改命令组中的Border（边框选区）命令，如图12—45所示。使素材的边缘产生边框范围，具体操作如图12—46所示。

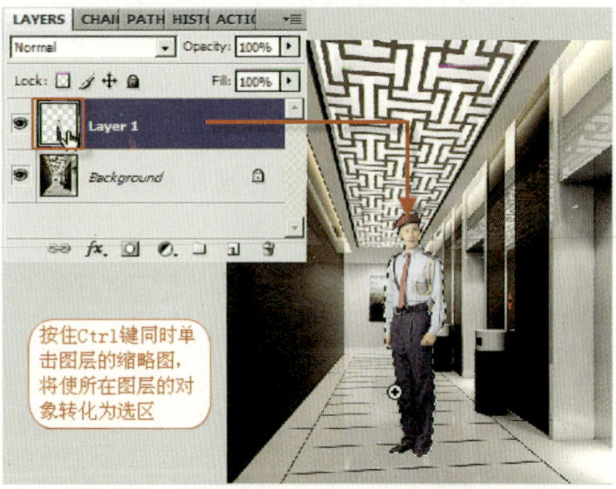

图12-44

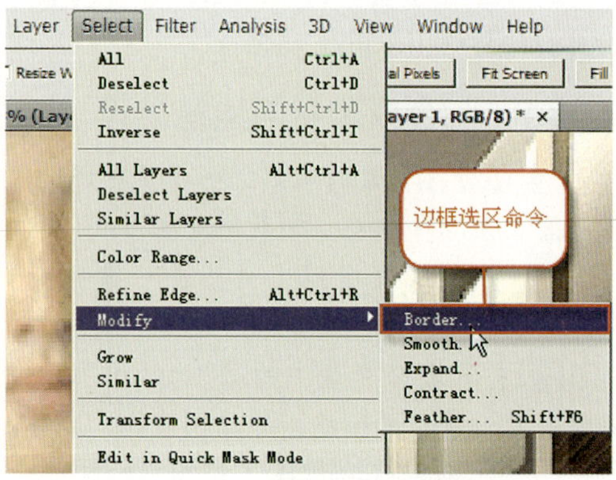

图12-45

07 对边框选区中的素材进行虚化处理：为了便于观察，单击 View （视图）菜单中的 Extras （显示额外内容）命令或者按Ctrl+H键，将选区隐藏。选择 Filter （滤镜）→ Blur （模糊）→ Gaussian Blur... （高斯模糊）命令，对素材边缘进行虚化处理，如图12—47所示。

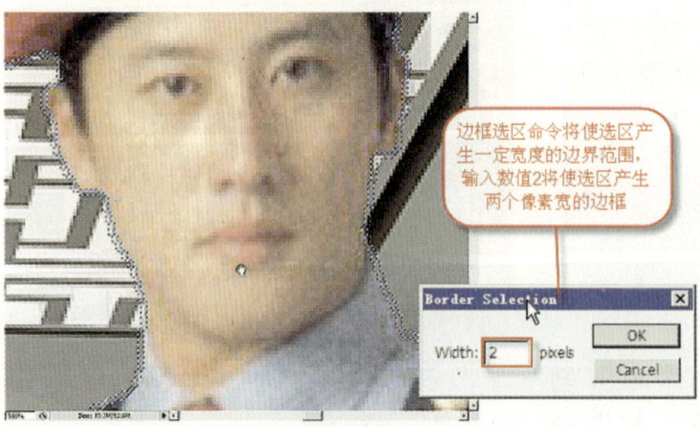

图12-46

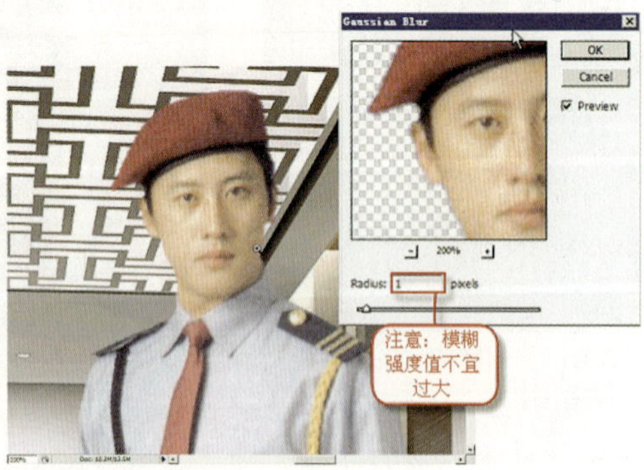

图12-47

08 单击 Select （选择）菜单中的 Deselect （删除选区）命令，或按Ctrl+D键。至此配景素材边缘虚化处理工作就告一段落了。

12.3.2　素材倒影/阴影的制作

下面要学习素材的倒影与阴影的制作。倒影与阴影将会使合成效果更加真实、生动，制作过程中将涉及到图像的变换操作和图层蒙板的使用。

1.素材倒影的制作

01 拖曳素材图层至新建图层按钮，创建素材图层的复制层，如图12-48所示。

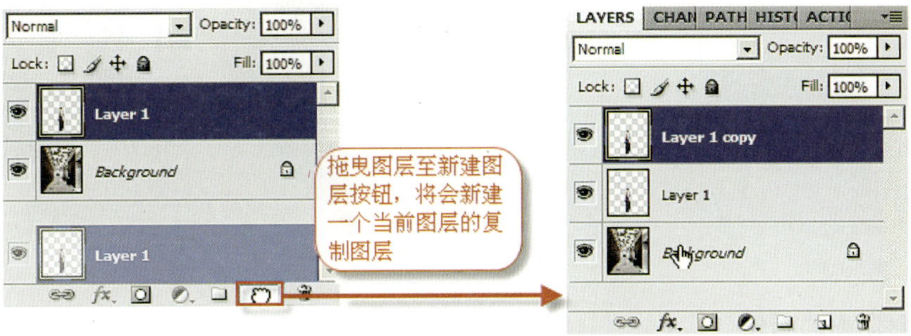

图12-48

02 单击 Edit （编辑）→ Transform （变化）→ Flip Vertical （垂直翻转）命令，将素材翻转。或按Ctrl+T键调出自由变换工具，在视窗中右击鼠标，在弹出的快捷菜单中选垂直翻转命令进行翻转，如图12-49所示。

03 倒影较实物相比，在比例、色彩和清晰度上都要有所区别，现在将做为倒影的素材挤压并移动到人物的脚底，如图12-50所示。

图12-49

图12-50

04 选择倒影所在图层单击下面的图层蒙板按钮，为倒影图层添加蒙板，如图12-51所示。图层蒙板并不会识别色相，它只有强度概念，所以通过调整图层蒙板可以影响到图层的透明度。蒙板中灰度值越高的地方颜色越深，图层中的图像相对应的地方就越透明。

05 制作倒影的退晕效果：单击工具栏中的 （渐变工具），选择图层中的蒙板，在图面中拖曳鼠标，使蒙板产生至上到下由明到暗的渐变效果，进而影响到倒影的透明变化，如图12-52所示。

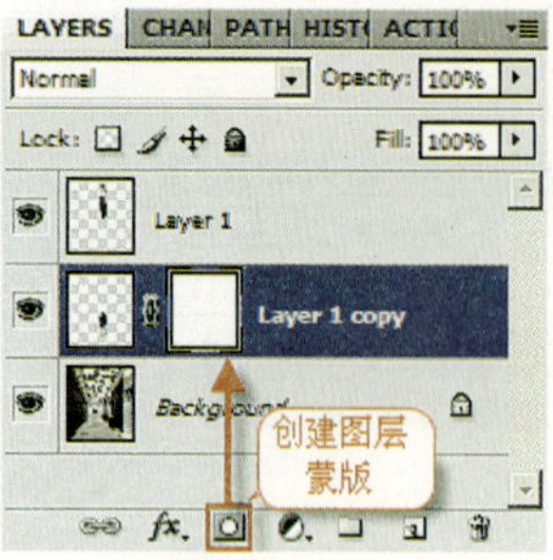

图12-51

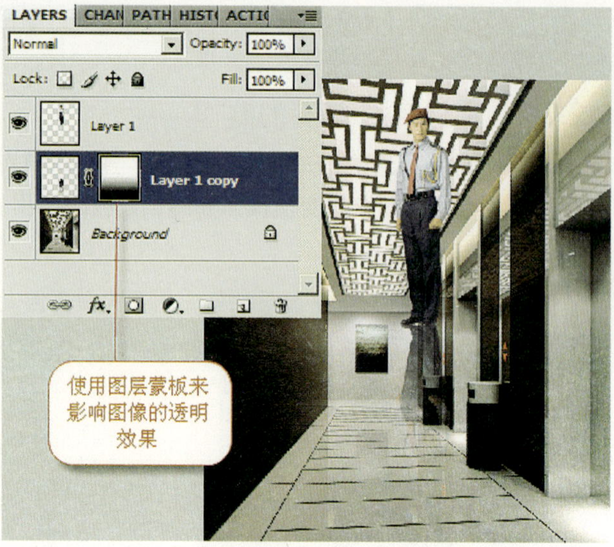

图12-52

2.素材阴影的制作

01 拖曳素材图层至新建图层按钮，再创建一个素材图层的复制层，并拖曳新建图层至原素材图层的下面，如图12-53所示。

02 单击Edit（编辑）菜单中的Free Transform（自由变换命令）或按Ctrl+T键，根据场景中的光照角度调节边界框的锚点使阴影素材产生变形，如图12-54所示。

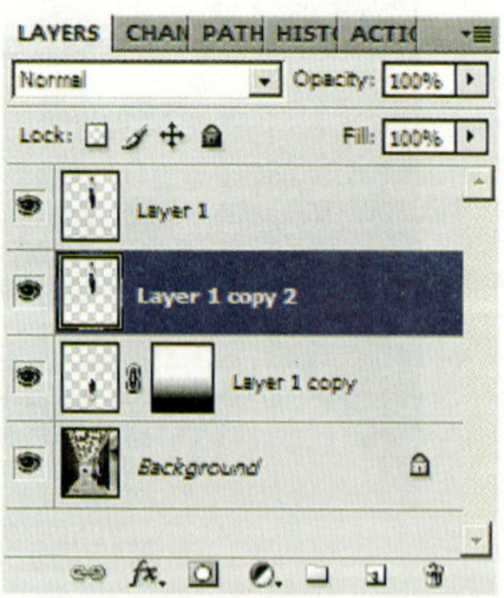

图12-53

图12-54

03 选择图像的色彩调节工具中的Hue/Saturation...（色相/饱和度工具），调节明度滑条，产生全黑效果，如图12-55所示。

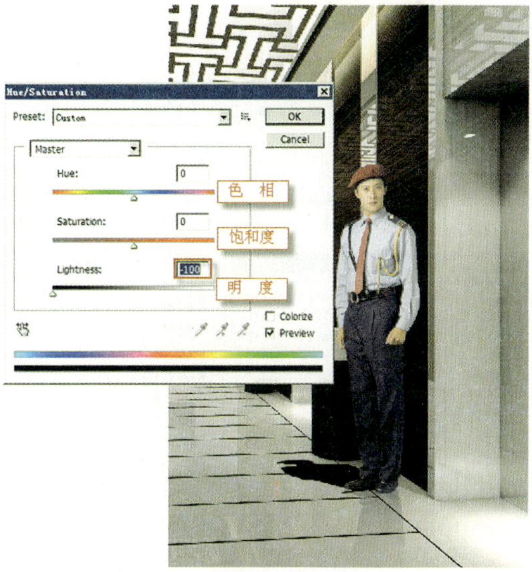

图12-55

04 对阴影层执行Filter（滤镜）中的Gaussian Blur...（高斯模糊）处理，如图12-56所示。并运用制作倒影退晕效果的方法，制作阴影的渐变效果，使阴影与地面更好地融合，如图12-57所示。

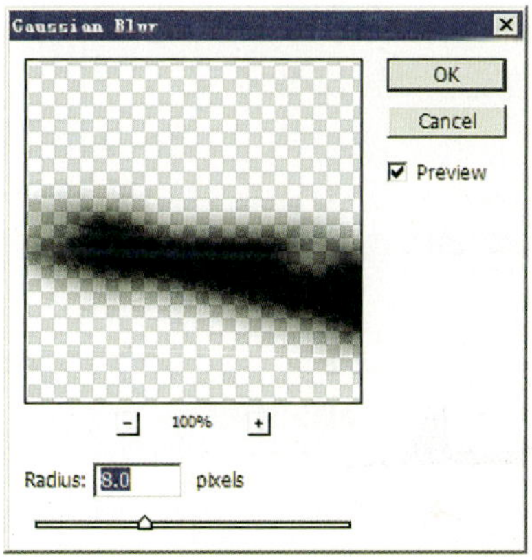

图12-56

图12-57

对于配景素材的合成，至此就告一段落了。希望读者能够对此加以重视，配景的合成并不只是简单地摆放，融合的时候除了要考虑上面所讲到的因素，还要考虑配景的大小比例关系、透视是否合适、场景中的光照将如何影响素材的明暗变化等。还有一点是非常重要的，就是合成的配景如何与图像达成色彩上的统一，这就需要Photoshop强大的色彩调节工具来调节了。

12.3.3 图像的色彩调节工具

Photoshop的色彩调节工具主要集中在Image（图像）→Adjustments（调整）子菜单中，如图12-58所示。其中有几个要重点掌握的色彩调节工具：Brightness/Contrast...（明度/对比度）、Curves...（曲线调节）、Hue/Saturation...（色相/饱和度）、Color Balance...（色彩平衡）、Vibrance...（自然饱和度）。

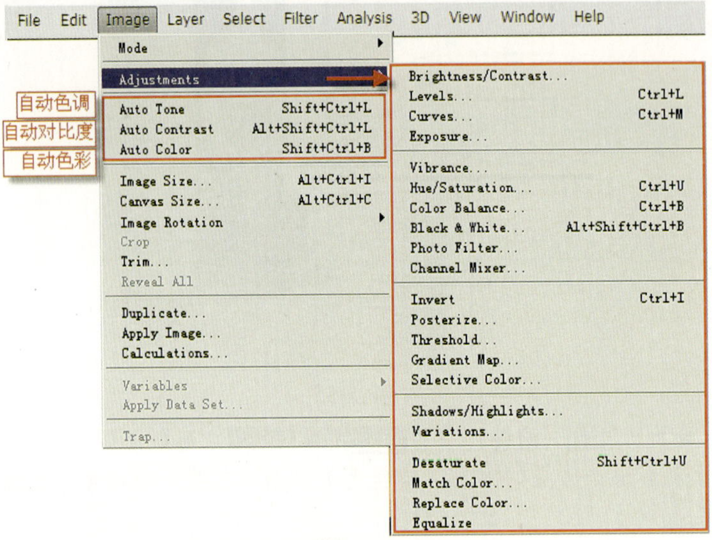

图12-58

1.调整图像的明度——Levels...（色阶工具）

Levels...（色阶工具）通过调节图像的阴影、过渡色和亮部的分布，从而影响图像色调的明度变化。色阶工具总是通过挤压图像一个色调范围去扩展另一个色调范围，做出的调节总带有倾向性，所以它的调节会损失原图像的层次变化，如图12-59所示。

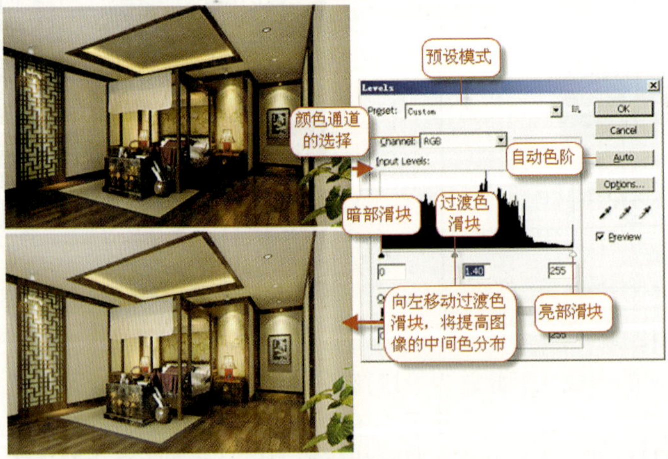

图12-59

其中Auto（自动）即为Image（图像）菜单中的Auto Tone（自动色调）工具。可由Photoshop自动处理图像的明度及对比度，这样可以使图像具有完整的灰度变化（0～255）和丰富画面的层次变化，如图12-60所示。

图12-60

2.色彩调节的一大利器——Curves...（曲线工具）

曲线也是一种调节图像的色调及明暗变化的工具。与色阶工具相比，它可以更精确、灵活地对图像进行调节，而且不会损失图像的色彩层次，如图12-61所示。

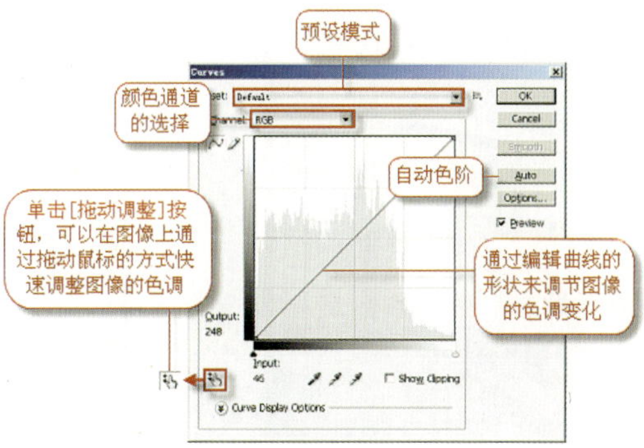

图12-61

在曲线工具中，最重要的工作就是通过添加和移动控制点来影响图像的输入值与输出值的关系，从而调节图像的色调变化。

其中Auto（自动）即为Image（图像）菜单中Auto Contrast（自动对比度工具）。可由Photoshop自动处理图像的明度及对比度，较之Auto Tone（自动色调）工具，处理后的图像色彩不会发生变化，而只是用来调节图像的明度变化。在用MAX渲染出图之后通常会先使用这个工具对图像进行自动对比度调节。

(1) 向左移动曲线上方的控制点，将增强图像的亮部灰度值。该类型曲线适用于调节画面暗部层次丰富、画面偏暗的图像，如图12-62所示。

图12-62

（2）向右移动曲线下方控制点，将增强图像的暗部灰度值。该类型曲线适用于调节画面亮部层次丰富、画面偏亮的图像，如图12–63所示。

图12-63

（3）在曲线中间添加控制点，依图所示方向移动，将增强图像过渡区域的灰度值。该类型曲线适用于调节画面偏暗、亮部缺乏层次的图像，如图12–64所示。

图12-64

（4）当曲线形态如图12–65所示时，图像的灰度分布将趋向两极压缩，过渡区域的层次会减少，图像的对比度会增强。该类型曲线适用于调节画面层次不分明、反差较小的图像。

图12-65

3. Brightness/Contrast...（亮度/对比度）

（1）亮度/对比度是一个非常简单易用的色彩调节工具，通过拖曳亮度和对比度滑块很直观地调整图像的明度变化，如图12–66所示。

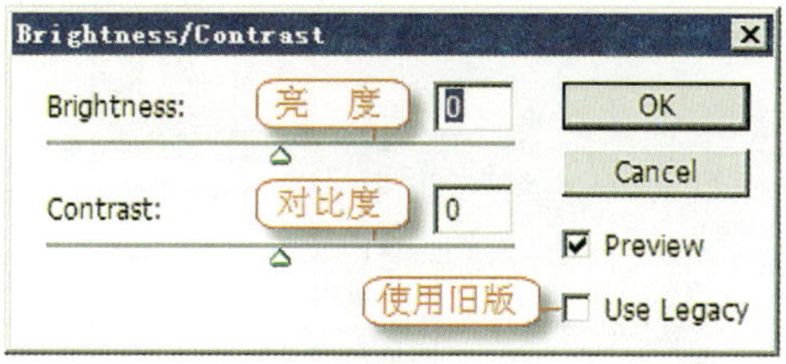

图12-66

（2）当勾选使用旧版复选框，在调整图像亮度和对比度的同时，也将会对图像的色彩进行大幅修改，如图12-67所示。

图12-67

4. Hue/Saturation...（色相/饱和度）

（1）色相/饱和度工具可以对图像或被选区域进行颜色、饱和度和亮度的调节。并可根据需要调整某一色调范围的颜色，如图12-68所示。

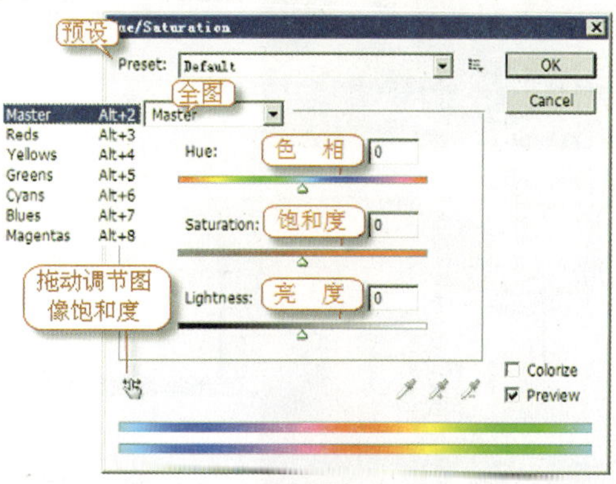

图12-68

（2）通过调整图像的色相，增加饱和度并降低图像的亮度所得到的效果如图12-69所示。

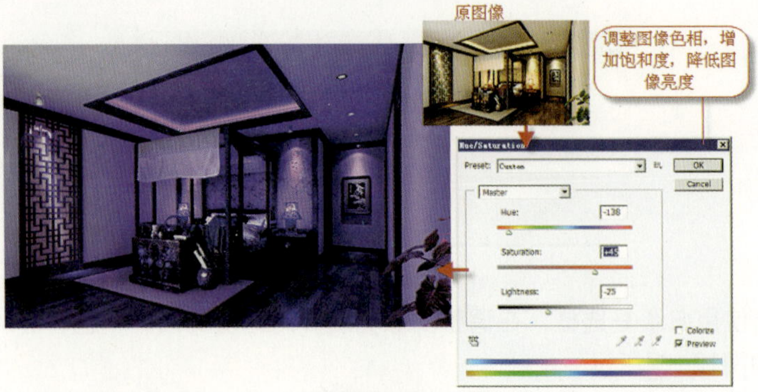

图12-69

5. Color Balance... （色彩平衡）

色彩平衡工具可以分别对图像或被选区域的阴影、中间调或亮部的颜色进行调整，如图12-70所示。

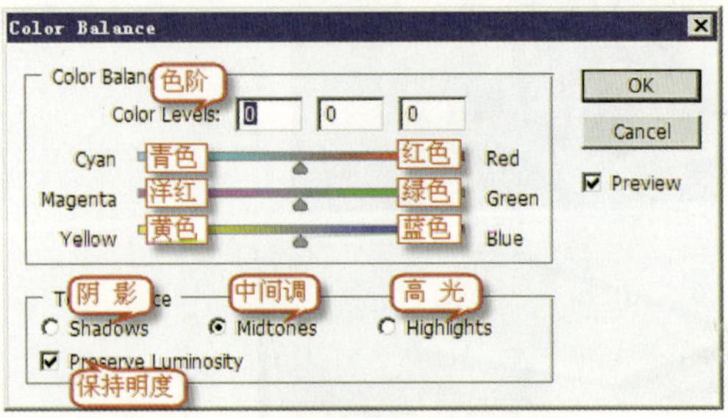

图12-70

6. Vibrance... （自然饱和度）

自然饱和度滑块仅对图像中不饱和的颜色进行调整，这样就保证了图像颜色的饱和度不会溢出。饱和度滑块使所有颜色获得等量饱和度调整，如图12-71所示。

图12-71

7. Photo Filter... （照片滤镜）

照片滤镜工具模拟传统相机的彩色光学滤镜特效来调整图像的颜色，使其具有冷暖倾向或自定义颜色倾向，设置如图12-72所示。不同颜色滤镜对比效果如图12-73所示。

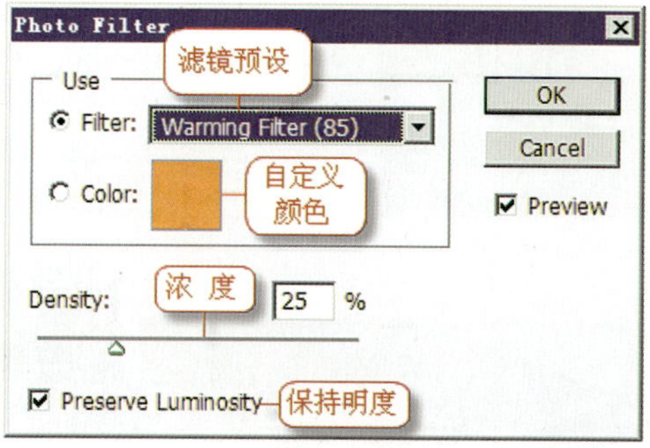

图12-72

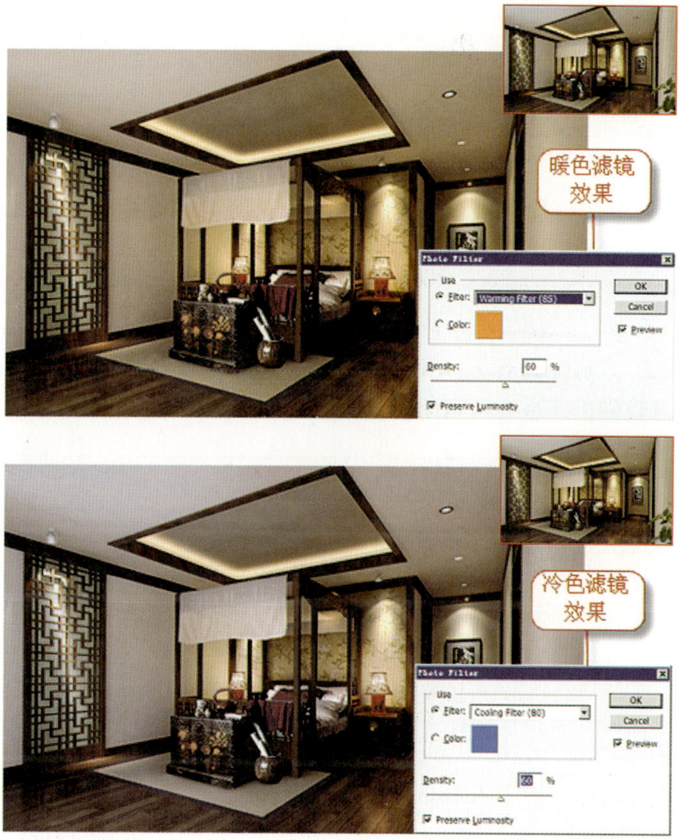

图12-73

8. Shadows/Highlights... （阴影/高光）

阴影/高光主要用于对图像局部用光不当产生的过亮或过暗的调整，如图12-74所示。

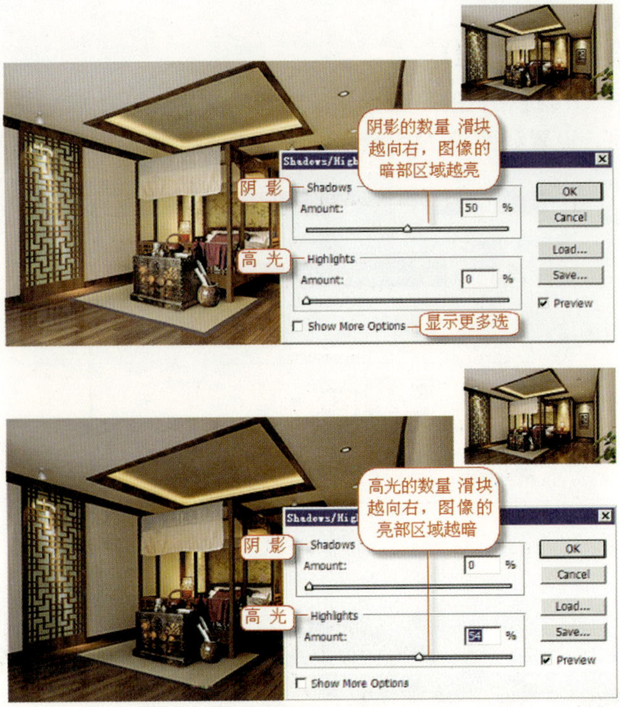

图12-74

Photoshop的色彩调整除了上述所讲到的用于对图像的亮度、对比度、颜色和饱和度的调节外，还有一些调色及对图像进行特殊颜色处理的工具。如Replace Color...（替换颜色）、Selective Color...（选定颜色）、Gradient Map...（渐变映射）、Black & White...（黑白命令）、Desaturate（去色）、Invert（反向）、Equalize（色调均化）、Threshold...（阈值）、Variations...（变化）、Match Color...（匹配颜色）等工具，这些工具在处理图像时虽不常用，但在必要时对我们也还是有所帮助的。

12.4 图像编辑及对画面瑕疵的修补

12.4.1 图像变换操作

Photoshop可以对图像做各种变换操作，如放大、缩小、旋转、倾斜等。要针对不同的内容选择不同的变换工具，如图12-75所示。

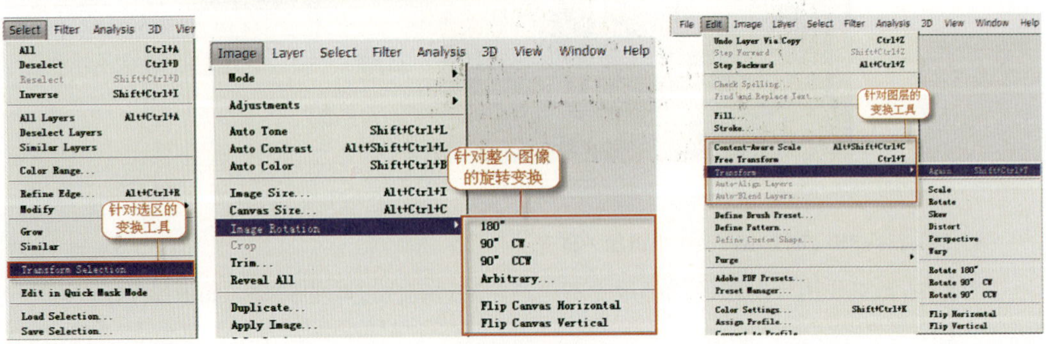

图12-75

12.4.2　图层概念

图层是Photoshop 中很重要的功能。可以说一切操作都是在针对图层进行，它可以使图像中的各种元素信息相互独立地叠加在一起，使之对画面的调整更加灵活。但是图层与图层之间并不是简单的覆盖关系，通过选择不同的图层合成模式，可以创造出许多有趣的视觉效果，如图12-76所示。

1.图层的合成模式

- Normal（正常）：Photoshop默认的合成模式，上层图像完全遮盖其下面的所有像素，通过调节图层不透明度来改善叠加效果，当不透明度为100%时不与其他图层相混合，如图12-77所示。

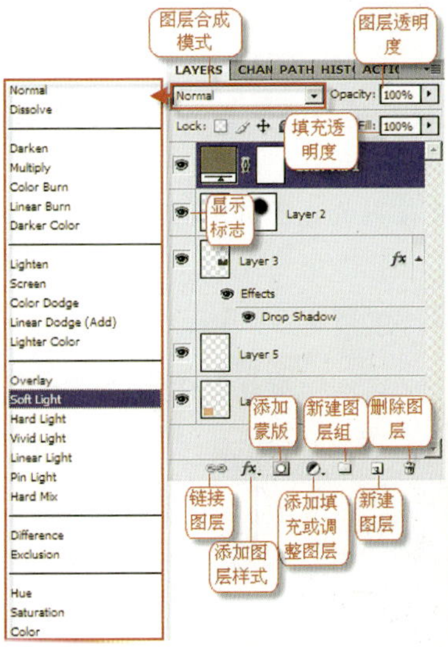

图12-76

图12-77

- Dissolve(溶解)：该模式会将被选图层以随机的方式重新排列像素，产生随机分布的杂点。图层的不透明度决定了合成效果，如图12-78所示。
- Darken(变暗)：该模式会用被选图层的较暗像素代替下面图层的较亮像素，用下面图层的较暗像素替代上面图层的较亮像素，所以叠加效果会使图像变暗，如图12-79所示。

图12-78

图12-79

- Multiply（正片叠底）：该模式会将被选图层的较暗像素和下层图像的较暗像素混合产生加深的效果，如图12-80所示。

- Color Burn（颜色加深）：该模式根据被选图层图像的灰度来增加对比度，当被选图层的色彩越趋于黑色，则下层图像将会变得越暗，而白色区域不受影响。该模式创建的效果和正片叠底模式的效果类似，如图12-81所示。

图12-80

图12-81

- Linear Burn（线性加深）：该模式通过减小亮度使被选图层变暗并与下层图层混合。两图层的白色混合后将不会产生变化，如图12-82所示。
- Darker Color（深色）：该模式根据图像的饱和度直接用被选图层中的颜色覆盖下面图层中的较暗颜色，如图12-83所示。

图12-82

图12-83

- Lighten（变亮）：该模式与Darken（变暗）模式相反，将选择被选图层和下面图层中较亮的颜色作为混合的结果，如图12-84所示。
- Screen（滤色）：该模式与Multiply（正片叠底）模式相反，它将被选图层颜色与下层图层的颜色结合起来产生比两种颜色都浅的第三种颜色，所以图像亮度会提高，得到一种漂白的效果，如图12-85所示。

图12-84

图12-85

- Color Dodge（颜色减淡）：该模式与Color Burn（颜色加深）模式相反，当被选图层的色彩越趋于白色，混合的效果将会变得越亮，色彩越艳，黑色部分则不受影响，如图12-86所示。

- Linear Dodge（Add）(线性减淡（添加）)：该模式通过增加被选图层亮度使基色变亮得到混合效果，黑色无效，如图12-87所示。

图12-86

图12-87

- Lighter Color（浅色）：该模式与Darker Color（深色）模式相反，它根据图像的饱和度直接用被选图层中的颜色覆盖下面图层中的较亮颜色，如图12-88所示。
- Overlay（叠加）：该模式会将被选图层的色彩与下面图层的色彩做混合，使混合结果的暗处加深，亮处增亮。适合用于加强图像对比和提高饱和度时使用，如图12-89所示。

图12-88

图12-89

- Soft Light（柔光）：该模式也是将被选图层的色彩与下面图层的色彩做混合，当被选图层的色彩超过50%的灰色时则会让下层图像变暗；反之，则会让下层图像变亮，如图12-90所示。
- Hard Light（强光）：该模式是Soft Light（柔光）模式的增强版，区别在于Hard Light模式能产生纯黑色或纯白色，而Soft Light模式则不能，如图12-91所示。

图12-90

图12-91

- Vivid Light（亮光）：该模式通过增加或降低对比度来加深或减淡图像颜色。当混合色比50%灰色亮，则通过降低对比度使图像变亮；如果混合色比50%灰色暗，则通过增加对比度使图像变暗，如图12-92所示。
- Linear Light（线性光）：该模式通过降低或增加亮度来加深或减淡图像颜色，当混合色比 50% 灰色亮，则通过增加亮度使图像变亮；如果混合色比 50% 灰色暗，则通过降低亮度使图像变暗，如图12-93所示。

图12-92

图12-93

- Pin Lighth（点光）：该模式通过替换颜色来合成图像。当混合色比 50% 灰色亮，则被选图层比下层图像暗的像素会被置换，比下层图像中亮的像素无变化；当混合色比 50% 灰色暗时，则被选图层比下层图像亮的像素会被置换，比下层图像中暗的像素无变化，如图12-94所示。
- Hard Max（实色混合）：该模式的合成效果等同于色彩调节中的色调分离工具，可以减少彩色或图像中色调的等级数目，如图12-95所示。

图12-94

图12-95

- Difference（差值）：该模式会根据被选图层的亮度来对调下层图像的色彩。如果被选图层图像的色彩是白色，则下面图层中对应的图像色彩会被反相处理；如果被选图层图像是黑色，那么下面图层中对应的图像色彩不会发生变化，如图12-96所示。
- Exclusion（排除）：该模式的处理方式与Difference（差值）模式十分相似，但效果感觉较为柔和，对比度较低，如图12-97所示。

图12-96

图12-97

- Hue（色相）：该模式会保留被选图层的色度，然后与下面图层的饱和度、亮度做混合，如图12-98所示。
- Saturation（饱和度）：该模式会保留被选图层的饱和度，然后与下面图层的色度、亮度做混合，如图12-99所示。

图12-98

图12-99

- Color（颜色）：该模式会保留被选图层的色度及饱和度，然后与下面图层的亮度做混合，如图12-100所示。
- Luminosity（亮度）：该模式会保留被选图层的亮度，然后与下面图层的色度、饱和度做混合，下面图层的色度和饱和度不会改变，如图12-101所示。

图12-100

图12-101

2.图层的应用

接下来将通过对图像进行简单的处理来掌握图层效果的实际应用。

- 运用图层模式制作光源的光晕效果

01 打开配套光盘中的“Photoshop CS4教学/ktv包房.psd文件和light.jpg”文件，如图12-102所示。

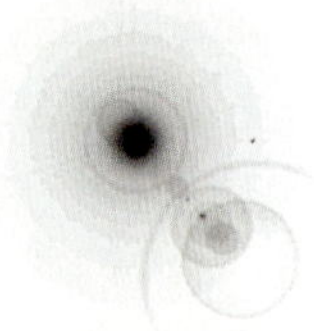

图12-102

02 将light.jpg图片拖曳到KTV包房效果图中，使用Invert（反向）工具或按Ctrl+I键反转图像的颜色，如图12-103所示。

图12-103

03 将图层模式切换至Color Dodge（颜色减淡）模式，使用（移动）工具调整“光晕”位置并使用自由变换工具调整图像大小，如图12-104所示。

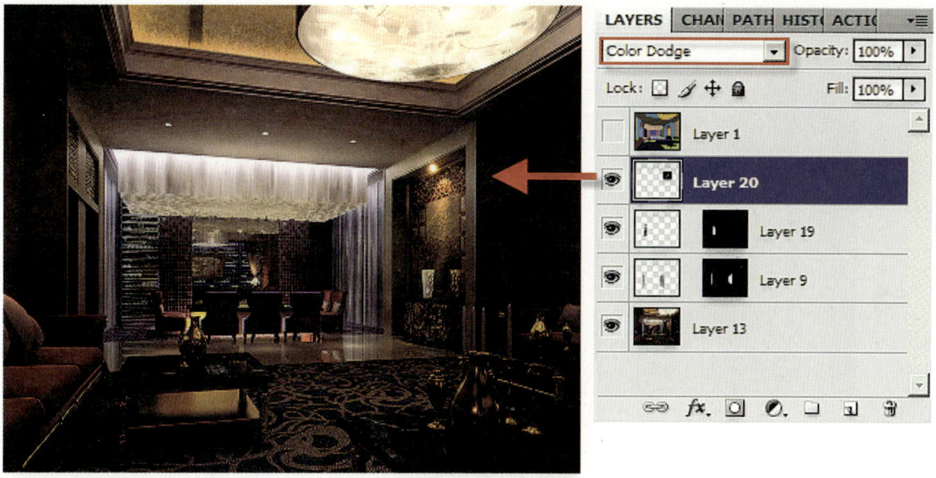

图12-104

● 调整选区图像色彩

01 打开“颜色通道”图层的显示，使用 (魔棒工具) 选择舞台上方的灯具造型后关闭颜色通道图层的显示，如图12—105所示。

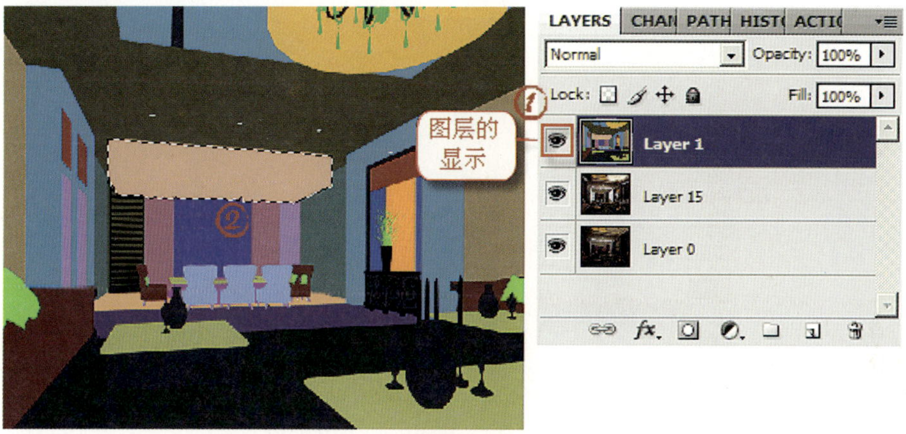

图12-105

02 选择图像图层，按Ctrl+J键为选区图像创建新的图层，如图12—106所示。

图12-106

03 使用 Curves... （曲线）工具调节灯饰造型的亮度和对比度，如图12-107所示。

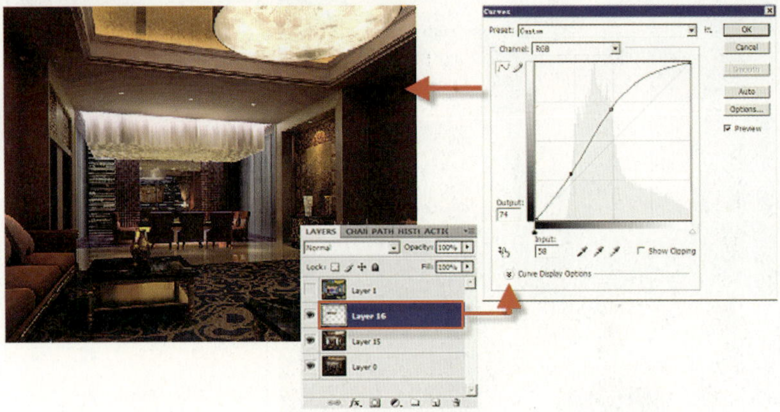

图12-107

● 图层蒙版的使用——纱帘的合成

01 打开配套光盘中的“Photoshop CS4教学/纱帘.jpg”文件并拖曳到KTV包房效果图中，如图12-108所示。

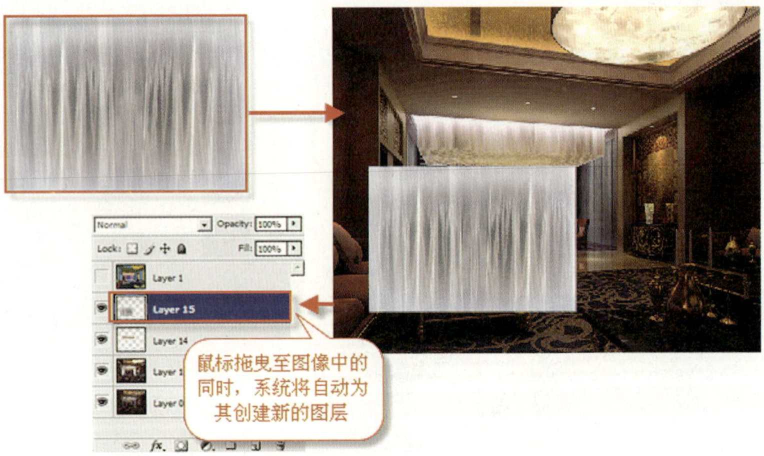

图12-108

02 复制纱帘图层，如图12-109所示。并依据场景透视效果使用自由变换工具调整纱帘的形状，如图12-110所示。

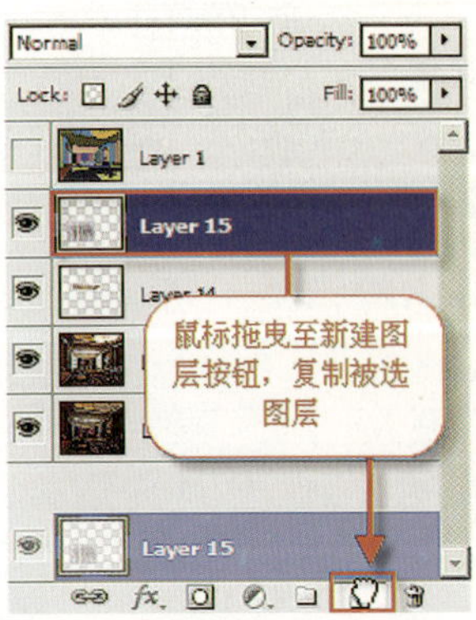

图12-109

图12-110

03 按住Ctrl键加选纱帘图层，单击按钮，在弹出的菜单中选择Merge Layers（向下合并）命令（快捷键为Ctrl+E键）合并两个纱帘图层，如图12-111所示。

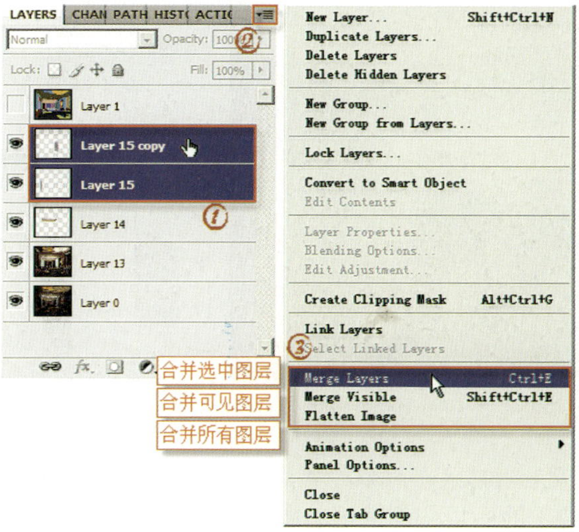

图12-111

04 单击图层面板下的（图层蒙版）按钮为其添加图层蒙版，打开颜色通道图层的显示并选择纱帘造型，如图12-112所示。

图12-112

05 单击图层蒙版，单击Edit（编辑）菜单中的Fill...（填充）命令为其填充黑色，按Ctrl+D键删除选区后并翻转蒙版层的颜色，如图12-113所示。

图12-113

06 选择Overlay（叠加）模式；单击图层与蒙版之间的链接图标去除链接，并单击选择前面的图层缩略图进一步调整纱帘的外形，最终效果如果12-114所示。

图12-114

- 调整图像的亮度和对比度——添加调整图层

调整图层是一类特殊的图层，其主要功能是用于颜色的调整，类似于色彩调整命令。具体操作如图12-115所示。

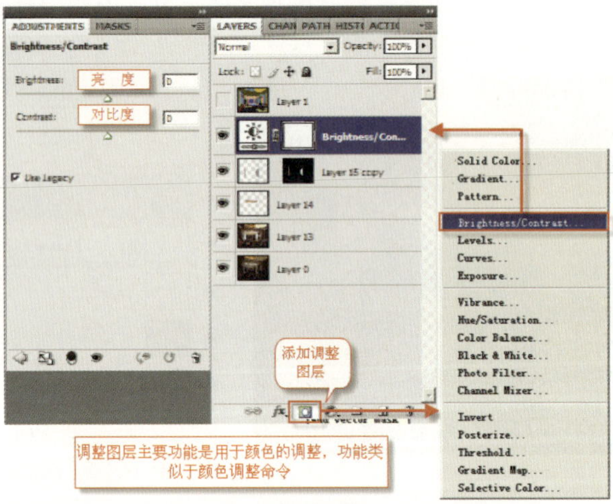

图12-115

提示

调整图层与色彩调整命令相比，调整图层有其自身的优势。

- 调整图层可以同时调整多个图层中的图像，而色彩调整命令仅限于被选图层。
- 调整图层不会改变源图像的像素值，这样可以最大限度地保证对图像调节的灵活性。
- 通过调节图层的合成模式及图层的不透明度也将会影响到调整图层对源图像的调整效果。
- 通过改变调整图层的排列顺序可以改变调整图层的作用范围。

● 为图像添加水印——图层样式的使用

图层样式可以快速获得投影、外发光、内发光、浮雕、描边等效果。图层样式的应用可以大幅度地提高效果制作的工作效率。它可以应用于任一图层，包括调整图层、蒙版图层、普通图层和字体图层等。

01 使用文字工具为图像添加文字水印并调整文字的字体、颜色及大小，如图12-116所示。

02 单击图层下面的添加图层样式按钮或直接双击图层，打开图层样式设置面板为字体图层添加阴影效果，如图12-117所示。

图12-116

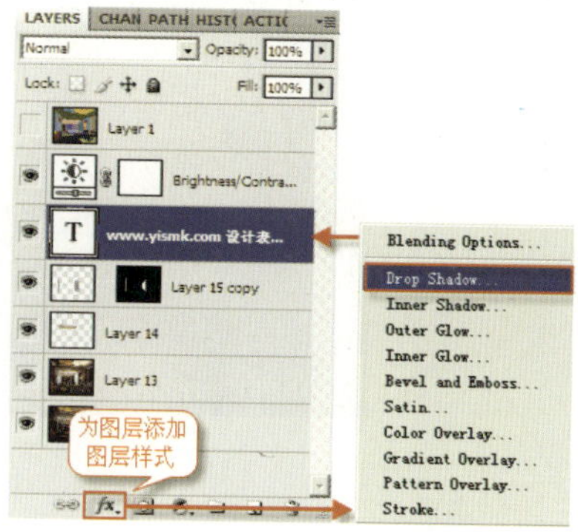

图12-117

03 在弹出的图层样式面板中设置阴影效果的参数，如图12-118所示。最终效果如图12-119所示。

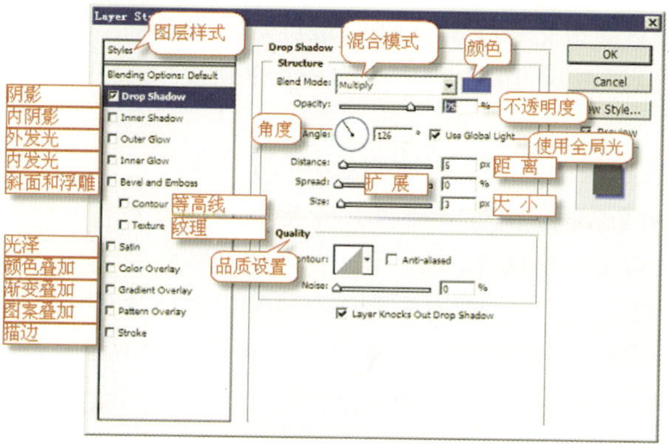

图12-118

图12-119

04 单击图层下面的 （删除）按钮删除“水印”图层，单击 按钮，在弹出的菜单中选择 Flatten Image （合并可见图层）命令合并图像。

05 单击 Filter （滤镜）→ Sharpen （锐化）→ Unsharp Mask... （USM锐化滤镜)命令为图像进行锐化处理，最终效果如图12-120所示。至于USM锐化滤镜的使用会在后面的小节中进行讲解。

图12-120

12.4.3 纠正操作失误

在默认情况下历史面板记录了对图像的最近20步操作，通过历史面板可以快速返回失误操作前的一步重新操作，如图12-121所示。

- 如果仅一步命令操作失误，则可以选择 Edit （编辑）菜单下的 Undo Deselect （还原）命令或直接按Ctrl+Z键返回上一步操作。
- 如果多步操作失误，也可以多次选择 Edit （编辑）菜单下的 Step Backward （后退一步）命令或重复按Ctrl+Alt+Z键返回多步之前的操作。

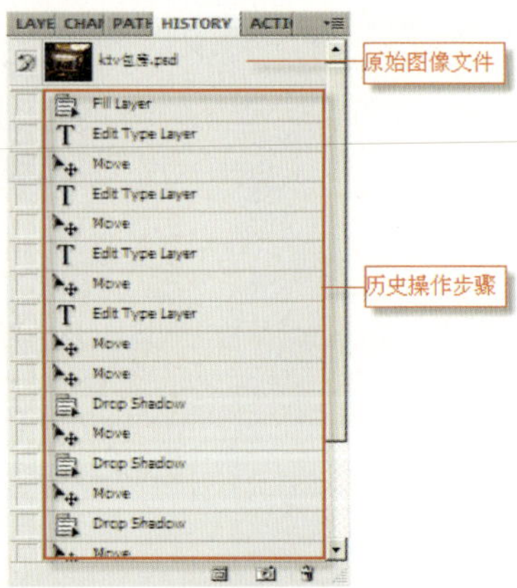

图12-121

12.5 特效百宝箱——滤镜

滤镜是Photoshop对图像进行特效处理的一个强大工具，它简单易用，所见即所得；而且效果明显，可以产生很多神奇的效果。其中锐化、模糊和噪点等滤镜在效果图制作中很实用也很常用，特别是锐化滤镜。Photoshop滤镜都集中在 Filter （滤镜）菜单下，除了Photoshop自身滤镜外，还可以安装很多外挂滤镜。

12.5.1 滤镜库

“滤镜库”工具中集成了Photoshop自身大部分的滤镜，还加入了滤镜层的概念，它允许重叠或重复使用滤镜，从而可以得到更加繁复的滤镜效果，如图12-122所示。

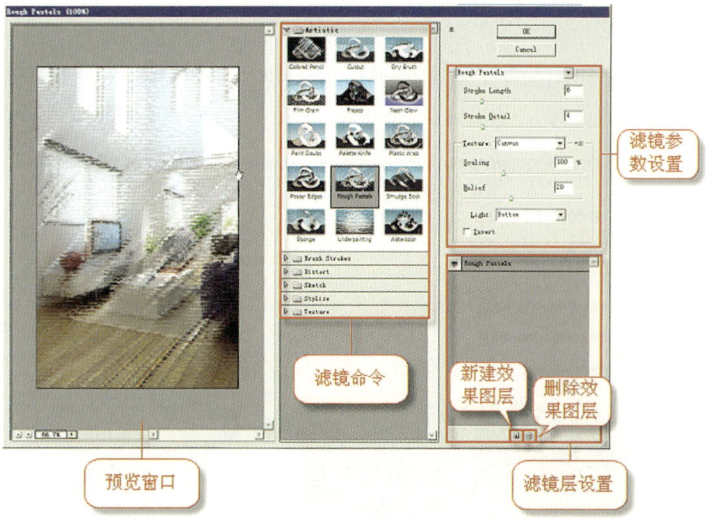

图12-122

12.5.2 消失点滤镜

消失点滤镜工具在对选区内图像进行复制、喷涂、变换等操作时，会自动按照透视的角度和比例来适应图像的修改，如图12-123所示。

图12-123

- 使用消失点滤镜工具清除图像中的人物

01 单击（创建平面）按钮，在画面上创建网格并使用（编辑平面）工具编辑透视网格，如图12—124所示。

02 选择（仿制图章）工具，按住Alt键在透视网格内定义一个源图像，然后在需要修改的地方单击鼠标复制源图像，重复该步骤的操作，最终效果如图12—125所示。

图12-124

图12-125

12.5.3 液化滤镜

使用液化滤镜可以对图像的任意区域进行推、拉、旋转、折叠和膨胀操作，是修饰图像和创建艺术效果的强大工具，如图12-126所示。

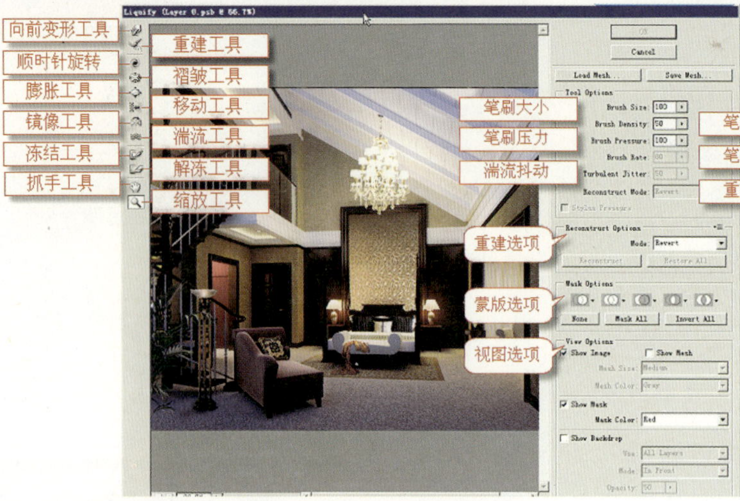

图12-126

12.5.4 高斯模糊

高斯模糊滤镜可以参数化地控制图像或被选区域的模糊程度。单击 Filter （滤镜）→ Blur （模糊）→ Gaussian Blur... （高斯模糊）命令，在弹出的对话框中通过设置半径值精确控制图像的模糊程度，如图12-127所示。

图12-127

在效果制作时，可以在MAX中渲染出场景的景深效果；在Photoshop后期处理中，运用模糊滤镜同样也可以表现出画面的景深效果，而且省时省力。

12.5.5 USM锐化滤镜

USM锐化滤镜可以参数化调整图像边缘细节的对比度，通过强化边缘使图像产生更清晰亮丽的效果。在效果图处理的最后，通常会对图像进行锐化操作。单击Filter（滤镜）→Sharpen（锐化）→Unsharp Mask...（USM锐化）命令，如图12-128所示。

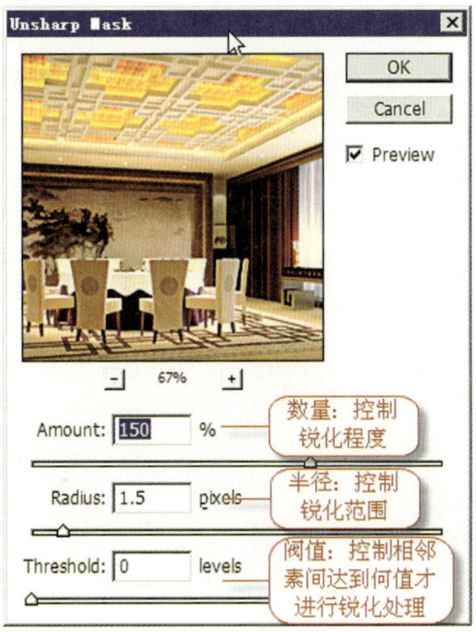

图12-128

（1）使用USM锐化滤镜对图像边缘进行锐化处理的参数设置，如图12–129所示。

图12-129

（2）使用USM锐化滤镜调整图像对比度的参数设置，如图12–130所示。

图12-130

12.5.6 偏移滤镜

无缝贴图的制作对于制作效果图有着非同寻常的意义，也是必须要掌握的技术之一。

通过偏移滤镜就可以轻易地制作出无缝贴图。单击Filter（滤镜）→Other（其他）→Other（偏移滤镜）。

（1）首先使用偏移滤镜将贴图的轮廓边缘移动到画面的中心，如图12–131所示。

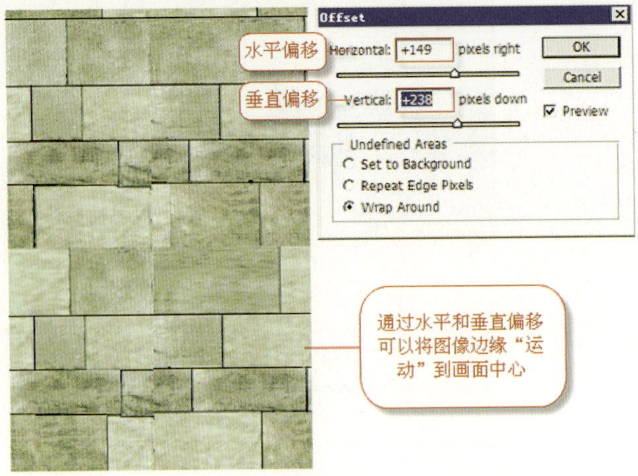

图12-131

（2）剩下的工作就是使用Photoshop的图像编辑工具处理掉边缝。这样，一张无缝贴图就制作完成了，如图12–132所示。

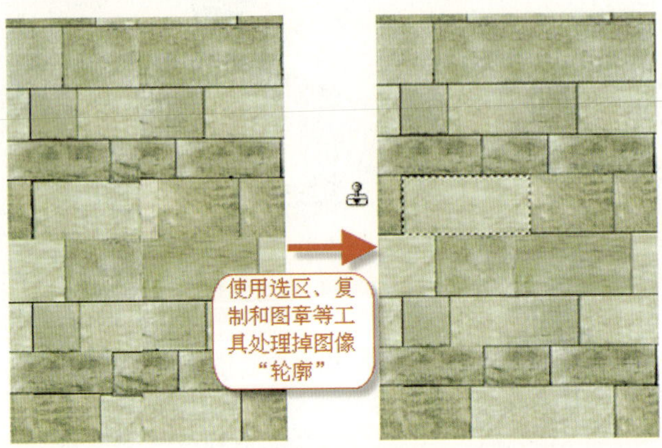

图12-132

12.6 本章小结

Photoshop的核心技术就是选择出想要的图像区域并对其进行色彩调节、图像编辑以及瑕疵的修补。而滤镜是Photoshop对图像进行特殊加工的强大工具，它简单易用，但切记不可滥用。很多初学者初接触Photoshop时都会把兴趣集中到滤镜上，而忽视了对基本技术的掌握。软件只是工作中实现创造力的工具，在初学Photoshop的时候不要舍本逐末，要多将心思用在Photoshop的基本技术上。

附录
人体工程学尺寸

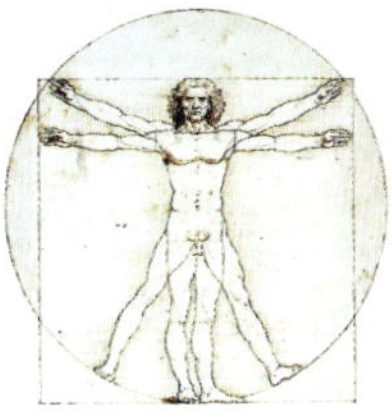

人体工程学是一门“研究人在某种工作环境中的解剖学、生理学和心理学等方面的各种因素；研究人和机器及环境的相互作用；研究在工作中、家庭生活中和休假时怎样统一考虑工作效率、人的健康、安全和舒适等问题的科学”。

人体工程学由6门分支学科组成，即人体测量学、生物力学、劳动生理学、环境生理学、工程心理学、时间与工作研究。人体尺度是人体工程学研究的最基本的数据之一。

人体工程学联系到室内设计，其含义为：以人为主体，运用人体计测、生理、心理计测等手段和方法，研究人体结构功能、心理、力学等方面与室内环境之间的合理协调关系，以适合人的身心活动要求，取得最佳的使用效能。

由于人体工程学是一门新兴的学科，人体工程学在室内环境设计中应用的深度和广度，都有待于进一步认真开发。喜欢这门科学的读者可以去阅读一些相关专业书籍。本章重点是人体工程学在室内设计与效果图表现中的应用。

一、确定人和人际在室内活动所需空间

根据人体工程学中的有关计测数据，从人的尺度、动作域、心理空间以及人际交往的

空间等确定空间范围。

二、确定家具、设施的形体、尺度及其使用范围

家具设施为人所使用，因此它们的形体、尺度必须以人体尺度为主要依据；同时，人们为了使用这些家具和设施，其周围必须留有活动和使用的最小余地，这些要求都由人体工程科学地予以解决。室内空间越小，在同一空间内停留时间越长，对这方面内容测试的要求也就越高。

人体尺度参考

	男	女
体重	68.9kg	56.7kg
身高	173.5cm	159.8cm

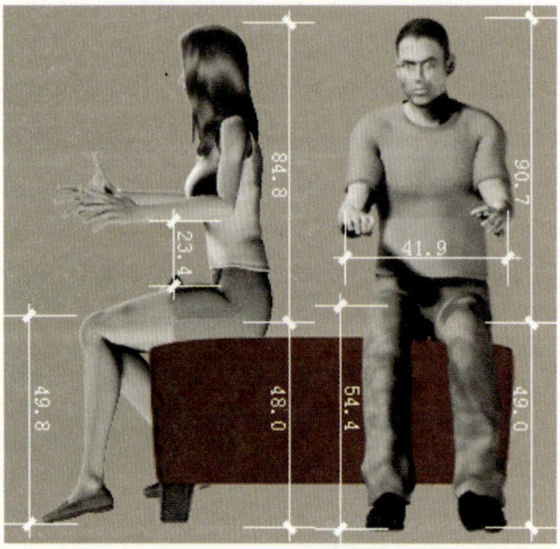

（单位：cm）

	男	女
坐姿臀至头顶的高度	90.7	84.8
两肘间的宽度	41.9	38.4
肘下支撑物的高度	24.1	23.4
坐姿大腿的高度	13.5	13.7
坐姿膝盖至地面的高度	54.4	49.8
坐姿臀部至腿弯的长度	49.0	48.0
坐姿臀宽	35.6	36.3

人体工程学尺寸的应用

人体工程学尺寸在室内设计与效果图表现时，要考虑室内空间、家具陈设等与人体尺度的关系问题。下面的人体工程学尺寸参数对于以后的工作有非常重要的意义，请读者们牢记。

1.墙面尺寸

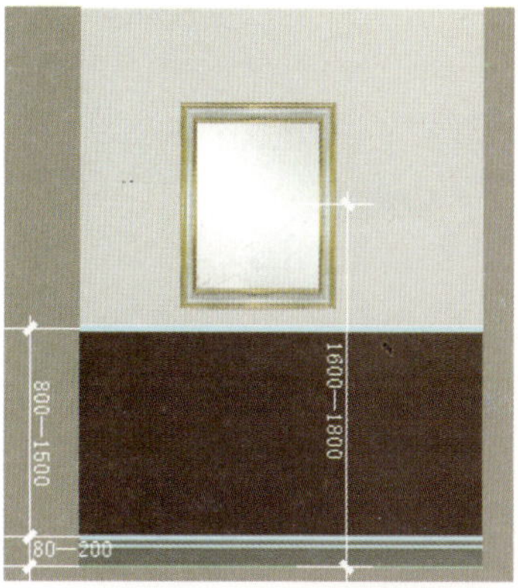

踢脚板高	80mm～200mm
墙裙高	800mm～1500mm
挂镜线高	1600mm～1800mm(画中心距地面高度)
木隔间墙	厚：6mm～10mm

2.餐厅

餐桌高	750mm～790mm		
餐椅面高	450mm～500mm		
圆桌直径	两人500mm，三人800mm，四人900mm，五人1100mm， 六人1100mm～1250mm，八人1300mm，十人1500mm，十二人1800mm		
方餐桌尺寸	两人700mm×850mm，四人1350mm×850mm，八人2250mm×850mm		
餐桌转盘直径	700mm～800mm	餐桌间距	>500mm
主通道宽	1200mm～1300mm	内部工作道宽	600mm～900mm
酒吧台高	900mm～1050mm	宽	500mm
酒吧凳高	600mm～750mm		

3.商场营业厅

单边双人走道宽	1600mm					
双边双人走道宽	2000mm					
双边三人走道宽	2300mm					
双边四人走道宽	3000mm					
营业员柜台走道宽	800mm	营业员货柜台	厚	600mm	高	800mm～1000mm
单 背立货架			厚	300mm～500mm	高	1800mm～2300mm
双 背立货架			厚	600mm～800mm	高	1800mm～2300mm
小商品橱窗			厚	500mm～800mm	高	400mm～1200mm
陈列地台高	400mm～800mm					
敞开式货架	400mm～600mm					
放射式售货架	直径2000mm					
收款台			长	1600mm	宽	600mm

4.酒店客房

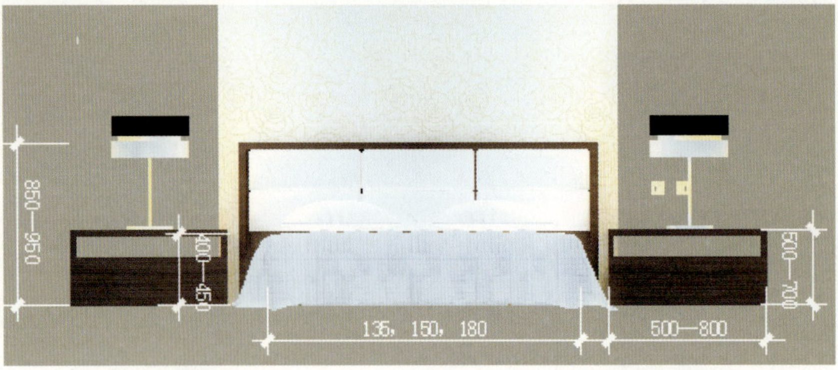

标准面积	大：25m²	中：16m²～18m²	小：16m²
床高	高400mm～450mm	床靠高850mm～950mm	
床头柜	高500mm～700mm	宽500mm～800mm	
写字台	长1100mm～1500mm	宽450mm～600mm	高700mm～750mm
行李台	长910mm～1070mm	宽500mm	高400mm
衣柜	宽800mm～1200mm	高1600mm～2000mm	深500mm
沙发	宽600mm～800mm	高350mm～400mm	背高1000mm
衣架	高：1700mm～1900mm		

5.卫生间

卫生间面积	3m²～5m²		
浴缸	长1220mm、1520mm、1680mm	宽720mm	高450mm
坐便	长750mm	宽350mm	高410mm
冲洗器	长690mm	宽410mm	
盥洗盆	长550mm	宽410mm	
淋浴器	距地高2100mm		
化妆台	长：1350mm	宽450 mm	

6.会议室

中心会议室客容量	会议桌边长600mm
环式高级会议室客容量	环形内线长700mm～1000mm
环式会议室服务通道宽	600mm～800mm

7.交通空间

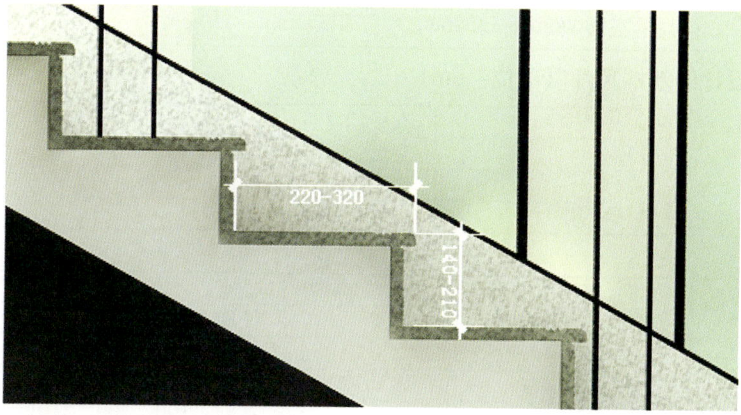

楼梯间休息平台净空	等于或大于2100mm
楼梯跑道净空	等于或大于2300mm
客房走廊高	等于或大于2400mm
两侧设座的综合式走廊宽	等于或大于2500mm
楼梯扶手高	850mm～1100mm
门的常用尺寸宽	850mm～1000mm
窗的常用尺寸宽	400mm～1800mm
窗台高	800mm～1200mm

8.灯具

大吊灯最小高度	2400mm
壁灯高	1500mm～1800mm
反光灯槽最小直径	等于或大于灯管直径两倍
壁式床头灯高	1200mm～1400mm
照明开关高	1000mm

9.办公家具

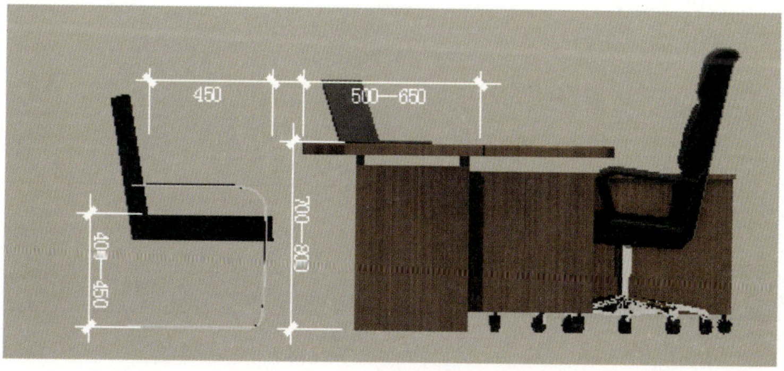

办公桌		长1200mm～1600mm	宽500mm～650mm	高700mm～800mm
办公椅		长450mm	宽450mm	高400～450mm
沙发		背面1000mm	宽600～800mm	高350～400mm
茶几	前置型	长90mm	宽400mm	高400mm
	中心型	900mm×400mm×700mm×700mm×400mm		
	左右型	长600mm	宽400mm	高400mm
书柜		宽1200mm～1500mm	深450mm～500mm	高1800mm
书架		宽1000mm～1300mm	深350mm～450mm	高1800mm

10.家具设计的基本尺寸（单位：cm）

衣橱	深度：60～65	衣橱门宽度：40～65
推拉门	宽：75～150	高度：190～240
矮柜	深度：35～45	柜门宽度：30～60
电视柜	深度：45～60	高度：60～70

单人床	宽度：90，105，120	长度：180，186，200，210
双人床	宽度：135，150，180	长度180，186，200，210
圆床	直径：186，212.5，242.4	
室内门	宽度：80～95，（医院门宽为120）	高度：190，200，210，220，240
厕所 厨房门	宽度：80，90	高度：190，200，210
窗帘盒	高度：12～18	单层布12；双层布16～18

沙发	坐垫高：35～42	背高：70～90
单人式	长度：80～95	深度：80～90
双人式	长度：126～150	深度：80～90
三人式	长度：175～196	深度：80～90
四人式	长度：232～252	深度：80～90

茶几			
小型	长度60～75	宽度45～60	高度38～50（38最佳）
中型	长度120～135	宽度38～75	高度38～50
大型	长度150～180	宽度60～80	高度33～42（33最佳）
圆形	直径75，90，105，120		高度33～42
方形	宽度90，105，120，135，150		高度33～42

书桌		
固定式	深度45～70（60最佳）	高度75
活动式	深度65～80	高度75～78
书桌下缘离地	至少58	长度：最少90（150～180最佳）

餐桌	高度75～78	西式高度68～72
方桌	宽度120，90，75	
长方桌	宽度80，90，105，120	长度150，165，180，210，240
圆桌	直径90，120，135，150，180	

书架	深度25～40（每一格）	长度：60～120
活动未及顶高柜	深度45	高度180～200